科学施肥"三新"集成技术模式

农业农村部种植业管理司
全国农业技术推广服务中心 ◎ 编著

中国农业出版社
北 京

编　委　会

主　　编：张宪法　杜　森　薛彦东　徐　洋　胡江鹏
副主编：潘晓丽　周　璇　傅国海　王旭东　庄　重
编写人员（按姓氏笔画排序）：

于双成	于立宏	于明磊	万玉洁	万江春	广　敏	马　艳
马荣辉	王　飞	王　旭	王　芸	王　祎	王　科	王　倩
王　健	王　琳	王　婷	王　聪	王小琳	王天一	王凤蓉
王冬冬	王汀忠	王永欢	王光飞	王先挺	王旭东	王劲松
王明国	王金林	王金林	王学锋	王威远	王海彤	王超仁
干静华	干慧琴	木沙·卡斯木	牛颖儒	仇美华	方　柱	
尹学红	孔丽琼	艾麦尔艾力·吐合提	龙建云	卢　明		
卢俊媛	卢菊荣	叶　放	叶挺云	田　露	代　迅	付　明
付瑞洲	白嘉骏	宁国强	邢　硕	吉福鑫	达瓦扎西	吕姣姣
朱　悦	朱安繁	朱帮忠	朱晓卫	乔洪生	任晋兰	庄　重
刘　龙	刘　贵	刘　鑫	刘小华	刘祁峰	刘泳宏	刘玲辉
刘顺国	刘胜环	刘振刚	刘婷婷	闫　宏	闫景和	闫翠侠
江丽华	许　猛	许　稳	许新廷	孙贺祥	孙海龙	严淑娴
苏文彬	杜　森	杨　岩	杨文兵	杨玉珍	杨耀斌	李　志
李　丽	李　珂	李　奎	李　亮	李　维	李　琴	李　婷
李　鹏	李　静	李　耀	李大爽	李元文	李为福	李汉燕
李加权	李亚莉	李在辉	李成军	李红梅	李来东	李国军
李国良	李秉强	李建强	李振华	李婉钰	李雅男	李锦莲
吴　波	吴远帆	吴志勇	吴海华	吴腾飞	吴新民	何天勇
何堂熹	邹凌鹏	汪　咏	沈　宏	沈　泓	沈益民	沈德超

宋　莉	宋九林	宋东升	宋永斌	宋佳龄	张　亚	张　玮
张　林	张　静	张玉龙	张世昌	张丽娟	张丽萍	张明月
张明学	张学娇	张姗姗	张宪法	张晓萌	张喆慧	张婷婷
张黔鑫	陆若辉	陆学峰	陈　冲	陈　琳	陈红琳	陈秀德
陈初红	陈迪文	陈核心	陈晓丽	陈海斌	陈瑞英	陈燕华
陈燕丽	武　娟	武玲利	武艳荣	苟宁健	范　丽	范　松
范如芹	范彦鹏	林学明	林海波	林海洋	林赫灿	周　杰
周　婷	周　璇	周春娜	郑　杰	单红杰	孟　涛	赵　川
赵　飞	赵庆鑫	赵贯锋	赵敬坤	赵敬美	赵嘉祺	郝立岩
胡　伟	胡仁健	胡江鹏	胡瑞营	查　娜	柳宝林	邰胜涛
段振佼	段雪莹	侯正仿	姜远茂	姜振萃	姜圆圆	洪　昕
姚　莉	姚正非	姚殿立	贺生兵	钱　玲	钱建民	敖俊华
耿　荣	聂　青	贾珂珂	夏艳涛	钱　玲	钱建民	徐　洋
徐　钰	徐广辉	徐传银	徐守俊	徐烨红	高　丹	高　原
高　翔	高　鹏	高　霞	高会侠	高柳肖	高艳红	郭　江
郭向运	郭军成	郭树成	郭乾坤	席兴文	唐茂贵	唐娟娟
唐鸿博	陶　潜	陶运荣	陶姝宇	黄　旭	黄　磊	黄万花
黄文敏	黄功标	黄星瑜	黄耀蓉	戚昕元	戚厚芸	梁思婕
彭文君	彭栌以	葛顺峰	董夕阳	董思永	董艳红	董祥伟
蒋　珊	蒋吉芳	韩　鹏	景　慧	程月琴	傅国海	童文彬
曾　婕	谢　勇	谢　朝	谢开云	谢先进	谢荣芳	雷　昊
廖　伟	阚向锦	阚建鸾	谭　岩	樊思宁	颜士敏	潘树红
潘俊鹏	潘晓丽	薛彦东	戴志刚			

前 言 ▶ FOREWORD

　　肥料是作物的"粮食"，科学施肥是粮食产能提升的关键支撑、农业绿色发展的有效路径。随着人口不断增长、资源约束趋紧与环境压力加剧，传统粗放式施肥模式已难以满足农业发展需求。2005年，我国启动测土配方施肥项目，2015年实施化肥使用量零增长行动，推动了测土配方施肥技术大面积推广应用。2022年印发《到2025年化肥减量化行动方案》，开展施肥新技术、肥料新产品和施用新方式"三新"集成配套落地行动，推动科学施肥从单一技术到集成配套的转变，为保障国家粮食安全、农产品质量安全和生态环境安全提供有力支撑。

　　本书聚焦主要粮经作物，分区域凝练筛选出一批高产高效、生态环保的施肥技术模式，汇编形成《科学施肥"三新"集成技术模式》，力求兼顾理论基础与实践指导性，让读者"看得懂、学得会、用得上"，为广大农业技术推广人员、新型经营主体和社会化服务组织提供参考。

　　由于时间仓促及水平所限，错漏之处敬请批评指正。

编著者

2025年2月

目 录 ▶CONTENTS

第一章

绪　论

一、科学施肥"三新"集成技术模式的基本概念

科学施肥"三新"集成技术模式是指综合考虑作物需肥规律、土壤供肥性能和肥料效应，将施肥新技术、肥料新产品和施用新方式进行集成组装，配套其他技术措施，形成满足作物全生育期养分需求，促进高产稳产、提质增效、低碳环保的科学施肥全程解决方案。科学施肥"三新"集成技术模式以进一步提升施肥技术水平和应用效果为目标，贯彻落实系统集成理念，通过集成整合科学施肥技术方法、肥料产品、机械装备等各种要素，促进农机与农艺融合、产品与机械配合，寻求各要素最佳匹配的优化组合，产生"1+1＞2"的集成效应。其核心内涵是通过技术创新、产品创新、装备创新以及服务创新，发展新质生产力，推动农业生产方式转型升级。

科学施肥"三新"集成技术模式具有 3 个显著特征：一是注重施肥的精准化。在测土配方施肥的基础上，通过集成应用营养诊断、无人机遥感等技术，充分了解作物需肥、土壤供肥特点，配套施肥机械，实现肥料配方、用量、施肥时间与空间等最优匹配。二是注重施肥的轻简化。通过产品创新、装备创新与服务模式优化，配合缓控释肥、专用配方肥等新型肥料产品，采用侧深施肥、种肥同播、无人机喷施等施肥机械装备，提高作业效率，减少施肥次数，实现机械化、轻简化。三是注重施肥的绿色化。通过精准匹配作物需求，施用缓控释肥、稳定性肥料等产品，优化施肥位置，利于作物吸收利用，减少氮、磷等养分流失，提高化肥利用效率，减轻面源污染，促进绿色可持续发展。

二、科学施肥"三新"集成技术模式的核心要素

科学施肥"三新"集成技术模式以促进高产、优质、经济、环保为目标，遵循正确的肥料品种、正确的施用量、正确的施用时间、正确的施用位置"4R"原则，基于作物营养需求、土壤养分供应能力及肥料效应，实现施肥精准化、智能化、绿色化。通过集成施肥新技术、肥料新产品、施用新方式，打破传统经验式施肥模式的局限性，通过科学配比肥料种类、优化施用方式与调控施用时间和施肥位置，实现农业生产效益、生态安全保障与资源利用效率的协同提升。其核心要素包括以下 3 个方面：

1. 新技术。在传统测土配方施肥的基础上，充分运用现代技术方法，实现创新发展

和迭代升级。在土壤测试方面，通过研发通用、联合浸提剂，配合批量化操作和多元素同时测定大型仪器设备，大幅提高测试效率。探索高光谱无损探测、伽马射线原位监测等技术，逐步建立土壤养分实时测定方法。在植株营养诊断方面，采用多光谱近地面遥感等方式，获取作物叶片及冠层图像，通过计算机视觉识别配合作物生长模型计算给出植株营养丰缺状况。在施肥推荐方面，从单一的以增产为目的，向统筹高产、优质、经济、环保等综合目标转变，依托大数据分析及智能化手段，高效利用作物生产情况、土壤肥力状况、农户种植习惯、区域气候条件等信息，提出精准施肥方案，推动施肥技术水平提升。

2. 新产品。 在传统肥料产品的基础上，综合考虑作物养分需求和应用场景，采用新材料、新方法、新工艺等，改变产品的形态和特性，实现肥料产品专用化、功能化、多样化。与传统肥料相比，新型肥料产品能够更加准确匹配植物营养需求，具有更好的养分释放特性和作物适应性，大幅度提高肥料利用率，减少环境污染，同时改善土壤健康和农产品品质。

在肥料缓控释方面：采用各种调控机制，预先设定肥料在作物生长季节的释放模式，调节不同养分释放时间和速率，使养分释放与作物需肥规律一致。一是包膜类肥料，目前主要采用的工艺是用聚氨酯等聚合物包衣尿素，以及硫包衣尿素、磷矿粉或其他肥料包衣等。二是聚合物类，尿素与有机物反应生成的聚合物，如脲甲醛和异丁叉二脲等。三是在氮肥中添加脲酶抑制剂和（或）硝化抑制剂形成的稳定性肥料，施入土壤后能通过脲酶抑制剂抑制尿素或铵态氮硝化，使肥效期得到延长，降低氮素损失。

在肥料增效方面：通过在肥料中添加肥料增效剂，以改善肥料养分供应、促进植物养分吸收或调节土壤微生物及酶活性等，提高肥料利用率。肥料增效剂主要分为天然/植物源材料提取物、化学合成物质和微生物代谢产物。一是添加天然/植物源材料提取物。在肥料中添加氨基酸、腐植酸、海藻酸等，通过刺激根系发育、增强酶活性、调节激素平衡等方式促进养分吸收。二是添加化学合成物质。添加脲酶抑制剂，通过抑制土壤中脲酶的活性，延缓尿素水解；添加硝化抑制剂，抑制铵态氮的硝化，提高氮肥利用效率。三是添加微生物代谢产物。如添加聚谷氨酸吸附并缓慢释放氮、磷、钾等养分，减少流失，促进根系生长，提高养分吸收效率；添加氨基丁酸增强抗逆性，增强酶活性，促进氮素吸收。

在提高肥料水溶性方面：通过优化养分形态和加工工艺，实现快速溶解和高效吸收，适用于滴灌、喷灌等水肥一体化施肥系统，促进肥水高效利用。一是化学改性类。通过添加 EDTA、柠檬酸等螯合剂，将中微量元素转化为水溶性络合物，防止沉淀。二是物理加工类。将肥料颗粒粉碎，增加比表面积，增强溶解性。优化造粒工艺，采用喷雾干燥等技术，生产颗粒均匀、分散性好的肥料。三是特种添加剂类。添加润湿剂、分散剂等，降低表面张力，促进快速溶解。

在有机无机结合方面：通过物理混合、化学合成、生物技术应用等路径整合有机肥料与无机肥料，实现速效养分和缓效养分协同供应。一是物理混合类。将腐熟有机肥与尿素、过磷酸钙等复混造粒，或通过外层包裹速效化肥、内核填充有机质的方式。二是化学合成类。通过化学键合成将腐植酸与磷酸铵、钾盐结合，形成腐植酸铵、腐植酸钾等，增强养分活性；利用生物炭的多孔结构负载化肥颗粒，通过吸附-缓释机制释放养分。三是生物技术类。有机无机肥中添加解磷菌、解钾菌、固氮菌等，加速有机质矿化和养分释放；添加纤维素酶、蛋白酶等，促进有机物分解。

3. 新机具。包括种肥同播机、机械深施注肥器、自走式喷灌机、侧深施肥装置、喷（撒）肥无人机等高效施肥机械。施肥机具合理利用能够大幅提高施肥效率、均匀性和准确性，降低劳动强度，实现精准作业。例如水稻侧深施肥机通过在插秧机上加装侧深施肥装置，在机插秧的同时，把肥料均匀、定量地施入秧苗根侧，并覆盖于泥浆中，有效促进根系生长，减少施肥次数和肥料用量，降低人工投入和养分损失。玉米种肥同播机通过一次机械作业，集开沟、施肥、播种、掩埋、压实于一体，通过提前设置玉米播种的株距、行距以及种肥距离、角度、深度，一次性将种子与肥料播入土壤，减少作业次数和人工投入，提高了播种效率。同时将肥料准确地施在种子周围的特定位置和深度，确保玉米在生长初期就能获得充足的养分供应，促进幼苗健壮生长，有助于提高玉米的产量和品质。小麦种肥机械深施机在播种时一次作业，同时完成开沟、施肥、播种、覆盖和镇压等多道工序，将化肥定量均匀地施入种子侧下方或正下方 3 厘米左右，保证农作物充分吸收养分，显著减少肥料有效成分的挥发和淋失，达到提高肥效和节肥增产的目的。喷（撒）肥无人机通过高精度定位与路径规划，实现全地形精准施肥作业，其变量喷洒系统可根据光谱遥感生成的"处方图"，动态调控施肥。搭载离心雾化喷头或颗粒播撒器，适应叶面肥细雾喷施与颗粒肥防飘移撒施需求，实现精准施肥，作业效率 80～150 亩[*]/时，较人工施肥显著提升。

三、科学施肥"三新"集成技术模式的发展背景

肥料是作物的"粮食"，是农业生产的基本要素，是农产品产量和品质的物质基础，也是资源高效利用和生态环境保护的关键因子。在中华农耕文明的历史长河中，我们逐步形成了以有机肥为核心的施肥技术体系，维持了几千年的连年种植、持续产出和土壤肥力平衡。新中国成立后，我国科学施肥事业蓬勃发展，对于解决温饱问题、保障粮食安全、促进农业绿色高质量发展发挥了巨大作用，为中国农业的持续高产出、优品质、多样化提供了坚实保障。

1979 年开展的第二次全国土壤普查，摸清了我国 20 年耕地养分变化状况，为指导科学施肥提供了依据。1981—1983 年进行的第三次全国规模的化肥肥效试验，确定了氮、磷、钾肥的效果。20 世纪 80 年代初，针对以往施肥工作中出现的"三偏"施肥（偏施氮肥、用量偏多、施肥偏迟）和氮、磷、钾比例失调等问题，广大土肥工作者从实际出发，在合理施肥技术方面进行了有益的探索，提出了"测土施肥""诊断施肥""计量施肥""控氮增磷钾""氮磷钾合理配比"等众多的科学施肥技术，在定量化合理施肥方面积累了大量的实践经验。1983 年农业部在广东召开会议，将各地采用的施肥方法统一定名为"配方施肥"。1986 年 5 月再次召开配方施肥工作会议，归纳出三大类六种基本方法，形成《配方施肥技术工作要点》，建立了比较完整的技术体系。至 90 年代初，我国建立了131 个优化配方施肥示范县，配方施肥覆盖 1 700 多个县，每年推广 8 亿亩次，为农业增

　＊ 亩为非法定计量单位，1 亩＝1/15 公顷。——编者注

产增收作出重要的贡献。

2005 年，针对肥料价格高位运行，部分地区过量施肥、盲目施肥、肥料利用率偏低等问题，在中央财政支持下，农业农村部启动实施了测土配方施肥项目。至 2009 年，中央财政累计投入 40 亿元，地方配套 4 亿元，项目县（场）从 200 个扩大到 2 498 个。经过 5 年的发展，测土配方施肥项目实现了从无到有、由小到大、由试点到"全覆盖"的历史性跨越。到 2012 年，累计采集土壤样本 1 543 万份，植株样本 106 万份，基本摸清了我国县域土壤理化性状状况。分区域、分作物完成"3414"试验 11 万个，开展小区试验 27 万个、大田示范 51 万个，为研究最佳肥料品种、施肥时期、施用方式、肥料用量积累了大量的一手资料。建立以"氮肥总量控制、分期调控"和"磷钾恒量监控"为核心的养分资源综合管理技术路径，制定并发布主要作物肥料配方 17 万个，筛选确定 200 多家农企合作企业，加快配方肥推广下地。累计培训农民 2.3 亿人次，每年测土配方施肥推广面积超过 13 亿亩次，技术覆盖率超过 50%，主要粮食作物亩节本增效 30 元以上，经济作物亩节本增效 80 元以上。

2015 年，农业农村部启动化肥使用量零增长行动，印发《到 2020 年化肥使用量零增长行动方案》，组织集成推广高效施肥技术模式，按照土壤养分状况和作物需肥规律，分区域、分作物集成推广一批高产、高效、生态施肥技术模式，持续推进化肥减量增效。2022 年农业农村部印发《到 2025 年化肥减量化行动方案》，要求按照"精、调、改、替、管"的技术路径，组织开展"三新"集成配套落地行动，集成推广施肥新技术新产品新机具，减少化肥用量，提高利用效率。2022 年以来，各地依托化肥减量化、科学施肥增效项目，聚焦粮油作物和经济作物开展科学施肥"三新"集成技术模式示范推广，不断优化新技术、新产品、新机具"三新"集成技术。在新技术方面，强化土壤、肥料、作物三者协同，实施养分综合管理，因地制宜推广营养诊断、根层调控和精准施肥等技术，实行有机无机配合，促进养分需求与供应数量匹配、时间同步、空间耦合。在新产品方面，加强绿色投入品创新研发，引导肥料产品优化升级，积极推广缓控释肥料、水溶肥料、微生物肥料、增效肥料和其他功能性肥料，准确匹配植物营养需求，提高养分吸收效率。在新机具方面，推广应用种肥同播机、机械深施注肥器、侧深施肥机、喷施无人机、水肥一体化设施、有机肥抛撒机等高效机械装备，减少化肥流失和浪费。截至目前，科学施肥技术的发展经历了从经验施肥到科学施肥、从低效到高效、从单一技术到"三新"集成的转变，有效提高了作物的产量和品质，促进了农业的可持续发展。

四、集成推广科学施肥"三新"技术模式的重大意义

（一）集成推广科学施肥"三新"技术模式是促进粮食产能提升，筑牢粮食安全根基的必然需求

仓廪实，天下安。粮食安全是关系经济发展和社会稳定的全局性重大战略问题，是国家安全的重要基础。2025 年中央一号文件提出深入推进粮油作物大面积单产提升行动，加大高产高效模式集成推广力度。农业农村部印发《2025 年全国粮油作物大面积单产提升实施方案》，把大面积单产提升作为保障国家粮食安全的关键举措。受耕地地力整体偏

低、水资源匮乏等因素制约，单产提升必须向科技要产量、向精细管理要效益。当前，单产提升主要依靠增加种植密度，密度增加后，肥水供应就成为限制因子，肥水调控就成为关键措施。这对科学施肥提出了新要求，需要不断创新肥料产品、优化施肥结构、改进施肥方式，加强集成推广，按照满足增密高产的要求，坚持"以产定肥、按需施肥"，保障作物全生育期养分充足均衡供应，为促进大面积单产提升提供有力支撑。

肥料是粮食的"粮食"。科学施肥"三新"集成技术模式通过集成精准施肥技术，采用土壤养分快速检测、作物需肥规律建模和智能决策系统，实现氮、磷、钾与中微量元素的动态配比，能够显著提高肥料利用率，促进产能提升。集成新型功能性肥料（如缓释肥料、稳定性肥料、生物刺激素等）包膜控释、添加硝化抑制剂等技术，延长肥效期并减少养分流失。以聚氨酯包膜尿素为例，其氮素释放周期与玉米需肥曲线高度吻合，在东北黑土地应用中，玉米产量较常规施肥提高 12%，氨挥发损失降低 50%。此外，含腐植酸、海藻提取物的增效肥料可增强作物抗逆性，在干旱和盐碱地区推广，小麦单产提高 5%~8%。集成施肥新机具是提升作业效率和精准度的关键。例如，北斗导航深松施肥一体机可实现开沟、定位深施、覆土同步作业，将氮肥集中施于根系密集区，减少氨挥发损失。集成推广科学施肥"三新"技术模式能够显著提高肥料利用效率、挖掘耕地增产潜力，是突破资源约束、保障粮食稳产增产的关键路径，是促进粮食产能提升、筑牢粮食安全根基的必然需求。

（二）集成推广科学施肥"三新"技术模式是推动农业绿色发展，践行生态文明理念的有效路径

化肥生产主要是以化石产品为原料，以氮肥主要品种尿素为例，其生产能耗的 60% 来源于煤炭、25% 来源于天然气，其余 15% 来源于重油。我国每年由于不合理施用，流失化肥也会带来能源浪费。目前，我国三大粮食作物化肥利用率为 42.6%，经济作物的化肥利用率更低，过量施用的化肥容易流失进入水体，产生波及范围广、治理难度大、持续时间长的农业面源污染，严重透支农村生态红利。2020 年《第二次全国污染源普查公告》显示，种植业产生的氨氮、总氮、总磷分别占全国水污染物排放总量的 8.6%、23.7%、24.2%，对水环境安全构成威胁。农业面源污染不仅会损害居民生存环境和健康状况，还会严重破坏水体、土壤的自然恢复，已成为实现乡村生态振兴及农业绿色发展的阻碍，制约着乡村振兴及建设农业现代化强国的步伐。为缓解农业面源污染的严峻形势，我国出台了《关于打好农业面源污染防治攻坚战的实施意见》《关于实施农业绿色发展五大行动》《到 2020 年化肥使用量零增长行动方案》，旨在推进农业面源污染治理。

科学施肥"三新"集成技术模式通过集成测土配方施肥技术，优化施肥方案，结合作物需求生成合理施肥配方，提高养分与作物需求匹配度，提高肥料利用效率。通过集成生物有机肥、微生物菌剂等环境友好型肥料产品，能够替代部分化学肥料并培肥土壤。以有机、无机和微生物肥料配合施用为例，其具有化学肥料的速效性、有机肥料的长效性、微生物肥料和微量元素的增效性、调节剂的促效性，使各种效应有机地融为一体。智能变量施肥机与种肥同播技术的结合，从空间维度减少养分流失。集成推广科学施肥"三新"技术模式是减少农业面源污染，推动农业绿色发展，践行生态文明理念的有效路径。

（三）集成推广科学施肥"三新"技术模式是发展新质生产力、建设农业强国的重要抓手

习近平总书记指出，举全党全社会之力推动乡村振兴，促进农业高质高效、乡村宜居宜业、农民富裕富足。乡村振兴的核心在于产业兴旺与农民增收。科学施肥"三新"技术模式：一是通过技术创新与模式升级，应用智能化施肥方式，推进肥料科学施用，均衡大量、中量、微量元素养分供应，提高农产品品质，提升生产效率，促进降本增效，提高农民收益，助力产业振兴。二是通过产品创新，应用缓释肥料、水溶肥料、微生物肥料等，减少养分损失和面源污染，改善人居环境，促进生态振兴。三是通过科技赋能实现数字化智能配肥、自动化高效施肥，发展新质生产力、催生新产业，创造就业机会，激活乡村内生动力，推动人才振兴。集成推广科学施肥"三新"技术模式，有助于推动"传统耕作"迈向"智慧农业"，推动乡村产业、生态振兴、人才振兴，助力乡村全面振兴。

五、科学施肥"三新"技术模式集成推广取得初步成效

2022年开始，为推进测土配方施肥工作向纵深发展，依托科学施肥增效项目实施，全国农业技术推广服务中心在全国组织开展大范围科学施肥技术集成示范，在施肥新技术、肥料新产品、施用新机具"三新"配套上实现突破。2023年在全国31个省（自治区、直辖市）开展大面积"三新"集成技术模式推广示范区建设；2024年，选择了363个"三新"集成配套推进县，探索整村整乡推广"三新"集成技术模式。三年来，各地对照项目要求，坚持"干"字当头、"实"字为先，创新思路、主动作为、强化措施、务求实效，在技术模式集成、示范推广、服务模式创新等方面取得了初步成效。

（一）强化集成创新，集成了一批科学施肥"三新"技术模式

各地聚焦水稻、玉米、小麦、大豆等粮油作物和蔬菜、果树等经济作物，遴选新技术、新产品、新机具，集成了180多个"三新"技术模式，其中粮油作物技术模式110个、经济作物技术模式70多个。例如，黑龙江省集成推广了水稻"测土配方施肥＋有机肥＋无人机追肥"技术模式，基于土壤测试、田间试验和农户调查，综合考虑作物需肥规律、土壤供肥性能及肥料效应，提出科学施肥方案。采用机插秧同步侧深施肥技术，实现化肥施用与插秧作业高效结合。结合无人机进行叶面追肥，实现水稻生育期精准施肥与全程机械化管理，实现均衡作物营养，保证全生育期养分供应，提高作物产量5%～10%。甘肃省集成推广玉米"种肥同播＋缓释肥料＋膜下滴灌"技术模式，播种选用北斗导航精量播种机，实现铺管、覆膜、穴播及覆土等多项作业一次完成。肥料选用稳定性肥料，在底肥时期使用，实现氮素缓慢释放和减少损失，配合膜下滴灌技术，实现示范区玉米增产10%，节水20%以上。江苏省集成推广小麦"机械深施＋缓释肥料＋无人机遥感追肥"技术模式，以测土配方施肥为基础，制定小麦基肥施肥方案，配套施用种肥同播专用缓释肥，通过机械播种同步机械施肥。在分蘖期和拔节初期及时进行无人机遥感长势监测，进行作物长势解析，采用无人机追施配方肥料，实现小麦生育期全程机械化精准施肥，产量

提升达 6%～8%，节肥 10%～20%，肥料利用率提高 15%以上，施肥次数减少，亩节约人工 0.5 个。

（二）强化示范推广，建立科学施肥"三新"集成技术模式整建制推进示范区

2022 年、2023 年在全国 31 个省（自治区、直辖市）分别建设 4 000 万、4 870 万亩次科学施肥"三新"集成技术模式推广示范区。2024 年在 363 个县开展科学施肥"三新"集成配套整建制推进，探索整村整乡推广模式，建设粮食作物万亩片 548 个、千亩方3 362 个，辐射带动 5 854 万亩次；经济作物千亩方 365 个，辐射带动 864 万亩次。贵州省聚焦赤水河、乌江流域等重点区域，集成推广"精准施肥＋缓释肥料＋侧深施肥/种肥同播＋无人机追肥"等模式，在 29 个县（市、区）打造科学施肥"三新"示范区 13 万亩，示范带动 54 万亩次，实现平均节肥 5%～10%、省工 30%、增产 5%～10%。福建省长汀县打造水稻科学施肥"三新"集成技术模式千亩以上示范片 12 个，辐射带动 17.5 万亩，项目区减少化肥施用量 10%以上，带动全县农用化肥使用量比上年减少 2.09%。湖南醴陵创建科学施肥"三新"示范区 5 万亩，开展"测土配方＋无人机喷肥＋水溶肥"配套服务，减少化肥用量 150 吨，节本增效 210 万元。

（三）强化模式创建，探索科学施肥"三新"集成技术推广新机制

科学施肥"三新"集成技术模式推广实现由单项技术向综合措施转变、由局部应用向整建制推广转变。各地采取政府购买服务等方式，不断培育壮大专业化服务组织，创新技术服务模式，助力科学施肥"三新"技术模式普及。一是服务主体进一步壮大。通过项目引导和支持，形成了新型经营主体、肥料企业、农资经销商等多方力量参与的立体式科学施肥社会化服务体系。目前，全国科学施肥社会化服务组织超过 1.7 万个，每年服务面积超过 2.5 亿亩次。甘肃省培育壮大社会化服务组织 120 多家，实现全程技术托管服务面积220 万亩以上。二是服务内容进一步拓展。为适应科学施肥形势和生产需求变化，科学施肥社会化服务组织逐步由只管施肥转变为提供营养诊断、配肥、施肥等全流程"一条龙"服务，减轻了农民劳作负担，推动了科学施肥技术落地。三是服务方式进一步创新。各地广泛应用大数据、物联网、移动互联等手段开展土壤养分、施肥方案、肥料价格等信息查询和智能化配肥、施肥指导等服务。全国建立智能配肥服务网点 2 000 多个，年智能配肥数量超过 400 万吨（折纯）。新疆大力推广 NE 专家施肥系统，在玉米、小麦、棉花上开展科学施肥推荐指导，农户获取施肥信息更加便捷、用肥结构更加合理、增产增收效果显著。广西创新信息化智能化服务模式，引导 109 家肥料企业，利用移动互联等现代信息化手段，加强农企对接，开展遥感诊断、智能配肥、施肥到田等定制化服务，建立 100 多个终端配肥网点，依托测土配方施肥大数据平台和施肥专家系统，现场配制私人定制的套餐肥。

第二章

水稻科学施肥"三新"集成技术模式

第一节　东北稻区

寒地单季稻"测土配方施肥＋有机肥＋无人机追肥"技术模式

一、模式概述

基于土壤测试、田间试验和农户调查，综合考虑作物需肥规律、土壤供肥性能及肥料效应，提出科学施肥方案。在合理施用有机肥料的基础上，精确制定氮、磷、钾以及中、微量元素等肥料的施用量、施肥时期和施肥方式。水稻基肥推荐配施有机肥，鼓励秸秆还田。采用机插秧同步侧深施肥技术，实现化肥施用与插秧作业高效结合。在水稻生长后期，结合病虫害防治，通过无人机进行叶面追肥 2～3 次，实现水稻生育期精准施肥，提高施肥效率与作物产量。

二、技术要点

（一）测土配方

1. 土样采集。在平原地区，每 200 亩左右采集 1 个土样；在丘岗山地，每 100 亩左右采集 1 个土样。根据采样区域实际情况，按照"蛇形"或"梅花形"采样法，选择具有代表性的 5～10 点为取样点。每个取样点垂直采集耕层（0～20 厘米）土样，每个点采集 0.1～0.2 千克土。所有样品混合后，用"四分法"弃去多余的土样，保留样品重量 0.5～1 千克。

2. 田间调查。在土样采集过程中，需要对所选田块进行调查，包括土壤类型、土壤肥力水平、前茬秸秆还田、化肥施用、水稻产量水平等，确保采样代表性和准确性。

3. 土样分析。按照相关国家标准、行业标准或土壤分析技术规范，分析测定土壤中的主要养分指标，包括土壤有机质、pH、速效氮、有效磷、速效钾、有效硼、有效锌等，为后续施肥方案提供数据支持。

4. 制定施肥方案。依据所采集的基础数据，建立土、肥、水等信息数据库，并结合测土配方平衡施肥专家系统软件，对数据进行分析处理。根据采样单元具体情况，制定科学合理的施肥方案，以实现区域内作物生长的最佳养分供给。

5. 施肥指导。在实施过程中，发放测土配方施肥通知单，向农户推荐施肥方案，并组织针对农户的技术培训。开展技术指导，帮助农户选购并施用合适的配方肥料，确保技术入户到田，提升肥料利用效率，提高水稻产量。

（二）施肥管理

1. 肥料品种。选用氮、磷、钾配比合理、粒型整齐、硬度适宜的肥料。对于一次性施肥，优选含有一定比例缓控释养分的侧深施肥专用肥料；若采用基追肥配合方式，可选用常规配方肥。常用肥料包括尿素、磷酸二铵、硫酸钾（氯化钾）、普通复合肥料等。同时，积极推广使用有机肥（如生物有机肥、微生物菌剂），以及中微量元素肥（如镁、锌肥等）。

2. 肥料要求。选择肥料时，应确保颗粒均匀，粒径在 3～4 毫米。肥料的氮、磷、钾配比应合理，且其硬度和密度应符合要求（硬度≥30 牛、密度≥1.3 克/厘米^3）。优选具有良好防潮性的控释或缓释肥料，以实现氮素的速效与缓效结合，促进全生育期作物营养的持续供给。

3. 肥料用量。施肥量应根据目标产量、土壤肥力等条件进行调整。对于土地肥沃、地力水平高的地块，应适量减少施肥量，尤其是氮肥；对于瘠薄、肥力较差的地块，则应适当增加施肥量。一般情况下，目标产量 600 千克时，推荐亩化肥施用量 15.68 千克，其中氮（N）6.5 千克、磷（P_2O_5）3.68 千克、钾（K_2O）5.5 千克，折合 46% 尿素 11 千克、64% 磷酸二铵 8 千克、50% 硫酸钾 11 千克。目标产量每亩 650 千克以上或高产创建的田块，建议亩施肥量增加 15%～20%；高产田、种子田氮、磷、钾比例大约为 2∶1∶(1.8～2.0)。

4. 施肥次数。常规施肥一般分为基肥、蘗肥、调节肥、穗肥、粒肥。

（1）基肥。氮肥总量 40%、磷肥 100%、钾肥 60%，在最后一遍水整地前采用撒肥器全田施入，随搅浆整地耙入土中 8～10 厘米。注意磷肥不能表施，以免引起表层磷肥富集诱发水绵发生。也可采用侧深施肥技术在插秧时同步施肥。

（2）蘗肥。氮肥总量 30%，在水稻返青后（4 叶期）立即施入或在插秧后 3～4 天及时施入。蘗肥分两次使用，第一次蘗肥总量的 80% 全田施入，其余 20% 在 6 叶期看田追施，哪黄哪弱施哪里。蘗肥在施肥总量不变的前提下，可以选择施用 3～4 千克/亩硫酸铵。

（3）调节肥（接力肥）。氮肥总量 10%，水稻倒 4 叶前后，抽穗前 30 天左右，功能叶明显褪淡 2/3 时，哪黄施哪里。如不施用调节肥时，可将 10% 调节肥用于蘗肥，即蘗肥由 30% 调整为 40%，高产创建的地块必须施用调节肥。

（4）穗肥。在水稻倒 2 叶（飘长叶后的新生叶片）露尖到长出一半时施用，氮肥总量 20%，钾肥总量 40%。施氮肥时注意"三看"：观察田间是否出现拔节黄，底叶有无枯萎，有无稻瘟病害。如未出现拔节黄褪淡时则晚施；底叶有枯萎、干尖现象先放水壮根，后复水施肥；有稻瘟病（叶瘟）发生应晚施，先晒田壮根或先防病后施肥。

（5）粒肥。常规生产田可以叶面追肥代替粒肥；高产创建田依据田间叶龄诊断，抽穗后田间出现落黄现象时，可亩增施总氮量 10％作粒肥，在水稻抽穗后 8 天内施完。

5. 注意事项。施肥过程中，应根据作物需肥规律和土壤供肥能力，合理调节和补充必要的营养元素，确保各类养分的平衡供应。在插秧机下地前，需调整好排肥量，并在施肥过程中注意及时检查肥料有无结块，避免施肥过量。肥箱应避免受潮或存有泥污，每天作业结束后，要对肥箱、排肥口等部位进行清理，确保设备正常使用。

（三）有机肥施用

施肥量大的农家肥、粪肥等有机肥可以配合基肥施用。生物有机肥或微生物菌剂施用可以在机插秧侧深施肥时进行，一般每亩用量 5～10 千克，肥料特性需满足侧深施肥要求，定位、定量、均匀地施于秧苗侧 3 厘米、深 5 厘米处，使肥料在土壤中缓慢分解，延长肥效，降低作业成本，提高肥料利用率。施用有机肥时，可以尝试减少一定量的化肥，但不能影响作物产量。

（四）无人机追肥

通过无人机搭载施肥设备，利用无人机的高空视角和精准定位能力，实现对农田的全方位覆盖和均匀施肥。水稻全生育期结合病虫害防治进行叶面追肥 2～3 次，营养生长期叶面肥以含氨基酸、含腐植酸、有机水溶肥为主，生殖生长期以磷酸二氢钾、有机水溶肥等促早熟为主，不宜使用含氮量高的叶面肥。积极推广叶面喷施硅、镁、硼、锌等中微量元素肥料。

1. 在施肥前，需要根据农作物的营养需求和土壤状况，制定合适的施肥方案。选择适合农田环境和农作物特点的无人机和施肥设备进行施肥作业。在施肥过程中，无人机可以根据预设的航线自动飞行，并通过遥控或自动控制系统进行施肥作业。

2. 使用无人机追施肥前，根据作业条件设置无人机的飞行高度、速度、喷幅、航线方向、喷洒量、雾化颗粒大小等参数并试飞，试飞正常后方可进行飞行作业。

3. 叶面喷肥作业前，按照建议的浓度用清水溶解肥料，待全部溶解后，静置 3～5 分钟，取清液喷施。

4. 叶面喷肥作业应在风力小于 3 级的阴天或晴天傍晚进行，防止灼伤植株。

5. 追肥作业后，应记录无人机作业情况。叶面喷肥后若遇雨，应重新喷施。

三、适用范围

适用于黑龙江、内蒙古呼伦贝尔部分寒地单季稻区，要求土地平整、连片种植、具备机械作业条件、土壤肥力良好、灌溉条件便利。

四、应用效果

本技术模式能够显著提升农业生产效益。

（一）增加产量

通过调整施肥比例、优化肥料用量，均衡作物营养，保证全生育期养分供应，可提高作物产量 5%～10%。

（二）提高肥效

通过精准施肥，减少肥料浪费，增加作物对养分的吸收，可避免土壤养分失调，提高资源利用效率。

（三）改善品质

通过合理施肥和土壤改良，能提高农产品的矿物质含量和维生素含量，促进作物健康生长。

（四）环境友好

通过减少肥料用量和优化肥料结构，有助于减少土壤和水体污染，提升农业生产效益和环境可持续性。

五、相关图片

有机肥机械施用

水稻机插秧侧深施肥

无人机追肥

水稻"三新"技术示范区

寒地单季稻"侧深机施＋缓释肥＋无人机追肥"技术模式

一、模式概述

以提高施肥对水稻产量和品质的贡献率为目标，以解决农业从业者劳动力日益匮乏为问题导向，高效整合肥料产品工艺优势、机械施肥精准优势、航化作业高效优势，集成"三新"技术。通过强化农机农艺结合，基肥采用侧深施肥机械，实现插秧施肥一次性作业。配套施用缓释肥料，基本满足生育期养分供应，减少施肥次数。追肥采用农业无人机作业方式，提高工作效率，形成水稻全程机械化、精准化、高效化的施肥技术模式。

二、技术要点

（一）基肥确定

1. 肥料品种。宜选用氮、磷、钾配比合理、粒型整齐、硬度适宜的肥料。宜选用含有一定比例缓控释养分的侧深施肥专用肥料，实现一次性轻简化施肥。

2. 肥料要求。肥料应为圆粒形，粒径以 2～5 毫米为宜，颗粒均匀、密度一致，理化性状稳定，硬度宜大于 20 牛，手捏不易碎、不易吸湿、不粘、不结块，以防肥料通道堵塞。

3. 肥料用量。依据水稻品种、目标产量、土壤测试结果等制定施肥方案，确定施肥总量、施肥次数、养分配比和运筹比例。一般情况下，侧深施肥的氮肥投入量可比常规施肥减少 5%～10%，减肥数量根据当地土壤肥力、施肥水平等实际情况确定。

4. 施肥次数。充分发挥水稻侧深施肥高效、省工的特点，一般采用一次性施肥＋无人机追肥。充分考虑氮素释放期等因素，选用含有一定比例缓控释养分的专用肥料，一次施基肥满足水稻整个生育期的养分需求。后期根据水稻生长情况，通过无人机进行适当追肥。

（二）侧深施肥

1. 培育壮秧。根据机插秧要求选用规格化毯状带土秧苗，一般秧苗叶龄 2.5～3.5 叶，秧龄 30～40 天，苗高 10～13 厘米。秧苗应敦实稳健，有弹性，叶色绿而不浓，叶片不披不垂，茎基部扁圆，须根多，充实度高，无病虫害。防止秧苗枯萎，做到随起、随运、随插。一般应在 5 月 13—25 日水稻高产插秧期内完成，确保不插 6 月秧。

2. 整地作业。提倡秋翻或春旋整地，灌浅水耙地，耙地后达到寸水不漏泥的平整状态。翻耕地块对打浆整地要求偏高一些，如果沉淀不好容易出现淤苗，沉淀过度或者打浆不匀易出现漏肥现象。秸秆还田残茬埋覆深度 15～25 厘米，漂浮率≤5%；旋耕地块秸秆还田残茬混埋深度 6～18 厘米，漂浮率≤10%。耕整后地表平整，无残茬、杂草等，田块内高低落差≤3 厘米，无大块田面露出。

3. 机械及施肥作业。选用带有侧深施肥装置的施肥插秧一体机或者在已有插秧机上加挂侧深施肥装置。在插秧的同时,把肥料均匀、定量地施入秧苗根侧 3~5 厘米、深度 4~6 厘米的位置,并覆盖于泥浆中。避免肥料漂移,促进秧苗根系对养分的吸收。插秧施肥同步进行,能够缩短缓苗期、促进根系生长,在增加水稻产量的同时,减少施肥次数和肥料用量,降低人工投入和养分损失,促进化肥减量增效和农业绿色高质量发展。

4. 作业准备。机具调试:作业前应检查施肥装置运转是否正常,排肥通道是否顺畅,气吹式施肥装置须检查气吹机气密性。进行开机试运转,机具各运行部件应转动灵活,无碰撞卡滞现象。肥料装入:除去肥料中的结块及杂物,均匀装填到肥箱中,盖上箱盖。装入量不大于侧深施肥机最大装载量,盖上防雨盖。装肥过程中应防止混入杂质,影响施肥作业。施肥量调节:施肥量按照机具说明书进行调节,调节时应考虑肥料性状及田块打滑对施肥量的影响,调节完毕应进行试排肥。试排肥应采用实地作业测试,正常作业 50 米以上,根据实际排肥量对侧深施肥机进行修正。

5. 作业要求。作业条件:依据当地气候条件和水稻品种熟期合理确定插秧时间,适时早插。插秧时要求日平均温度稳定通过 13℃,一般 5 月中旬开始,5 月 15—25 日为高产插秧期,最晚不宜超过 5 月末,使水稻有足够的有效分蘖时间。插秧密度 20~30 穴/米^2,每穴 1~6 株基本苗。机插秧苗应稳、直、不下沉,漏插率≤5%,伤秧率≤5%,相对均匀度合格率≥85%。插秧施肥操作:作业起始阶段应缓慢前行 5 米后,再按照正常速度作业;中途停车、转弯掉头应缓慢减速,避免施肥不均匀。肥料颗粒进入排肥管后通过风机或机械挤压进行强制排肥,定量落入由开器开出的位于秧苗侧边 3~5 厘米、深度为 4~6 厘米的沟槽内,由刮板覆盖于泥浆中。此时插秧机亦同步插秧。熄火停车应提前 1 分钟缓慢降低前进速度,直至停车。

6. 田间管理。

(1) 养分管理。插秧后注意监测水稻长势和营养状况,根据肥料运筹适时、适量追肥,保障养分供应。施用微生物菌剂可以促进土壤微生物繁殖,增强土壤肥力,并提供大量的氮、磷、钾等营养元素,有利于水稻生长发育。还可以提高水稻的抗倒伏能力、增强水稻的养分吸收能力、提高稻米品质。

(2) 水分管理。插秧后保持水层促进返青,分蘖期灌水 3~5 厘米,增温促蘖。10 叶期后,采用干干湿湿的湿润灌溉方式,增加土壤的供氧量,促进根系下扎。生育中期根据分蘖、长势及时晒田,晒田后采用浅、湿为主的间歇灌溉方法,养根保叶,活秆成熟。每次灌水 3~5 厘米,自然落干后再灌水。黄熟期停水,蜡熟末期停灌,黄熟初期排干。

(3) 病虫草害防控。选用抗(耐)病虫品种、建立良好稻田生态系统、培育健康水稻,采用生态调控和农艺措施,增强稻田自然控害能力。优先应用绿色防控措施,降低病虫发生基数,合理安全应用高效低风险农药预防和应急防治。

7. 注意事项。侧深施肥插秧要匀速,保证施肥均匀,防止堵塞排肥口,插秧后保持水层。侧深施肥专用肥料应颗粒均匀、硬度适中。根据作业进度及时补充秧苗和肥料。

(三) 无人机追肥

1. 肥料选择。肥料品种可选用含氨基酸、含腐植酸、大量元素、中微量元素类等水溶性肥料。

2. 喷施时期。一般选择在水稻分蘖期、结穗期和籽粒期前后，可根据水稻生长状况等，确定施肥时期。

3. 肥料用量。推荐每亩喷液量不少于15升，通过航化作业喷施2次，可根据实际情况进行调整。喷洒量等相关数据能够接入监管平台，航化作业应做到均匀喷洒。

4. 作业程序及注意事项。田间撒施作业时，应选择载肥量大、施肥均匀的无人机。喷施作业时应将肥料用清水全部溶解后，静置5分钟后取清液待用。根据作业区实际情况，设置无人机的飞行高度、速度、喷（撒）幅宽度、喷雾流量等参数，并对无人机进行试飞，试飞正常后方可进行飞行作业。肥液喷施选择无风的阴天或晴天傍晚进行，防止灼伤稻苗。喷施结束后记录无人机作业情况，若喷后遇雨，应重新喷施。喷施作业结束后持续观察水稻长势，再次喷施需至少间隔7天，避免盲目喷施造成毒害。无人机作业前查气象信息，遇降雨或温度超27℃、风力超3米/秒时应停止作业。有条件的地方可将实施地块坐标、作业轨迹、作业时间、肥料品种、肥料用量等信息适时上传管理平台，形成电子档案，确保可追溯。

三、适用范围

适用于黑龙江具有机械插秧条件的水稻主产区。

四、应用效果

侧深施肥有利于秧苗早生快发、株型整齐，抽穗提前，籽粒饱满，提高产量。应用缓控释肥料技术，优化速效氮和缓控释氮肥配比，可实现肥料的高效利用，减少养分流失，提高水稻吸收效率。

五、相关图片

水稻机插秧侧深施肥

缓释肥施用　　　　　　　　　　　　无人机追肥

吉林"微生物菌剂＋测土配方施肥＋侧深施肥"技术模式

一、模式概述

以测土配方施肥技术为基础，制定水稻基肥施肥方案。在科学调整施肥结构、合理确定施肥数量的基础上，以水稻机插秧侧深施肥为核心，应用缓控释专用肥料，配施微生物菌剂，通过侧深施肥插秧机同步完成插秧、施肥作业，实现有机无机配合、精准轻简化施肥。

二、技术要点

（一）微生物菌剂选择与施用

微生物菌剂含有特定的活体微生物，通过其生命活动，促进植物营养元素的供应和吸收。微生物菌剂的作用机理多样，包括改善土壤的理化特性、提供植物所需的营养元素，促进植物对营养的吸收、提高叶绿素含量、减少呼吸作用，以及增强植物抗逆性等。水稻应用微生物菌剂可促进苗床及本田土壤有益微生物活动，提高种子成活率，改良土壤结构、调节酸碱度，为根系营造更好的生长空间。

1. 微生物菌剂选择。微生物菌种应具备分类鉴定报告，包括在微生物分类中所属的属和种、形态、生理生化特性、鉴定依据以及菌种安全性评价等。微生物菌剂应符合相关产品标准。

2. 微生物菌剂使用方法。

（1）水稻育苗。水稻育苗时将微生物菌剂拌入育苗营养土中。每 100 千克育苗土中加入充分腐熟过筛的优质有机肥 20 千克，适量微生物菌剂及符合标准要求的水稻壮秧剂，培育壮苗、提高秧苗素质。

（2）水稻本田基肥。将微生物菌剂与有机肥混合均匀，撒施于本田表面，用拖拉机配套铧式犁或圆盘犁翻入土壤中，要求翻耕作业深度 20 厘米以上。通过施用微生物菌剂及有机肥料，为水稻生长提供均衡的营养及良好的土壤环境。

（3）随灌溉水使用。在水稻生长过程中，根据生长需求，将微生物菌剂与灌溉水混合，通过灌溉系统施入稻田中，促进水稻健壮生长。

（二）测土配方施肥

以测土配方施肥为基础，在确保作物正常生长发育及高产稳产的前提下，合理减少化肥用量，实现减量增效目的。

1. 肥料配方。 根据土壤测试结果，按照测土配方施肥专家咨询系统推荐的施肥量，确定基追肥施用量。采取一基一追的配方肥推荐选用 48%（20 - 13 - 15）、50%（18 - 15 - 17）配方，可以直接选用复合肥，也可自行掺混；采用一次性施肥的，宜选用含有一定比例缓控释养分的侧深施肥专用肥料。

2. 肥料要求。 配方肥料应符合以下要求：一是肥料应为圆粒形，粒径以 2～4 毫米为宜，粒径均匀、密度接近，理化性状稳定，不结块、吸湿性弱，含水率≤2.0%，硬度≥20 牛；二是肥效长、利用率高。依据施肥习惯及配方肥剂型，可采用全生育期一次性施肥，也可采用一基一追方式施肥。

（三）秸秆还田

水稻秸秆还田采用翻耕作业方式，翻耕深度以 20 厘米为宜，黏土可适当深耕，砂壤土适当浅耕。耙地前 5～7 天泡田，耙地要在插秧前 2～5 天进行，耙地作业质量应达到寸水不露泥。

水稻秸秆全量还田地块可将上年秋季秸秆粉碎后自然撒在水田表面，秸秆粉碎长度 10 厘米以下，水稻秸秆、根茬还田总量约 500 千克/亩。可在秋季收获后灌水、翻耙，第二年春季再灌水混耙一次；也可在第二年 4 月气温回暖后喷施秸秆腐熟剂，喷施后 5～10 天必须泡田，最高气温 5℃以上即可进行作业。1 千克秸秆腐熟剂兑水量不低于 20 千克，直接喷在秸秆表面即可，无须增施尿素，无须特别翻埋，结合粉碎翻耕效果更佳。泡田时保持浅水层，泡田时间不低于 15 天，越长效果越好。泡田时水表漂浮物不需要打捞处理，水面颜色可能呈现微黄色、浅蓝色、红棕色，并伴随有气泡产生，均属于正常现象。泡田结束后打浆、插秧均可正常进行。

（四）侧深施肥

在水稻机械插秧的同时，用侧深施肥装置将肥料按农艺要求一次性施在稻苗根侧下方泥土中，肥料距离稻根侧向 3～5 厘米，施肥深度 4～6 厘米，定位、定量、均匀施肥，减少肥料流失挥发，促进养分充分利用。

1. 机械选择。 选用带有侧深施肥装置的施肥插秧一体机或者在已有插秧机上加挂侧深施肥装置，主要分为气吹式和螺旋杆输送式两种类型。机械要求：侧深施肥装置应可调节施肥量，量程需满足当地施肥量要求，能够实现肥料精准深施，落点应位于秧苗侧 3～5 厘米、深 4～6 厘米处，通过刮板增强覆盖效果。

2. 作业准备。机具调试：作业前应检查施肥装置运转是否正常、排肥通道是否顺畅，气吹式施肥装置须检查气吹机气密性。机具各运行部件应转动灵活，无碰撞卡滞现象，并进行开机试运转。肥料装入：除去肥料中的结块及杂物，均匀装入肥箱，装入量不大于侧深施肥机最大装载量，盖上防雨盖。装肥过程中应防止混入杂质，影响施肥作业。施肥量调节：施肥量按照机具说明书进行调节，调节时应考虑肥料性状及田块打滑对施肥量的影响，调节完毕应进行试排肥。试排肥应采用实地作业测试，正常作业 50 米以上，根据实际排肥量对侧深施肥机进行校正。

3. 作业要求。

（1）作业条件。依据当地气候条件、水稻品种、熟期合理确定插秧时期，适时早插。插秧时要求日平均温度稳定通过 12℃，避开降雨以及大风天气。薄水插秧，水深 1～2 厘米。插秧要求：根据水稻品种、插秧时间、秧苗素质等确定插秧株距、取苗量及横向取苗次数，并通过株距调节手柄、纵向取样量与横向取样量进行调节。侧深施肥插秧密度一般应比常规施肥栽培密度减少 10%，低产或稻草还田、排水不良、冷水灌溉等地块栽培密度与常规施肥一致。机插秧苗应稳、直、不下沉，漏插率≤5%，伤秧率≤5%，相对均匀度合格率≥85%。

（2）插秧施肥操作。作业起始阶段应缓慢前行 5 米后，按照正常速度作业；中途停车、转弯掉头应缓慢减速，避免发生危险和施肥不均匀。肥料颗粒进入排肥管后通过风机或机械挤压进行强制排肥，定量落入由开沟器开出的沟内，经刮板覆盖于泥浆中。此时插秧机亦同步插秧。熄火停车应提前 1 分钟缓慢降低前进速度，直至停车。

（五）注意事项

1. 微生物菌剂施用量。微生物菌剂因品种、剂型、有效活菌数等不同而施用量不等，具体施用量应参照产品说明书。

2. 微生物菌剂与其他物质混合使用。微生物菌剂不能与未腐熟的农家肥混用，未腐熟的农家肥施入土壤会继续发酵，产生高温，影响微生物活性，降低菌剂作用。微生物菌剂不应与酸碱性物质及化肥混合使用，避免影响微生物的活性。不能与农药同时使用，尤其是杀菌剂类农药，对微生物菌剂影响最大。

3. 侧深施肥机具操作与保养。作业过程中，应规范机具使用，注意操作安全。施肥作业中应避免紧急停止或加速等操作，发现问题及时停机检修。调整好株行距，匀速前进，避免伤苗、缺株和倒苗。根据作业进度及时补充秧苗和肥料。受施肥器、肥料种类、作业速度、泥浆深度、天气等因素影响，应随时监控施肥量，适时微调。当天作业完成后，应及时排空肥箱及施肥管道中的肥料，做好肥箱、排肥、开沟等部件的清洁。

三、适用范围

适用于吉林省、辽宁省及内蒙古自治区赤峰、通辽和兴安盟等地具备侧深施肥机具的水稻产区，砂质土壤等保水保肥性较差地块不建议采用侧深施肥技术模式。

四、应用效果

（一）经济效益

微生物菌剂能够促进农作物营养生长和生殖生长，调控农作物代谢，提高养分吸收效率、抗旱抗逆性，提高作物产量和品质。侧深施肥能够将水稻的根系与肥料相互隔离，避免肥料对稻苗根系产生损伤，缩短返青时间，促进早生快发，增加分蘖数量，增加低节位分蘖，提高产量和品质。实施此项技术一般可增产8%～12%。插秧、施肥一次完成，可减少作业次数，降低生产成本，提高工作效率。

（二）社会和生态效益

通过微生物活动，能活化土壤中被土壤固定的营养元素，减少化肥用量。采用机械化侧深施肥，基肥集中条施，减少肥料径流、固定，可提高化肥利用率，减少化肥用量10%以上，降低碳排放。微生物菌剂能够增加土壤中有益微生物的数量，提高土壤肥力，还能抑制致病真菌和细菌生长，降低病害发生，减少农药使用量。

五、相关图片

机插秧侧深施肥　　　　　　　　　　　填装缓控释肥

吉辽蒙"侧深施肥＋缓控释肥料＋一次性施肥"技术模式

一、模式概述

水稻"侧深施肥＋缓控释肥料＋一次性施肥"技术，是以养分精准管理和科学高效施肥策略为基础，将侧深施肥新机具、缓控释肥料新产品和一次性施肥新方式进行集成。本技术模式主要通过水稻机插秧同步侧深施肥机械，在机械插秧的同时，将缓控释肥料等高效肥料定位、定量、精准地施于秧苗侧下方一定深度的土壤中,使养分在土壤中缓慢释放,实现水稻整个生育期的养分供给。这种技术模式不仅做到了水稻施肥环节的轻简化,降低了劳动强度,还提高了作物产量和肥料利用率,实现节本、提质、增效。

二、技术要点

(一)精细整地

1. 旱整地。 以翻地为主、旋耕为辅,也可以直接进行旋耕整地作业。先用铧式犁耕翻,可春翻也可秋翻,有机质含量高的稻田应以秋翻为主。翻地时要掌握土壤适耕水分,一般在 25%~30% 时进行。翻地深度 20 厘米左右,旋耕深度 15 厘米左右。翻地应扣垡严密、深浅一致,不重翻不漏翻,不留生格。

2. 水整地。 旱整地后泡田 3~5 天,垡片泡透后即可选择旋耕整地机或水田起浆机进行水整地。水整地埋茬起浆作业后,田间残茬等杂物埋茬率 80% 以上,秸秆埋茬深度 5 厘米以上,防止其堵塞施肥口。田块沉淀良好,砂土泥浆沉降 1~2 天,壤土沉降 2~3 天,黏土沉降 3~5 天,水层深度 5~7 厘米。确保田面深浅一致,精细平整,田块内高低落差不超过 3 厘米,泥脚深度不超过 30 厘米,防止带有施肥装置的插秧机械陷入土中。

(二)肥料选择

1. 外观要求。 为确保施肥机排肥顺畅、均匀,要求肥料粒型均一、吸湿性小、硬度适宜(颗粒抗压碎力大于 20 牛)、粒径为 3 厘米左右的圆粒形缓控释肥。养分释放期能够满足水稻全生育期生长要求。

2. 养分配比。 根据土壤养分和目标产量情况,制定合理的氮、磷、钾养分比例和施用量。辽宁中北部稻区推荐亩均施肥量为氮(N)10~13 千克、磷(P_2O_5)4~6 千克、钾(K_2O)4~6 千克;辽河三角洲稻区推荐亩均施肥量为氮(N)13~15 千克、磷(P_2O_5)4~6 千克、钾(K_2O)4~6 千克;辽东南稻区推荐亩均施肥量为氮(N)8~12 千克、磷(P_2O_5)3~5 千克、钾(K_2O)3~6 千克。其他地区可根据实际情况调整。

3. 肥料产品。 配合机械深施建议选择缓控释类肥料,通过各种调控机制使养分缓慢释放,可满足水稻全生育期的养分需求,如脲醛缓释肥(26-12-10)、包膜控释肥料(26-10-12)、稳定性肥料(26-11-11)和专用配方肥料(24-10-10)或相近配方肥料 40~50 千克/亩。

(三)侧深施肥

1. 机具选择。 选择安装有侧深施肥装置的水稻插秧机,具备单行施肥离合功能,肥料堵塞、漏施报警和显示装置的施肥机具,带有施肥量调节装置,并具有插前埋草整平功能,排肥量在 30~60 千克/亩,确保施肥准确性和稳定性。

2. 机具调试。针对不同肥料密度、不同地块滑移程度等实际情况，标定施肥挡位。施肥位置应调整在苗带侧方3～5厘米，泥面深度4～6厘米。肥料覆盖效果宜通过小面积作业试验进行装置调整，使用带有强制覆肥装置的气吹式施肥机时，肥料覆盖率应达到90%以上；不带强制覆肥装置的螺旋推进式施肥机，肥料覆盖率应达到80%以上。

3. 施肥作业。在机插秧的同时，同步将肥料施于秧苗侧位，栽插作业时要平缓起步、匀速前行，严禁急停急走。地头、地角及不规则田块要避免重复施肥或漏施肥。在距水稻秧苗根部3～5厘米的位置，以条状施肥，将肥料埋置在耕层深度4～6厘米之中。随时关注排肥状态，发现漂肥、断肥、覆肥不严时，要停车排除故障。肥箱肥料不足时及时补肥。

4. 注意事项。施肥过程中肥料用量要精准，施肥要均匀，避免停车造成局部区域施肥过量。田间作业时，肥料种类、施肥器转数和速度、泥浆深度、天气等都可能影响排肥量，要按照推荐的合理施肥用量，调节好排肥量挡位，严防排肥口堵塞。不同类型的肥料（颗粒或粉状）混合施用时，应现混现用，防止排肥不均影响施肥效果。缓控释肥料按推荐量一次性施用后，通常不再需要追肥。在天气变化较大时（如大暴雨、持续低温等），可适当补充追肥。

三、适用范围

适宜在辽宁、吉林南部、内蒙古东南部平原水稻种植区域推广，特别是集中连片、集约化程度高、机械配套好以及劳动力短缺的地区。

四、应用效果

通过精准养分管理和高效机械施肥，实现水稻生育期一次性施肥，节省劳动力。配套缓控释肥料，养分均匀缓慢释放肥效，利于水稻养分高效吸收，可大大提高肥料利用效率，减少养分流失，一般可增产5%以上，降低化肥使用量10%以上，同时减少了施肥次数和人工投入，降低了生产成本。

五、相关图片

机插秧侧深施肥

第二节　长江中下游稻区

长江中下游水稻
"侧深机施＋营养诊断＋无人机追肥"技术模式

一、模式概述

以测土配方施肥为基础，制定水稻基肥施肥方案，配套缓控释侧深施肥专用肥料，通过侧深施肥插秧机同步插秧施肥。在水稻生育期进行光谱营养诊断，可采用无人机追施配方肥料。后期视作物生长和天气情况实施"一喷多促"，实现水稻生育期全程机械化精准施肥。

二、技术要点

（一）基肥确定

1. 肥料品种。宜选用氮、磷、钾配比合理、粒型整齐、硬度适宜的肥料。采用一次性施肥的，宜选用含有一定比例缓控释养分的侧深施肥专用肥料；采用基追配合施肥的，也可选用普通配方肥。

2. 肥料要求。肥料应为圆粒形，粒径以 2～5 毫米为宜，颗粒均匀、密度一致，理化性状稳定，硬度宜大于 20 牛，手捏不易碎、不易吸湿、不粘、不结块，以防肥料通道堵塞。

3. 肥料用量。依据水稻品种、目标产量、土壤测试结果等制定施肥方案，确定施肥总量、施肥次数、养分配比和运筹比例。一般情况下，侧深施肥的氮肥投入量可比常规施肥减少 10%～30%，减肥数量根据当地土壤肥力、施肥水平等实际情况确定。

4. 施肥次数。充分发挥水稻侧深施肥高效、省工的特点，一般采用一次性施肥或一基一追方式。一次性施肥充分考虑氮素释放期等因素，选用含有一定比例缓控释养分的专用肥料，一次施基满足水稻整个生育期的养分需求。一基一追方式应做好基肥与追肥运筹，氮肥基蘖肥占 50%～70%，追肥占 30%～50%，可根据实际情况进行调整；磷肥在土壤中的移动性较差，可一次性施用；钾肥可根据土壤质地和供肥状况，选择一次性施用或适当追肥。

（二）侧深施肥

1. 培育壮秧。根据机插秧要求选用规格化毯状带土秧苗，一般秧苗叶龄 2～3.5 叶，秧龄 15～25 天，苗高 10～20 厘米。秧苗应敦实稳健，有弹性，叶色绿而不浓，叶片不披不垂，茎基部扁圆，须根多，充实度高，无病虫害。防止秧苗枯萎，做到随起、随运、随插。

2. 整地作业。秸秆还田：前茬作物秸秆切碎均匀抛撒还田，联合收割机收割留茬≤15厘米，秸秆切碎长度≤10厘米，秸秆切碎合格率≥90%，抛撒均匀度≥80%。高留茬和粗大秸秆应用秸秆粉碎还田机进行粉碎后再耕整田块。前茬是绿肥的，要适时耕翻上水沤至腐烂。整地要求：采用犁翻整地的，秸秆残茬埋覆深度15～25厘米，漂浮率≤5%；采用旋耕整地的，秸秆残茬混埋深度6～18厘米，漂浮率≤10%。耕整后地表平整，无残茬、杂草等，田块内高低落差≤3厘米，无大块田面露出。

3. 泥浆沉实。沉实时间根据土壤性状和气候条件确定，一般南方稻麦、稻油轮作区砂土泥浆沉实1天左右，壤土沉实2～3天，黏土沉实3～4天。沉实程度达到手指划沟可缓慢恢复状态即可，或采用下落式锥形穿透计测定土壤坚实度，锥尖陷深为5～10厘米，泥脚深度≤30厘米。

4. 机械选择。机械类型：选用带有侧深施肥装置的施肥插秧一体机或者在已有插秧机上加挂侧深施肥装置，主要分为气吹式和螺旋杆输送式两种类型。机械要求：侧深施肥装置应可调节施肥量，量程需满足当地施肥量要求，能够实现肥料精准深施，落点应位于秧苗侧3～5厘米、深4～6厘米处，通过刮板增强覆盖效果。

5. 作业准备。机具调试：作业前应检查施肥装置运转是否正常、排肥通道是否顺畅，气吹式施肥装置须检查气吹机气密性。机具各运行部件应转动灵活，无碰撞卡滞现象，并进行开机试运转。肥料装入：除去肥料中的结块及杂物，均匀装填到肥箱中，盖上箱盖。装入量不大于侧深施肥机最大装载量，盖上防雨盖。装肥过程中应防止混入杂质，影响施肥作业。施肥量调节：施肥量按照机具说明书进行调节，调节时应考虑肥料性状及田块打滑对施肥量的影响，调节完毕应进行试排肥。试排肥应采用实地作业测试，正常作业50米以上，根据实际排肥量对侧深施肥机进行修正。

6. 作业要求。作业条件：依据当地气候条件和水稻品种熟期合理确定插秧时间，适时早插。插秧时要求日平均温度稳定通过12℃，避开降雨以及大风天气。薄水插秧，水深1～2厘米。插秧要求：根据水稻品种、栽插时间、秧苗素质等确定栽插穴距、取苗量及横向取苗次数，并通过株距调节手柄、纵向取样量与横向取样量进行调节。侧深施肥栽培密度一般应比常规施肥栽培密度减少10%，低产或稻草还田、排水不良、冷水灌溉等地块栽培密度与常规施肥一致。机插秧苗应稳、直、不下沉，漏插率≤5%，伤秧率≤5%，相对均匀度合格率≥85%。插秧施肥操作：作业起始阶段应缓慢前行5米后，按照正常速度作业；中途停车、转弯掉头应缓慢减速，避免发生危险和施肥不均匀。肥料颗粒进入排肥管后通过风机或机械挤压进行强制排肥，定量落入由开沟器开出的位于秧苗侧边3～5厘米、深度为4～6厘米的沟槽内，经刮板覆盖于泥浆中。此时插秧机亦同步插秧。熄火停车应提前1分钟缓慢降低前进速度，直至停车。

7. 注意事项。作业过程中，应规范机具使用，注意操作安全。施肥作业中应避免紧急停止或加速等操作，发现问题及时停机检修。调整好株行距，匀速前进，避免伤苗、缺株和倒苗。根据作业进度及时补充秧苗和肥料。受施肥器、肥料种类、作业速度、泥浆深度、天气等因素影响，应随时监控施肥量，适时微调。当天作业完成后，应及时排空肥箱及施肥管道中的肥料，做好肥箱、排肥、开沟等部件的清洁。

（三）营养诊断

1. 实时监测。 在水稻追肥期，利用无人机多光谱图像传感器，获取田间水稻叶片光谱信息，结合土壤养分、化肥施用等情况，建立水稻营养无人机遥感监测模型。利用当地实际生产数据进行本地化验证，提高水稻营养诊断数据获取的可靠性和准确性，实现大规模水稻营养信息精确、高效及低成本获取。

2. 智能诊断。 结合水稻遥感特征信息与农学知识，构建适合于不同种植区、不同种植品种、不同管理措施下多种生产目标需求的水稻追肥期养分盈亏智能诊断模型，实现多尺度多生境水稻养分动态提取与智能诊断。

（四）无人机追肥

1. 模型构建。 应用知识表示与推理、信息检索与抽取等技术，建立基于专家经验的水稻施肥知识图谱，利用遥感诊断水稻养分数据对知识图谱进行动态演化，采用图神经网络技术，构建适用于低空无人机、基于养分平衡和产量最优的水稻精准施肥智能决策模型。

2. 精准追肥。 利用水稻精准施肥智能决策模型，融合测土配方施肥大数据，以各不同分区为计算单元，结合水稻目标产量、需肥规律、施肥运筹及养分配比等因素，生成水稻施肥作业决策数字化多维处方图。将处方图通过储存卡导入施肥无人机，实现水稻无人机精准、高效、按需追肥。

3. 肥料选择。 撒施时可选用单质肥料或配方肥料。喷施时要求肥料具有较好的溶解性，氮肥可选用尿素，磷肥可选用磷酸二氢钾，镁肥、锌肥、硼肥和钼肥可分别选用硫酸镁、硫酸锌、硼酸和钼酸铵。水溶性肥料可选择大量元素、中量元素、微量元素、含腐植酸、含氨基酸、有机水溶肥等，肥料产品应符合相关标准，取得农业农村部登记（备案）证。

4. 作业程序。 田间撒施作业时，应选择载肥量大、施肥均匀的无人机。喷施作业时应将肥料用清水全部溶解后，静置 5 分钟后取清液待用。根据作业区实际情况，设置无人机的飞行高度、速度、喷（撒）幅宽度、喷雾流量等参数，并对无人机进行试飞，试飞正常后方可进行飞行作业。肥液喷施选择无风的阴天或晴天傍晚进行，防止灼伤稻苗，确保肥效。喷施结束后记录无人机作业情况，若喷后遇雨，应重新喷施。喷施作业结束后持续观察水稻长势，再次喷施需间隔 7～10 天，避免盲目喷施造成毒害。

三、适用范围

适用于长江中下游具有机械插秧条件的水稻主产区。

四、应用效果

侧深施肥使肥料集中在根区，供应充足、便于吸收。全程机械化施肥有利于秧苗早生快发、株型整齐，抽穗期提前，籽粒饱满，增产 10% 以上。可节肥 20%～30%，施肥次数减少，肥料利用率提高 20% 以上，亩节约人工 0.5 个。

五、相关图片

水稻机插秧侧深施肥

重点流域"氮肥定额＋配方肥＋有机替代"技术模式

一、模式概述

在测土配方施肥的基础上，以水稻化肥定额施用为基础，因地制宜集成应用缓释配方肥，实现轻简化施肥。采用有机肥部分替代化肥、稻田节水控排与尾水回用等技术，配套秸秆深还、高效品种选择和绿色防控等技术，实现水稻生产化肥减施、环境减排与优质丰产协同推进。

二、技术要点

（一）核心技术

1. 水稻化肥定额施用。 根据氮肥产量响应曲线和氮损失曲线确定最高施氮量（最高产量时的建议施氮量）、推荐施氮量（兼顾高产稳产且减少氮排放的施氮量）和绿色发展施氮量（以不消耗地力、对环境影响最小化为目标的施肥量）。根据稻田所处区域及周边水系特征及水质要求，确定适宜的化肥定额用量。

水稻化肥用量定额（千克/亩）

作物	质地	最高施肥量		推荐施肥量		绿色发展施肥量	
		氮（N）	磷（P_2O_5）	氮（N）	磷（P_2O_5）	氮（N）	磷（P_2O_5）
籼稻	黏土	17	4	12	3	9	3
	砂土	18	6	14	5	11	4
粳稻	黏土	21	4	16	3.5	13	3
	砂土	22	6	17	5	14	4

2. 缓释配方肥轻简化施用技术。

（1）优先采用缓释掺混肥高效轻简施肥技术。选用水稻专用缓释掺混肥作为基肥，氮磷比根据土壤有效磷含量的高低科学确定，保证氮、磷同步减量。掺混肥氮释放特性需与当地高产优质水稻需氮规律同步，基肥氮施用量占总施氮量的70%～80%，结合整地或采用水稻机插秧同步侧深施肥技术将肥料施在秧苗侧位3～5厘米，施肥深度5厘米左右；剩余的20%～30%氮用普通尿素或氮、钾配方肥，结合穗肥期（倒3叶期）叶色诊断施用。如顶4叶叶色明显浅于顶3叶，正常施用；如顶4叶与顶3叶叶色相当，则不施用。

水稻适宜氮磷比

土壤肥力水平	富磷 （≥22毫克/千克）	高磷 （15～22毫克/千克）	中磷 （9～15毫克/千克）	低磷 （<9毫克/千克）
高氮 （>150毫克/千克）	无磷或氮：磷>2.7	1.6～2.0	1.2～1.6	1～1.3
中氮 （90～150毫克/千克）	无磷或氮：磷>2.7	1.8～2.2	1.3～1.8	1～1.3
低氮 （<90毫克/千克）	无磷或氮：磷>2.7	2.2～2.7	1.5～2.2	1～1.5

（2）测土精准配方施肥优化技术。综合考虑土壤供肥、作物长势和环境排放，基肥采用测土精准配方肥，配方肥的氮磷比根据土壤有效磷含量高低科学选择，并根据土壤中量、微量元素缺乏情况补施中微量元素肥；穗肥推荐采用氮、钾二元配方肥。根据地力进行氮肥优化运筹，前（基蘖肥）后（穗肥）期氮肥比例高肥力土壤4∶6；中低肥力土壤5∶5。

3. 有机肥部分替代化肥技术。土壤有机质含量低于20克/千克的稻田推荐配施有机肥，有机氮占化肥氮的比例以20%为宜，机械施用耕翻入土。如土壤有效磷含量高于15毫克/千克，推荐采用原料为植物源如菌菇渣的商品有机肥（有机质含量≥40%）；如土壤有效磷含量低于15毫克/千克，推荐采用动物粪便源如鸡粪、猪粪等商品有机肥。具有一定原生和次生障碍的稻田可施用生物有机肥，以200～1 000千克/亩为宜，作基肥一次施用。

4. 稻田节水控排与尾水回用技术。

（1）浅湿好气精准灌溉技术。浅水泡田（水深3～5厘米），泡田定额根据土壤渗漏速率进行计算，一般推荐泡田用水：黏土每亩70米^{3}左右，壤土50米^{3}左右，砂土45米^{3}左右。严禁多灌再排，减少氮、磷等污染排放。除水分敏感期和用药施肥时采用浅水灌溉（3～5厘米）外，一般以湿润灌溉为主。另外，应结合天气预报及时调整稻田灌溉方案，如预报有降水时，可推迟灌水，或根据雨量预报适量减少灌水量。

（2）田埂—排水口高度优化控排技术。为减少氮、磷流失，应适当增加稻田田埂高度，减少径流排水的发生，田埂高度建议为 20～25 厘米，并根据水稻生长动态及时调整排水口高度，最大化蓄集雨水，减少径流排水造成养分流失。返青期、分蘖期、拔节孕穗期、抽穗开花期和乳熟期的排水口高度分别推荐 5 厘米、10 厘米、20 厘米、10 厘米和 10 厘米。

（3）灌区尺度稻田尾水回用技术。以排灌单元为单位，结合泵站和闸坝将农田高浓度排水汇集到塘浜内，优先进行循环灌溉回用，非雨季尽量不排至外河。

（二）配套技术

1. 秸秆深还技术。 没有离田条件的地区，选择带有切碎装置的联合收割机，将小麦秸秆切碎并均匀抛撒于田面，碎草长度控制在 10 厘米以内、留茬高度不高于 15 厘米，利用大马力机械进行秸秆深还，还田深度 15～20 厘米，减少土壤表层的秸秆覆盖。一般应在小麦收割后立即进行深还作业，有条件的地方建议先喷洒秸秆腐熟菌剂，同时结合基肥将秸秆和肥料一起深施到田里。

2. 高产优品种选择。 优先选择氮、磷利用高效的高产优质水稻品种。

3. 绿色防控技术。 坚持"预防为主、综合防治"的方针，采用农业防治、物理防治、生物防治、生态调控以及科学、合理、安全使用农药的技术防治病虫草害。

（三）注意事项

1. 配方肥及有机肥品种的选择应同时考虑土壤有效磷含量，从而避免只减氮不减磷而造成的土壤磷积累和流失风险问题。

2. 小麦秸秆可选择直接粉碎还田、离田堆沤处理后再还田或其他资源化利用途径，直接还田的应尽量深还，减少对整地插秧作业的影响，减轻秸秆腐解对水稻秧苗的毒害以及带来的甲烷排放增加等问题。

3. 应严格控制水稻泡田期的灌水量，尤其是秸秆还田稻田，避免多灌再排带来的氮、磷排放风险。

4. 汛期尤其是生育中后期要加强农田排水口高度的管理，充分利用水稻湿地作物耐淹的特性，尽可能将雨水蓄滞在稻田内而减少降雨带来的养分流失问题；同时在排灌单元内利用闸坝汇集农田尾水并利用泵站进行回用。

三、适用范围

适用于长江中下游沿江沿湖沿河的稻麦生产区。

四、应用效果

本技术模式可使水稻氮、磷年减排 20％以上，化肥氮、磷减施 10％以上，产量增加 5％以上。

五、相关图片

水稻机插秧同步侧深施肥

施用有机肥

尾水回用

智能排水

直播稻"种肥同播＋配方肥＋无人机追肥"技术模式

一、模式概述

针对长江中下游地区面临的水稻直播表层施肥肥料流失率高、根系浅、易倒伏、密度大、透风透光性差等问题，全生育期选用专用配方肥，基肥通过种肥同播深施缓释肥，追肥通过无人机喷施二元氮钾肥，实现直播水稻生育期全程施用配方肥和机械化精准施肥。

二、技术要点

(一)基肥确定

1. 肥料品种。基肥宜选用氮磷钾配比合理、粒型整齐、硬度适宜的专用缓释配方肥，通常为掺混肥料，其中尿素一般采用聚合物包膜等工艺。基肥配方宜选用 22 - 8 - 15、20 - 10 - 15、22 - 8 - 13 或类似配方。

2. 肥料要求。种肥同播基肥选用吸湿性较弱、无结块、密度一致、硬度不小于 30 牛的优质颗粒肥料。颗粒均匀呈丸状，直径以 2～5 毫米为宜，颗粒度不小于 90%，不易潮解、不易结块，以防堵塞肥料通道。肥料产品应符合相关标准，取得农业农村部登记（备案）证。

3. 肥料用量。依据长江中下游水稻品种、目标产量、土壤测试结果等制定施肥方案，确定施肥总量、施肥次数、养分配比和运筹比例。单季常规晚稻缓释肥的施用量为 30～35 千克/亩，可采用一次性施肥；杂交稻肥料施用量 35～40 千克/亩，基肥一次性施用。种肥同播的氮肥投入量可比常规施肥减少 10%～20%。如水稻出苗后青弱、群体不足，可酌情补施氮肥。

4. 施肥方案。充分发挥水稻种肥同播施肥高效、省工的特点，一般采用一次性施肥或一基一追方式。一次性施肥应充分考虑氮素释放期等因素，选用缓释氮≥15% 的专用肥料，基肥一次性施用满足水稻整个生育期的养分需求。一基一追方式应做好基肥与追肥运筹，氮肥总量的 50%～60% 作基肥，40%～50% 在水稻基部第一节间定长时追施（氮肥后移）。磷肥在土壤中的移动性较差，一般基肥一次性施用。钾肥可根据土壤质地和供肥状况，选择一次性施用或适当追肥。

（二）种肥同播

1. 种子处理。种子分批次浸种处理，浸种袋每袋 10～15 千克。提前一周选择晴天晒种，上午 9 时到下午 4 时，一般采用咪鲜胺等药剂与清水轮流浸种 2～3 次，采取日浸夜露方式。催芽破胸露白即可，根长半粒谷，芽刚露白，芽长不超过 0.5 厘米。播种前用吡虫啉和驱鸟剂丁硫克百威拌种。播种量根据水稻品种特性而定，一般每亩 9.0～12.5 千克，基本苗 18 万～20 万株。根据播种时间、土壤墒情、整地质量、土壤质地、种子发芽率、播种迟早以及秸秆还田等适当增减播种量。

2. 播种时间。播种施肥期宜为 5 月下旬至 6 月上旬，具体时间取决于小麦等前茬作物收获时间和土壤墒情。早稻由于抢时间一般在日平均气温 12℃ 以上时播种；单季杂交稻抽穗扬花期应避开当地 7—8 月的高温天气，长江中下游一般 5 月 20 日后播种为宜；粳糯稻播种根据当地机插秧时间提前一周播种，一般 5 月底至 6 月 20 日为宜；籼粳杂交稻播种根据当地高温时间节点尽量避开高温期抽穗扬花。

3. 秸秆还田。前茬秸秆收割时宜选择带秸秆粉碎和抛撒装置的联合收割机，收获和秸秆粉碎一次作业，秸秆留茬≤15 厘米，85% 以上的秸秆切碎长度≤10 厘米，抛撒不均匀率≤20%。

4. 薄水泡田。以泡软秸秆、泡透耕作层为宜；严格控制作业水层，高处见墩、低处有水，作业不起浪，水深 10～20 厘米。泡田时间根据土壤质地不同控制在 1～3 天，旱耕还田后泡田整地泡水时间一般 12 小时左右。

5. 整地作业。采用水耕水整或旱耕水整，配套动力不小于 73.5 千瓦的拖拉机，按照田块配备相应宽幅水田埋茬耕整机、反转灭茬旋耕机（埋茬耕整机采用反向旋耕）、甩刀式秸秆粉碎机。还田作业速度以 Ⅰ～Ⅱ 挡为宜，作业深度≥12 厘米。水田的处理按照插秧田标准进行旋田、打田、平田提浆；进行清沟沥水，确保播种作业前田块无积水。播种前排水晾田，根据土壤性质，黏壤土田提前 2～3 天，砂土田高温阳光充足时提前 1 天。

6. 机械选择。选用带有同步划沟立垄施肥水稻精量穴直播一体机或在播种机上加挂划沟立垄施肥装置。施肥装置主要分为气吹式和螺旋杆输送两种，播种方式主要分为直播条播式、散播式或者宽幅条直播式三种。推荐使用同步划沟立垄施肥水稻精量穴直播机，结合水稻精量穴直播技术与机械定位深施肥技术，可同步完成划沟立垄、施肥和播种，将肥料定量均匀地施入地表以下水稻根系密集部位。机械应能够调节水稻种子和肥料的比例。作业速度 2.2～3 米/秒，排肥开沟器深度调节范围 3～5 厘米。

7. 作业规范。作业前检查：检查装置是否在额定功率范围内，种肥播种机与拖拉机连接，确保作业时不会出现倾斜。检查部件、地轮是否灵活，排种器和排肥器是否符合要求。检查紧固螺栓及连接部位，不得有松动、脱出现象，传动机构要可靠，链条张紧度要合适。肥料种子装入：检查种子和肥料，不得混有石块、铁钉、绳头等杂物，肥料不应有结块，装入量不大于最大装载量。作业前调整：调整刀轴转速、行距、耕深、播种机左右前后水平。播种行距 18～32 厘米，播幅 5～15 厘米，肥料处于两行种子的中间。水稻种子通过直播稻种肥同播机施入时，先在潮湿土壤表面压成宽为 5～15 厘米、深为 2～4 厘米的凹形播种条，种子从出口均匀自由散落至播种条内，位于凹形播种条底部距离土壤表面 2～4 厘米处。

8. 作业要求。机播手的要求：能熟练操作机器，掌握播种农艺要求，合理确定播种量与株行距，调节好机器后下田作业。每天作业结束后，清除机器表面的泥土和杂物，彻底清除种子和肥料箱内的剩余种子和肥料，用水清洗施肥箱和播种箱，存放于干燥环境内。定期检查施肥播种机配件的完整性，确保连接部分紧固。

（三）无人机追肥

1. 智能监测。利用无人机搭载传感器实现快速高效大范围获取植被指数、叶面积指数、叶层氮含量等植被遥感参数，了解作物长势。结合测土数据和田间施肥试验数据，确定不同生长阶段水稻养分需求，制定精准施肥方案。利用遥感和大数据分析等技术，精准判别作物生长发育进程、营养元素丰缺，建立作物施肥模型和施肥决策系统，对肥料使用进行精准管理，实现化肥减量、提高利用效率。

2. 变量施肥。采用变量施肥装置，针对水稻长势进行精准施肥，解决由于地块土壤肥力不均一导致的长势不一致问题。通过调控施肥，促进水稻熟期一致，避免部分区域因肥料过多而产生的贪青晚熟。

3. 无人机选择。选择有效负载 50 千克以上的无人机。水稻追肥时有效播撒幅宽 3～5 米、作业高度 3～4 米、飞行速度 4～6 米/秒，每亩施肥量误差不超过 5%。无人机续航能力应满足作业要求，具备自主作业、智能避障、漏堵报警、实时监控和轨迹记录等功能。

4. 作业程序。使用无人机追施肥前，根据作业条件试飞正常后方可进行飞行作业。叶面喷肥作业前，按照建议的浓度用清水溶解肥料，待全部溶解后，静置 3～5 分钟，取清液喷施。叶面喷肥作业应在风力小于 3 级的阴天或晴天傍晚进行，防止灼伤稻苗。追肥结束后，应记录无人机作业情况。叶面喷肥后若遇雨，应重新喷施，前后两次喷施间隔

7～10天,不可盲目喷施造成肥害。

5. 肥料选择。 采用一基一追方式时,宜在水稻基部第一节间定长时追肥,肥料配方宜选用28-0-5或相近配方。返青期至拔节期、孕穗至灌浆期可结合无人机飞防喷施1～2次水溶肥,可选择含腐植酸、含氨基酸、有机水溶肥等,适当补充硅、锌等营养元素。肥料产品应符合相关标准,取得农业农村部登记(备案)证。

三、适用范围

适用于长江中下游具有机械播种条件的直播水稻产区。

四、应用效果

种肥同播简化了播种和施肥程序,使肥料高度集中,水稻根系发达、低节位分蘖、长势好、成穗率高,抗倒伏、千粒重高、出米率高,较习惯施肥产量提高10%以上。全生育期采用配方肥和机械化施肥,提高肥料利用率,可节省施肥量20%～30%。采用种肥同播、缓释肥一次性施用技术,在整个水稻生长期间不需要再施肥,减少了施肥次数与用工,大幅提高种植大户耕作效率。

五、相关图片

种肥同播作业现场

浙江"有机养分替代+智能配肥"技术模式

一、模式概述

以测土配方施肥和化肥定额制为基础,结合缓控释肥、配方肥等新型肥料,制定水稻有机养分部分替代化肥的优化施肥实施方案，利用沼液、有机无机复混肥料、秸秆粉碎还田、绿肥种植等技术措施，依托"浙样施"智慧施肥系统，构建"进—销—用—回"全链条数智管理闭环，实现智能配肥服务到田。

二、技术要点

（一）沼液还田

1. 沼液及肥料用量的确定。 采用沼液养分替代 50% 基肥、沼液配合秸秆粉碎还田替代 70% 基肥等有机养分替代技术模式，养分不足部分用化肥补齐。选用含有一定缓释功能的配方肥，按水稻化肥定额制配伍后均匀施撒到稻田中，通过淹水翻耕耙田将肥料养分封存在土层中。总体模式采用基追配合施肥，待泥浆沉实 2~3 天后，通过机插移栽秧苗，打封闭除草剂控制杂草。

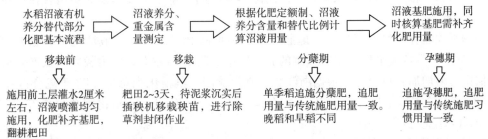

浙江省化肥定额制，早稻化肥总量≤22千克/亩，N≤13千克/亩；单季稻化肥总量≤26千克/亩，N≤17千克/亩；晚稻化肥总量≤23千克/亩，N≤14千克/亩

沼液需用密闭配管网输运或槽罐车运输，不能与碱性肥料配施，施用时间宜在晴天的清晨或傍晚，通过稻田沟槽和喷灌确保沼液施用均匀

技术路线图

根据水稻品种、目标产量、土地肥力等酌情增减肥料用量。一般情况下，沼液替代＋缓控释肥的施肥量可比水稻化肥定额制的肥料用量下调 10%~20%，新垦造稻田根据水稻产量确定土壤肥力等级，沼液施用量上调为一般稻田核算用量 1.5~2 倍。

2. 追肥用量及次数的确定。 追肥用量和方法可在化肥定额制基础上与传统追肥习惯一致。单季稻氮肥用量按基肥 60%、分蘖肥 20%、孕穗肥 20% 进行配置，如选用缓控释肥等新型肥料，可按基肥 70%、孕穗肥 30% 进行配置；单季稻钾肥用量按基肥 70% 和孕穗肥 30% 进行配置；磷肥作为基肥一次性投入。早稻氮肥一般按基肥 70% 和孕穗肥 30% 配置，晚稻一般按基肥 70% 和分蘖肥 30% 配置，磷、钾肥施用方法与单季稻一致。

3. 育秧与机插作业。 根据机插秧要求选用规格化毯状带土秧苗，一般秧苗叶龄 2~3.5 叶，秧龄 20 天左右，苗高 10~20 厘米。秧苗应敦实稳健，有弹性，叶色绿而不浓，叶片不披不垂，茎基部扁圆，须根多，充实度高，无病虫害。做到秧苗随起、随运、随插。

依据当地气候条件和水稻品种熟期合理确定插秧时间，适时早插。插秧时要求日平均温度稳定高过 12℃，避开降雨以及大风天气。薄水插秧，水深 1~2 厘米。插秧要求：根据水稻品种、栽插时间、秧苗素质等确定栽插穴距、取苗量及横向取苗次数，并通过株距调节手柄、纵向取样量与横向取样量进行调节。低产或稻草还田、排水不良、冷水灌溉等地块栽培密度与常规施肥一致。机插秧苗应稳、直、不下沉,漏插率≤5%,伤秧率≤5%,相对均匀度合格率≥85%。对漏插严重区域适当进行人工补苗。作业过程中,应规范机具使用,注意操作安全。

4. 注意事项。 秸秆还田田块,前茬作物秸秆切碎均匀抛撒还田,联合收割机收割留茬≤15厘米,秸秆切碎长度≤10厘米,秸秆切碎合格率≥90%,抛撒均匀度≥80%。高留茬和粗大秸秆应用秸秆粉碎还田机进行粉碎后再耕整田块。

(二)有机无机复混肥施用

1. 肥料类型与肥料用量的确定。 采用有机无机复混肥料作为水稻基肥,无人机撒施后,翻耕耙田。选用总养分含量（$N+P_2O_5+K_2O$）≥25%或35%,有机质含量≥15%或10%的产品,应符合GB/T 18877—2020要求。总体模式采用基追配合施肥。待泥浆沉实2~3天后,通过机插移栽秧苗,打封闭除草剂控制杂草。本技术模式更适合在砂质或新垦造稻田使用。

根据水稻品种、目标产量、土地肥力等酌情增减肥料用量。一般情况下,肥力偏高（高产）稻田可酌情较水稻化肥定额制的肥料用量下调10%左右,肥力较差（低产）或新垦造稻田可略增加肥料用量。根据浙江省化肥定额制,早稻化肥总量≤22千克/亩,N≤13千克/亩;单季稻化肥总量≤26千克/亩,N≤17千克/亩;晚稻化肥总量≤23千克/亩,N≤14千克/亩。

2. 追肥用量及次数的确定。 追肥用量和方法可在化肥定额制基础上与传统追肥习惯一致。单季稻氮肥用量按基肥60%、分蘖肥20%、孕穗肥20%进行配置,如选用缓控释肥等新型肥料,可按基肥70%、孕穗肥30%进行配置;单季稻钾肥用量按基肥70%和孕穗肥30%进行配置;磷肥为基肥一次性投入。早稻氮肥一般按基肥70%和孕穗肥30%配置,晚稻一般按基肥70%和分蘖肥30%配置,磷、钾肥施用习惯与单季稻一致。

3. 育秧与机插作业及注意事项同前。

(三)绿肥还田

1. 肥料类型与肥料用量的确定。 通过冬种紫云英等绿肥,早稻播种前翻耕还田,每公顷产生约30吨绿肥,对应可减少40%氮肥施用量,即每亩可减施纯氮6千克。化肥选用含有一定缓释功能的配方和沼液按水稻化肥定额制配齐后通过无人机撒施。对肥力较差或新垦造稻田,可用有机无机复混肥料补齐。

2. 追肥用量及次数的确定。 追肥用量和方法可在化肥定额制基础上与传统追肥习惯一致。单季稻氮肥用量按基肥60%、分蘖肥20%、孕穗肥20%进行配置,如选用缓控释肥等新型肥料,可按基肥70%、孕穗肥30%进行配置;单季稻钾肥用量按基肥70%和孕穗肥30%进行配置;磷肥为基肥一次性投入。早稻氮肥一般按基肥70%和孕穗肥30%配置,晚稻一般按基肥70%和分蘖肥30%配置,磷、钾肥施用习惯与单季稻一致。

3. 育秧与机插作业同前。

4. 注意事项。绿肥翻耕还田可在基肥施用后实施。

三、适用范围

适用于长江中下游具备机械插秧条件的水稻主产区。种植制度稻油轮作、双季稻或稻旱轮作均可。

四、应用效果

经济效益：沼液养分替代化肥可减少 40%～50% 化肥用量，每亩降低肥料投入成本 150～200 元；绿肥还田可减少 40% 氮肥用量，每亩降低肥料成本约 120 元。

社会效益：本技术模式能够高效地管控畜禽养殖—沼气工程—水稻种植环节的养分循环，促进上下游产业链的协同发展。

生态效益：沼液有机养分替代化肥可大量消纳沼气工程产生的废弃发酵液，承接畜禽养殖与沼气工程废弃物生态消纳，降低区域农业面源污染风险。

五、相关图片

无人机追肥

绿肥翻耕还田

水稻高产示范区

江西双季早稻"测土配方＋紫云英翻压＋机械侧深施肥"技术模式

一、模式概述

根据水稻目标产量和土壤养分供应水平确定养分用量，利用紫云英生物固氮功能，种植并翻压还田用作肥料替代部分氮肥，水稻机插秧同步侧深施肥，减少肥料的流失，实现化肥减量增效。

二、技术要点

（一）土壤养分丰缺评价

上年晚稻收割后，以100～200亩为一个采样单元，选取相对中心位置1～10亩有代表性地块，采用S形方式布点，按照随机、等量、多点混合的原则，采集15～20个分点0～20厘米土壤。采样前先刮去2厘米左右表土层。各点土壤采用四分法后保留混合样品1千克以上。采集的土壤样品风干后，检测土壤有机质、水解性氮、有效磷、速效钾、有效锌、pH等理化性状指标。根据检测结果，对土壤养分丰缺状况和酸碱度进行评价。

（二）培育壮秧

根据机插秧要求选用规格化毯状带土秧苗，一般秧苗叶龄3～5叶，秧龄15～18天，苗高10～20厘米。秧苗应整体长势均衡，植株矮壮，整齐度一致，无病虫害，茎基粗扁健壮（扁蒲秧），叶鞘健硕、叶挺色绿。防止秧苗枯萎，做到随起、随运、随插。

（三）紫云英种植与翻压还田

上年9月底至10月上中旬，前茬晚稻灌浆期稻底套播紫云英种子，共生时间不超过25天。紫云英播种量为1.5～2.0千克/亩。在田块内开间距3～4米的横沟，横沟沟宽20厘米，沟深10～15厘米；开设边沟和腰沟，比横沟深3～5厘米，做到沟沟相通。紫云英生长期，注意及时清沟排渍。4月上旬，在紫云英盛花期进行翻压还田。每亩翻压紫云英鲜草1 000～1 500千克，配施石灰30～50千克加速腐烂。土壤pH低于5.5的酸性田块，生石灰用量可酌情增加到50～70千克。紫云英翻压还田时间应在水稻栽插前10～15天。

（四）田块耕作

4月中下旬，早稻移栽前耕整田块，采用犁翻整地的，秸秆残茬埋覆深度15～25厘米，漂浮率≤5％；采用旋耕整地的，秸秆残茬混埋深度6～18厘米，漂浮率≤10％。耕整后地表平整，无残茬、杂草等，田块内高低落差≤3厘米，无大块田面露出。泥浆需沉实，沉实时间根据土壤性状等确定，一般砂土泥浆沉实1天左右、壤土沉实2～3天、黏土沉实 3～4 天。沉实程度达到手指划沟可缓慢恢复状态即可，或采用下落式锥形穿透计测定土壤坚实度，锥尖陷深为 5～10 厘米，泥脚深度≤30 厘米。

（五）侧深施肥

选用带有侧深施肥装置的施肥插秧一体机或者在已有插秧机上加挂侧深施肥装置。4 月中下旬，机插秧同步侧深施肥，肥料施于秧苗侧 3～5 厘米、深 4～6 厘米处。肥料粒径 2.0～4.75 毫米、硬度宜大于 20 牛。肥料用量根据水稻目标产量、土壤养分供应水平等进行确定，早稻亩产 400～550 千克产量水平，中等肥力水平下，亩施 46%（20 - 10 - 16）配方肥 40～50 千克，后期视苗情，在破口期喷施 1%～2%的尿素溶液和 0.2%～0.3%的磷酸二氢钾溶液 1～2 次，喷施间隔 7 天左右。

三、适用范围

适用于江西省双季稻生产区。

四、应用效果

经测产测效，相比常规施肥方式，应用双季早稻"测土配方＋紫云英翻压＋机械侧深施肥"技术，以每亩翻压还田紫云英鲜草 1 000 - 1 500 千克计算，水稻季可减少化肥氮 2～3 千克，稻谷增产 8%～13%。多年紫云英还田利用，土壤全氮、有机质、有效磷、速效钾含量分别提高 6.2%、2.3%、3.6%、4.1%。

水稻机插秧同步侧深施肥

紫云英

上海"侧深施肥＋缓释肥料＋沼液追肥"技术模式

一、模式概述

侧深施肥是在机插秧（机穴播）的同时，同步利用侧深施肥机具将肥料定量、精准施用到相应位置，并由刮板覆盖泥浆于肥料上；缓释肥料由于氮缓慢释放，减少挥发流失；

沼液含氮、磷、钾等养分，可以通过有机替代无机减少化肥用量。三者结合，优化水稻施肥技术，可以大幅度减少化肥使用。减少农业面源污染，促进水稻绿色丰产。

二、技术要点

由于沼液提供了部分磷、钾养分，建议使用缓释配方肥 30 - 6 - 6 等低磷、低钾配方，其中缓释氮选择可降解树脂包衣尿素，而且包衣后在水中无漂浮，其中缓释氮占总氮 40%～50%，释放高峰期 30 天左右，释放周期 60 天左右。沼液肥选择当地猪、牛养殖场经过充分发酵腐熟的沼液，一般全氮含量 0.1% 左右，氮、磷、钾比例约 1：0.3：1。

（一）栽培管理

1. 晒种、浸种、催芽。选择适宜当地栽培的常规单季稻品种，种子质量应符合国标（GB 4404.1）要求，纯度不低于 99%，净度不低于 98%，发芽率不低于 85%。

选晴好天气晒种 1～2 天，摊薄、勤翻，防止破壳。每 100 千克稻种选用 17% 杀螟·乙蒜素可湿性粉剂 500～600 克，加 10% 吡虫啉可湿性粉剂 200 克，将药剂用少量水调成浆状，然后加种子量 1.3～1.4 倍的清水，均匀稀释配制成浸种消毒液。将选晒过的稻种，浸入配制成的浸种药液中，上下翻动数次，加盖。在日平均气温 18～20℃时，浸种 60 小时（3 夜 2 天），23～25℃时浸种 48 小时。一般情况下，要求 5 月底以前浸种的浸足 60 小时，6 月初开始播种的要求浸足 48 小时。浸种消毒处理后捞起种子，堆成厚度 20～30 厘米谷堆，谷堆上覆盖湿润草垫，保持适宜的温度、湿度和透气性，谷堆上下内外温湿度基本保持一致。按照"高温破胸"（上限 38℃、适宜 35℃），"保湿催芽"（温度 25～28℃、湿度 80% 左右），"低温晾芽"三大关键技术环节做好催芽工作，以"破胸露白"为准；之后室内摊晾 4～6 小时炼芽，至芽谷面干内湿后再行播种。

2. 适期播栽。

（1）机插秧栽培。中晚熟品种 5 月中下旬播种，6 月上中旬栽插。

（2）机穴播栽培。中晚熟品种 5 月 15 日至 6 月初播种。

3. 控制播种量。常规稻机插秧栽培每盘播干稻种 120～130 克，折芽谷 160～180 克，每亩大田用种量 3.0～3.5 千克；杂交稻品种优先选用 30 厘米的设备，育秧每盘播干稻种 110～120 克，折芽谷 150～160 克，每亩大田用种量 1.8～2.0 千克。

常规稻机穴播栽培每亩大田播种量 4.0～5.0 千克；杂交稻机穴播栽培每亩大田播种量净干谷 2.0～2.5 千克。

4. 机插秧或机穴播。

（1）机插秧。常规稻优先选用 25 厘米的固定行距插秧机型，杂交稻优先选用 30 厘米的固定行距插秧机型。一般 6 月 20 日前完成栽插，插秧前应排干田间水层，做到清水淀板，薄水浅插。

（2）机穴播。常规稻优先选用 20 厘米的固定行距穴播机型，杂交稻优先选用 25 厘米的固定行距穴播机型。一般 6 月 5 日前完成播种，播种结束后应及时采用人工辅助进行沟系疏通，确保纵横沟系的配套和畅通，以防止田内积水，影响出苗。

5. 确保基本苗数。

（1）机插秧。常规稻栽插穴数每亩 1.7 万穴以上，穴苗数 4～5 株/穴，基本苗每亩 7 万～8.5 万株；杂交稻栽插穴数每亩 1.6 万～1.7 万穴，穴苗数 2～3 株/穴，基本苗每亩 4 万～5 万株。

（2）机穴播。常规稻品种每亩基本苗 7 万～10 万株；杂交稻机穴播基本苗 4 万～5 万株。

6. 有效穗数及高峰苗数。

（1）机插秧。常规稻（穗粒兼顾型）适宜有效穗数每亩 19 万～23 万穗，高峰苗数每亩 27 万～32 万株；杂交稻（大穗型）适宜有效穗数每亩 17 万～21 万穗，高峰苗数每亩 24 万～28 万株。

（2）机穴播。常规稻（穗粒兼顾型）适宜有效穗数每亩 24 万～26 万穗，高峰苗数每亩 35 万～40 万株；杂交稻（大穗型）适宜有效穗数每亩 20 万～23 万穗，高峰苗数每亩 30 万～35 万株。

（二）肥料运筹

单季晚稻采用"侧深施肥＋缓释肥＋沼液追肥"方式，由于肥料深施、缓释和有机替代无机三者协同助力减肥，一般可以减少化肥用量 25%～35%，水稻目标产量 550～650 千克/亩，全生育期化学氮总量 10～15 千克/亩，氮、磷、钾养分配比 1∶（0.2～0.3）∶（0.2～0.3）。结合水稻栽培管理措施，做好科学合理肥料运筹，优化农业生产其他因子管理，达到绿色、丰产的目标。

1. 田块准备。 水稻栽种前要耕耙整地，田面平整，灌排方便，杂草基数少，连片种植，便于管理。前茬作物收获后，及时进行耕翻、灌水泡田、机械旋耕、耙田，辅助人工平整，力求整块田高低一致，高低落差不超过 3 厘米；播栽前应沉实泥浆 1～2 天，做到清水淀板，无水层播栽，以防播栽时壅泥，影响机插秧/机穴播同步侧深施肥的质量。

2. 基肥。 机插秧/机穴播同步侧深施肥基肥用量每亩折纯氮 7.5～9 千克，由于后期追肥采用沼液，选择使用低磷钾型的缓释配方肥 30 - 6 - 6，亩用量 25～30 千克，机插秧/机穴播时同步深施入稻田中，一般要求施用深度 4～6 厘米，肥料离根侧约 5 厘米，应注意避免秧苗或稻谷直接接触肥料，以免造成烧根/烧种。

3. 分蘖肥。 由于采用缓释肥料深施，肥效较常规施肥长，前期减少施用第一次分蘖肥。在水稻秧苗叶龄 5 叶至 6 叶 1 心时，施用一次分蘖肥，一般亩施沼液 3～5 吨，折合全氮 3～5 千克，其中速效氮占比约 50%。沼液还田作追肥时，操作上要注意"五看"，一要看天施肥，在晴好天气施用，注意避开雨天，避免肥水在雨水冲刷下溢出田块，造成污染。二要看田施肥，要仔细检查田埂四周，遇到渗漏水地方要及时堵漏堵渗，避免沼液流失影响周边沟渠河道；施用前要放干稻田中的水，田面水落干后灌溉施肥，促进水肥均匀分布。三要看水施肥，注意随水稀释施用，以水带肥，视浓度高低一般稀释 10 倍左右。四要看时施肥，施用沼液追肥时，要注意不能过晚，一般在 7 月 10 日后不建议施用大量沼液，以免造成后期水稻贪青晚熟，影响产量。五要看苗施肥，由于沼液养分含量及有效态养分变化幅度很大，提供的养分量变化较大，因此要根据稻苗长势情况适当调节化肥用量，分蘖肥施用一周后如果秧苗长势偏弱，应适当补施尿素 5 千克/亩左右，促进齐苗壮苗。

4. 穗肥。 在立秋左右施穗肥尿素 5~7.5 千克/亩。

（三）注意事项

使用沼液追肥时，要特别注意以下 3 个方面。

一是确保质量安全。严控原料来源，除畜禽粪尿水以外的生活污水、雨水、消毒水、挤奶清洁消毒水等其他污水，均不得混入还田液肥中。严控发酵周期，一定要经过至少 2 级储存氧化塘，生熟分开，保证粪肥经过充分腐熟发酵，达到标准要求，没有氨味恶臭，不影响田间操作。

二是确保施肥安全。加强检测，根据液体粪肥检测结果，科学测算养分供应量，做到分类施用；合理减肥，根据水稻养分需求量和常规施肥量，有机无机配施，在保证水稻产量的前提下，科学减少化肥用量；适时施用，由于有机肥料肥效较长，施用时期不能太晚，一般用作基肥与分蘖期追肥，如在后期要适量施用，避免造成水稻贪青晚熟甚至加重病虫害与倒伏现象；均匀施用，充分利用各种工具与方法，做到全田块均匀施用，避免局部过量施用影响水稻生长。同时，由于粪肥养分持久，水稻生育进程加快，要注意早搁田、重搁田控制无效分蘖。注意病虫防治，由于后期长势较旺，水稻封行较早，应注意提早防治稻瘟病等病害。

三是确保环境安全。储粪池、氧化塘要远离居民区，不影响周边居民生活，还田田块尽量远离居民区，避免集中施用可能带来的气味等影响；管网与槽车等输送时，做好密闭管理，不能出现跑冒滴漏影响农村环境；施用液体粪肥时，要预先检查田间沟渠、田埂、堤坝及农田与河道交接处，确保施用后不会出现渗漏。选择晴好天气施用，避免出现农田径流等污染周边地表水的问题。

三、适用范围

适用于长江中下游具有机械插秧、机械穴播条件，能就近利用养殖场沼液肥的单季晚稻种植区。

四、应用效果

侧深施肥通过机械将肥料精准施于种子或秧苗侧下方，使肥料与根系距离缩短，减少了养分的流失和挥发，提高肥料吸收效率 10% 以上，减少用肥成本。

缓释肥料养分释放缓慢、肥效期长，相比传统肥料需要多次追肥的情况，减少了人力、物力在施肥环节的投入，同时减少了因养分释放过快而导致的浪费，一般可减少 10% 的氮肥施用。

沼液循环利用不仅减少了环境污染，还实现了资源的最大化利用，能够增强水稻的抗逆性，促进生长；还能够改善土壤结构，增加有机质含量，提高土壤的保水保肥能力。

本技术模式通过肥料深施、缓释养分、有机无机配施,使水稻整个生育期养分供应充足且均衡,植株生长更加健壮,有效穗数、每穗粒数和千粒重等产量构成因素均有所增加,从而提高了水稻的产量。

水稻机插秧同步侧深施肥作业　　　　　水稻机械穴直播同步侧深施肥作业

田间沼液储存池　　　　　　　　分蘖期追施沼液

双季晚稻"侧深施肥+配方肥+一喷多促"技术模式

一、模式概述

以测土化验、田间试验数据为基础,制定水稻基肥施肥方案。配套添加缓释氮的配方肥料,通过侧深施肥插秧机同步插秧施肥。在水稻生长中后期视作物生长和天气情况实施"一喷多促",实现水稻生育期全程机械化精准施肥。

二、技术要点

(一)侧深施肥

1. 选择适宜机型。根据排肥方式,水稻侧深施肥装置可分为螺旋推进式和气吹式两类，各地根据具体情况选择，与水稻插秧机、水稻直播机配套。

2. 选择适宜的肥料品种。应选用氮磷钾比例合理、粒型整齐、密度一致，理化性状稳定，硬度适中，粒径为 2～5 毫米的圆粒，手捏不碎、吸湿少、不粘、不结块的配方缓（控）释肥料，以防肥料通道堵塞。如适用推广的机插秧用的肥料：50％（28-9-13）缓释型配方肥（其中氮素含速效氮 50％～55％、缓释氮 45％～50％）。机直播用控氮控钾型 50％（26-10-14）缓释型配方肥（其中控释氮不小于 40％、控释钾不小于 30％）。

3. 确定适宜肥料用量。根据作物品种、土壤肥力和目标产量等因素，制定施肥方案，确定主推配方、施肥量和运筹比例。主推一次性施肥模式，氮肥用量一般比当地习惯施肥减少 20％～30％。建议选用缓释型配方肥（缓释氮占总氮量的 40％以上）作为基肥施用，后期不追肥。也可根据当地习惯以配方肥作为基肥、后期追肥模式，磷、钾肥原则上一次性基施，氮肥基追比控制在 5：5 或 6：4；钾肥可根据实际情况按 7：3 分期调控。

4. 提高耕地整地质量。

（1）前茬秸秆处理。前茬作物收获时，选用配有秸秆粉碎装置的联合收割机作业，切碎秸秆长度小于 10 厘米并均匀抛撒在地表，割茬高度以不影响整地质量为宜，一般小于 15 厘米；前茬是绿肥时，要适时耕翻上水沤至腐烂。

（2）耕翻灭茬。作业方法主要有犁耕和旋耕两种方式。旋耕深度 15～18 厘米为宜，犁耕深度不小于 20 厘米，秸秆还田量大的可采取犁耕翻埋，再进行旋耕整地作业。

（3）泥浆沉淀。大田耕整后要泥浆沉淀，时间根据土壤情况确定，达到田面指划面沟可慢慢恢复状态。

（4）田面平整。耕整地应达到田面平整、表土软硬适中、上细下粗，高低差小于 5 厘米，泥脚深度小于 2.5 厘米，水层深度 1～3 厘米，残茬覆盖率小于 5％。

5. 控制栽插密度。

（1）机插秧。株型紧凑、分蘖率中等品种及肥力中等偏下的田块，株行距 25 厘米×12 厘米；株型松散、分蘖率强的品种及肥力高的田块株行距 30 厘米×（14～16）厘米，一般每亩栽 1.4 万～1.9 万穴，每穴栽 1～2 苗。

（2）机械穴直播。粳稻密度不小于 1.7 万穴/亩，一般株行距配置为 25 厘米×（14～16）厘米，每穴播种 5～8 粒、每亩播种量 3～3.5 千克；籼稻密度控制 1.4 万穴/亩左右，一般株行距配置为 25 厘米×18 厘米、每穴播种量 2～3 粒、每亩播种量为 1.5～2.5 千克。

6. 精准操作机械施肥。应用侧深施肥装置，在机插秧（或直播）时同步将颗粒肥料定位、定量、均匀地施于秧苗（或种子）侧位，肥料深度 4～6 厘米，离秧苗（或种子）4～6 厘米。作业时，要求薄水（1～2 厘米）插秧（播种），避免肥料施入土壤前被水漂浮冲走；调整好株行距，匀速前进，避免伤苗、缺苗和倒苗。机插秧做到苗稳、直、不下沉，漏插率小于 5％，伤秧率小于 4％，均匀度合格率大于 85％。同时，要按照推荐的施肥用量，调整好排肥量挡位，作业过程中严防排肥口堵塞，作业完毕后应排空肥箱及施肥管道中的肥料并做好清洁，以备下次作业。

7. 注意事项。作业过程中，应规范机具使用，注意操作安全。施肥作业中应避免紧急停止或加速等操作，发现问题及时停机检修。根据作业进度及时补充秧苗和肥料。受施肥器、肥料种类、作业速度、泥浆深度、天气等因素影响，应随时监控施肥量，适时微调。

（二）一喷多促

1. 喷施时期。双季晚稻分蘖期至拔节期是"一喷多促"最佳时期，抓住这一时期进行喷施作业可实现促生长发育、促灌浆成熟、促灾后恢复、促产量提高等多重效应。

2. 防控肥药选择。按照双季晚稻生产实际情况，结合病虫害发生，优选肥药，科学搭配。喷施时要求肥料具有较好的溶解性，氮肥可选用尿素，磷肥可选用磷酸二氢钾，镁肥、锌肥、硼肥和钼肥可分别选用硫酸镁、硫酸锌、硼酸和钼酸铵。水溶性肥料可选择大量元素、中量元素、微量元素、含腐植酸、含氨基酸、有机水溶肥等，科学混用杀虫剂、杀菌剂、植物生长调节剂等，药液配制时应确保所有组分混合均匀、混配稳定、协同增效且对作物无药害。选用阿维菌素、阿维·甲虫肼、三氟苯嘧啶等杀虫剂防治稻飞虱、稻纵卷叶螟和水稻二化螟等害虫，选用三环唑、氟环·嘧菌酯、肟菌·戊唑醇等杀菌剂防治稻瘟病、纹枯病、稻曲病等病害。合理混配芸苔素内酯、赤·吲乙·芸苔、噻苯隆等植物生长调节剂进行叶面喷施，提高水稻抗逆性，增加千粒重。所选肥料和农药产品应符合相关标准，取得农业农村部登记（备案）证。

3. 作业程序。应选择载肥量大、施肥均匀的无人机。喷施作业时应将肥料用清水全部溶解后，与药液混合均匀静置 5 分钟后取清液待用。根据作业区实际情况，设置无人机的飞行高度、速度、喷（撒）幅宽度、喷雾流量等参数，并对无人机进行试飞，试飞正常后方可进行飞行作业。选择无风的阴天或晴天傍晚进行喷施作业，喷施结束后记录无人机作业情况，若喷后 24 小时内遇中到大雨，应重新喷施。喷施作业结束后持续观察水稻长势，再次喷施需间隔 7～10 天，避免盲目喷施造成毒害。

4. 注意事项。施药作业前，宜在药液中添加适量的改性植物油、矿物油等喷雾助剂并混合均匀，用于改善农药药液性能。作业前调查周边环境，确定区域边界，防止药剂飘移，造成周边作物药害。起降作业时远离障碍物和人员，作业人员应穿戴必要的防护用品，避免处在喷雾的下风位。严禁在施药区穿行，作业时禁止吸烟及饮食。作业后及时跟踪调查病虫害防治效果和产量性状并做好记录。

三、适用范围

适用于长江中游具有机械插秧条件的双季晚稻产区。

四、应用效果

侧深施肥使肥料集中在根区，供应充足、便于吸收。有利于秧苗早生快发、株型整齐，抽穗期提前，籽粒饱满，增产 10% 以上。节肥 20%～30%，施肥次数减少，肥料利用率提高 20% 以上，亩节约人工 1 个。在水稻生长中后期实施"一喷多促"，可实现促生长发育、促灌浆成熟、促灾后恢复、促产量提高等多重效应，亩均单产提升 5% 以上。

五、相关图片

水稻机插秧侧深施肥

水稻一喷多促

第三节　江南平原丘陵区

福建单季稻"测土配方施肥＋紫云英秸秆协同还田"技术模式

一、模式概述

以测土配方施肥为基础，通过土壤测试、田间试验和农户调查，科学确定肥料配方、氮磷钾用量和施肥方式，推荐施用新型缓控释肥料。通过种植绿肥紫云英，与秸秆协同还田，增加土壤有机肥投入、减少化肥用量，实现化肥减量增效和耕地综合生产能力提升。

二、技术要点

（一）测土配方施肥

1. 推荐用量及方法。亩产量水平 550～600 千克，推荐中氮中钾型缓释配方肥：$N+P_2O_5+K_2O \geqslant 35\%$（17-6-12）或相近配方。采用"一基二追"施肥模式。其中，基肥亩施 30～40 千克，追肥（分蘖期）亩施 20～25 千克，齐穗和灌浆期看长势追施氯化钾3～5 千克，叶面喷施磷酸二氢钾溶液。

2. 侧深施肥。应用侧深施肥时，选用粒径为 2～5 毫米的圆粒形缓释肥料，在侧深施肥插秧机作业时同步将颗粒状缓释肥料定位、定量、均匀地施于秧苗侧 3～5 厘米，施肥深度 4～5 厘米。按照施肥用量，调节调整好排肥量挡位。

3. 注意事项。常年秸秆还田或前作为烟草、蔬菜的地块，钾肥用量可减少 30%～50%；有种植绿肥翻压、秸秆还田的田块，氮肥用量可减少 20%～30%。

（二）紫云英稻秆协同还田

1. 秸秆还田。水稻收割前 15～20 天，排干田面积水，采用水稻联合收割机收割时，留高茬减少收割秸秆量，有利于绿肥生长，留茬高度 $\geqslant 40$ 厘米。进行稻秆加细粉碎，长度 $\leqslant 5$ 厘米，覆盖厚度 $\leqslant 10$ 厘米，抛撒不均匀率 $\leqslant 20\%$。后作整地翻耕前，撒施秸秆腐熟剂和尿素（施用量 5～6 千克/亩），促进秸秆腐熟。用旋耕机翻耕土壤，将秸秆、肥料、腐熟剂与土壤混匀埋入耕作层。

2. 紫云英还田。
（1）品种选择。选用早发、高产、适应性强的"闽紫"系列等品种。
（2）种植方式。紫云英在 9 月中下旬至 10 月中旬播种。宜选在中、晚稻收割前 15～20 天播种，水稻收割可高茬留田，翌年紫云英与稻秆协同还田。用种量 1.5～2.0 千克/亩，用钙镁磷肥 2.5～5.0 千克/亩拌种，播种时落籽均匀。
（3）田间管理。播种前未开沟的及时补开，已开沟的注意及时清除沟中淤土。绿肥播种前后及生长期间，稻田应保持润而不淹。在 2 月中旬至 3 月上旬看长势追施氮肥（N）2～3 千克/亩、钾肥（K_2O）2～3 千克/亩。
（4）翻压还田。翌年 4—5 月，单季稻在紫云英初荚期翻压，深度 15 厘米左右，可达到一年播种多年利用。通常应在插秧前 10～20 天进行，每亩鲜草翻压量 1 500 千克左右为宜，翻压时每亩施用石灰 25～40 千克。

三、适用范围

适用于闽西北、闽东山地丘陵、平原单季稻区。

四、应用效果

通过绿肥—秸秆协同还田和侧深施肥应用缓释肥料，可提高土壤肥力，减少施肥次数，节肥 15%～30%，增产 8%～15%，亩均节本增效 100 元以上。

五、相关图片

冬种紫云英

紫云英翻压还田

秸秆粉碎还田

侧深施肥

广东双季晚稻"侧深施肥＋配方肥＋无人机喷施"技术模式

一、模式概述

　　针对传统双季晚稻生产中存在的施肥不合理、作业繁琐等问题，将水稻机插秧同步侧深施肥机、喷肥无人机等新型农机及水稻专用配方缓控释肥等肥料新产品有机融合，大幅提高作业效率，减少化肥用量，减轻农民劳动负担，实现双季晚稻现代化生产。

二、技术要点

1. 技术路线图。

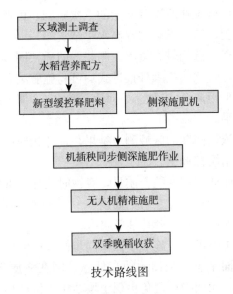

技术路线图

2. 适宜水稻品种。本技术模式适用于华南各种籼稻品种，包括超级稻、高产杂交稻和常规优质稻。其中，适宜的晚稻品种生长期为 110～125 天。

3. 基肥推荐肥料品种。水稻专用缓控释肥，其氮、磷、钾养分配比宜为 1∶(0.3～0.4)∶(0.7～0.9)。如果肥料类型为掺混型缓控释（BB 肥），则要求肥料中包膜尿素占总氮量的30％以上；如果肥料类型为均一型缓控释肥或抑制剂型稳定性肥料，则要求养分有效供应期须满足水稻本田期养分需求。同时肥料粒径不宜大于 5 毫米，肥料颗粒理化性状稳定，不宜有过多粉尘，以防肥料通道堵塞。

4. 基肥推荐施用量。本技术模式推荐施肥量由多年试验示范结果综合得出，各地使用时可根据目标产量、品种特性、土壤肥力状况等具体情况进行调整。

侧深施肥晚稻缓控释肥推荐施用量

目标产量（千克/亩）	水稻品种类型	氮素推荐用量（千克/亩）	折合常见的50％养分水稻配方肥用量（千克/亩）
≤450	常规优质稻	6～8	24～32
450～550	常规高产稻、杂交稻	8～10	32～40
≥550	超级稻	10～12	40～48

5. 无人机喷施推荐肥料品种。晚稻采用无人机喷施叶面肥的方式进行追肥。叶面肥产品首先要求符合相关标准，取得农业农村部登记（备案）证。肥料需具有较好的水溶性，一般可选择磷酸二氢钾，或含腐植酸、含氨基酸类的有机水溶肥，结合芸苔素内酯一起喷施，补充后期植株所需的营养元素，延缓功能叶早衰，提高叶片光合效率和籽粒光合

产物积累。

6. 喷施推荐施用量。一般喷施磷酸二氢钾 100～150 克/亩，可结合植保措施同时施用。

7. 具体操作流程。前期采用机插秧同步侧深施肥一次性施用水稻缓控释肥，中期不再追施固体肥料，相较农户传统在双季晚稻上的三次施肥，可节省两次施肥作业。中耕管理时通过无人机喷施叶面肥，防止早衰并提高水稻结实率。

（1）侧深施肥机械选择。选用带有侧深施肥装置的插秧同步施肥机具或者在现有的插秧机上加装侧深施肥装置，气吹式或螺杆推进式均可。施肥装置应与插秧机相匹配，一般施肥点应设置于距秧苗水平距离 5～8 厘米、垂直深度 4～6 厘米处。同时，应调节覆土板的位置以保证肥料深施效果。

（2）区域测土配方。依托前期的区域测土结果，推荐相应的水稻专用大配方，并据此选择合适的侧深施水稻专用缓控释肥。

（3）水稻育秧。为确保插秧用的秧苗质量，育秧时选择标准机插秧盘，播种均匀、密度适中。插秧时期应在稻秧叶片 3 片左右，高度 6～10 厘米，早晚季苗龄 15～30 天；秧苗整齐均匀，叶色鲜绿，秧苗挺直，叶片能卷可叠。

（4）水田耕整。水田耕整可为实施后续插秧同步侧深施肥作业奠定基础。要求插秧前将稻田土地耙匀，保证田面平整，稻田土地高低差控制在 3 厘米以内，尽量做到田平泥细，表层有泥浆，田面洁净无杂物；避免出现土壤结块，保证稻田土壤下碎上糊，在用手指划沟后，稻田土壤能够缓慢恢复。

（5）施肥量及插植密度。在插秧同步施肥机上分别设置施肥量及插秧密度，其中施肥量按上表用量进行推荐；插秧密度依不同水稻品种特点，一般常规优质稻推荐插植密度 1.59 万穴/亩（插植株行距 14 厘米×30 厘米），分蘖力较强的杂交稻则可适当降低插植密度至 1.24 万～1.39 万穴/亩［插植株行距（16～18）厘米×30 厘米］。

（6）插秧施肥机具操作。提前清洗干净肥料箱及排肥管，并保持施肥系统干燥，同时做好肥料箱内的传感器检查工作，确保其表面干净无异物，工作状态正常。在传感系统操作面板上设置好施肥量，将肥料倒入肥箱，在实施作业前先开启卸肥模式，将肥料缓慢放出并充满排肥管。机械开始作业时，应从慢速开始作业，在插秧施肥的过程中，注意查看传感系统操作面板，确认肥料剩余量及排肥流畅性，避免出现缺空或漏施状况。若在雨天环境作业，肥箱应注意防水，开袋后的肥料亦应尽快施用以防吸潮。在完成机械插秧同步侧深施肥作业后，需要及时将施肥机内的肥料排清并清理干净传感器表面。

（7）中耕管理。适时晒田、干湿交替，控制无效分蘖，保障灌浆期田间的适量水分。同时做好病虫害防治，主要防治螟虫、稻飞虱及稻瘟病、纹枯病、稻曲病等常见病虫害，以无人机喷施农药进行防治，在此过程中通过无人机营养诊断，确定是否需要追肥。

（8）无人机营养诊断。利用无人机多光谱图像传感器，获取田间水稻叶片光谱信息，结合水稻品种、土壤养分、化肥施用等情况，建立水稻营养无人机遥感监测模型。模型主要用于判断水稻关键生育期的养分丰缺状况，如诊断需补充养分时，可适时结合植保措施进行叶面喷施作业。

（9）无人机精准喷施追肥。根据无人机遥感监测模型进行判断，在水稻生长的前、中、后期，出现养分缺乏状况时，使用无人机喷施叶面肥，提高抗逆性，防止早衰。其中，在水稻拔节期，结合水稻防治稻纵卷叶螟喷施含氨基酸、含腐植酸、大量元素水溶肥或磷酸二氢钾 30～50 克/亩；在水稻孕穗期，结合水稻防治稻飞虱及纹枯病等喷施含氨基酸、含腐植酸、大量元素水溶肥或磷酸二氢钾 30～50 克/亩，帮助水稻幼穗分化；在水稻抽穗期，结合防治稻飞虱及稻曲病等喷施含氨基酸、含腐植酸、大量元素水溶肥或磷酸二氢钾 30～50 克/亩，同时配施芸苔素内酯，提高结实率及粒重。

8. 注意事项

（1）砂质田、浅脚田等，由于其保肥保水能力较差，采用本技术模式时，应将固体肥料分两次施用，一般以 50％肥料作基肥侧深施用，剩余肥料在移栽后 25～35 天用无人机或人工撒施。

（2）施肥后短期内遇大暴雨或连续阴雨等问题，可以根据实际情况适当追肥。

（3）在本技术模式的推荐用量下，水稻中期叶色偏淡属正常现象，不必追肥。

（4）叶面肥喷施时，需浓度适中，酸碱度适中，控制 pH 在 5～8；叶面肥需随配随用，不能久存；喷施时间最好选在晴朗无风的傍晚前后。

三、适用范围

适用于华南双季稻主栽区的晚稻种植。

四、应用效果

相较于传统肥料撒施作业，本技术模式在成穗数、总粒数、实粒数、结实率及千粒重等方面均具有较明显的增加趋势，可增产 3.5％～11.2％。同时实现化肥减量 15％～20％，每亩节约肥料成本 37～50 元，节省农户施肥作业人工成本 25～35 元/亩，亩增收节支 117～164 元，实现了水稻节肥省工高效生产。

五、相关图片

机插秧侧深施肥

海南水稻"缓控肥料＋无人机施肥"技术模式

一、模式概述

本技术模式是以测土配方施肥为基础，制定水稻专用肥料配方，通过采用新型缓控释肥料和无人机撒施颗粒肥的有机结合，做到一次施肥、长效利用，满足水稻全生育期养分需求，减轻施肥强度和作业成本，提高施肥效率和肥料利用率，实现减少化肥施用量和水稻增产增效。

二、技术要点

（一）技术内容

改手工撒施为无人机撒施，在水稻插秧前 $1\sim2$ 天后，采用无人机施肥装置将新型缓控释配方肥一次性撒施。每亩施用 52% 水稻缓控释肥（$N-P_2O_5-K_2O$ 为 $22-10-20$）25千克，均匀撒施在水田中，通过耕整作业使肥料与泥土充分接触，减少养分流失。

（二）技术参数

1. 肥料品种要求。肥料选用缓控释肥料，应符合相关标准要求，氮、磷、钾总养分为 52%，氮、磷、钾养分配比为 $22-10-20$。其中缓释氮不少于 8%，肥料氮素养分缓释期在 75 天左右。

肥料要求颗粒均匀，严格控制养分释放，保证肥料施用前期不烧苗不烧根，中期营养供应足，后期不脱肥。根据目标产量、土壤养分状况，亩施 25 千克左右。

2. 无人机技术参数要求。施肥无人机载荷 50 千克以上，飞行高度为 3 米，撒播幅宽 $8\sim11$ 米，最大排量 40 千克/分钟，大田作业效率每小时 240 亩。

3. 具体操作流程。

（1）将无人机运到田头周边，打开遥控器，点击"执行作业"，进入执行作业界面。

（2）按住菜单栏上的无人机图标拖拽进待作业的地块。

（3）将无人机拖拽到地块后，点击"播撒设置"—点击"播撒颗粒"—选择播撒颗粒种类—拖动调节按钮设置播撒量。

（4）设置"航线设置"，即设置飞行速度、飞行高度和航线间距等参数。

（5）自检完成并倒计时后，无人机自动起飞进行播撒作业。

4. 注意事项。

（1）无人机飞行高度应保持在 $2\sim3$ 米（可根据地势和作物高度调整），飞行速度控制在 $7\sim8$ 米/秒。飞行范围应在操作人员可视的范围内，随时关注施肥效果，保证施肥质量。

（2）施肥后要及时做好土壤墒情监测，避免烧苗，保证秧苗水分供给。

（3）适时适量喷洒病虫害防治药剂和除草剂。

三、适用范围

适用于海南省集中连片（一般规模为 30～50 亩）种植水稻的地区。

四、应用效果

1. 提高水稻产量。根据示范区调查，应用本技术模式水稻籽粒饱满，茎秆粗壮，长势整齐，叶片宽大、肥厚、油亮，抗病、抗逆、防倒伏效果显著。经测产，示范区水稻产量较常规区增产 30 千克/亩。

2. 提高经济效益。推广应用"缓控肥料＋无人机施肥"技术，每亩施肥次数仅为 1 次，节省人工 1～2 个，亩均节约成本 120 元。无人机播撒施肥的效率是人工的 50 倍以上，而且精准度、均匀度高。

3. 促进化肥减量增效。经调查测算，示范区化肥用量较常规施肥区减少约 25％，肥料利用提高 1.5 个百分点。

4. 促进新型肥料产业的发展。随着"缓控肥料＋无人机施肥"技术的不断扩大应用，缓控释肥料为农户所认可，带动了水稻种植机械化一次性施肥，新型肥料应用前景可期。

五、相关图片

施肥区展示牌　　　　　　　　　　　　现场操作

广西"紫云英秸秆协同还田＋叶面肥无人机喷施"技术模式

一、模式概述

采用紫云英和水稻秸秆协同还田技术，水稻留高茬收获，利用高茬秸秆为紫云英越冬提供掩蔽，为后期生长提供支撑。翌年翻压还田时，紫云英和水稻秸秆碳氮互济，促进腐解和养分释放，实现水稻季化肥减量。以测土配方施肥为基础，科学确定氮、磷、钾施用量及施肥配比，结合专用配方肥料，为水稻全生育期提供营养。在生长后期，按照水稻生长情况和孕穗结实期所需营养特性，采用叶面肥无人机喷施的方式进行精准施肥，促进作物生长，提高施肥效率，实现化肥减量和增产增效。

二、技术要点

（一）紫云英种植

1. 品种选择。 双季稻区选择早熟紫云英品种，如皖紫1号、皖紫早花等；单季稻区选择中迟熟高产紫云英品种，如七江籽、皖紫2号等。

2. 播种时间。 双季稻区及迟于10月中旬收割的单季稻区，紫云英在9月底至10月上中旬水稻勾头灌浆期稻底套播，共生时间不超过25天；单季稻区也可在收割后直播紫云英，但播种时间一般不迟于10月中旬。

3. 播种量。 采用水稻收获前稻底套播时，水稻留稻茬30～40厘米，田间覆盖秸秆总量≥350千克/亩，秸秆切碎长度≥25厘米并均匀抛撒，紫云英播种量1.5～2千克/亩；当田间覆盖秸秆总量<350千克/亩时，秸秆粉碎长度≤10厘米并均匀抛撒，紫云英播种量1.5～2.0千克/亩。紫云英播种采用水稻收获后直播时，留稻茬35～45厘米，秸秆粉碎长度<10厘米并均匀抛撒，紫云英播种量2.0～2.5千克/亩。

4. 田间开沟。 在田块内开间距3～4米的横沟，横沟沟宽20厘米，沟深10～15厘米；开设边沟和腰沟，比横沟深3～5厘米，做到沟沟相通。稻底套播紫云英在水稻收获后开沟；直播紫云英在播种前开沟。紫云英生长期，注意及时清沟排渍。

5. 施肥管理。 每亩翻压紫云英1 500千克以上，单季稻可减施化肥8%～12%，亩产600～700千克时，总施肥量N：P_2O_5：K_2O为10.8：5.4：9.0。双季早稻可减施10%～15%，亩产400～450千克时，总施肥量N：P_2O_5：K_2O为9.0：4.5：7.2或N：P_2O_5：K_2O为8.5：4.25：6.8。

（二）紫云英秸秆协同还田

1. 还田时间。 在盛花期10～15天将紫云英与上季存留的水稻秸秆一起翻压还田。

2. 还田方式。 翻压深度为10～15厘米。翻压方式有干耕和水耕两种。在机械化程度较高的区域应采用干耕。干耕可利用圆盘犁或反转旋耕机进行，3～5天后待犁垡晒白即灌浅水耙田。

3. 还田量。 移栽早稻和中稻紫云英翻压量可稍多，为1 500～2 000千克/亩。

4. 水分管理。 紫云英翻压3～5天后灌浅水沤田，保持1～2厘米浅水层，促进紫云英腐解。翻压后至水稻种植前不主动排水，水稻采用无水层/浅水层灌溉。

（三）叶面肥无人机喷施

1. 叶面肥的选择。 根据区域土壤特征，结合测土配方施肥成果，针对性地选择叶面肥种类，以补充中微量元素为主，选择中微量元素肥料、含氨基酸水溶肥料等。肥料质量应符合国家和行业标准，产品获得农业农村部备案（登记）。

2. 无人机选择。 叶面肥无人机施肥通常使用四旋翼结构、标配 2 喷头＋50 升作业箱类型的智能无人机。最大起飞重量 50～60 千克，作业效率 0.13～0.2 公顷/分钟，续航时间 10 分钟，最大飞行速度达到 6.8～8 米/秒，有效喷幅范围 6～7 米，相对作业高度 3 米。

3. 区域规划。 按照测土配方施肥建议卡指导施肥区域划分，以自然村为主进行规划，要求水稻生长期大概一致、基本连片，启用无人机 RTK 定位进行区域规划并确定飞行轨迹。

4. 作业要求。 操作人员应持证上岗，严格按无人机操作规程正确安全使用机械开展施肥作业，确保安全飞行。作业前应确认作业区域气象信息，风力大于 4 级或室外温度超过 35℃ 不宜作业，禁止雷雨天气、中午高温时段作业。根据无人机说明，并结合风速风向等气象条件设置飞行参数。若晴天喷肥，应在上午 9 时前或下午 4 时后。若喷后 4 小时内遇中到大雨，考虑安排重新喷施。

5. 施肥时期及施用量。 根据选择的中微量元素、含氨基酸水溶肥料种类，喷施叶面肥一般喷施 2 次，第一次为水稻分蘖后期至破口期，第二次为齐穗期至灌浆期。施用量以叶面肥的使用说明为准，结合当天温度、湿度适当调整喷施浓度，也可适当添加增效剂和湿润剂，增加叶面肥的附着性能，提高喷施效果。

6. 作业面积核定。 按无人机飞行轨迹图统计的面积扣除 3%～5%（田埂面积）视为叶面肥无人机施肥作业面积。

三、适用范围

适用于广西桂林及周边区域水稻种植连片，生长期基本一致的早、中、晚稻区。

四、应用效果

（一）促进水稻减肥增产

单季稻减少化肥用量 10% 条件下，水稻产量保持稳定；不减少化肥用量条件下，水稻增产 5.0%～12.0%。双季稻减少早稻季化肥用量 10%～15% 条件下，早稻增产 6.8%，晚稻增产 7.5%，整个轮作周期平均增产 7.1%，全年稻谷产量的稳定性系数提高 6.9%。

（二）提高稻田土壤肥力

紫云英—秸秆协同还田后，发挥紫云英固氮、促进磷的活化，秸秆钾循环利用等作用，稻田土壤主要养分含量及微生物活性均有所提高。紫云英连续种植 3～5 年，土壤全氮、有机质、有效磷、速效钾含量分别提高 7.9%、2.8%、4.4%、4.6%，土壤微生物碳、微生物氮分别提高 34.8%、82.2%。

（三）增加水稻种植效益

计算节约化肥成本及稻谷增产增收，扣除冬季绿肥种子及种植翻压成本，单季稻、双季稻分别可增收 40～50 元/亩、100 元/亩。

五、相关图片

示范展示

加注叶面肥

确定飞行轨迹

喷施叶面肥效果

第四节　西南稻区

贵州坝区"有机肥＋缓释肥料一次性施肥＋一喷多促"技术模式

一、模式概述

以测土配方施肥技术为核心，制定水稻基肥施肥方案。在水稻移栽前将有机肥料和缓释肥料施入土壤中,施足底肥。在水稻后期视作物生长情况应用无人机追施氮钾肥、硅肥等水溶性肥料,补充作物营养,增强光合作用,实现促壮苗稳长、促灌浆成熟、促单产提高等多重功效,促进水稻增产增收和节本增效。

二、技术要点

(一)测土配方

运用"NE养分专家"等智能推荐施肥系统,并结合近年来取土化验、田间试验等数据结果和水稻品种、目标产量等因素科学制定施肥方案,确定施肥总量、养分配比、施肥次数。土壤肥力高的地块可采取一次性施肥方式,中低肥力地块采用一基一追方式。做好基肥与追肥运筹,一般氮肥基肥占50%~70%,追肥占30%~50%;磷肥一次性施用;钾肥可根据土壤供肥等状况,选择一次性施用或适当追肥。

(二)施入基肥

1. 肥料品种。根据水稻需肥特性和土壤供肥性能,选用缓释肥和有机肥料作底肥,在翻犁前施入土壤中。有机肥:可选用商品有机肥、有机无机复混肥、生物有机肥以及腐熟堆肥等。缓释肥料:选用氮磷钾配比合理、含有一定比例缓控释养分、粒型整齐、硬度适宜的肥料。

2. 肥料要求。腐熟堆肥质量应符合《畜禽粪便堆肥技术规范》(NY/T 3442)等要求。商品有机肥产品质量应符合《有机肥料》(NY/T 525)要求。生物有机肥产品质量应符合《生物有机肥》(NY884)要求。有机无机复混肥产品质量应符合《有机无机复混肥料》(GB/T 18877)要求。有机水溶肥料产品质量应符合《有机水溶肥料 通用要求》(NY/T 3831)要求。缓释肥料产品质量应符合《缓释肥料》(GB/T 23348)要求。

3. 肥料用量。堆肥施用量一般为1 000~3 000千克/亩,商品有机肥施用量一般为100~300千克/亩。

(三)视情况追肥

水稻分蘖期和孕穗期视生长情况进行无人机追肥,提高施肥效率。风力大于4级或室外温度超过35℃不宜作业,雷雨天气禁止作业。提前规划好施肥航线、施肥田块范围,设置好进出航线、飞行高度、飞行速度、喷(撒)幅宽度、喷雾流量等参数,试飞正常后方可进行作业。一般选择晴天喷肥,上午9时前或下午4时后喷肥。若喷后即遇雨,须重喷。一般设置飞行高度距作物冠层3.5~5米,飞行速度3~5米/秒。

(四)注意事项

1. 腐熟堆肥还田前严格按照《畜禽粪便无害化处理技术规范》(GB/T36195)、《畜禽粪便还田技术规范》(GB/T25246)进行无害化处理。

2. 无人机追肥操作人员必须持证上岗,确保安全飞行。无人机起降点要避开交通要道、学校等区域。无人机作业完成后，应排空剩余肥料并清洗，防止装置堵塞。

3. 无人机作业配套肥料在配置过程中，要注意不同肥料之间的化学反应，避免产生沉淀，降低肥效。

三、适用范围

适用于西南高原能进行无人机安全作业的贵州水稻坝区。

四、应用效果

有机肥施用可以改良土壤结构、提高土壤肥力、促进水稻生长，提高产量和品质，同时可以降低农业面源污染风险。缓释肥料可以持续供应养分、提高化肥利用率、降低施肥次数、促进水稻生长。本技术模式与传统施肥相比，平均每亩可减少氮肥使用量 10%、水稻增产 5%。

五、相关图片

肥料调配　　　　　　　　　　　　水稻无人机追肥作业

成都平原"侧深机施肥＋无人机追肥"技术模式

一、模式概述

以测土配方施肥为基础，根据水稻品种、目标产量、土壤测试、田间试验等情况，制定水稻生育期施肥方案。采用侧深施肥技术，配套水稻缓控释专用肥料，实现机插秧和侧深施肥同步作业，减少施肥次数。后期根据水稻生长情况，利用无人机进行追肥，配套水溶性肥料，促进水稻施肥的机械化、轻简化和高效化，提高化肥利用率，实现节本增效。

二、技术要点

(一) 肥料选用

1. 肥料品种。 基肥选用水稻缓控释肥专用肥料 (22 - 8 - 10) 或其他相近配方缓控释肥料，追肥选用普通尿素 (N 46.0%)、磷酸二氢钾。

2. 肥料要求。 肥料应为圆粒形，粒径 2～4 毫米为宜，颗粒均匀、密度一致，理化性状稳定，硬度宜大于 30 牛，手捏不易碎、不易吸湿、不粘、不结块，以防施肥通道堵塞。

3. 肥料用量。 肥料运筹采用"侧深基施＋无人机追肥"。基肥用量 30～35 千克/亩；孕穗期追施尿素 5～8 千克/亩，孕穗期到灌浆期喷施 0.2% 的磷酸二氢钾 (4 克/亩，兑水 2 升) 2～3 次。

(二) 侧深施肥

1. 培育壮秧。 根据机插秧要求选用规格化毯状带土秧苗，一般秧苗叶龄 2～3.5 叶，秧龄 15～25 天，苗高 10～20 厘米。秧苗应敦实稳健，有弹性，叶色绿而不浓，叶片不披不垂，茎基部扁圆，须根多，充实度高，无病虫害。秧苗随起、随运、随插，防止秧苗枯萎。

2. 整地作业。 秸秆还田：前茬作物秸秆切碎均匀抛撒还田，联合收割机收割留茬≤15 厘米，秸秆切碎长度≤10 厘米，秸秆切碎合格率≥90%，抛撒均匀度≥80%。高留茬和粗大秸秆应用秸秆粉碎还田机进行粉碎后再耕整田块。前茬是绿肥时，要适时耕翻上水沤至腐烂。整地要求：采用旋耕整地，秸秆残茬混埋深度 6～18 厘米，漂浮率≤10%。耕整后地表平整，无残茬、杂草等，田块内高低落差≤3 厘米，无大块田面露出。

3. 泥浆沉实。 沉实时间 1～2 天，沉实程度达到手指划沟可缓慢恢复，或采用下落式锥形穿透计测定土壤坚实度，锥尖陷深 5～10 厘米，泥脚深度≤30 厘米。

4. 机械选择。 选用带有气吹式侧深施肥装置的施肥插秧一体机或者在插秧机上加挂气吹式侧深施肥装置。机械要求：侧深施肥装置应可调节施肥量，量程 0～60 千克，可实现肥料精准深施、刮板覆盖，肥料落点应位于秧苗侧 3～5 厘米、深 4～6 厘米处。

5. 作业准备。 机具调试：作业前检查施肥装置运转是否正常，排肥通道是否顺畅，气吹式施肥装置须检查气吹机气密性。机具各运行部件应转动灵活，无碰撞卡滞现象，并进行开机试运转。肥料装入：除去肥料中的结块及杂物，均匀装填到肥箱中，盖上箱盖。装入量不大于侧深施肥机最大装载量，盖上防雨盖。装肥过程应防止混入杂质，影响施肥作业。施肥量调节：按照机具说明书进行调节，调节时应考虑肥料性状及田块打滑对施肥量的影响，调节完毕应进行试排肥。试排肥应采用实地作业测试，正常作业 50 米以上，根据实际排肥量对侧深施肥机进行修正。

6. 作业要求。作业条件：插秧时日平均温度稳定通过 12℃，避开降雨以及大风天气。薄水插秧，水深 1～2 厘米。插秧要求：穴距约 20 厘米，行距 23～25 厘米。侧深施肥栽培密度一般应比常规施肥栽培密度减少 10%，低产或稻草还田、排水不良、冷水灌溉等地块栽培密度与常规施肥一致。机插秧苗应稳、直、不下沉，漏插率≤5%，伤秧率≤5%，相对均匀度合格率≥85%。插秧施肥操作：作业起始应缓慢前行 5 米后，再按照正常速度作业；中途停车、转弯掉头应缓慢减速，避免发生危险和施肥不均匀。肥料颗粒进入排肥管后通过风机或机械挤压进行强制排肥，定量落入由开沟器开出的位于秧苗侧边 3～5 厘米、深度 4～6 厘米的沟槽内，经刮板覆盖于泥浆中。熄火停车应提前 1 分钟缓慢降低前进速度，直至停车。

7. 注意事项。作业过程中，应规范机具使用，注意操作安全。施肥作业中应避免紧急停止或急加速等操作，发现问题及时停机检修。调整好株、行距，匀速前进，避免伤苗、缺株和倒苗。根据作业进度及时补充秧苗和肥料。受施肥器、肥料种类、作业速度、泥浆深度、天气等因素影响，应随时监控施肥量，适时微调。当天作业完成后，及时排空肥箱及施肥管道中的肥料，做好肥箱、排肥、开沟等部件清洁。

（三）无人机追肥

1. 机型选择。选择当地农业生产中普遍使用的农用无人机，载肥量 40 千克以上为宜。

2. 作业要求。田间作业时，喷施前应根据作业区地理情况，设置无人机飞行高度、速度、喷幅宽度、喷雾流量等参数，并进行试飞，正常后方可进行作业。普通尿素直接无人机撒施；磷酸二氢钾兑水施用（4 克/亩，兑水 2 升），用清水溶解肥料，待全部溶解后静置 5 分钟，取清液喷施，喷后遇雨应重新喷施。颗粒肥撒施、肥液喷施应在无风的阴天或晴天傍晚进行，防止灼伤。

3. 注意事项。喷施过程中无人机操控人员应持证上岗、做好防护措施。无人机运转时禁止触摸，并注意远离。

三、适用范围

适用于成都平原等具有机械插秧和侧深施肥条件的水稻主产区。

四、应用效果

本技术模式采用水稻侧深施肥技术使肥料集中在秧苗根区，养分供应充足、便于吸收。机械化施肥有利于秧苗早生快发、株型整齐，抽穗期提前，籽粒饱满，增产 5％以上。节肥 10％～15％，肥料利用率提高 20％以上。施肥次数减少 1 次，亩节约人工 0.5 个。

五、相关图片

加装侧深施肥装置的插秧机

无人机追肥

四川稻麦轮作区"秸秆还田＋无人机施肥"技术模式

一、模式概述

在稻麦轮作种植区利用旋耕机在整地时进行秸秆灭茬粉碎翻埋还田，并采用无人机在小麦和水稻种植季进行一次性施肥，推进施肥减量化、轻简化、智能化、绿色化。本技术模式集成了高产、优质、经济、环保的稻麦轮作生产种植关键技术，实现了"三减一改"（减量施肥、减少人工、减少秸秆焚烧、改良土壤）的绿色生产目标。

二、技术要点

（一）小麦种植

1. 品种选择。根据本地生态气候特点、耕作制度与高产目标，选择早熟高产抗病的小麦品种，如绵麦 312、绵麦 30、绵麦 35、南麦 995 等。

2. 整田施肥。9 月底水稻收获后进行开沟排水。播种前利用无人机一次性施用复合肥（$N-P_2O_5-K_2O=22-8-10$）25 千克/亩，再用旋耕机翻耕或反旋耕，使粉碎的水稻秸秆与表层土壤充分混匀。尽可能深埋稻秸，减少地表 5 厘米以内土层的稻秸量，以保证播种质量，为麦苗扎根、抗冻防倒奠定基础。并利用开沟机开沟（厢面 5 米宽、沟深 30 厘米、沟宽 20～25 厘米），防止田块积水。

3. 无人机播种。10 月下旬至 11 月上旬，利用无人机进行小麦播种，亩播 19～20 千克小麦种（拌种剂拌种）。土壤肥力相对较好的田块播量适当减少，肥力相对较差的田块适当增加。

4. 秸秆还田。小麦成熟后，采用联合收割机收割，留茬 15～20 厘米，将秸秆粉碎至 5～8 厘米后均匀抛撒于田间。

（二）水稻种植

1. 品种选择。根据本地生态气候特点、耕作制度与高产目标，选择相应水稻品种，如晶两优 548、麟两优、华占、川种优 3607 等。

2. 工厂育秧。依托当地育秧工厂，科学育秧，待秧龄 35 天进行机插秧。

3. 及时整田。5 月上旬小麦收获后浅水（上水深度 3～5 厘米）泡田 1～3 天后，使用大马力拖拉机配置水田埋茬耕整机进行水整秸秆还田作业，作业深度≥12 厘米，水层要求田面高处见墩、低处有水，作业不起浪为准，整地过程中要防止表面秸秆局部集中，影响插秧和产生漂秧。

4. 机插机施。整田沉实 1～3 天后进行水稻机插秧，移栽规格 30 厘米×16 厘米，每窝机插 3～4 苗。插秧 10 天左右秧苗转青后，采用无人机一次性施用复合肥（$N-P_2O_5-K_2O=22-8-10$）20～30 千克/亩，对分蘖和长势差的稻田可采用无人机亩追施尿素 3～4 千克，并补充微量元素锌。

5. 秸秆还田。水稻收获前，提前 10～15 天放水晒田。采用联合收割机收割，收获时留茬 15～20 厘米，将秸秆粉碎至 5～8 厘米后均匀抛撒于田间。

三、适用范围

适用于四川东北部水源条件较好的稻麦轮作种植区域。

四、应用效果

应用稻麦轮作"秸秆还田＋无人机施肥"技术模式，小麦亩节肥 5～10 千克、节本 20%～25%、增产 50 千克左右；水稻亩节肥 5～10 千克、节本 10%～20%、增产 60 千克左右。秸秆粉碎还田能够减少秸秆焚烧，保护环境，同时培肥地力，减少化肥投入；无人机施肥能够大幅度提高工作效率，降低劳动成本，减少肥料施用。

五、相关图片

小麦机收后灌水泡田　　　　　　　　　　　水稻无人机追肥

云南高原"测土配方施肥＋
有机肥＋无人机追肥"技术模式

一、模式概述

以测土配方施肥为基础，制定基肥施肥方案，配套专用配方肥料。因地制宜增施有机肥（农家肥），增加土壤有机物质投入，培肥耕地地力。在水稻孕穗期和灌浆初期通过无人机喷施磷酸二氢钾等水溶性肥料，为水稻植株提供充足的磷、钾营养物质，支持颖花分化、籽粒灌浆和成熟，提高结实率和穗粒数，促进水稻高产稳产和肥料利用率提升。

二、技术要点

（一）水稻品种选择

推荐选用由云南省农业科学院用云粳 26 与银光杂交选育而成的粳稻香软米新品种云粳 37。该品种米质优异，糙米率 78.6%、直链淀粉含量 5.89%、胶稠度 91 毫米、蛋白质含量 7.6%，具有香味浓郁、口感油润、冷不回生等优点。

（二）施肥方案制定

1. 基肥确定。一是增施农家肥。以畜禽粪污、作物秸秆和枯枝落叶为主要原料，合理调整碳氮比和水分含量，进行混合堆积，通过微生物作用发酵腐熟。这种农家肥含有丰富的有机质，还含有氮、磷、钾等主要营养元素以及多种微量元素，对土壤改良和作物生长有显著效果。一般亩均施用腐熟细碎的农家肥 800～1 000 千克。二是测土配方施肥。根据"3414"肥效试验、土壤肥力和目标产量等确定施肥量,目标产量在 600～650 千克/亩,推荐肥料配方(N-P_2O_5-K_2O)为(15～19)-(8～11)-(7～10),施肥量为 30～40 千克/亩。农家肥与磷、钾肥全部作基肥施用,氮肥基肥占 45%、分蘖肥 30%、穗肥 25%。基肥于耙田时全层一次施用。

2. 追肥方案。

(1)因需追肥。对基肥施磷、钾不足或缺磷、钾的田块,可追施适量高氮低磷低钾的配方肥。在土壤有效锌低于 0.5 毫克/千克(风干土计)的缺锌区域,隔年亩施 1 千克硫酸锌。

(2)无人机追肥。在两个关键时期喷施磷酸二氢钾等水溶性肥料。一是在水稻孕穗期开始第一次追肥,最佳时间为水稻破口前 5 天,每亩用 100～150 克的磷酸二氢钾(N-P_2O_5-K_2O=0-52-34),溶于 2～3 升水,用无人机喷施,无人机飞行高度距水稻 2～2.5 米,飞行速度为 3 米/秒。二是选择在灌浆初期开始第二次追肥,此时稻穗全部抽完,80%的稻穗花落,10%稻穗开始低头。为防早衰、促早熟,与孕穗期一样,每亩用 100～150 克的磷酸二氢钾(N-P_2O_5-K_2O=0-52-34),溶于 2～3 升水,用无人机喷施。此时无人机飞行高度不宜太低,太低会造成水稻倒伏,距水稻 3～3.5 米为宜,飞行速度也为 3 米/秒。

3. 注意事项。

(1)追肥时期选择。孕穗期破口前 5 天的选择要通过田间观察确定,即部分稻穗已经开始有轻微的抽出迹象,但大多数稻穗还未达到完全抽出的状态。灌浆初期的选择一定要等到 80%以上的稻穗花落,宁晚勿早,避免无人机把水稻花粉吹散,影响授粉。

(2)喷施效果。喷施的磷酸二氢钾要具有较好的溶解性,最好是优等品,喷施时应将肥料用清水溶解,以防肥料通道堵塞。为保证喷施后的雾化效果,每亩可加入 2 毫升有机硅。

(3)无人机作业事项。田间喷施时,应选择施肥均匀的无人机。根据喷施区域的实际情况,设置无人机的喷幅宽度、喷雾流量等参数,并对无人机进行试飞,试飞正常后方可进行飞行作业。选择无风的阴天或晴天傍晚进行,防止灼伤稻苗。若喷后遇雨,应重新喷施。

三、适用范围

适用于西南高原海拔 1 600～1 900 米,日照充足、水资源丰富、土壤肥沃、耕层深厚、蓄水性和爽水性良好的粳稻种植区。

四、应用效果

通过应用"测土配方施肥+有机肥+无人机追肥"技术模式,能够有效减少化肥施用量,培肥地力,降低因过量施肥造成耕地土壤质量退化的风险,提高肥料利用率。亩均节约肥料投入量9％～11％，水稻结实率提高8％～10％，平均亩增产50千克，亩均节本增收300～450元。

五、相关图片

孕穗期无人机喷肥

灌浆期

成熟期收获

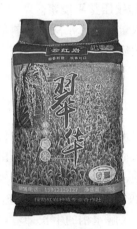

软香米

重庆"秸秆还田＋测土配方施肥＋缓控释肥"技术模式

一、模式概述

在水稻机收后秸秆粉碎翻压还田的基础上，以测土配方施肥技术为核心，利用NE（养分专家）智能化施肥技术系统，量身定制水稻基肥施肥方案。采用机械施用缓控释氮肥与复合肥作为底肥，实现一次性轻简化施肥。后期视水稻生长和天气情况做好田间管理，实现水稻化肥减量增效与提质增产的双重效果。

二、技术要点

（一）秸秆还田

在上茬水稻收获期进行机械作业，推广秸秆粉碎翻压还田技术。技术总体要求："匀抛撒、犁平翻、旱初平、土旋碎、深混肥、浅搅浆"，创建"上有泥浆层、中有团粒结构、下部空隙度充足"，通透性好，有利于水稻生长的耕层结构，提高插秧质量。

1. 联合收割机适时收获。合理选择水稻收割时机，在水稻成熟期前提早放水，确保收获期稻田土壤含水量维持在 15%～20%。水稻成熟期，采用联合收割机进行机械收割作业，收获后秸秆粉碎，实现"粉碎均匀，低留割茬"，秸秆粉碎长度 5～10 厘米，留茬高度≤20 厘米，抛撒后秸秆覆盖率≥90%，秸秆厚度≤5 厘米，抛撒均匀，有利于水田整地。

2. 施用尿素促进腐化。每亩均匀用尿素 5 千克，为水稻供应充足的氮素，促进秸秆腐熟，调节土壤碳氮比。有条件地区可根据秸秆还田量，每亩喷洒秸秆腐熟剂 1～2 千克。

3. 深翻技术深埋秸秆。采用大型耕作机械深耕作业，耕深 18～22 厘米，将水稻秸秆均匀混埋于 20 厘米耕层之中，旋耕机转速宜高不宜低，便于进一步粉碎秸秆并与土壤混合。

4. 机械镇压整平搅浆。第二年春季，根据插秧时间提前 15～20 天放水泡田，让土壤处于全蓄水量状态，水深没过耕层 2～3 厘米，达到寸水不漏泥的标准，土壤处于薄浆结持状态；然后用搅浆平地机进行搅浆平地作业，形成稳定的泥浆层 2 厘米，少搅动秸秆层，使秸秆不漂浮、田面平整，达到待插状态。

（二）测土配方施肥

以稻田土壤测试、养分丰缺评价为基础，根据水稻需肥规律、土壤供肥性能和肥料效应，拟合水稻施肥指标体系，提出一定目标产量下氮、磷、钾及中微量元素等肥料的施用种类、数量、施肥时期，为水稻生长提供足够的营养，实现节本增效。

1. 地块信息情况调查。调查记录田块种植水稻的产量水平、施肥水平、地块信息等基本情况，了解水稻的生长环境和营养需求，为制定施肥方案提供依据。

2. 量身制定施肥方案。利用 NE（养分专家）等智能化施肥系统，根据种植户田块的具体情况量身定制水稻施肥方案。在施肥总量与配比方面，渝西地区优质常规稻单产一般以 550～650 千克/亩为目标产量，氮、磷、钾配比为 1∶0.45∶0.4 左右，建议底肥每亩施用水稻配方肥 30～50 千克，一并施用缓控释尿素 5 千克，孕穗期每亩追施磷酸二氢钾 0.4 千克。在中微量元素缺乏地块，底肥适当补充硅、锌等中微量元素肥料。

3. 科学控制肥料用量。水稻施肥过程中要严格控制氮肥用量，重视磷、钾肥和微量元素肥料施用，避免诱发水稻病害，降低抗性，导致倒伏和减产。在抽穗灌浆期可追施磷酸二氢钾，结合目标产量确定施肥量。钾肥一般施用 5～12 千克/亩，若水稻种植地块排灌条件较差，可选择氯化钾为原料的复合肥，避免硫酸钾还原为硫化物对根系造成毒害。若种植地块对钾肥需求量较大，可以分两次施钾肥，即在第一次在插秧前底施 30～50 千克/亩含钾缓控释复合肥，第二次在抽穗灌浆前期无人机叶面喷磷酸二氢钾0.2～0.4千克/亩。同时，根据需求及时补充微量元素。

（三）缓控释肥

缓控释肥料是一种长期缓慢释放有效养分的肥料，能够减少因雨水冲刷而造成的肥料流失，有效提高肥料利用率、降低环境污染。

1. 选用适宜肥料品种。根据土壤和水稻全生育期所需氮、磷、钾用量选用适宜的缓控释肥料，可以选择脲醛肥料替代尿素，也可以选择含氮、磷、钾三要素的缓释肥替代常规复合肥。通常水稻选用的缓控释肥料配方有：40%缓释肥（20-10-10）、40%缓释肥（22-8-10）及46%缓释肥（22-8-16）。采用机械施肥或机插秧侧深施肥，应选圆形颗粒状的肥料，有利于机械均匀施肥。

2. 科学确定施肥总量。可采用以目标产量定氮，以氮定磷、钾用量的方法。根据水稻目标产量、品种特性、土壤肥力等具体情况调整施肥量，以缓释肥为主，配施少量速效肥，满足水稻生长期的养分需求。建议每亩施用缓释复合肥35～50千克及缓释型尿素5千克。

3. 采用合理施肥方法。缓释肥推荐采用"基肥一次清"轻简化机械深施。在耙田同时，将缓控释肥全部作基肥一次性同步机械施肥，通过耙田将肥料均匀深施入土。生长期间视土壤肥力、品种、苗情等适量追施，在孕穗或灌浆期，结合一喷多促，应用农用无人机喷施磷酸二氢钾等水溶性叶面肥，提高水稻抗逆性，促进籽粒灌浆发育。

（四）田间管理

需综合考虑水分、施肥、晒田、除草及病虫害防治等多个方面，通过科学有效的田间管理，可以保证水稻产量与质量的双重提升。

1. 水分管理。明确水稻需水关键期，结合自然降雨情况适时灌水和排水。水稻返青期灌深水护苗，分蘖期保持浅水促分蘖，孕穗期及抽穗扬花期灌深水调节温度，灌浆期保持浅水和湿润交替，成熟期放水晒田。

2. 施肥管理。在天气变化影响较大时（如施肥后短期内遇大暴雨，早春持续低温阴雨天气等），应适当补充追肥。对于砂质田以及保肥保水能力较差的稻田，建议分次施用缓释肥。施肥时均匀撒施，保障水稻植株群体供肥平衡。施肥前必须调节好田间水分，施肥后3天内避免排水。

3. 晒田。对于长势过旺、叶色浓绿的水稻田，应当早晒、重晒，控制无效分蘖；水利条件差的稻田不晒、轻晒，注意保水；地下水位较高的稻田，应早晒、重晒。晒田时间根据苗情长势、土壤肥力和天气状况等确定。

4. 除草。采用机械除草和化学除草相结合的方法，机械除草可在早期进行，避免杂草过度生长。化学除草剂的使用需针对稻田杂草类型，尽量灵活选用对水稻无抑制作用的高效、安全除草剂，如瑞飞特、禾大壮、阿罗津、丁草胺乳油、新得力等。

5. 病虫害防治。防病：以预防稻瘟病为主，做好预测预报工作。预防稻瘟病主要在7月下旬至8月上旬，使用高效低毒低残留农药进行喷雾防治，如枯草芽孢杆菌、多抗霉素、春雷霉素药剂等，喷洒两次，中间间隔10～15天。防虫：以防治水稻潜叶蝇、二化螟为主。潜叶蝇发生期可用啶虫脒等药剂兑水喷雾防治。结合病虫害类型合理选用农药,优先选用绿色、低毒、高效、低残留的农药,避免出现农药残留超标和农药污染的现象。

三、适用范围

适用于西南平原、丘陵及山区等多种地形条件的水稻种植区域。

四、应用效果

本技术模式采用一次性机械深施缓控释肥料作为底肥,有效解决水稻田速效肥料随水流失而导致肥料利用率较低、产生农业面源污染、水稻规模种植追肥不及时而减产等问题,降低了水稻病害的影响,节约劳动成本。示范结果显示,示范区水稻较常规种植增产39.5千克/亩,平均增产7%,增收96元/亩。本技术模式较常规施肥可节省购买肥料费用20元以上,施肥次数减少,亩节约人工0.5个,肥料利用率明显提高。

五、相关图片

秸秆机械粉碎还田

深翻深埋秸秆

缓控释肥机械深施

水稻田间管理

第五节 再生稻区

再生稻"绿肥＋侧深施肥＋一喷多促"技术模式

一、模式概述

以提高再生稻产量与品质、提升土壤肥力为目标，集成绿肥种植翻压还田、侧深施肥、一喷多促三项关键技术。利用冬闲期种植绿肥翻压还田培肥地力，为再生稻生长提供良好土壤条件；通过在机插秧时精准施用长效肥料于根系附近，提高肥料利用效率，促进生长；在关键生育期通过叶面喷施补充多种营养，调节作物生长，提升抗逆性与产量。三者协同实现再生稻的高产高效与耕地地力保护，实现可持续种植。

二、技术要点

（一）绿肥种植

再生稻二茬收割前套种绿肥（如紫云英等），在适宜时期进行翻压还田，使其充分腐熟分解为下一季再生稻种植创造良好土壤环境，同时根据土壤测试结果确定再生稻侧深施肥的肥料配方与用量。

1. 绿肥品种。紫云英、苕子等，种子质量符合国家标准，发芽率高，适应性强。

2. 播种准备。选择合适绿肥品种（如紫云英），在10月中旬实行稻底套播，每亩用种量3～4千克，有条件地区可用根瘤菌拌种。

3. 播种方式。采用无人机稻底套播。水稻高留茬机收，留茬高度控制在30～40厘米，粉碎还田、均匀抛撒。

4. 田间管理。水稻收割后亩基施化肥（折纯）：N 1.5千克、P_2O_5 3千克、K_2O 2～2.5千克。紫云英生长期，注意及时清沟排渍，冬季做到田面连续积水不超过1天。

5. 翻压利用。在水稻移栽前10～15天，将紫云英与上季存留的水稻秸秆一起翻压还田，翻压深度10～15厘米。

（二）机插秧侧深施肥

实行工厂化育秧，利用装有侧深施肥装置的插秧机进行插秧与施肥同步作业，确保肥料精准施于水稻根系附近。

1. 机具选择。选用可调节施肥量的机械，施肥量程满足当地需求，能实现肥料精准深施，落点位于秧苗侧3～5厘米、深4～6厘米处，配备刮板增强覆盖效果，常见类型有气吹式和螺旋杆输送式。

2. 肥料选择。选用缓释肥、控释肥等长效肥料，圆粒形，粒径2～5毫米，颗粒均匀、密度一致，硬度大于 20 牛，理化性状稳定，不易吸湿、结块。氮肥用量相比常规施肥减少 10%～20%。

3. 培育壮秧。采用工厂化流水线播种，大棚育秧，秧龄控制在 25～30 天，于 4 月中旬机插，栽插行株距（25～30）厘米×（12～15）厘米。确保亩基本苗 4 万～6 万株。

4. 整地作业。前茬秸秆还田，绿肥于机插前 15 天左右耕翻沤烂。旋耕水整，确保田间湿润无积水、无明显落差。

5. 机械调试。选用高速毯状插秧机加挂侧深施肥装置，栽插前调试并检查施肥装置、排肥通道等，确保各部件转动灵活，试运转正常。

6. 作业要求。适时早插，薄水插秧，水深 3 厘米左右。根据品种及侧深施肥技术确定栽插密度，要求机插秧苗质量达标、作业过程规范，注意安全与施肥量监控，及时补充秧苗和肥料，作业后及时清洁机具。

（三）一喷多促

在再生稻关键生育时期，依据营养诊断，实施一喷多促措施，补充营养、调节生长与防治病虫害。

1. 肥药选择。包含氮、磷、钾及硼、锌等微量元素叶面肥、含氨基酸水溶肥等，搭配芸苔素内酯、赤霉素等植物生长调节剂及杀菌剂。

2. 药剂配制。按比例混合水溶肥、植物生长调节剂、病虫害防治药剂，现配现用，保证药剂质量与浓度符合要求。

3. 喷施时期。再生稻头季、后茬的破口期。

4. 喷施作业。选择晴天上午 9 点之前及下午 4 点之后，用无人机均匀喷施。

（四）注意事项

1. 侧深施肥作业前清理肥料中的杂质，防止堵塞施肥通道；避免在土壤过于泥泞或过硬条件下作业，否则影响施肥深度和效果；施肥过程中关注肥料剩余量，及时添加。

2. 一喷多促应避开高温、阴雨天气时段施药；喷施后短时间内如遇降雨，应根据降雨时间和雨量决定是否补喷；药剂应妥善保存，防止变质失效。

3. 绿肥种植控制亩用种量，避免过密或过稀影响生长；稻底套播注意水稻—紫云英共生期不宜超过 30 天；紫云英翻压时间注意与水稻种植时间衔接，以免影响水稻生长；紫云英还田后水稻施肥可适当减少 10%～15%的氮肥。

三、适用范围

适用于长江中下游地区，适宜再生稻生长和绿肥种植，且具有一定农业机械化基础的区域。适用于各类土壤，尤其对肥力中等及以上、质地适中的土壤效果更佳。在土壤肥力较低的区域，通过绿肥种植与翻压，能够有效提升土壤有机质含量和养分供应能力。对于质地较黏重或沙性较强的土壤，侧深施肥和绿肥改良土壤结构的作用更为明显。

四、应用效果

1. 提高产量。通过侧深施肥提高肥料利用率，保障再生稻生长前期养分供应，促进分蘖和植株生长；一喷多促措施增强再生稻中后期抗逆性，促进灌浆结实、籽粒饱满，显著提高再生稻产量。安徽省宣城市宣州区试验结果表明，示范区头季 703.6 千克/亩、再生季 477.8 千克/亩，周年单产 1 181.4 千克/亩，较非示范区增产 23.4%。

2. 节本增效。侧深施肥减少氮肥亩用量 10%～20%，有效降低肥料成本投入；一喷多促精准施药施肥，提高农药和肥料利用率，示范区水稻农药亩使用量平均减少 15%；绿肥种植还田后可减少氮肥亩用量 10%～20%，同时减少施肥次数，节约人工成本，综合降低生产成本，提高经济效益。

3. 减少环境污染。侧深施肥和一喷多促技术提高了化肥、农药利用率，减轻对水体、土壤和空气的污染。

4. 改善土壤质量。绿肥翻压增加有机质含量，改善土壤结构，增强土壤保水保肥能力，促进微生物活动，为再生稻生长创造良好的土壤条件，形成良性生态循环。

五、相关图片

再生稻机插秧侧深施肥现场

绿肥（紫云英）翻压前测产现场

再生稻一喷多促现场会

技术人员指导一喷多促作业现场

长江中下游"侧深机施缓控释肥＋再生季无人机施肥"技术模式

一、模式概述

以测土配方施肥为基础，制定再生稻总体施肥方案，采用专用育秧基质培育壮秧，配套缓控释侧深施肥专用肥料，实现再生稻头季一次性机插秧侧深施肥；再生季采用无人机撒施配方肥料，齐苗、孕穗、灌浆期视长势和天气情况实施无人机喷施 2～3 次新型水溶肥，实现再生稻全生育期全程机械化精准施肥。

二、技术要点

（一）基肥确定

1. 肥料品种。再生稻头季基肥，建议选用氮磷钾配比合理、粒型整齐、硬度适宜、含有一定比例缓控释养分的侧深施肥专用肥料；再生季基肥（促芽肥）可按上述标准选择普通配方肥。

2. 肥料要求。缓控释肥料应为圆粒形，粒径以 2～5 毫米为宜，颗粒均匀、密度一致，理化性状稳定，硬度宜大于 20 牛，手捏不易碎、不易吸湿、不粘、不结块，以防肥料通道堵塞；普通配方肥也应符合上述标准便于无人机均匀撒施。

3. 肥料用量。依据再生稻品种特性、目标产量、土壤测试结果等，确定头季一次性施肥总量。一般情况下，侧深施肥的缓控释肥投入量可比常规施肥减少 10％～20％，后期不追肥；再生季基肥建议每亩无人机撒施配方肥 10～15 千克，具体施肥数量可根据田块土壤肥力、常年施肥水平及目标产量等实际情况合理调控。

4. 施肥次数。充分发挥水稻侧深施肥高效、省工的特点，再生稻头季基肥建议采用一次性施肥方式，充分考虑氮素释放期等因素，选用含有一定比例缓控释养分的专用肥料，满足其整个生育期的养分需求；再生季基肥（促芽肥）建议采用无人机撒施配方肥料，后期视长势和天气情况实施无人机喷施 2～3 次新型水溶肥，以利提高齐穗率、结实率、千粒重。

（二）侧深施肥

1. 培育壮秧。"苗好一半稻"，培育壮秧是保证再生稻高产、稳产的前提条件之一。再生稻机插育秧由于时间早、温度低（本地一般 3 月中下旬播种育秧、4 月上中旬机插），对秧苗培育有较高要求。推荐选用水稻专用育苗基质规格化毯状温室大棚育秧，壮秧标准：秧苗叶龄 2～3 叶，秧龄 20～25 天，苗高 10～15 厘米。秧苗应敦实稳健，有弹性，叶色绿而不浓，叶片不披不垂，茎基部扁圆，须根多，充实度高，无病虫害。防止秧苗枯萎，做到随起、随运、随插。

2. 整地作业。再生稻种植多为预留空白田，少量绿肥田。前茬是绿肥的，要适时耕翻上水沤至腐烂。空白田提倡"冬耕晒垡"。整地要求：采用犁翻整地的，秸秆残茬埋覆深度 15～25 厘米，漂浮率≤5％；采用旋耕整地的，秸秆残茬混埋深度 6～18 厘米，漂浮率≤10％。耕整后地表平整，无残茬、杂草等，田块内高低落差≤3 厘米，无大块田面露出。

3. 泥浆沉实。沉实时间根据土壤性状和气候条件确定，一般沙土泥浆沉实 1 天左右，壤土沉实 2～3 天，黏土沉实 3～4 天。沉实程度达到手指划沟可缓慢恢复状态即可，或采用下落式锥形穿透计测定土壤坚实度，锥尖陷深为 5～10 厘米，泥脚深度≤30 厘米。

4. 机械选择。机械类型：选用带有侧深施肥装置的施肥插秧一体机或者在已有插秧机上加挂侧深施肥装置，主要分为气吹式和螺旋杆输送式两种类型。机械要求：侧深施肥装置应可调节施肥量，量程需满足当地施肥量要求，能够实现肥料精准深施，落点应位于秧苗侧 3～5 厘米、深 4～6 厘米处，通过刮板增强覆盖效果。

5. 作业准备。机具调试：作业前应检查施肥装置运转是否正常，施肥通道是否顺畅，气吹式施肥装置须检查气吹机气密性。机具各运行部件应转动灵活，无碰撞卡滞现象，并进行开机试运转。肥料装入：除去肥料中的结块及杂物，均匀装填到肥箱中，盖上箱盖。装入量不大于侧深施肥机最大装载量，盖上防雨盖。装肥过程中应防止混入杂质，影响施肥作业。施肥量调节：施肥量按照机具说明书进行调节，调节时应考虑肥料性状及田块打滑对施肥量的影响，调节完毕应进行试排肥。试排肥应采用实地作业测试，正常作业 50 米以上，根据实际排肥量对侧深施肥机进行修正。

6. 作业要求。作业条件：依据气候条件和再生稻品种熟期（花期耐高温，再生力强的早熟中籼品种）合理确定插秧时期，适时早插（4 月 15 日前）。避开降雨以及大风天气。薄水插秧，水深 1～2 厘米。插秧要求：侧深施肥栽培密度行距 30 厘米，株距 14～16 厘米，每穴 2 株左右。机插秧苗应稳、直、不下沉，漏插率≤5％，伤秧率≤5％，相对均匀度合格率≥85％。插秧施肥操作：作业起始阶段应缓慢前行 5 米后，按照正常速度作业；中途停车、转弯掉头应缓慢减速，避免发生危险和施肥不均匀。肥料颗粒进入排肥管后通过风机或机械挤压进行强制排肥，定量落入由开沟器开出的位于秧苗侧边 3～5 厘米、深度为 4～6 厘米的沟槽内，经刮板覆盖于泥浆中。此时插秧机亦同步插秧。熄火停车应提前 1 分钟缓慢降低前进速度，直至停车。

7. 注意事项。作业过程中，应规范机具使用，注意操作安全。施肥作业中应避免紧急停止或加速等操作，发现问题及时停机检修。调整好株行距，匀速前进，避免伤苗、缺株和倒苗。根据作业进度及时补充秧苗和肥料。受施肥器、肥料种类、作业速度、泥浆深度、天气等因素影响，应随时监控施肥量，适时微调。当天作业完成后，应及时排空肥箱及施肥管道中的肥料，做好肥箱、排肥、开沟等部件的清洁。

（三）头季田间管理

1. 肥水管理。再生稻头季基肥建议选用含有一定比例缓控释养分的专用肥料，采用一次性侧深施肥（比常规施肥减少 10％～20％），满足其整个生育期的养分需求。再生稻移栽期气温较低，应提高机插质量，保温促快速返青发棵。水分管理前期遵循"浅水移栽，活棵晾田；浅水促蘖，提前烤田"原则。后期间歇湿润灌溉，干湿交替，活熟到老；头季收割前 10～15 天无人机撒施二茬基肥（促芽肥）配方肥 10～15 千克/亩，田水自然落干进行二次烤田，直至头季稻收割后复水。

2. 适期收获。再生稻头季收割适期一般在 8 月上中旬，宜早不宜迟，以便为再生季生长发育预留充足时间。头季稻在黄熟期机械收割，选择中小型窄轮收割机，根据田块形状，确定最佳收割路线，减少收割机对稻蔸的倾轧，割后稻草应及时运出田块，并扶正因机械倾轧倒伏的稻蔸，以利再生季齐苗、齐穗。留茬高度 30～40 厘米。

（四）再生季田间管理

1. 肥水管理。再生稻再生季气温高，在无人机撒施基肥（促芽肥）后出苗较快，为保证再生苗健壮齐整，建议头季收割后 3 天左右无人机撒施或喷施一次齐苗肥，后期视田间长势无人机喷施 1～2 次孕穗或灌浆肥。头季收割后，田间上薄水至湿润；如遇高温干旱，要及时灌水，后期干湿交替，保持田间湿润，黄熟期间湿润自然落干至成熟。

2. 肥料选择。撒施时可选用单质肥料或配方肥料。喷施时要求肥料具有较好的溶解性，氮肥可选用尿素，磷肥可选用磷酸二氢钾，镁肥、锌肥、硼肥和钼肥可分别选用硫酸镁、硫酸锌、硼酸和钼酸铵。新型水溶性肥可选择大量元素、中量元素、微量元素、含腐植酸、含氨基酸、有机水溶肥等，肥料产品应符合相关标准，取得农业农村部登记（备案）证。

3. 作业程序。田间撒施作业时，应选择载肥量大、施肥均匀的无人机。喷施作业时应将肥料用清水全部溶解后，静置 5 分钟后取清液待用。根据作业区实际情况，设置无人机的飞行高度、速度、喷（撒）幅宽度、喷雾流量等参数，并对无人机进行试飞，试飞正常后方可进行飞行作业。肥液喷施选择无风的阴天或晴天傍晚进行，防止灼伤稻苗，确保肥效。喷施结束后记录无人机作业情况，若喷后遇雨，应重新喷施。喷施作业结束后持续观察水稻长势，再次喷施需间隔 7～10 天，避免盲目喷施造成毒害。

4. 适期收获。当再生稻再生季稻穗上部稻谷变硬，下部稻谷稻壳变黄时收割。收割时要求收割机机口稍抬平，避免将未完全成熟的下部稻谷混割，防止影响再生季稻谷品质。

三、适用范围

适用于长江中下游具有机械插秧条件的再生稻主产区。

四、应用效果

头季侧深施肥使肥料集中在根区，供应充足、便于吸收，有利于秧苗早生快发、株型整齐，抽穗期提前，籽粒饱满，增产 10%以上。节肥 20%～30%，肥料利用率提高 20%以上，施肥次数减少，一次性施肥亩节约人工 1～2 个。

再生季无人机撒施、喷施新型肥料，施肥均匀、精准、见效快，省工省时、高产稳产，增产 15%以上。

五、相关图片

育秧基质机械化播种

温室大棚毯式育秧

机插秧侧深施肥

无人机喷施新型水溶肥

安徽再生稻"侧深施肥＋配方肥＋无人机追肥"技术模式

一、模式概述

以测土配方施肥为基础，结合再生稻生产情况，制定适宜当地推广的再生稻科学施肥"三新"技术集成方案，基肥采用配方肥＋侧深施肥插秧机同步插秧施肥。在再生稻追肥中，采用无人机追施常规肥料＋中微量元素肥。后期视作物生长和天气情况实施无人机一喷多促，实现再生稻生育期全程"三新"技术集成科学施肥。

二、技术要点

（一）基肥确定

1. 肥料品种。根据测土配方施肥技术，选用适宜再生稻生产的配方肥（18-12-15）。

2. 肥料要求。肥料应为圆粒形，粒径以 2～5 毫米为宜，颗粒均匀、密度一致，理化性状稳定，硬度宜大于 20 牛，手捏不易碎、不易吸湿、不粘、不结块，适宜侧深施肥机和无人机撒施为主，以防肥料通道堵塞。

3. 肥料用量。依据再生稻品种、目标产量、土壤测试结果等制定施肥方案，确定施肥总量、施肥次数、养分配比和运筹比例。推荐使用机插秧同步侧深施肥，氮肥投入量可比常规施肥减少 10%～30%，减肥数量根据当地土壤肥力、施肥水平等实际情况确定。侧深施肥推荐基肥使用配方肥 25 千克/亩、尿素 7.5 千克/亩，追肥头茬一次性无人机追施尿素、配方肥各 10 千克/亩；头茬收割前 12～15 天断水，同步无人机追施 45% 配方肥 20 千克/亩，后期适当追施尿素和中微量元素肥。

4. 施肥次数。充分发挥水稻侧深施肥高效、省工的特点，两季分别采用一基一追方式。一次性施肥充分考虑氮素释放期等因素满足再生稻头茬生育期的养分需求。一基一追方式应做好基肥与追肥运筹，氮肥基蘖肥占 60% 左右、追肥占 40%，可根据实际情况进行调整；磷肥在土壤中的移动性较差，建议一次性施用；钾肥可根据供肥状况，选择一次性施用或适当追肥；同时在后期病虫害防治时，采取一喷多促技术，补施适量的锌肥、硅肥，保证再生稻结实率和千粒重。

（二）侧深施肥

1. 培育壮秧。根据机插秧要求选用规格化毯状带土秧苗，一般秧苗叶龄 2～3.5 叶，秧龄 15～25 天，苗高 10～20 厘米。秧苗应敦实稳健，有弹性，叶色绿而不浓，叶片不披不垂，茎基部扁圆，须根多，充实度高，无病虫害。防止秧苗枯萎，做到随起、随运、随插。

2. 整地作业。秸秆还田：前茬作物秸秆切碎均匀抛撒还田，高留茬和粗大秸秆应用秸秆粉碎还田机进行粉碎后再耕整田块。前茬是绿肥的，要适时耕翻上水沤至腐烂。整地要求：采用旋耕整地，秸秆残茬混埋深度 6～18 厘米，漂浮率≤10%。耕整后地表平整，无残茬、杂草等，田块内高低落差≤3 厘米，无大块田面露出。

3. 泥浆沉实。沉实时间根据土壤性状和气候条件确定，稻麦、稻油轮作区沙土泥浆沉实 1 天左右，预留水深 1～2 厘米，相对整平，插秧前保留薄层水。或采用下落式锥形穿透计测定土壤坚实度，锥尖陷深为 5～10 厘米，泥脚深度≤30 厘米。

4. 机械选择。机械类型：选用带有侧深施肥装置的施肥插秧一体机或者在已有插秧机上加挂侧深施肥装置，主要分为气吹式和螺旋杆输送式两种类型。机械要求：侧深施肥装置应可调节施肥量，量程需满足当地施肥量要求，能够实现肥料精准深施，落点应位于秧苗侧 3～5 厘米、深 4～6 厘米处，通过刮板增强覆盖效果。

5. 插秧准备。机具调试：作业前应检查施肥装置运转是否正常，排肥通道是否顺畅，气吹式施肥装置须检查气吹机气密性。机具各运行部件应转动灵活，无碰撞卡滞现象，并进行开机试运转。肥料装入：除去肥料中的结块及杂物，均匀装填到肥箱中，盖上箱盖。装入量不大于侧深施肥机最大装载量，盖上防雨盖。装肥过程中应防止混入杂质，影响施肥作业。施肥量调节：施肥量按照机具说明书进行调节，调节时应考虑肥料性状及田块打滑对施肥量的影响，调节完毕应进行试排肥。试排肥应采用实地作业测试，试过无误后，根据实际肥料用量对侧深施肥机进行修正。

6. 作业要求。 作业条件：依据当地气候条件和水稻品种熟期合理确定插秧时期，适时早插。插秧时要求日平均温度稳定通过 12℃，避开降雨以及大风天气。薄水插秧，水深 1～2 厘米。插秧要求：实行 14 厘米×25 厘米规格机插，每亩 1.9 万穴左右，穴取秧量 3～4 苗。机插秧苗应稳、直、不下沉，漏插率≤5%，伤秧率≤5%，相对均匀度合格率≥85%。插秧施肥操作：作业起始阶段应缓慢前行 5 米后，按照正常速度作业；中途停车、转弯掉头应缓慢减速，避免发生危险和施肥不均匀。肥料颗粒进入排肥管后通过风机或机械挤压进行强制排肥，定量落入由开沟器开出的位于秧苗侧边 3～5 厘米、深度为 4～6 厘米的沟槽内，经刮板覆盖于泥浆中。此时插秧机亦同步插秧。熄火停车应提前 1 分钟缓慢降低前进速度，直至停车。

7. 注意事项。 作业过程中，应规范机具使用，注意操作安全。施肥作业中应避免紧急停止或加速等操作，发现问题及时停机检修。调整好株行距，匀速前进，避免伤苗、缺株和倒苗。根据作业进度及时补充秧苗和肥料。受施肥器、肥料种类、作业速度、泥浆深度、天气等因素影响，应随时监控施肥量，适时微调。当天作业完成后，应及时排空肥箱及施肥管道中的肥料，做好肥箱、排肥、开沟等部件的清洁。

（三）无人机追肥

1. 头茬管理。 根据再生稻生育期需肥要求，在定植后 7～15 天内用无人机追施尿素 10 千克/亩、配方肥 10 千克/亩，插秧后 30 天左右开始烤田，建议分两次烤田，第一次轻烤不陷脚，复水后自然落干，再重烤至地块发白、出现 1～2 厘米裂缝再复水管理。烤田结束后复水，根据田间情况，适当追施氯化钾 5 千克/亩。

2. 再生季管理。 在头茬水稻收割前 12～15 天断水，同步应用载重型无人机追施配方肥（18-12-15）20 千克/亩。头茬收割节点应该在大田 90%稻穗成熟时收割，确保收获时秆青籽黄。选用仓容量小的收割机（600 千克），严格规划收割路线，避免收割机过多与重复碾压。8 月 10 日收割建议留茬高度 30 厘米，具体留茬高度根据收割时间确定。头茬收获后使用无人机亩施尿素 7.5～10 千克。病虫害防治时，采取一喷多促技术，补施适量的锌肥、硅肥，保证再生稻结实率和千粒重。

3. 肥料选择。 无人机追肥时可选用单质肥料和配方肥；喷施时要求肥料具有较好的溶解性，氮肥可选用尿素，复合肥选用配方肥（18-12-15），磷肥可选用磷酸二氢钾，镁肥、锌肥、硼肥可分别选用硫酸镁、硫酸锌、硼酸。水溶性肥料可选择中量元素、微量元素、含腐植酸、含氨基酸、有机水溶肥等，肥料产品应符合相关标准，取得农业农村部登记（备案）证。

4. 作业程序。 田间撒施作业时，应选择载肥量大、施肥均匀的无人机。喷施作业时应将无人机装料内部用清水全部溶解后，静置 5 分钟后取清液待用。根据作业区实际情况，设置无人机的飞行高度、速度、喷（撒）幅宽度、喷雾流量等参数，并对无人机进行试飞，试飞正常后方可进行飞行作业。肥液喷施选择无风的阴天或晴天傍晚进行，防止灼伤稻苗，确保肥效。喷施结束后记录无人机作业情况，若喷后遇雨，应重新喷施。喷施作业结束后持续观察水稻长势，再次喷施需间隔 7～10 天，避免盲目喷施造成毒害。

三、适用范围

适用于安徽芜湖及其周边光温条件相近的再生稻产区。

四、应用效果

水稻机插侧深施肥技术使插秧、施肥同步进行，减少作业次数，节约人工成本。同时侧深施肥使肥料集中在根区，供应充足、便于吸收。无人机施肥具有施肥均匀、节约用工、提高效率等优点。再生稻全程采用"三新"技术，有利于秧苗早生快发、株型整齐，抽穗期提前，籽粒饱满，增产 10％左右、节肥 15％～20％，施肥次数减少，肥料利用率提高 10％以上，亩节约人工 1.5 个。

机插秧侧深施肥

无人机追肥

水稻"三新"技术示范区

第三章

玉米科学施肥"三新"集成技术模式

第一节　东北春玉米区

黑龙江"测土配方＋种肥同播＋无人机追肥"技术模式

一、模式概述

黑龙江玉米"测土配方施肥＋种肥同播＋无人机追肥"技术模式，以测土配方施肥为基础，确定氮、磷、钾肥与中微量元素合理配比。利用种肥同播提高播种和施肥效率，实现科学施肥。采用无人机叶面喷施技术，将叶面肥、调节剂、杀菌杀虫剂等药剂充分混合后，一喷多促有效提高玉米植株抗逆性，促进玉米生长。本技术模式能够推进玉米大面积单产提升和均衡增产，提升东北地区玉米产能。

二、技术要点

1. 品种选择，种子处理。

（1）优选玉米品种及肥料品种。选用通过国家或黑龙江省审定，适应当地生态条件、出苗到成熟所需活动积温比当地常年活动积温少 150℃的优质、高产、密植多抗品种，杜绝越区种植。肥料选用氮磷钾比例合理、粒型整齐、硬度适宜、手捏不碎、吸湿少、不粘、不结块的肥料。一般选用粒径为 2～5 毫米的圆粒形配方肥，保证中期营养足，后期不脱肥。普通复合肥与普通尿素进行种肥同播，容易造成烧种烧苗。肥料产品应符合相关标准，取得农业农村部登记（备案）证。

（2）种子处理。播种前进行机械精选或人工粒选种子，剔除病斑粒、虫蚀粒、破碎粒和杂质，大、中、小粒分级播种。种子精选分级、粒型一致，发芽率＞95％、芽势＞90％、纯度＞98％、净度 100％的优质品种。自己购买的种子需进行种子发芽试验。根据病虫兼治的原则，选用种衣剂包衣，防治地下害虫、土传病害和苗期病虫害，提高种子的发芽率，确保苗齐、苗壮。

2. 合理轮作,精细整地。选择地势平坦,土层深厚,疏松通气,排水良好的中等肥力的麦、豆茬田块种植。旱能灌、涝能排。前茬没有过量使用化肥,没有施用剧毒、高残留农药。土壤 pH5～8。不宜在低洼、盐碱地块种植。

秋翻地,耢耙粑细,秋起垄,通过冻融作用更易保苗。实行秋季浅翻深松、耙茬深松,深度≥35 厘米,砂壤土不应打破犁底层,以防漏水肥。翻地要防止湿翻,破坏土壤结构。秋季采取大型机械复式作业,深松、耙茬、碎土一次完成。精细整地标准达到"齐、平、松、碎、净"。齐:整地到头到边,做到边成线,角成方。平:耙地后地面平整,无小坑洼、沟槽。松:土壤疏松不板结,整地深度 5～6 厘米,上虚下实。碎:土块直径<2 厘米,无大土块。净:达到清田标准,田间干净整洁。

3. 测土配方,种肥同播。

(1) 测土配方施肥。秋收后选取有代表性的地块,采用对角线法取土样,取样深度一般在 20 厘米。取样一般以 50 亩面积为一个单位。把采集的土样送到县级以上有资质的化验室进行土壤化验。依据作物需肥规律、土壤供肥特性与肥料效应,在施用有机肥料的基础上,合理确定氮、磷、钾和中微量元素的适宜用量和比例,并确定相应的施肥方式。磷肥在土壤中的移动性比较小,可以一次性施用;钾肥则根据土壤质地和供肥状况,选择一次性施用或分期调控。

(2) 种肥同播。当 5 厘米土壤温度连续一周稳定在 6～7℃,气温 7～9℃开始播种。第一积温带 4 月 20—30 日播种;第二积温带 4 月 25 日至 5 月 5 日播种;第三积温带 5 月 1—10 日播种,第四积温带 5 月 5—15 日播种。采用播种深施肥一体化高质量玉米精量播种机作业,将种子和肥料一次性施入土壤。一般种子深度 3～5 厘米,土壤板结或犁底层较浅的田块适当增加耕深一般为 4～5 厘米。肥料在种子侧下方 8～10 厘米,防止种、肥过近导致烧种烧苗。播种做到深浅一致,覆土均匀。直播的地块,播种后及时镇压,做到不漏压,不拖堆。

4. 田间管理。苗期应通过中耕措施,改善土壤通气性,提高土壤温度,促进玉米根系发育;可在玉米出苗后 10 天左右进行第一次中耕,10～15 天后进行第二次中耕并培土,要求中耕深度 10～15 厘米,耕幅距离苗带 10 厘米,做到不铲苗、不埋苗、不拉沟、不留隔墙、不起大土块,达到行间平、松、碎。

5. 化学除草。采取土壤封闭处理和苗后茎叶除草相结合,不能使用对下茬有影响的除草剂。如果地块表面秸秆量大可采用苗后喷施除草剂,采用播后苗前土壤处理。播后苗前除草剂选用乙草胺、异丙草胺、噻吩磺隆、阿特拉津等药剂。苗后化学除草,一般在玉米苗后 3～5 叶期,禾本科杂草 3 叶前,阔叶杂草 2～4 叶期施药。选用硝磺草酮＋阿特拉津,或苯唑草酮(30%苞卫)等药剂,以上药剂在施药时可加喷液量 0.5%～1%的植物油型喷雾助剂。喷杆喷雾机作业时,喷液压力 3～4 个大气压、喷头高度距离杂草 50 厘米左右、每公顷喷液量 120～150 升。

6. 无人机追肥。"无人机航化作业＋水溶性肥料"一喷多促。选用含氨基酸、含腐植酸、大量元素、中微量元素等水溶性肥料。根据玉米生长状况等,确定施肥时期、操作程序、肥料品种等,在玉米大喇叭口期和玉米籽粒灌浆初期喷施。在玉米大喇叭口期,根据玉米田间生长状况和感病情况,开展玉米螟、蚜虫等虫害防治和茎腐病、大斑病、小斑病等病害防治。喷施水溶性肥料，可加喷化学药剂防治玉米螟、玉米叶斑类病害。玉米籽粒灌浆初期喷施含氨基酸、含腐植酸、大量元素、中微量元素等水溶性肥料，快速补充籽粒发育所需的营养元素，使籽粒更加饱满、增加产量。

7. 注意事项。

（1）种肥同播，宜选用含有一定比例缓控释养分的肥料。

（2）精准操作施肥机械，调整施肥量，严防排肥口堵塞。随时观察下种下肥情况，防止漏种漏肥。

（3）无人机选择。建议选择多旋翼无人机，有效负载应超过 50 千克，有效播撒幅宽 5～8 米，每亩撒肥量误差不超过 0.2 千克。选择易于操作且安全性能较高的无人机。

（4）无人机追肥一般选择在上午 9 时至下午 6 时无露水时，避开正午高温时间。喷后 4 小时内遇到中到大雨，要及时补喷。

三、适用范围

适用于具有全程机械栽培条件的东北春玉米区。

四、应用效果

1. 经济效益。 通过种肥同播显著提高施肥精准度，提高肥料利用率，减少肥料浪费，从而降低成本，提高产量，提高经济效益。

2. 社会效益。 通过采用本技术模式，农民科学施肥观念逐步增强，扭转传统施肥习惯，改进种植方式，为农业增产增效和农民增收提供有效保障。

3. 生态效益。 减少了化肥的施用量，优化施肥方式、调整施肥结构，降低了农业面源污染，促进农业绿色高质量发展，符合政策导向和社会需求。

五、相关图片

机械整地

种肥同播

玉米收获

内蒙古"种肥同播＋密植＋无人机叶面喷施"技术模式

一、模式概述

采取种肥同播深施肥、密植滴灌水肥一体化技术，在灌浆期无人机喷施营养元素及植物生长调节剂，满足养分吸收，改善营养状况，保证正常生长发育。本技术模式以密植滴灌水肥一体化技术为主，配套优良品种、合理密植、水肥调控、地力培肥、病虫防控、化学调控等关键技术，进一步挖掘玉米增产潜力、提升产品品质。

二、技术要点

(一)种肥同播深施肥

1. 整地作业。 秸秆还田要求：前茬作物秸秆切碎翻压还田或旋耕还田，要求秸秆切碎长度≤10厘米，秸秆切碎合格率≥90%。整地要求：采用翻压整地的，秸秆残茬埋深25～30厘米，不影响机械化耕作；采用旋耕整地的，秸秆残茬混埋深度20～25厘米。耕整后地表平整，无残茬、杂草等。耕层相对含水量以70%～75%为宜。若相对含水量小于70%，于玉米播种后浇20～30米³蒙头水，以利于出苗。

2. 基肥选择。 基肥多采用一次性施肥方式，常选择颗粒状且粒径均匀的复合肥料或配方肥料，选择肥料品种以促长促熟为主要目标。肥料以磷、钾为主，配施锌、硼等微量元素。

3. 施肥次数。 充分发挥玉米种肥同播深施肥高效、省工的特点，一般采用一次性施肥方式。充分考虑氮素释放期等因素，选用含有一定比例缓控释养分的专用肥料。依据土壤特性，在漏水、漏肥地块加强田间管理，发现脱肥现象，及时采取追肥补救措施，确保玉米生产安全。

4. 肥料用量。 土壤肥力较低或者产量水平较高的地块适当增加施肥量，土壤肥力较高或者产量水平较低的地块适当减少化肥用量，施肥量以 45～55 千克/亩为宜，可根据具体情况调整养分比例和增减施肥量。一般情况下，种肥同播深施肥的氮肥投入量可比常规施肥减少 5％以上，减肥数量根据当地土壤肥力、施肥水平等实际情况确定。

5. 作业要求及注意事项。依据气候条件和玉米品种熟期合理确定播种时期，适时早播。播种时要求耕地 10 厘米深度土壤温度稳定在 8℃，避开不利天气。注意事项：作业过程中，应规范机具使用，注意操作安全。施肥、播种作业中应避免紧急停止或加速等操作，发现问题及时停机检修。调整好株行距，匀速前进。受施肥器、肥料种类、作业速度、土壤墒情、天气等因素影响，应随时监控施肥量，适时微调。当天作业完成后，应及时排空肥箱及施肥管道中的肥料，做好肥箱、排肥、开沟等部件的清洁。

（二）密植滴灌水肥一体化

玉米品种选用具有高产、耐密、抗倒、脱水快等特性的宜机收品种如迪卡 159、登海 618、中单 153 等，等行距或宽窄行配置（70 厘米＋40 厘米）。选择种子播种机，采用自动导航单粒精播，适期早播，播种作业速度在 6.4 千米/时以下，滴水出苗，一播全苗，提高群体整齐度。种植密度每亩 6 000 株以上的玉米田，在 6～8 展叶期进行化控，在玉米化控作业结束 5～6 天再进行灌水和施肥。氮肥总量控制，分期调控，水肥管理详见下表。密植栽培适时晚收，籽粒直收，减少损耗。

水肥管理（黑土、砂壤土）

灌溉次序	灌水时间	灌水量	滴水间隔时间	氮（N）	磷（P₂O₅）	钾（K₂O）
	播种后天数	（米³/亩）	（天）	（千克/亩）	（千克/亩）	（千克/亩）
1	48～53	20～25	15	3	3	2
2	64～69	25～30		3	2	2
3	77～82	25～30		3.5	1	2
4	90～93	25～30	12	3	1	2
5	103～108	20～30		3.5	1	2
6	119～124	15～20	15	2	0	0
7	133～138	10～15		0	0	0
合计		140～180		18	8	10

（涉及的表头"磷"单位为 P_2O_5，"钾"单位为 K_2O）

（三）无人机喷施叶面肥

1. 喷施时间。中后期一喷多促可分别在玉米大喇叭口期、抽雄初期和授粉完成后，结合化控防倒、病虫害防治和增粒促早熟开展，此时喷施可以快速补充籽粒发育所需的营养元素，使籽粒更加饱满、促早熟。

2. 叶面肥和药剂选择。重点开展以促灌浆成熟、促单产提升为目标的喷施作业。一般喷施磷酸二氢钾或水溶肥料，芸苔素内酯等植物生长调节剂，促进玉米后期生长，提高抗逆性。同时,根据玉米田间病虫害实际发生情况,对症用药,精准喷防。主要以防治玉米螟、叶螨、双斑萤叶甲、叶斑病、茎腐病等病虫害为主,选用适宜的杀虫杀菌剂进行联合喷施,起到一次作业、多重防护的效果。

3. 作业要求。航化作业前需要进行肥料预混试验、喷雾雾滴检测试验和预飞试验。航化作业时,要求叶面肥、植物生长调节剂、飞防助剂全部溶解后注入无人机肥料箱,确保肥液清澈、无残渣和沉淀。无人机喷施作业中应注意选择好喷施时间、时机和部位,一般选择在上午 9 点至下午 6 点无露水时,且避开正午高温时间喷施,倘若在喷施 24 小时内遇到降水天气,要及时补喷,以保证防治效果。

4. 作业注意事项。采用无人机喷药时亩喷施药液量应在 1.5 升以上,采用大型植保机械喷药时亩喷施药液量 10~15 升,要添加沉降剂,控制飞行速度和高度,规划好施药路线。飞行高度保持在玉米顶端 2 米左右,匀速行驶减少压苗,避免漏喷和重喷。田边地头、林带周边大型植保无人机无法作业到的地方,要采用人工补喷。喷施作业结束后持续观察玉米长势,再次喷施需间隔 7~10 天,避免盲目喷施造成毒害。

三、适用范围

适用于黑土、砂壤土且有滴灌设备的内蒙古中部玉米主产区。

四、应用效果

种肥同播解决了农民习惯撒施、浅施的问题,实现了化肥的精确施用和深施,提高了化肥利用率,降低了化肥的投入量,同时减轻了农民的劳动强度,减少了用工数量,提高了玉米产量和品质。采用航化作业喷施叶面肥方式,满足玉米中后期对养分的需求。密植滴灌水肥一体可有效破解制约单产提升的瓶颈,促进农业增效、农民增收,能够有效利用土地和光能资源,提高水肥利用率,大幅增加玉米产量,对发展绿色生态农业具有示范推动作用。应用本技术模式平均单产较农民习惯产量提高 10%。

五、相关图片

玉米密植　　　　　　　　　　　　　无人机叶面喷施

灌区春玉米"无膜浅埋滴灌＋无人机叶面施肥"技术模式

一、模式概述

在测土配方施肥技术的基础上，用有机肥代替化肥，按照作物需肥规律进行施肥。在不覆地膜的前提下，将滴灌带用播种或前期中耕除草机埋设于玉米垄间1～3厘米处，利用滴灌系统实现水肥一体化种植，在玉米生长各关键期，及时进行水肥一体化管理。在玉米生长中后期，通过无人机混合喷施叶面肥及功能助剂和高效农药，达到提早灌浆成熟、促进籽粒饱满、抗逆防虫、提高单产的目标。同时，有效地解决高秆作物生长后期不宜人工进入田间开展作业的困境。

二、技术要点

（一）无膜浅埋滴灌水肥一体化

1. 滴灌水肥一体化设备。配套水肥一体化设备，包括首部、地埋管、支管、滴灌带、各级三通等设备配套齐全，布局合理，并有充足的水源，确保能够及时有效地开展水肥一体化灌溉及追肥。

2. 滴灌带铺设。在播种时，用种、肥、滴灌带一体播种机将滴灌带浅埋在玉米垄间，深度在1～3厘米，玉米播种时可宽窄行播种，也可匀垄播种。对于大型匀垄播种机播种时不易铺设滴灌带的，可在拔节初期结合中耕除草时一并浅埋入滴灌带。

3. 灌溉。在玉米的出苗、拔节、抽穗、灌浆及后期蜡熟期等各个时间段，根据土壤墒情均可进行滴灌，每个单元滴灌时间为3小时左右。灌溉定额设为100～160米^3/亩。

4. 施肥。坚持有机无机配合施用原则，施腐熟牛粪有机肥5～10米^3/亩，可少施或不施种肥。重点在拔节初期集中深埋追肥，可追尿素12.5千克/亩左右、磷酸二铵10千克/亩左右、硫酸钾3千克/亩左右，具体数量应根据当地的地力情况而定。在玉米大喇叭口期、抽穗期、灌浆期，水肥一体化精准追施尿素共20千克/亩、钾肥5千克/亩。

5. 注意事项：无膜浅埋滴灌由于没有春季地膜的提温效果，玉米种植要及时播种，一般要求10厘米地温稳定在15℃以上即可播种。并且要选择完全符合当地无霜期的品种，不能选用生育期长的品种。

（二）无人机叶面施肥

按照玉米叶片结构及叶面肥的吸收原理，在玉米生长抽穗、灌浆的生长旺盛期，进行低空无人机叶面施肥，选用无人机容量应在40～50千克。由于玉米生长后期对磷、钾的需求量大，所以叶面肥以磷、钾肥为主，常用的叶面肥为高纯度的磷酸二氢钾、水溶肥料以及功能助剂芸苔素内酯，并可同施高效农药，既可促进玉米的发育，又可抵御病虫危害。

1. 叶面肥用量。 每次用磷酸二氢钾 100～150 克/亩，芸苔素内酯 10 毫升/亩。药液浓度保持在 10% 左右，施肥量 1.5 升/亩。喷施次数为 1～2 次，两次喷施的间隔应在 7～10 天。

2. 喷施时间。 喷叶面肥时应选在 7 月下旬至 8 月下旬的晴天，要避开高温时段，即在每天的早晨至上午 10 点多和下午 4 点至傍晚进行喷施。阴雨天和风力大于 4 级的天气不宜作业。

三、适用范围

适用于具备滴灌条件的干旱半干旱春玉米种植区。

四、应用效果

通过不使用地膜、增施有机肥、应用水肥一体化和无人机叶面施肥等技术，实现水、肥、药、膜"四控"。其中地膜零投入，用水量较常规种植节水 140 米³/亩，加大机械除草力度，减少使用除草剂次数，节约农药 150 毫升/亩。玉米整个生育期减少化肥投入 10～13 千克/亩，化肥使用量降低 15%～20%，增产率 15% 左右，达到了减肥增效目标。特别是不使用地膜，减轻了面源污染，取得了较好的经济效益和社会效益。

吉林"配方肥＋水肥一体化＋叶面喷施"技术模式

一、模式概述

依据测土配方施肥技术，在田间试验、土壤测试基础上，应用施肥指标体系评价出养分丰缺指标，利用县域测土配方施肥专家咨询系统，根据施肥模型结合专家经验设计肥料配方、制定春玉米基肥肥料配方及施肥方案。结合吉林省西部干旱、半干旱地区气候特点，追肥采用水肥一体化技术。将水溶性固体或液体肥料稀释配制成的肥液，借助管道压力系统，与水一起灌溉，把水肥均匀、定时、定量按比例输送到根系发育生长区域，满足春玉米不同生长期对水分、养分的需求，提高产量，改善品质，实现增产增收；利用无人机追肥，有效补充春玉米中后期大量元素及中微量元素、氨基酸、腐植酸等营养物质，结合农药施用，有效控制病虫害，实现春玉米生产全程机械化作业。

二、技术要点

（一）基肥确定

在测土配方施肥技术基础上，根据土壤养分状况及田间生产实际需求，确定肥料品种、配方及施肥方案。

1. 基肥选择。以促长促熟为主要目标选择肥料品种，促进作物生长，增强作物中后期光合效率，提高作物抗逆性，抢积温、促早熟、改善品质、提升产量。肥料养分以磷、钾为主，配施锌、硼等微量元素，发挥元素间的协同作用。根据土壤测试结果及测土配方施肥指导施肥量，选用氮磷钾配比合理、粒型整齐、硬度适宜的缓控释肥料。结合农民习惯和意愿，采用一次性施肥方式，选用含有一定比例缓控释养分的专用肥料，满足不同区域、不同地块、不同施肥水平下春玉米对氮、磷、钾的需求。

2. 肥料用量。依据春玉米品种、目标产量、土壤测试结果等制定施肥方案，确定施肥总量、施肥次数、养分配比和运筹比例。土壤肥力较低或者产量较高的地块适当增加施肥量，土壤肥力较高或者产量较低的地块适当减少化肥用量。一般情况下，种肥同播深施肥的氮肥投入量可比常规施肥减少 5% 以上，减肥数量根据当地土壤肥力、施肥水平等实际情况确定。

（二）播种

1. 作业准备。

（1）机具调试。作业前检查施肥装置运转是否正常，排肥通道是否顺畅。机具各运行部件应转动灵活，无碰撞卡滞现象，并进行开机试运转。

（2）肥料装入。除去肥料中的结块及杂物，要求肥料混拌均匀后装填到肥箱。装入量不大于深施肥机最大装载量，盖上防雨盖。装肥过程中应防止混入杂质，影响施肥作业。

（3）施肥量调节。施肥量按照机具说明书进行调节，调节时应考虑肥料性状对施肥量的影响，调节完毕应进行排肥试验，保证施肥量符合技术要求。

2. 作业要求。

（1）作业条件。依据气候条件和春玉米品种熟期合理确定播种时期，适时早播。播种时要求耕地 10 厘米深度土壤温度稳定通过 8℃，避开不利天气。

（2）播种要求。根据春玉米品种、播种时间、土壤墒情等因素确定播种密度、播种深度。

（3）施肥操作。作业起始阶段应缓慢前行 5 米后，再按照正常速度作业；中途停车、转弯掉头应缓慢减速，避免发生危险和施肥不均匀。施肥部位应在种下 12~15 厘米和种侧 8~10 厘米处。

3. 注意事项。作业过程中，应规范机具使用，注意操作安全。施肥、播种作业中应避免紧急停止或加速等操作，发现问题及时停机检修。调整好株行距，匀速前进。受施肥器、肥料种类、作业速度、土壤墒情、天气等因素影响，应随时监控施肥量，适时微调。当天作业完成后，及时排空肥箱及施肥管道中的肥料，做好肥箱、排肥、开沟等部件的清洁。

（三）整地

1. 平耕地秸秆深翻还田技术。一是秸秆粉碎。结合秋季机械收获，将秸秆粉碎长度≤10 厘米，覆盖于地表。二是深翻。用 150 马力以上拖拉机配套液压翻转犁进行深翻作业，翻耕深度 30~35 厘米，将秸秆深翻至 25~30 厘米土层。三是重耙。依据土壤条件，在深翻作业完成后，用圆盘耙对深翻地块进行重耙作业，对于秋季时间紧或土壤墒情过高无法进行秋季耙地作业的地块，可采用在深翻作业时加合墒器进行作业。四是春季重耙作业。在第二年春季 4 月中旬，土壤化冻深度达到 30 厘米左右时，及时对深翻地块进行再次重耙作业，同时起垄，达到待播状态。

2. 坡耕地秸秆旋耕还田技术。结合秋季机械收获，将秸秆粉碎至 3～5 厘米，呈碎末状或者丝状，均匀铺于地表。用大马力旋耕机将粉碎的秸秆、根茬旋于土壤中，与土壤充分混合，旋耕深度为 20 厘米左右，起垄、重镇压，达到待播状态。

3. 秸秆覆盖还田技术。结合秋季机械收获，将秸秆粉碎长度≤10 厘米，覆盖于地表。翌年用归行机将秸秆进行归行作业，露出 4～5 厘米播种带，待播。要求无秸秆拖堆。

4. 施肥播种。根据当地气象条件，确定播种日期，一般春玉米播种时间为 4 月 25 日至 5 月 10 日，采用种肥同播机开展施肥播种作业。要求：施肥深度 15 厘米为宜，种子和肥料的间隔距离为 10～12 厘米。播种深度 3～5 厘米为宜，播种深度应考虑土壤墒情，土壤含水量高，宜浅播，否则，适当深播。

(四) 叶面追肥

1. 无人机技术参数及作业要求。无人机主要技术参数要求：载重量 40～50 千克；喷头类型为锥形压力式；最大喷幅 11 米；航行速度 6～10 米/秒；作业效率为每小时 120 亩以上。

2. 叶面肥选择。叶面喷施肥料必须选择溶解性好、兼溶度大、作物吸收效率高的水溶性肥料，应在低稀释倍数下保持稳定，适于低容量喷雾。包括大量元素、中量元素、微量元素、腐植酸、氨基酸、芸苔素内酯等及植物生长调节剂类产品。要求产品应符合相关标准，取得农业农村部登记（备案）证书，应具备高水溶性，加水后能够迅速全部溶解，溶液清澈，无残渣和沉淀。

3. 无人机追肥作业程序。

(1) 作业公示。无人机追肥作业前要对作业内容、区域范围、作业可能带来的危害进行公示，公示期限一般不少于 5 天。作业区域应避开鱼塘、养殖场、蜂蚕养殖区等场所。

(2) 叶面肥溶解试验。将所有需要施用的叶面肥、植物生长调节剂、农药、助剂按照施用浓度进行混配溶解度试验，查看是否全部溶解，如果不能全部溶解或者出现沉淀、分层情况，应进行产品调整，确保避免喷头堵塞情况发生。

(3) 时间选择。叶面肥最佳施用时期包括 3 个时段：第一时段是出苗后 4～7 叶期，是春玉米从幼苗期向拔节期过渡的关键时期，也是决定春玉米棒行数的关键时期。喷施叶面肥可以促使玉米穗棒上的籽粒行数增多，穗棒增粗。第二时段是 9～11 叶期（大喇叭口期），此时玉米需要追施大量肥料以促进抽穗扬花，增加穗粒数。喷施叶面肥可以增加玉米穗棒的籽粒数量，并防止穗棒秃尖。第三时段是授粉灌浆期，是提高玉米产量和品质的关键时期。喷施叶面肥可以促进叶片的光合作用，为玉米灌浆提供充足的光合作用产物，从而增加玉米籽粒的淀粉量。

作业时间应选择无风、微风天气的上午 10 时前或下午 3 时后作业，尽量避开正午阳光直射时间，防止灼伤作物，确保肥效。喷施作业后 2 小时内遇大雨应重新喷施。

（4）作业质量要求。设置无人机的飞行高度、速度、喷（撒）幅宽度、喷雾流量等参数，并对无人机进行试飞，试飞正常后方可进行飞行作业。无人机作业高度距离春玉米冠层 2.5～5 米，亩施肥液量 1.5～3.0 升。肥料稀释混合时，要求现混现用。喷施作业时要加入飞防专用助剂。作业过程中应无漏喷、重喷情况发生。两次喷施需间隔 7～10 天，避免盲目喷施造成毒害。在大面积使用无人机喷雾时应当对使用的植保无人机喷雾技术质量进行现场测定，以提高飞防作业质量及保证施用效果。

4. 作业质量监测。实施单位要组织人员或者委托第三方机构开展航化作业质量监测，并形成作业数据监测报告和雾滴检测报告等。

（1）作业数据监测。利用无人机数据平台，调取、监测相关作业数据，监测作业过程中的作业地点、作业时间、作业架次、作业轨迹以及喷施总量等，发现有不符合参数要求时，应立即通知作业方停止作业，查找原因，调整参数，按照要求进行补飞或重新作业。

（2）雾滴检测。作业时可在植株冠层叶片提前布放雾滴检测卡，进行雾滴密度检测，对喷施作业的雾滴密度和变异系数等进行评估，确保每平方厘米雾滴数量在 20 个以上。

三、适用范围

适用于吉林省干旱半干旱春玉米生产区。

四、应用效果

种肥同播深施肥使肥料集中在根际区，养分供应充足、便于春玉米各时期对养分的吸收。全程机械化施肥有利于春玉米早生快发、株型整齐、抽穗期提前、籽粒饱满。采用航化作业喷施叶面肥方式，实现化肥减量增效。叶面肥以增强春玉米光合作用、调节新陈代谢、抢积温、促早熟为主要目标，满足春玉米中后期对养分的需求。

五、相关图片

无人机喷施

配制叶面肥

无人机航化作业现场

吉林"种肥同播＋缓控释肥料＋无人机追肥"技术模式

一、模式概述

通过测土配方施肥，准确掌握土壤肥力状况，结合春玉米需肥规律及特性，提供科学施肥指导方案；应用种肥同播技术，减少作业次数，实现深施肥；利用肥料缓控释技术，满足春玉米不同生育期对养分的需求，实现全生育期一次性施肥，解决春玉米中后期脱肥问题；利用无人机追肥，有效补充春玉米中后期大量元素及中微量元素、氨基酸、腐植酸等营养物质，结合农药，有效控制病虫害，实现春玉米生产全程机械化作业。

二、技术要点

（一）技术路线

通过新技术、新产品、新机具"三新"技术集成应用，创新服务模式，打造春玉米全程机械化作业化肥减量增效升级版。

1. 新技术。强化土壤、肥料、作物三者协同，实施养分综合管理，基肥追肥统筹，促进养分需求与供应匹配、时间同步、空间耦合。利用县域测土配方施肥专家咨询系统，应用计算机技术，根据施肥模型结合专家经验提供春玉米肥料配方设计、推荐施肥方案。通过农企对接、智能配肥等方式实现精确施肥。以新型经营主体为主，采取政府购买服务方式，实现技术集成落地。

2. 新产品。推广应用缓控释肥、水溶肥、增效肥和其他功能性肥料，准确匹配植物营养需求，提高养分吸收效率。

3. 新机具。农机农艺融合配套，推广应用种肥同播机、机械深施注肥器、侧深施肥机、无人机等高效机械，减少肥料流失和浪费。

（二）作业机具要求

1. 种肥同播机要求。破土深度为 10～15 厘米；施肥方式为电控或者机械施肥，施肥箱容量一般为 150～250 千克；种肥同播机作业效率每小时 24～36 亩为宜。

2. 无人机技术参数及作业要求。载重量 40～50 千克；喷头类型为锥形压力式；最大喷幅 11 米；航行速度 6～10 米/秒；作业效率为每小时 120 亩以上。

（三）整地播种

1. 基肥肥料准备。于上年秋季依据规范采集土壤样品，由县级土肥技术推广部门开展土壤测试，利用专家咨询系统制定科学施肥技术指导方案。农民据此购买与科学施肥指导方案氮、磷、钾一致或接近的配方肥料。

2. 基肥肥料要求。基肥肥料应为圆粒形，粒径以 2～5 毫米为宜，颗粒均匀、密度一致，理化性状稳定，硬度宜大于 20 牛，手捏不易碎、不易吸湿、不粘、不结块，以防肥料通道堵塞。肥料必须为缓释或控释肥，养分释放速度及释放量与春玉米需肥规律相匹配。

3. 基肥用量。依据春玉米品种、目标产量、土壤化验的结果等制定施肥方案，确定基肥施用总量。

4. 整地、施肥播种。

（1）整地。平耕地春玉米秸秆深翻还田技术要点：一是秸秆粉碎。结合秋季机械收获，将秸秆粉碎长度≤10 厘米，覆盖于地表。二是深翻。用 150 马力以上拖拉机配套液压翻转犁进行深翻作业，翻耕深度 30～35 厘米，将秸秆深翻至 25～30 厘米土层。三是重耙。依据土壤条件，在深翻作业完成后，用圆盘耙对深翻地块进行重耙作业，对于秋季时间紧或土壤墒情过高无法进行秋季耙地作业的地块，可采用在深翻作业时加合墒器进行作业。四是春季重耙作业。在第二年春季 4 月中旬，土壤化冻深度达到 30 厘米左右时，及时对深翻地块进行再次重耙作业，同时起垄，达到待播状态。

坡耕地春玉米秸秆旋耕还田技术要点：结合秋季机械收获，将秸秆粉碎至 3～5 厘米，呈碎末状或者丝状，均匀铺于地表。用大马力旋耕机将粉碎的秸秆、根茬旋于土壤中，与土壤充分混合，旋耕深度为 20 厘米左右，起垄、重镇压，达到待播状态。

春玉米秸秆覆盖还田技术要点：结合秋季机械收获，将秸秆粉碎长度≤10 厘米，覆盖于地表。翌年用归行机将秸秆进行归行作业，露出 4～5 厘米播种带，待播。要求无秸秆拖堆。

（2）施肥播种。根据当地气象条件，确定播种日期，一般春玉米播种时间为 4 月 25 日至 5 月 10 日，采用种肥同播机开展施肥播种作业。要求：施肥深度以 15 厘米为宜，种子和肥料的间隔距离为 10～12 厘米。播种深度以 3～5 厘米为宜，播种深度应考虑土壤墒情，土壤含水量高，宜浅播，否则，适当深播。

（四）无人机追肥

1. 叶面肥料选择。叶面喷施肥料必须选择溶解性好、兼容度大、作物吸收效率高的水溶肥料，应在低稀释倍数下保持稳定，适于低容量喷雾。包括大量元素、中量元素、微量元素、腐植酸、氨基酸、芸苔素内酯等及植物生长调节剂类产品。要求产品应符合相关标准，取得农业农村部登记（备案）证书，应具备高水溶性，加水后能够迅速全部溶解，溶液清澈，无残渣和沉淀。

2. 无人机追肥作业程序。

（1）作业公示。无人机追肥作业前要对作业内容、作业区域范围、作业可能带来的危害进行公示，公示期限一般不少于5天。作业区域应避开鱼塘、养殖场、蜂蚕养殖区等场所。

（2）叶面肥溶解试验。将所有需要施用的叶面肥、植物生长调节剂、农药、助剂按照施用浓度进行混配溶解度试验，查看是否全部溶解，若不能全部溶解或者出现沉淀、分层情况，应进行产品调整，确保避免喷头堵塞。

（3）时间选择。叶面肥最佳施用时期包括3个时段：第一时段是出苗后4～7叶期，是春玉米从幼苗期向拔节期过渡的关键时期，也是决定春玉米棒行数的关键时期。喷施叶面肥可以促使玉米穗棒上的籽粒行数增多，穗棒增粗。第二时段是9～11叶期（大喇叭口期），此时玉米需要追施大量肥料以促进抽穗扬花，增加穗粒数。喷施叶面肥可以增加玉米穗棒的籽粒数量，并防止穗棒秃尖。第三时段是授粉灌浆期，是提高玉米产量和品质的关键时期。喷施叶面肥可以促进叶片的光合作用，为玉米灌浆提供充足的光合作用产物，从而增加玉米籽粒的淀粉量。

作业时间应选择无风、微风天气的上午10时前或下午3时后作业，尽量避开正午阳光直射时间，防止灼伤作物，确保肥效。喷施作业后2小时内遇大雨应重新喷施。

（4）作业质量要求。设置无人机的飞行高度、速度、喷（撒）幅宽度、喷雾流量等参数，并对无人机进行试飞，试飞正常后方可进行飞行作业。无人机作业高度距离春玉米冠层2.5～5米，亩施肥液量1.5～3.0升。肥料稀释混合时，要求现混现用。喷施作业时要加入飞防专用助剂。作业过程中应无漏喷、重喷情况发生。两次喷施需间隔7～10天，避免盲目喷施造成毒害。在大面积使用无人机喷雾时应对无人机喷雾技术进行现场测定，以提高飞防作业质量及保证施用效果。

3. 作业质量监测。实施单位要组织人员或者委托第三方机构开展航化作业质量监测，并形成作业数据监测报告和雾滴检测报告等。

（1）作业数据监测。利用无人机数据平台，调取、监测相关作业数据，监测作业过程中的作业地点、作业时间、作业架次、作业轨迹以及喷施总量等，发现有不符合参数要求时，应立即通知作业方停止作业，查找原因，调整参数，按照要求进行补飞或重新作业。

（2）雾滴检测。作业时可在植株冠层叶片提前布放雾滴检测卡，进行雾滴密度检测，对喷施作业的雾滴密度和变异系数等进行评估，确保每平方厘米雾滴数量在20个以上。

（3）测产验收。作业结束后，委托第三方机构适时组织开展测产验收工作，详细记录测产结果，总结作业成效。

三、适用范围

适用于吉林省全境春玉米生产作业区。

四、应用效果

（一）经济效益

本技术模式可以增强春玉米光合作用、调节新陈代谢、抢积温、促早熟，补充春玉米中后期对养分的需求。平均增产 3%、节肥 10%，亩增加纯收入 100～150 元。

（二）社会效益

"新产品、新技术、新机具"配套组合，进一步提升科学施肥技术的推广普及，提高科学施肥技术到位率；推广水溶肥料、微生物肥料、增效肥料和其他功能性肥料，准确匹配植物营养需求，提高养分吸收效率；农机农艺融合配套，推广应用种肥同播机、喷肥无人机等高效机械，减少化肥流失和浪费。

（三）生态效益

通过喷施叶面肥增强作物抗逆性，减轻了作物病虫害的发生，减少农药的施用次数和数量，提高了农产品质量，形成一个良性循环。提高肥料利用率，减少化肥用量，减轻环境污染。

五、相关图片

无人机喷施叶面肥

无人机加水溶肥

辽宁"有机肥＋缓释肥料＋一喷多促"技术模式

一、模式概述

以一次性施用缓控释类肥料为核心，通过基施有机肥提高地力减少化肥用量，在玉米生长中后期采用无人机一喷多促能够促进灌浆成熟，实现省工节肥、增产增收。

二、技术要点

（一）有机无机配合施肥

提倡有机无机配合施肥，秸秆还田、施用商品有机肥 150～200 千克/亩或堆沤肥 250～300 千克/亩地块，基肥可以减少 5%～10% 化肥用量。

（二）缓控释肥料一次性减量施肥

适用于保水保肥地块，提倡玉米种肥同播。在玉米播种时期，利用玉米播种机一次性将玉米种子和高效缓控释类肥料同时施到土壤中，种肥分离，简化施肥方式，提高肥料利用率，达到化肥深施、苗齐苗壮、减轻劳动强度的目的，促进玉米生产节本、提质、增效。推荐使用缓控释类专用肥料，包括稳定性肥料、脲醛缓释肥料、包膜控释肥料（26-10-12 或相近配方）、炭基复合肥料（24-10-10 或相近配方）以及其他新型肥料等，推荐用量 40～50 千克/亩，一般免追肥，如遇特殊年景，大喇叭口期可根据长势情况追施尿素或氮、钾肥 5～15 千克/亩。

（三）一喷多促施肥

玉米根据作物长势、地块情况和目标产量等可选择以下 3 种模式之一：①喷施大量元素水溶肥料，符合 NY/T 1107 要求，推荐总养分≥50%，15-5-30 或相近配方，亩用量 200 克；②喷施磷酸二氢钾，亩用量 200 克；③喷施磷酸二氢钾（亩用量 150 克）＋尿素（亩用量 50 克）组合。在喷施肥料的基础上同时可混配芸苔素内酯等植物生长调节剂，补充营养，促进有机物合成与积累，延长叶片功能时间，保粒数、增粒重、夺高产。

部分受灾、长势偏弱玉米田，肥料品种可选择喷施磷酸二氢钾（亩用量 150 克）＋含氨基酸水溶肥料（微量元素型，亩用量 100 毫升或 100 克）组合，快速补充营养，促进玉米恢复生长、减少秃尖，促长壮籽稳产。

三、适用范围

适用于辽宁省中北部平原保水保肥地块机械化生产区域。

四、应用效果

在施用有机肥的基础上，种肥同播缓释肥料一次性施用配合一喷多促技术，有利于促进春玉米生育前期植株生长发育，生育中后期快速满足养分需求，改善营养状况，促进灌浆，提高籽粒饱满度，降低人工投入成本，可增产5％以上、节肥5％～10％，提高肥料利用率5％左右。

五、相关图片

稳定性肥料

脲甲醛肥料

条垛式堆肥

玉米一喷多促

第二节　西北春/夏玉米区

河套灌区黄河水直滤滴灌水肥一体化技术模式

一、模式概述

针对黄河水水源不充足问题，结合玉米不同生长阶段水肥需求规律，制定合理的玉米全生育期施肥灌溉制度。在没有沉沙池等工程过滤措施以及没有电源环境条件下，利用移动式黄河水直滤滴灌设备对黄河水及地表水源进行 3 级过滤后滴灌。通过减少 1～2 次灌溉次数，适当加大灌水定额，精准均衡施肥，确保玉米的健康生长和高产优质。同时，配套合理密植、"干种湿出"、病虫害防治等技术措施。

二、技术要点

（一）直滤技术

1. 工作流程。不经沉沙池等工程过滤设施，直接将直滤设备安置在渠道附近，利用柴油机或电动机等动力组件，驱动离心泵抽水。通过水源中放置的滤笼对进水初级过滤，过滤后的水再进入离心沉沙罐中进行二次过滤。过滤器出水后，通过连接的软管，将部分水反冲到肥料罐与肥料混合，通过压力差，另一部分水进入网式过滤器三次过滤。水肥混合液通过油门和阀门调整压力，均匀地输送到农田管网中。

2. 水源选择。取用渠道黄河水，也可灵活取用池塘水及小型蓄水池、截伏流大口井等水源。

3. 直滤设备构成。由滤笼、动力组件、砂石过滤器、网式过滤器、溶肥罐等组成。

4. 过滤处理。设备有三次过滤过程，第一次经滤笼过滤后，大颗粒泥沙杂质、漂浮物、草籽等留在渠道内，随水流冲走；第二次通过砂石过滤器过滤后的泥沙每天人工排放 1 次；第三次经网式过滤器对水中的杂质进行最后一次过滤，1 个灌溉期冲洗 1 次。

5. 灌溉单元设置。主管道上每根支管道交接处前端设置控制阀，分单元浇灌。根据黄河水直滤设备控制面积及地块实际情况科学设置单次滴灌面积，以 0.7～1.5 公顷为一个灌溉单元为宜。

6. 管网布置及铺设。田间管网铺设要事先科学设计管网布局，应根据土壤质地、耕作方式（平作、垄作）及种植密度等情况而定，在保证灌溉均匀度的前提下，尽量少布设管道，便于管理。

7. 滴灌带选择。滴灌带宜选择滴头间距 25～30 厘米、滴头流量 2～3 升/时、使用年限 1 年的内镶贴片式滴灌带。

（二）玉米配套栽培技术

1. 选地与整地。选择黄河水水源充足的玉米种植区，土壤环境质量符合农用地土壤污染风险管控技术标准，作物收获后翻地 25～30 厘米深，整地要适墒进行，整好的地块土壤上虚下实，播种前及时耙糖，做到土地平整无沟堑，达到待播状态。

2. 品种选择。选择国家或省级审定或引种备案，适宜当地种植并表现优良的高产、优质、耐密、抗倒、适宜机械精量点播和机械收获的品种。种子质量达到单粒播要求。种子若未包衣，包衣剂选用符合农药合理使用准则。

3. 播期。当 5～10 厘米土层温度稳定在 8℃以上时，即可播种。播期一般在 4 月中旬至 5 月上旬。

4. 合理密植。根据当地气候、土壤、生产条件和品种特性，合理配置株行距，确保密度适宜。使用精准北斗导航单粒精播施肥一体机播种，宜采用宽窄行种植模式，窄行35～45 厘米，宽行 80～85 厘米。种植密度 5 500～6 500 株/亩。播深 3～5 厘米，播种时尽量做到覆土深浅一致、墒情一致、株行距一致。

（三）水肥一体化管理

1. 灌溉制度。 全生育期灌水 6～7 次，一般年份灌溉定额 156～176 米³/亩，干旱年份灌溉定额 184～206 米³/亩，灌水制度见下表。

玉米全生育期灌水定额与灌溉定额

生育时期	时间	一般年份			干旱年份		
		灌水次数	灌水定额 米³/亩	灌溉定额 米³/亩	灌水次数	灌水定额 米³/亩	灌溉定额 米³/亩
播种及出苗期	4月下旬至 6月上旬	1	22～28		1	22～28	
出苗至拔节期	6月上旬至 6月下旬	1	22～28		1	22～28	
拔节至抽穗期	6月下旬至 7月下旬	2	28～30	156～176	2	28～30	184～206
抽穗至灌浆期	7月下旬至 8月中旬	1	28～30		2	28～30	
灌浆至成熟期	8月中旬至 9月上旬	1	28～30		1	28～30	

2. 施肥制度。 应遵循"有机无机相结合，随水分次追肥，碱性土壤酸性肥料优先"的施肥原则。中产田推荐施用新型肥料保水保肥；低产田宜增施有机肥，可配合施用含腐植酸、含氨基酸等水溶肥，少用钾肥，不推荐施用含氯肥料。结合耕翻施腐熟农家肥 1 500～2 000 千克/亩，结合播种和滴灌施种肥和追肥。全部磷肥、70%钾肥、30%氮肥结合播种一次性施用，种肥宜施用复合肥料。将剩余 70%氮肥、30%钾肥作为追肥，在玉米生长中后期分 3～4 次结合滴灌施入。缺锌地块在苗期滴灌时施硫酸锌2 千克/亩。

玉米全生育期施肥时间与施肥量（千克）

每亩目标 产量	施肥时间	亩推荐养分用量		
		N	P_2O_5	K_2O
750～850 千克	种肥	3.4～4.1	6.7～8.1	3.3～3.8
	出苗至拔节期	3.1～3.8	0	0
	追肥 拔节至抽穗期	2.4～2.9	0	0.6～0.8
	抽穗至灌浆期	2.4～2.9	0	0.6～0.8
	每亩推荐养分总量	11.3～13.7	6.7～8.1	4.5～5.4

（续）

每亩目标产量	施肥时间		亩推荐养分用量		
			N	P₂O₅	K₂O
850～950 千克		种肥	4.1～4.5	8.1～8.8	3.8～4.2
	追肥	出苗至拔节期	3.8～4.2	0	0
		拔节至抽穗期	2.9～3.2	0	0.8～0.9
		抽穗至灌浆期	2.9～3.2	0	0.8～0.9
		每亩推荐养分总量	13.7～15.1	8.1～8.8	5.4～6.0

（四）田间管理

1. 滴水出苗。 采用"干播湿出"技术，播种前测试并保证滴灌管网正常，做到播完一块安装一块滴水一块，保证出苗均匀，出苗率达到 95％以上。

2. 化学除草。 除草剂可通过茎叶处理替代封闭处理的方式提高防治效果，一般在玉米苗后 3～5 叶期、禾本科杂草 3～5 叶期、阔叶杂草 2～4 叶期施药。选用烟嘧磺隆、莠去津、硝磺草酮、苯唑草酮等药剂混配为主。另外，还可结合扇形喷头及农药助剂的使用，以使除草剂减量效果最大。

3. 病虫害绿色防控。 出苗后及时喷施阿维菌素防治蓟马、黏虫等苗期害虫。大喇叭口期至抽雄前用无人机喷洒氯虫苯甲酰胺（或氯虫·噻虫嗪）＋吡唑醚菌酯（或丙环·嘧菌酯）＋芸苔素内酯＋水溶肥等。吐丝期再补喷 11.6％甲维盐·氯虫苯甲酰胺 20 毫升/亩综合防控玉米螟、叶斑病及调节生长。

三、适用范围

适用于内蒙古河套灌区。

四、应用效果

节水方面：与传统漫灌相比，节水 50％左右。节肥方面：玉米常规施肥 90 千克/亩，投入约 300 元；应用该套灌溉装置，玉米全生育期共滴 3～4 次肥，平均施肥量 63 千克/亩，实际投入约 200 元，节省 100 元，可实现节肥 33％。节药方面：大水漫灌导致田间湿度过大，病虫草害发生率偏高，用药次数较多，用药量增加，每亩大约投入 100 元；应用该套灌溉装置，大幅减少了病虫草害发生率，实际投入约 70 元，节约 30 元，实现节药 30％左右。

内蒙古"无底肥＋营养诊断精准调控"技术模式

一、模式概述

本技术模式是指在玉米种植过程中，采用小流量滴灌水肥一体化技术，在播种前或播种时不施用基肥，将传统施肥方式中的种肥（或基肥）全部后移为追肥，实现全生育期氮磷钾养分分期动态调控。通过生育期营养诊断和少量多次的滴灌施肥，在现有条件下最大程度实现作物养分需求与水肥一体化养分供应的匹配，从而显著提高肥料的利用率。

二、技术要点

（一）营养诊断与精准调控

1. 基于养分平衡的总量控制。对于土壤中容易移动、具有很大损失风险的氮素养分，以土壤为界面，通过氮平衡原理中的氮素输入、输出以及氮素盈余，对生长季理论氮肥用量进行总量控制；对于土壤中不容易移动的磷钾养分，以播前土壤测定的速效养分为基础，结合多年的田间试验研究结果，采取养分衡量监控的方式将磷钾肥施用总量控制在目标产量需求量的1～1.5倍。微量元素则采取缺啥补啥的原则，以滴施或叶面喷施进行补充。以腐植酸钾、氨基酸多肽等为主的有机营养主要在苗期和花期进行滴施或叶面喷施，以增强根系的活力、下扎能力和叶片持绿性。

2. 基于养分吸收规律的阶段性分配。以作物氮磷钾养分吸收规律、养分临界期和养分最大效率期为依据，对氮磷钾养分按照比例进行阶段性分配，并以此为依据制定初步的施肥计划。

3. 基于遥感监测的生长季调控。在关键的生长季，利用遥感监测技术结合最新的光谱指数和机器学习算法，通过临界氮浓度稀释曲线对不同施肥时期玉米氮素营养状况进行诊断，并以此为依据对各生育时期分配的氮素养分进行分期调控，从而实现氮素营养的精准管理。磷钾肥的分期调控以土壤测试和作物长势监测为依据，在生长季进行适当调整。

（二）播前准备

1. 地块选择。灌溉水源有保障，有配套的滴灌水肥一体化设备，在作物需要追肥时能够及时追肥，不耽误作物正常生长。

2. 整地作业。前茬作物收获后，将玉米、向日葵及绿肥茬口秸秆采用秸秆粉碎机及时粉碎还田，也可用旋耕机破碎玉米、向日葵等根茬还田。秸秆切碎长度≤10厘米，秸秆切碎合格率≥90％。采用翻压整地的，秸秆残茬埋深深度30～35厘米；采用旋耕整地的，秸秆残茬混埋深度20～25厘米。以改良土壤结构，提高耕地质量。

早春及时耙耱镇压，收墒整地，确保地块土壤达到"上虚下实、底墒充足"，为播种和全苗、壮苗创造良好条件。整地后地表平整，无残茬、杂草等。

播前取土。在播种前 5～10 天，在选好的地块采取 S 形或"对角线"法取样。采集 0～20 厘米耕层土样，每个地块采集的样点不少于 10 个，混合后用"四分法"留 1 千克土样，测定 pH、有机质、全氮、铵态氮、硝态氮、有效磷、速效钾等养分指标。通过这些数据初步确定土壤的各种养分供应状况。

（三）实时播种

1. 精量播种。 一般在 4 月下旬至 5 月中旬，当 0～20 厘米土层地温稳定在 8℃时抢墒播种。适期早播有利于延长玉米苗期生长时间，增加百粒重，提高产量。播种时选用带北斗导航的精量播种机，保证播种深浅、间距一致。滴灌带铺设均匀。播种深度为 4～5 厘米。采用宽窄行播种，株距 20 厘米，窄行 35～45 厘米、宽行 80～85 厘米。种植密度 5 500～6 500 株/亩。

2. 种子选择。 选择生育期适合当地的高密植玉米品种，种子必须包衣，有"一证三签"。

（四）科学灌溉

为保证出苗率，在播种后 1～2 天内浇水 1 次，灌水量为 5～10 米³；其余灌水次数视土壤墒情而定，一般灌水 8～12 次，每次灌水量在 20～25 米³。

（五）肥料施用

1. 肥料选择。 所用肥料必须是水溶肥，符合相关标准，且经农业农村部登记或备案的正规肥料产品。应关注肥料成分、溶解性与吸收率、原料等级、适用性、包装标识以及品牌信誉等方面，以确保选购到高质量、适用性强的肥料。采用小流量滴灌水肥一体化技术实现多次少量精准均衡高效施肥，充分发挥水溶肥的优势。

2. 施肥时期。 苗期后期（三叶一心）1 次、拔节期 1 次、大喇叭口期 1 次、抽穗—吐丝期 2 次、灌浆期 1 次。

3. 施肥方式。 磷肥在前 2 次施肥时期全部施入；钾肥在第二次和第四次全部施入；氮肥按照 1∶2∶4∶3∶3∶1 比例施用。

4. 施肥量的确定。 每生产 100 千克玉米籽粒需 N：1.8～2.1 千克、P_2O_5：0.5～0.6 千克、K_2O：0.8～0.9 千克。

注意事项：随灌溉施肥时，控制施肥时间（40 分钟左右），施肥时间过长容易导致肥料流失。在缺锌地块施用 1～1.5 千克/亩硫酸锌。

三、适用范围

适用于西北干旱区，灌溉水源有保证，配套滴灌水肥一体化设备的地块。

四、应用效果

在与常规施肥产量基本持平的前提下，采用无底肥技术的玉米果穗秃尖现象较常规施肥大幅降低，可节肥 10%～20%，有效提高了肥料利用率，减少养分流失。亩成本减少 100～200 元，亩增收纯收益在 100 元以上，具有良好的节本增效作用。同时，本技术模式减少氮磷钾肥淋溶损失，生态效益明显。

五、相关图片

秸秆还田

精准灌溉

水肥一体化设备

无人机监测

宁夏"种肥同播＋缓控释肥"技术模式

一、模式概述

针对玉米全生育期需肥量大、追肥次数多且后期追肥困难等问题，以测土配方施肥为基础，优化筛选出满足绿色生态环境发展要求的尿素包膜材料，开发符合玉米养分需求规律的控释型配方肥。采用播种同步侧深施肥机在播种时将肥料侧深施入或结合整地将 40%～50%控释肥作为基肥施入土壤，剩余控释肥利用种肥同播机在玉米播种时一起侧深施入，改变传统的多次施肥为一次性施肥，满足作物全生育期对养分的需求。

二、技术要点

(一) 肥料确定

以测土配方施肥技术为支撑，根据土壤供肥能力、玉米目标产量，确定全生育期氮、磷、钾等养分需求总量，提出推荐施肥方案和控释配方肥配方。

1. 引黄灌区。 根据目标产量 900～1 000 千克/亩，亩需氮 (N) 22.5～27 千克、磷 (P_2O_5) 9.0～10.8 千克、钾 (K_2O) 3.75～4.5 千克，选用 $N-P_2O_5-K_2O$ 为 30-12-5 的控释配方肥 75～90 千克/亩。

2. 扬黄灌区。 根据目标产量 600～800 千克/亩，亩需氮 (N) 15.0～22.5 千克、磷 (P_2O_5) 7.5～11.3 千克、钾 (K_2O) 2.5～3.8 千克，选用 $N-P_2O_5-K_2O$ 为 30-15-5 的控释配方肥 50～75 千克/亩。

3. 旱作雨养区。 根据目标产量 500～700 千克/亩，亩需氮 (N) 12.0～19.5 千克、磷 (P_2O_5) 6.0～9.8 千克，钾 (K_2O) 可不施，选用 $N-P_2O_5-K_2O$ 为 30-15-0 的控释配方肥 40～65 千克/亩，土壤有效锌含量低于临界值的耕地，亩基施硫酸锌 1～2 千克。

(二) 种肥同播

1. 整地作业。 秋作物收获后，茬高、草多的地块，先进行清株灭茬，施用有机肥的要深耕将有机肥翻入土壤。初春适时耙耱保墒，适期播种。

2. 玉米品种。 根据土壤条件、种植密度等选择适合当地生产的玉米品种。

3. 播种密度。 根据品种特性、地力水平、种植模式、用途（籽粒玉米、青贮玉米）确定播种密度，青贮玉米种植密度高于籽粒玉米。中高地力水平亩推荐密度为 5 000～6 000 株，中等以下地力水平亩推荐密度为 4 000～5 000 株。

4. 机械选择。 机械类型：选择带有施肥功能的玉米单粒精量播种机。机械要求：播种机应可以调节播种量、播种深度、株行距、施肥量和施肥深度等参数。

5. 作业准备。 机具调试：作业前应检查播种、施肥装置运转是否正常，排种排肥通道是否顺畅。机具各运行部件应转动灵活，无碰撞卡滞现象，并进行开机试运转。肥料装入：除去肥料中的结块及杂物，均匀装填到肥箱中。装入量不大于最大装载量。装肥过程中应防止混入杂质，以免影响施肥作业。施肥量调节：施肥量按照机具说明书和亩施肥量进行调节，调节时应考虑肥料性状及田块打滑对施肥量的影响，调节完毕应进行试排肥。试排肥应采用实地作业测试，正常作业 50 米以上，然后根据实际排肥量对施肥机进行调整。

6. 播种要求。 播种时间：依据当地气候条件、土壤条件、玉米品种熟期合理确定播种日期，一般为 4 月中旬至 5 月上旬，耕层 5～10 厘米处地温稳定在 10℃以上。播种深度：根据土壤墒情、土壤类型种肥异位同播，玉米播种深度5～7厘米，肥料深度8～10厘米，肥料与种子横向距离10厘米左右。播种施肥操作：根据种植密度和播种面积确定种子与肥料用量，将播种机调整到确定的种子、肥料单位用量，进行试播种，每10米检查一次，作业播种密度、均匀程度、施肥量、种肥深度与间距等应符合预设目标，及时调整种肥同播机具参数直至符合要求。作业起始阶段应缓慢前行，中途停车、转弯掉头应缓慢减速，避免发生危险和施肥不均匀。

7. 注意事项。 作业过程中，应规范使用机具，注意操作安全。施肥作业中应避免紧急停止或加速等操作，发现问题及时停机检修。调整好株行距，匀速前进，避免缺种和倒种。根据作业进度及时补充种子和肥料。受肥料种类、作业速度、天气等因素影响，应随时监控施肥量，适时微调。当天作业完成后，应及时排空肥箱及施肥管道中的肥料，做好肥箱、排肥、开沟等部件的清洁。

（三）无人机喷施叶面肥

1. 叶面肥选择。 结合玉米病虫害防治进行叶面喷施追肥。喷施时要求肥料水不溶物控制在1%以内，水溶性肥料可选择磷酸二氢钾、大量元素水溶肥、微量元素水溶肥、含腐植酸水溶肥、含氨基酸水溶肥和有机水溶肥等，肥料产品应符合相关标准，取得农业农村部登记（备案）证，具体用量和方法参考肥料产品使用说明书。

2. 作业程序。 田间作业时，应选择载量大、施肥均匀的无人机。根据肥料性质和农药性质进行配肥配药，确保肥效药效不互相削弱。喷施时应将肥料用清水全部溶解后，静置5分钟后取清液待用。确保根据作业区实际情况，设置无人机的飞行高度、速度、喷（撒）幅宽度、喷雾流量等参数，并对无人机进行试飞，试飞正常后方可进行飞行作业。肥液喷施选择无风的阴天或晴天傍晚进行，确保肥效、药效。喷施结束后记录无人机作业情况，若喷后遇雨，应重新喷施。喷施作业结束后持续观察玉米长势，再次喷施需间隔7～10天，避免盲目喷施造成毒害。

三、适用范围

适用于宁夏引/扬黄灌区及旱作雨养区，以及西北同类型地区。

四、应用效果

"种肥同播＋缓控释肥"技术模式符合当前农业生产现状，利用农业机械将肥料、种子一次性作业施入土壤，实现轻简化施肥，有利于提高化肥利用率、减轻劳动强度、降低生产成本、增加农民收入，是一项节本增效、省工省时、农机农艺结合的新技术。与习惯施肥示范区相比，玉米亩节约化肥2.5～3.65千克，亩减少化肥投入成本17～26元，可减少追肥2～3次，亩节约人工成本23.5～86.3元，玉米增产3.3%～7.4%，同时能提高氮肥利用率，减少资源浪费。

五、相关图片

整地前撒施控释肥

玉米种肥同播

无人机喷施叶面肥

陕西关中夏玉米"测土配方施肥＋
种肥同播＋一喷多促"技术模式

一、模式概述

根据夏玉米需肥规律、土壤肥力、肥料种类以及施肥时的自然条件和栽培措施，确定适宜的施肥量、养分比例、施肥时期和施肥方法，最大限度提高肥料利用率。基肥采用种肥同播，后期追肥视玉米生长和天气情况进行一喷多促，实现夏玉米生育期全程机械化精准施肥。

二、技术要点

（一）测土配方施肥技术

1. 施肥原则。

（1）依据测土配方施肥结果和玉米产量水平，确定合理的氮磷钾肥用量。

（2）提倡有机无机肥配合施用，秸秆适量粉碎还田，长期秸秆还田地块可适当减少施肥量。

（3）适量提高锌、硼等中微量元素的施用比例。

（4）实行种肥同播技术，实现一次性机械深施。

（5）中高肥力土壤采用施肥方案推荐量的下限。

2. 施肥量。 统筹考虑种植区域土壤供肥能力、肥料特性、玉米需肥规律和产量水平等因素，确定施肥方式、施肥量和施肥品种。氮、磷、钾用量参考区域施肥技术指标与大配方确定；硼、锌等中微量元素的施用视土壤缺乏状况针对性补施，实现经济合理施肥。

（1）高产田。产量水平 650 千克/亩或以上，亩施 N 14～15 千克、P_2O_5 5～6 千克、K_2O 4～5 千克；亩配方肥（22 - 8 - 8、25 - 14 - 6、30 - 6 - 8 或相近配方）推荐用量 35～40 千克、硫酸锌 1～2 千克、尿素 15～16 千克。

（2）中产田。产量水平 500～650 千克/亩，亩施 N 11～14 千克、P_2O_5 4～5 千克、K_2O 3～4 千克；亩配方肥（22 - 8 - 8、25 - 14 - 6、30 - 6 - 8 或相近配方）推荐用量 30～35 千克、硫酸锌 1～2 千克、尿素 12～15 千克。

（3）低产田。产量水平不足 500 千克/亩，亩施 N 10～11 千克、P_2O_5 3～4 千克、K_2O 2～3 千克；亩配方肥（22 - 8 - 8、25 - 14 - 6、30 - 6 - 8 或相近配方）推荐用量 25～30 千克、硫酸锌 1～2 千克、尿素 9～10 千克。

3. 施肥方法。

（1）配方肥全部作基肥施入，大喇叭口期追施尿素 1～2 次。

（2）磷钾肥作基肥一次性施入，氮肥分 3 次施入，基追比为 4∶3∶3，在前茬作物施磷较多或土壤有效磷丰富的田块，适当减少磷肥用量。有机肥于播前撒施翻耕，基肥种肥同播，追肥于拔节期、大喇叭口期施。

（二）种肥同播技术

使用玉米播种施肥一体化机械，将玉米种子与化肥之间设置适宜安全的距离，异位同播（施）入土壤。

1. 播前准备。

（1）地块选择。选择地势平整且能够开展机械化作业的地块。

（2）秸秆还田作业。前茬作物秸秆粉碎后还田，残茬高度低于 8 厘米，以不影响机械播种为宜。秸秆翻埋还田前每亩增施尿素 5～6 千克；每亩施用有机肥 1 500～3 000 千克，撒施均匀。

（3）整地作业。将地表秸秆和有机肥料翻入土壤，田块平整度要适宜机械化耕作，0～20厘米耕层土壤相对含水量以70%～75%为宜。

（4）种子要求。机械化单粒播种对种子要求极其严格，要选择丰产性好、抗逆性强的品种（如郑麦136、伟隆169、中元505等），种子应大小均匀、颗粒饱满、发芽势强，发芽率90%以上，而且种子必须经过分级处理，以利于苗匀苗齐。

（5）肥料选择。一般应为颗粒型，可购买或自行配制与施肥配方一致或相近的复合肥料，自行配制肥料不能选含有会熏伤种子和幼苗的肥料。

2. 农机具。

（1）机具选择。选择带有施肥功能的玉米单粒精量播种机，播种机可调节播种量、播种深度、施肥量和施肥深度，播种机行距宜与上茬作物行距一致。

（2）种植参数。

①播种密度。根据品种特性、地力水平和种植模式确定播种密度。行距应适应当地种植与机收模式，株距由种植密度与行距确定。播种量一般为1.5～2.5千克/亩，在中高等地力地块上，密度为4 500～5 000株/亩，中等以下地力地块上，密度为4 000～4 500株/亩。

②作业深度。依据土壤墒情适墒播种，种肥异位同播，播种深度以3～5厘米为宜，土壤墒情好时可偏浅，墒情差时宜偏深。

③施肥位置。施肥位置宜在种子的垂直距离5～6厘米以下，肥料与种子横向间距应在7～10厘米。

3. 作业。

（1）准备。根据拟种植密度和面积，确定种子及肥料用量，提前将机具调整到确定的种子、肥料用量单位。

（2）作业调整。根据作业要求，调试株距、行距及种肥深度，调整种肥同播机具的参数，直至符合要求。如因前茬秸秆还田量、田块平整度等因素影响播种（肥）质量，可旋耕后再进行种肥同播作业。

（3）播种作业。按照最终设定的参数进行种肥同播作业。作业时要注意观察机具播种前进状况，如有秸秆缠绕、堆土或堵塞等情况，要及时清理疏通。要注意在中途因故停车解决故障时，应退后1～2米再继续前行播种，避免漏播。

（三）一喷多促技术

1. 喷施时期。根据作物种类、生育期养分需求及环境条件等选择喷施时期，喷施最佳时期为玉米生长中后期，一般于大喇叭口末期至抽雄初期防治一次，视病虫扩展和天气情况，如有需要于灌浆初期再防治一次。建议采用植保无人机喷施。

2. 药物选择。根据玉米田间病虫发生实际，对症用药，精准喷防。同时加入高氮复合肥、磷酸二氢钾、芸苔素内酯、氨基寡糖素等植物生长调节剂或叶面肥，实现玉米"一喷多促"的功效。

防治大斑病、茎腐病等可选用甲氧基丙烯酸类（如吡唑醚菌酯、嘧菌酯）、甲基硫菌灵、三唑类（如戊唑醇、氟环唑、苯甲丙环唑等）及其复配制剂，如遇雨后暴晴天气极易诱发青枯型茎腐病，应提前药剂预防。

防治玉米螟、黏虫、草地贪夜蛾等害虫可选用甲维盐、氯虫苯甲酰胺、乙基多杀菌素、茚虫威及其复配制剂。

防治蚜虫可选用吡虫啉、啶虫脒、吡蚜酮等杀虫剂。

3. 无人机喷施。 采用无人机（如大疆 T25、T50、T60 等）进行杀虫剂、杀菌剂及叶面肥喷施，实现精准高效施肥喷药，提高肥药利用率和施肥（药）作业效率。根据实际情况设置无人机的飞行高度、速度、喷幅宽度等参数，确保用量适宜、喷洒均匀。宜在无风的阴天或晴天傍晚进行作业，若喷后遇雨，应重新喷施，确保肥效、药效。注意控制施肥数量和浓度，防止伤苗。

4. 注意事项。

（1）做到科学用药，规范操作，按照使用说明书登记剂量用药。药剂配制坚持二次稀释，均匀混配。

（2）对飞行高度、速度、亩用药液量要严格按作业规范要求，一般飞行高度距玉米顶端 3 米左右，亩施药液量宜在 2.5～3 升，施药时加入沉降剂等助剂。对作业盲区的补防要责任到人，及时查漏补缺，确保防控工作全覆盖、无死角。

（3）农药包装废弃物及作业结束后剩余药液要集中妥善处置，严禁随意丢弃和倾倒；严禁在水源附近配药、施药，避免出现意外中毒事件和环境污染现象，保护生态环境。

三、适用范围

适用于陕西关中灌区。

四、应用效果

亩增产 30 千克以上、节本增收约 70 元，肥料利用率提高 8%～10%。

五、相关图片

肥料利用率试验　　　　　　　　　玉米种肥同播

配方肥直供

无人机追肥

新疆北疆"测土配方＋种肥同播＋滴灌水肥一体化＋无人机追肥"技术模式

一、模式概述

结合稳定粮棉生产等重点任务和种植结构布局，以测土配方施肥为基础，制定玉米施肥方案。通过增施有机肥替代部分化肥和机械深施，种肥同播配合滴水齐苗。玉米全生育期采用滴灌水肥一体化追肥，实现精准养分调控施肥，无人机施肥施药，适期"一喷多促"，均衡全生育期养分供应，促进玉米稳产增产提质增效。

二、技术要点

（一）测土配方，施用配方肥

依据玉米品种、目标产量、土壤测试等制定玉米施肥方案，确定施肥总量、施肥次数、养分配比和运筹比例。根据土壤肥力和玉米品种等确定基肥用量。在施用优质农家肥 2 000 千克/亩的基础上，施用化肥：氮（N）20～22 千克/亩、磷（P_2O_5）8～10 千克/亩、钾（K_2O）4～5 千克/亩、硫酸锌 1.5 千克/亩（养分配比：N∶P_2O_5∶K_2O＝1∶0.4∶0.2），农家肥、硫酸锌及 15％氮肥、30％磷肥、30％钾肥作基肥，其余苗后随水滴施。

（二）增施有机肥替代部分化肥

前茬作物收获后，秸秆粉碎至长度不超过 5 厘米（切碎均匀）就地还田，有条件的农户撒施或喷施秸秆腐熟剂 1~2 千克/亩；每亩增施腐熟堆肥 2 000 千克或商品有机肥约 100 千克；留茬高度不超过 10 厘米。采取耕翻或旋耕等方式进行埋草灭茬整地，耕翻深度 20~25 厘米，通过深耕作业将粉碎的秸秆和有机肥深翻入耕层。

（三）种肥同播配合滴水齐苗

1. 种肥同播。种子质量应符合国家相关标准，优先选择发芽势高且包衣的种子。适宜播期在 4 月 10—20 日。播前适墒整地，整地质量达到"齐、平、松、碎、净、墒"六字标准。

选择具备种肥同播功能的卫星导航精量播种机，采用种肥同播方式一次性施用配方肥或缓控释肥，肥料适当深施于种子侧下方，控制种肥距离 10~15 厘米，施肥深度大于 10 厘米。选择卫星导航精量播种机，采用一机四膜、一膜两行播种模式，亩播种量 2.5~2.8 千克，平均行距 50 厘米（膜上行距 30 厘米、膜间行距 70 厘米），株距 16~18 厘米，理论株数 7 400~8 300 株，收获 7 000 穗左右。

2. 滴水齐苗。一膜一管，毛管随玉米播种铺膜时一同布于膜下。播完种后，根据地面坡降和水源压力合理布局支管，一般每隔 70~80 米布一根支管，支管方向与毛管垂直，在支管上每隔 5 米压土防止风灾，布好支管，根据土壤质地及墒情播种后 48 小时内及时滴出苗水 30~40 米³/亩，滴水量能够保证出苗。做到不漏不积，滴水均匀，滴水量不可过大，以免影响根系下扎不利于蹲苗和壮苗，确保一播全苗、苗齐、苗壮。

（四）膜下滴灌水肥一体化

膜下滴灌水肥一体化，利用水肥精准调控系统进行精确灌溉施肥。根据玉米田墒情即土壤环境感知，土壤墒情自动监测运用多层垂直排列的土壤水分探头，再经过数据传导至远程服务器，进而确定各生育期内的灌水次数、日期和定额，配合玉米长势长相进行施肥配方推荐。水肥自动化测试和控制，调整为相契合的水肥管理措施，通过首部管控和灌溉施肥智能决策，精确满足玉米生长过程中对水分和养分的需求，从而实现膜下滴灌一体化和自动化施肥。

1. 灌溉制度。根据玉米需水规律、多年降水情况和土壤墒情确定灌水次数、灌水时期和灌水定额，制定灌溉制度，并结合实际及时进行调整。一般平水年，灌溉定额 340~395 米³/亩。全生育期滴水 7~9 次，灌水周期 10~12 天。

2. 肥料选择及要求。

（1）基肥。肥料应为颗粒均匀、密度一致，理化性状稳定，不易吸湿、不粘、不结块。宜选用氮磷钾配比合理、粒型整齐、硬度适宜的肥料，如尿素、磷酸二铵、硫酸锌和商品有机肥或农家有机肥。

（2）追肥。选用水溶性好的颗粒尿素、磷酸二铵、硫酸钾、水溶性磷钾肥或配方肥，锌肥可选用硫酸锌。可选择大量元素、中量元素、微量元素、含腐植酸、含氨基酸有机水溶肥等避免堵塞滴灌系统，肥料产品应符合相关标准，取得农业农村部登记（备案）证。

3. 基、追用量及施肥方法。根据玉米生育期需肥规律、土壤供肥能力及滴灌水肥一体化生产条件，一般采用"基—追"配合模式，根据基肥肥效发挥时间、灌溉条件和后期苗情长势做好肥料运筹，再利用水肥精准调控系统进行精确灌溉追肥，满足玉米生长过程中对水分和养分的需求。

玉米苗后肥水运筹推荐方案

项目		拔节期	喇叭口期	抽雄授粉期	籽实膨大期	乳熟期	蜡熟初期	蜡熟期	合计
滴水（米³/亩）		40~45	70~80	45~50	80~100	40~50	35~40	30	340~395
施肥量（千克/亩）	尿素	10~11	5~6	9~10	5~6	4	3	0	36~40
	滴灌水溶肥	2	3~4	3~4	2	1	0	0	11~13
	硫酸钾	2~3	3~4	0	0	0	0	0	5~7
	腐植酸铵滴灌肥	3	4	3	0	0	0	0	10

（1）基施。在亩施腐熟农家肥 2 000 千克以上的基础上，亩施尿素 8 千克、磷酸二铵 10 千克、硫酸钾 3 千克及硫酸锌 1.5 千克作基肥，均匀撒施，翻入耕层。

（2）追施。做好肥料运筹，苗后随水滴肥 7~8 次，亩施尿素 36~40 千克、滴灌水溶肥 11~13 千克、硫酸钾 5~7 千克、腐植酸铵滴灌肥 10 千克。

（五）无人机施肥施药

构建适用于低空无人机、基于养分平衡和产量最优的玉米精准施肥智能决策模型。结合目标产量、需肥规律、施肥运筹及养分配比等因素，实现无人机精准、高效、按需追肥，同时无人机施肥喷药对影响玉米高产生产中的病虫害有很好的防治作用。

1. 无人机作业。选择当地农业生产中普遍使用的农用无人机，载肥量 40 千克以上为宜。在玉米灌浆初期，于晴天傍晚利用无人机均匀喷施适量液体氮磷钾等叶面肥，每亩用磷酸二氢钾 50 克＋10％吡虫啉可湿性粉剂 20 克＋25 克/升高效氯氟氰菊酯乳油 20 毫升＋30％己唑醇悬浮剂 18 克混合液或用中微量元素水溶肥进行叶面喷施。

2. 注意事项。

（1）采用无人机喷施农药注意周边种植的作物情况，避免发生药害。肥药配制采用二次稀释法，无人机亩用液量不少于 1.5 升。

（2）注意避开中午前后气温较高时段喷药，避免出现药害和中毒。密切关注天气预报，防治后 2 小时内有降雨时，天晴后要及时补防。开展跟踪调查，对防效差的地块要及时补防。

（3）肥箱内部要避免受潮或泥污。肥箱内部以及排肥盒部位的施肥盘等如受潮或被泥水污染或堵塞，无法均匀完成喷施作业。

三、适用范围

适用于新疆北疆区域内具有机械施肥和水肥一体化应用条件及可无人机作业的玉米主产区。

四、应用效果

通过应用水肥精准调控系统解决农户施肥难、劳动强度大的问题,实现节水节肥、增产增收、省时省工。示范区平均亩产较常规滴灌玉米田增产 60~80 千克,增幅 5%~8%,亩节肥 5% 以上,亩节水 10% 以上,亩节本增效 150~190 元。

五、相关图片

种肥同播

增施有机肥

应用测土配方施肥+滴灌水肥一体化技术

机械中耕+无人机施肥施药

甘肃"种肥同播＋缓释肥料＋膜下滴灌"技术模式

一、模式概述

以测土配方施肥为基础，制定科学施肥增效实施方案，配套应用缓释肥料等新型肥料，集中打造科学施肥"三新"技术集成应用万亩示范片，推广"种肥同播＋缓释肥料＋膜下滴灌"技术模式。

二、技术要点

（一）基肥确定

1. 肥料品种。选用氮磷钾配比合理、粒型整齐、硬度适宜的配方肥料。也可对照玉米配方施肥建议卡进行按方施肥，选择肥料时注意产地名称、企业资质、生产许可证号。

2. 肥料要求。肥料应为圆粒形，粒径 2～5 毫米为宜，颗粒均匀、密度一致，理化性状稳定，硬度宜大于 20 牛，手捏不易碎、不易吸湿、不粘、不结块，以防肥料堵塞排肥通道。

3. 肥料用量。依据玉米品种、目标产量、土壤测试结果等制定施肥方案，确定施肥总量、施肥次数、养分配比和基追比例。一般情况下，种肥同播的氮肥投入量可比常规施肥减少 10％～30％，减肥数量根据当地土壤肥力、施肥水平等实际情况确定。

4. 施肥次数。根据肥料特性和玉米生长期养分需求，结合实际情况进行调整。一般情况下，氮肥基施占 30％～40％，追施占 60％～70％；磷肥在土壤中的移动性较差，可一次性基施；钾肥可根据土壤质地和供肥状况，选择一次性基施或适当追施。

（二）种肥同播

1. 机械选择。播种机选用玉米导航精量播种机，实现铺管、覆膜、穴播及覆土等多项作业一次性完成，大幅提高生产效率，避免人力及生产资料浪费。要综合考虑当地的生产条件和种植规格、种植面积等情况，确定播种机的类型。播种要均匀，深浅一致，播种深度 3～4 厘米，无浮籽，播种质量达到单粒率≥85％、空穴率＜2％。

2. 作业准备。调试：作业前应检查施肥、播种机具运转是否正常，排肥通道是否顺畅，气吹式施肥装置需检查气吹机气密性。机具各运行部件应转动灵活，无碰撞卡滞现象，并进行开机试运转。肥料装入：除去肥料中的结块及杂物，均匀装填到肥箱中，盖上箱盖。装肥过程中应防止混入杂质，以免影响施肥作业。施肥量调节：施肥量按照机具说明书进行调节，调节时应考虑肥料性状对施肥量的影响，调节完毕应进行试排肥。下种调节：对每个排种孔进行调试，下种时保证每个孔穴一粒种子。株距调节：根据玉米品种及种植密度调整到合适的株距。所有的功能调试好后，应采用实地作业测试，正常作业50米以上，根据实际情况对精量播种机进行修正。

3. 作业要求。 作业条件：依据当地气候条件和玉米种植时期合理确定播期，适时早播。播种时要求日平均温度稳定在10℃，避开降雨以及大风天气。播前应清理前茬作物秸秆及残膜后进行整地，做到精耕细整，土地平整，上虚下实。播种施肥操作：作业起始阶段应缓慢前行5米，然后按照正常速度作业；中途停车、转弯掉头应缓慢减速，避免发生危险和施肥不均匀；熄火停车应提前1分钟缓慢降低前进速度，直至停车。

4. 注意事项。 配套种肥同播对机械的要求非常高，要保证种、肥间隔8～10厘米，种子深度3～5厘米，肥料深度10厘米左右。作业过程中，应规范机具使用，注意操作安全。在作业中应避免紧急停止或加速等操作，发现问题及时停机检修。调整好株行距，匀速前进。根据作业进度及时补充种子和肥料。根据施肥器、肥料种类、作业速度、天气等情况，应随时监控施肥量和播种量，适时微调。

（三）缓释肥料

1. 肥料特性。 选用加入脲酶抑制剂或硝化抑制剂的稳定性肥料或包膜缓释肥料，结合玉米生长发育过程，实现氮素缓慢释放和减少损失。

2. 施肥方法。 依据玉米底肥和追肥施用总量、施肥次数、氮磷钾养分配比和基追比例，确定稳定性肥料用量。

3. 施肥效果。 稳定性肥料具有延长肥效、促根、活磷、改良土壤，提高氮肥利用率，达到玉米增产增收效果。

（四）膜下滴灌

1. 种植规格。 推广宽窄行（宽行70厘米、窄行30厘米）、不同株距（大株距18～20厘米、小株距16.5厘米）的密植种植模式，播种密度由传统的"1膜2带3行"等行距等株距（行距53厘米、株距23厘米）稀植模式的5 400株/亩增加至6 500株/亩以上。

2. 播种。 种肥同播时，基肥亩均施磷酸二铵20千克、尿素15千克、硫酸钾4千克、硫酸锌2千克。密植栽培要求每亩播种子3.5千克。根据种植规格选择幅宽70厘米或140厘米的加厚膜。滴灌带选用滴头流量为2升/时。

3. 滴水出（齐）苗。 采用"干播湿出"栽培模式，控制出苗水，避免滴水过量，防止地温回升慢而导致出苗不整齐，一般每亩滴水15～25米^3，滴水时以湿润锋超过播种行3～4厘米为宜。

4. 田间管理。 查苗补苗：玉米播种时用穴盘提前育苗，待出苗后，及时查苗补苗，对缺苗断垄处及时用穴盘苗进行补种，确保玉米苗全、苗齐、苗壮，根系发育良好。化学除草：玉米3～5叶展开时，用5％硝磺草酮＋25％莠去津每亩50毫升兑水15千克进行除草，喷雾防除。蹲苗与化控：根据幼苗长势情况进行蹲苗，玉米6～8叶展开时（拔节期）进行第一次化控，在9～10叶展开或抽雄前一周时进行第二次化控。

5. 精准水肥调控。 水肥供应要坚持少量多次，遵循按需供给的原则，在拔节期、大喇叭口期、吐丝灌浆期随水滴施水溶性复合肥或尿素 5.5 千克/亩次，共追肥 7 次，全生育期灌水 11 次左右，每次滴水量 25～35 米³/亩，亩总灌水量一般在 330～380 米³。

6. 病虫草害防治。 病虫草害防治包括农业防治与化学防治。农业防治主要选用抗病虫、优质高产、抗逆性强、商品性能好的品种。不同病害根据发病情况及时采取不同措施，进行喷药防治。一喷多促：在抽雄期前、灌浆期（花后 15 天左右），根据病虫害发生情况，进行 1～2 次一喷多促（杀虫剂、杀菌剂、叶面肥），每亩选择 30％噻虫嗪 30 克＋甲维·虫螨腈 30 毫升＋43％联苯肼酯 10 毫升，兑水 20～30 千克，进行飞防，促进玉米生长，防止红蜘蛛、玉米螟、棉铃虫、蚜虫等危害。

7. 适时收获。 依据茎叶、果穗苞叶、玉米籽粒等状况，当果穗苞叶变黄、乳线完全消失、籽粒变硬且色泽光亮时，适时收获。

三、适用范围

适用于甘肃西部有水肥一体化条件的灌溉玉米主产区。

四、应用效果

可实现增产 10％左右。玉米科学施肥"三新"配套技术应用与示范推广，有效促进科学施肥精准化、智能化、绿色化、专业化，提高了化肥利用率，实现了玉米节水节肥、省工省时、高产高效。

五、相关图片

种肥同播

现场培训

科学施肥"三新"技术示范片

无人机飞防喷肥喷药

第三节　华北及黄淮海夏玉米区

华北"种肥同播＋生物有机肥＋缓控释肥"技术模式

一、模式概述

坚持"高产、优质、经济、环保"施肥理念，满足当前农户对玉米轻简化、省力化栽培的需求，针对夏玉米生长发育及需肥特点，以测土配方施肥为基础，集成生物有机肥替代技术、新型肥料缓控释肥和种肥同播技术模式，制定夏玉米全生育期施肥方案，生物有机肥配套缓控释配方肥，通过种肥同播实现机械深施。

二、技术要点

(一)基肥确定

1. 肥料品种。缓控释肥选用氮磷钾配比合理、粒型整齐、硬度适宜，含有一定比例缓控释养分或添加抑制剂的配方肥料，缓释养分释放期不低于 60 天。生物有机肥中的微生物菌种安全、有效，有明确来源和种名。粉剂产品松散、无恶臭味；颗粒产品无明显机械杂质、大小均匀、无腐败味。

2. 肥料用量。施足基肥，缓控释配方肥（28－6－6）中产田 40～45 千克/亩，高产田 45～50 千克/亩，生物有机肥 80 千克/亩。氮肥投入量可比常规施肥减少 10％，减肥量根据当地土壤肥力、施肥水平等实际情况确定。

(二)种肥同播

1. 整地准备。前茬小麦收获采用带秸秆切碎和抛撒功能的小麦联合收割机，秸秆切碎长度5～8厘米，越细碎越好；切断长度合格率≥95％，抛撒不均匀率≤20％，漏切率≤1.5％，根茬高度低于20厘米，以改善玉米播种作业环境。

2. 种肥同播。玉米播种应选用多功能、高精度定量播种机械。在秸秆粉碎质量差的地区，可选择清茬（或灭茬）玉米精量播种机；在土层板结或需肥量大的情况下，可选择深松多层施肥玉米精量播种机；在土层深厚、秸秆抛撒均匀的地区，可选用"三位"施肥玉米精播机。采用玉米精播机械免耕贴茬精量播种，行距60厘米，播深3～5厘米。做到深浅一致、行距一致、覆土一致、镇压一致，防止漏播、重播或镇压轮打滑。播种密度比预定收获密度增加10％左右。耐密型玉米品种一般大田每亩5 000粒、高产田每亩6 500粒左右，大穗型品种一般大田每亩4 200粒、高产田每亩4 500粒左右。

3. 注意事项。种肥异位同播。底肥侧深施，深度8～10厘米，肥料与种子水平间距10厘米，做到种、肥分离，防止烧种和烧苗。

（三）追肥运筹

依据玉米品种、目标产量、土壤测试等制定施肥方案，确定施肥总量、施肥次数、养分配比和运筹比例。一般情况下，施足基肥可不追肥。土壤肥力偏低，可适当追施氮肥。玉米大喇叭口期（叶龄指数55％～60％，第11～12片叶展开），可追施总氮量的30％，以促穗大粒多。

（四）化学除草及病虫害防治

采用带有喷药装置的播种机一次性完成，或播后苗前土壤墒情适宜时可选用乙草胺、二甲戊灵兑水后进行封闭除草，苗后可选用硝磺草酮、氯氟比氧乙酸等除草剂。结合土壤封闭除草喷洒杀虫杀卵剂，杀灭麦茬上的二点委夜蛾、灰飞虱、蓟马等残留害虫。玉米播种前用含有内吸性杀虫剂如吡虫啉、噻虫嗪等药剂拌种或包衣，可防治苗期蚜虫和灰飞虱。用药要严格按说明书操作，严禁超剂量使用，防止药害危及后茬。

三、适用范围

适用于具有机械施肥条件的玉米规模化主产区。

四、应用效果

本技术模式可满足作物养分需求，减少养分浪费，改善土壤结构。玉米植株生长发育良好，产量增加15％左右，节肥约10％，亩节约人工1个。从产量、效益、环保和耕地质量提升综合角度分析，科学施肥"三新"技术的推广应用不但能使玉米产量增加，还能减少肥料投入和人工成本，集约化、规模化生产能力得到极大提高。

五、相关图片

玉米种肥同播

无人机喷防

山东东南部"种肥同播＋水溶肥料＋无人机追肥"技术模式

一、模式概述

根据玉米生育期需肥规律和特点，以测土配方施肥为基础，制定玉米基肥施肥方案，配套缓控释配方肥，种肥同播实现机械深施。在拔节、灌浆期根据玉米苗情和降水灌溉情况采用无人机追肥，在抽穗扬花至灌浆期通过一喷多促，均衡全生育期养分供应，促进增产提质增效。

二、技术要点

(一) 种肥同播

1. 玉米选种。 选择抗倒伏能力强、结实率高的包衣玉米品种。种子的净度不低于98％，纯度不低于97％，发芽率达95％以上。

2. 肥料选择。 玉米底肥要选择颗粒状的复混肥或缓控释肥，氮磷钾配比为17-9-16或相近配方。推荐使用玉米专用缓控释肥。

3. 种肥同播。 选择适宜的种肥同播机，应能调整播种量、播种深度、行距、株距，施肥量、施肥深度，肥料与种子之间的距离。播种量要根据所选品种的播种密度及种子发芽率等特性而定，大穗型品种播种量应在1.5～2千克，小穗型品种播种量应在2千克以上。播种深度一般应控制在3～4厘米，砂土和干旱地区应适当增加1厘米，深浅要一致，镇压要密实。基肥种肥同播，施肥机施肥量调整为30千克/亩，灌浆期和拔节期追肥施用尿素，每亩追施 10～15 千克。播种机各行的播量要一致，在播幅范围内落籽要分散均匀，无漏播重播现象。根据情况及时供应越冬水和返青水。

（二）无人机追肥

1. 机型选择。 选择当地农业生产中普遍使用的农用无人机，载肥量以 40 千克以上为宜。

2. 肥料选择。 撒施追肥时选用颗粒尿素或配方肥。叶面喷施时选择溶解性好的肥料，氮肥可选用尿素，磷肥可选用磷酸二氢钾，镁肥、锌肥、硼肥和钼肥可分别选用硫酸镁、硫酸锌、硼酸和钼酸铵。水溶性肥料可选择大量元素、中量元素、微量元素，含腐植酸、含氨基酸、有机水溶肥等，肥料产品应符合相关标准，取得农业农村部登记（备案）证。

3. 肥料使用。 依据玉米品种、目标产量、苗情长势等确定用肥量，"一基一追一喷"模式追肥氮素用量占 30%～50%。因天气等原因不能土施或随灌溉施肥时，先在拔节期叶面喷施适量氮磷肥 1～2 次，缓解养分缺乏对作物生长造成的不良影响。缺磷田块适量喷施氮磷肥 1～2 次，促进复壮。晚播弱苗，在拔节期至大喇叭口期，根据苗情再喷施氮磷肥 1～2 次，增加结实粒数、提高千粒重。缺锌地块在拔节至灌浆初期喷施锌肥 2～3 次。

4. 作业要求。 田间作业时，按浓度要求用清水溶解肥料，待全部溶解后静置 5 分钟，取清液喷施。喷施前应根据作业区地理情况，设置无人机飞行高度、速度、喷幅宽度、喷雾流量等参数，并进行试飞，正常后方可进行作业。颗粒肥撒施、肥液喷施应在无风的阴天或晴天傍晚进行，防止灼伤叶片。喷后遇雨应重新喷施。喷施作业后 7～10 天，观察玉米长势决定是否再次喷施。

5. 注意事项。 喷施过程中无人机操控人员应持证上岗，做好防护。无人机运转时禁止触摸，并注意远离。在各种肥液混合喷施时，应按肥料品种特性和使用说明进行混配，以确保肥效。

（三）一喷多促

1. 喷施时间。 抽穗开花期（抽穗率达 80%）第一次喷施，以增加穗粒数、预防赤霉病为主，兼防锈病等；玉米灌浆期可再次喷施，增加千粒重、防控玉米螟，兼治锈病等。

2. 肥药选用。 增加粒重可选用磷酸二氢钾、大量元素水溶肥、含氨基酸水溶肥等。杀菌剂可选用多菌灵、甲基硫菌灵、代森锰锌等制剂。杀虫剂可选用高效氯氟氰菊酯、联苯菊酯、噻虫嗪、甲维盐等。

3. 配方选择。 ①含氨基酸水溶肥或磷酸二氢钾 50 克＋10% 吡虫啉可湿性粉剂 20 克＋25 克/升高效氯氟氰菊酯乳油 20 毫升。②含氨基酸水溶肥或磷酸二氢钾 50 克＋7% 联苯·噻虫嗪悬浮剂 40 毫升＋45% 戊唑·咪鲜胺水乳剂 20 毫升。

4. 注意事项。 肥药配制采用二次稀释法，无人机每亩用液量不少于 1.5 升。密切关注天气预报，若防治后 2 小时内有降雨，雨晴后要及时进行补防。注意避开中午前后气温较高时段喷药，避免出现药害和中毒现象。开展跟踪调查，对防效差的地块要及时补防。

三、适用范围

适用于鲁东南具有机械施肥条件的玉米主产区。

四、应用效果

抽穗开花期和灌浆期各喷施一次叶面肥（含氨基酸水溶肥以及其他中微量元素肥），有利于籽粒灌浆，促进粒重增加。同时，也提高了玉米抗逆的能力，由于养分足够，玉米长势良好，根系旺盛，遇到大风降雨的时候不易倒伏。喷施叶面肥后，大斑病、小斑病等发生的情况会减少，保证作物养分吸收充足，减少肥料挥发损失，促进籽粒饱满，平均增产 6％以上，节肥 10％～30％，肥料利用率提高 15％以上，亩节约人工 0.5 个，在节本增效的同时促进了施肥水平提高，助力农业绿色高质量发展。

河南夏玉米"秸秆还田＋种肥同播＋缓释肥料"技术模式

一、模式概述

针对河南夏玉米种植区土壤有机质含量低、化肥施用过量、施肥精准度差、化肥利用率低和劳动力不足等突出问题，结合河南夏季高温多雨气候特征，在测土配方施肥基础上，研究集成了"秸秆还田＋种肥同播＋缓释肥料"高效施肥技术模式，以提高作业效率和化肥利用率，实现夏玉米稳产增产提质增效。

二、技术要点

（一）精准养分调控

根据往年测土配方施肥、田间试验、施肥调查、耕地质量等级评价数据结果，制定玉米精准施肥体系。玉米底肥大配方选用氮磷钾为 28－5－7 或相近配方的缓释肥料，亩施入量 40～50 千克，后期可根据玉米长势或缺素情况追肥。玉米属喜水肥作物，对氮、磷、钾需求量最多，全生育期对三要素的吸收量以氮最多，钾次之，磷较少。因此玉米施肥以增施氮肥为主，配合施用磷钾肥。硫、锌等中微量元素的施用视土壤缺乏状况而定，有效锌缺乏的田块，每亩可适当补施 1～2 千克。肥料品种视土壤酸碱度状况调整，石灰性土壤氮肥应选用尿素或硫酸铵、磷肥应选用过磷酸钙、钾肥应选用硫酸钾，酸性土壤推荐施用钙镁磷肥。

（二）秸秆还田

前茬作物可于收获时或玉米播种前，将秸秆切碎抛撒还田，一般秸秆切碎长度小于

10 厘米；残茬高度以不影响夏玉米机械播种为宜，一般应小于 8 厘米。田块平整度适宜机械化耕作。

（三）种肥异位同播

1. 种子选择。选择适宜并经国家、省审定的玉米品种，顶土能力强，幼苗生长健壮，适应性广、抗逆性强，株型紧凑，根系发达，适合机播，单粒精选并经过包衣剂包衣的杂交玉米种子，纯度≥97％、净度≥99％、发芽率≥95％、水分≤13％，不宜用陈种子。

2. 机械作业要求。采用新式玉米单粒种肥同播机，调整行距（大架宽度）为 60 厘米，株距为 25 厘米左右，播种行走速度≤5 千米/时，穴播单粒率≥95％，空穴率<5％，伤种率≤1.5％。种子播后覆土厚度以 3～5 厘米为宜，土壤墒情好时可偏浅，墒情差时可偏深。将肥料施于种子垂直距离 5～6 厘米，横向间距 7 厘米以上的位置。作业方向与种植行平行。同时，应注意观察机具前进状况，如有堆土、堵塞或秸秆缠绕，应及时清理疏通。中途停车时，应退后 1～2 米再前行播种，避免漏播。作业时 0～20 厘米耕层土壤相对含水量以 70％～75％为宜。

3. 播后管理。天气干旱时注意土壤墒情，耕层相对含水量以 70％～75％为宜。若相对含水量小于 70％，于玉米播种后浇 25～35 米^3/亩蒙头水，以利出苗，同时注意选择喷施除草剂防治田间杂草。

（四）缓释肥料

1. 肥料品种。选择已在农业农村部门登记的缓释肥料，质量严格执行相关国家及行业标准的要求。

2. 肥料要求。氮磷钾肥配比合理，养分缓慢释放，能满足作物全生育期需求。肥料为圆粒形，粒径 2～4 毫米为宜，粒型整齐、密度一致、硬度适宜、理化性状稳定，手捏不易碎、不易吸湿、不粘、不结块，以防播种机肥料通道堵塞。

3. 肥料用量。依据玉米品种、目标产量、土壤测试结果等制定施肥方案，确定施肥总量、养分配比和运筹比例。

推荐底肥配方为 28-5-7 的玉米缓释肥，亩用量 40～50 千克，采用缓释肥料一次性施肥技术，可实现一次性、轻简化施肥。缓释肥料的缓释成分为氮肥，氮肥的速缓比应根据土壤质量状况选择，一般来说，缓释比例占总氮的 30％～50％。切忌施用有挥发性和腐蚀性、易熏伤种子和幼苗的肥料，如碳酸氢铵、含有游离态的硫酸和磷酸肥料，硝基氮速溶性复合肥，以及缩二脲含量较高的尿素，不能施高氯或双氯肥料、尿素等对种子萌发有害的肥料。

三、适用范围

适用于河南省可机械播种施肥的夏玉米种植区。

四、应用效果

施用玉米专用配方缓释肥料比复合肥减少施用量6％的前提下，示范区玉米产量提高5％，省工省时，节省成本，同时玉米籽粒品质也得到提高，实现节肥增产提质增效。

缓释肥料施肥现场　　　　　　　　　　　夏玉米种肥异位同播作业现场

淮北平原玉米"测土配方＋种肥同播＋缓释肥料"技术模式

一、模式概述

针对麦茬夏玉米播种质量差、缺苗断垄严重、群体整齐度不足、苗质弱等问题，研发集成了夏玉米"测土配方施肥＋种肥同播＋缓释肥料"技术，具体包括测土配方施肥、缓释肥料、种肥同播、优选机具、整理秸秆、抢时抢墒播种、机开沟降渍防涝、科学选种、及时化学除草等关键要点。本技术模式对实现玉米一播全苗，保证苗全、苗齐、苗匀、苗壮具有重要推动作用，同时具有省工、省时、节本、增效等优势，经济、社会和生态效益显著。

二、技术要点

（一）缓释专用玉米配方肥料确定

亩产500～600千克的田块，亩施氮（N）12～13千克、磷（P_2O_5）3～5千克、钾（K_2O）5～7千克、锌（$ZnSO_4$）1千克。具体亩底施 $N-P_2O_5-K_2O$ 为25-6-9、26-7-10、25-8-12或相近配方的缓释肥40～50千克。

肥料应为圆粒形，粒径2～5毫米为宜，颗粒均匀、密度一致，理化性状稳定，硬度宜大于20牛，手捏不易碎、不易吸湿、不粘、不结块，以防肥料通道堵塞。

（二）种肥同播

以密度定播量，淮北地区适宜留苗密度为4 500～5 000株/亩，播种的籽粒数应比确定的适宜留苗密度多 10%。等深单粒播种，行距 60 厘米，播种深度 3～5 厘米，侧深开沟施肥，种肥分离，施肥器施肥深度 8～10 厘米，播种行与施肥行间隔 8 厘米以上，施肥深度在种子下方 5 厘米以上。播种后立即进行双轮压种和覆土镇压，做到深浅一致、行距一致、覆土一致、镇压一致，防止漏播、重播或镇压轮打滑。

播种机选择具备开沟、施肥、播种、覆土、镇压功能的专用玉米播种机，排种器选择指夹式或气力式排种器，拖拉机应加装导航定位功能，精准控制播种行距。作业前应检查施肥装置运转是否正常、排肥通道是否顺畅，气吹式施肥装置需检查气吹机气密性。机具各运行部件应转动灵活，无碰撞卡滞现象，并进行开机试运转。施肥量按照机具说明书进行调节，调节时应考虑肥料性状及田块打滑对施肥量的影响，调节完毕应进行试排肥。试排肥应采用实地作业测试，正常作业 50 米以上，根据实际排肥量对侧深施肥机进行修正。

（三）无人机追肥

玉米生长后期可以通过叶面喷肥，延长功能叶的寿命，防止脱氮早衰。叶面喷肥要在 10 时前或 16 时后进行，应避开中午时段，使叶面保持较长时间的湿润状态，增加养分的吸收量。喷施时要求肥料具有较好的溶解性，氮肥可选用尿素，磷肥可选用磷酸二氢钾，锌肥、硼肥可分别选用硫酸锌、硼酸。水溶性肥料可选择大量元素、中量元素、微量元素、含腐植酸、含氨基酸、有机水溶肥等，肥料产品应符合相关标准，取得农业农村部登记（备案）证。

喷施作业时应将肥料用清水全部溶解，静置 5 分钟后取清液待用。根据作业区实际情况，设置无人机的飞行高度、速度、喷幅宽度、喷雾流量等参数，并对无人机进行试飞，试飞正常后方可进行作业。肥液喷施选择无风的阴天或晴天傍晚进行，防止灼伤叶片，确保肥效。喷施结束后记录无人机作业情况，若喷后遇雨，应重新喷施。喷施作业结束后持续观察玉米长势，再次喷施需间隔 7～10 天，避免盲目喷施造成毒害。

（四）科学选种

坚持审定覆盖的原则，保证用种安全。应根据区域气候特点，选择耐高温、抗南方锈病、抗茎腐病、抗穗腐病、耐密抗倒的品种，在选用优良品种的基础上，应选择粒形一致性好、发芽率高、活力强的种子，要求种子发芽率 95% 以上，同时必须为包衣种子。

（五）整理秸秆

选择小麦联合收获机械加装秸秆粉碎抛撒装置，确保抛撒均匀，无抛撒装置或抛撒不均匀地块要进行秸秆打捆离田或灭茬处理。小麦茬口较高或秸秆存量较大的地块，应选择带有清秸防堵功能的播种机进行播种。

（六）抢时抢墒播种

小麦收获后根据天气和土壤墒情抢时抢墒早播，下限播期前若遇墒情不足应抢播后及时浇蒙头水。

(七) 机开沟降渍防涝

玉米播后芽前应进行机开沟降渍防涝，根据田块情况灵活安排开沟方向及开沟数量，一般沟深 30 厘米，沟宽 10 厘米，沟间距 20 米，注意确保"三沟"通畅。

(八) 及时化学除草

及时封闭除草，建议播后 2 天内完成，也可在播种机上加装喷雾装置，播种除草同时进行。药剂选用精异丙甲草胺（或乙草胺）＋噻吩磺隆（或唑嘧磺草胺）桶混进行土壤封闭处理，根据土壤墒情调节用水量。

三、适用范围

适用于种植玉米的淮北平原区。

四、应用效果

种肥同播使肥料集中在根区，养分供应充足、便于吸收，苗壮苗匀、株形整齐、籽粒饱满，增产 10％以上。施用缓释肥可节肥 10％～20％，施肥次数减少，肥料利用率提高 10％以上，亩节约人工 0.5 个。提高了农民科学施肥的技术管理水平，取得了良好的生态、经济和社会效益。

五、相关图片

无人机喷肥

无人机加肥 无人机撒肥

北京夏玉米"有机肥＋种肥同播＋无人机追肥"技术模式

一、模式概述

以北京地区夏玉米底肥有机肥、种肥同播和两次追肥为施肥技术核心，在按需调整肥料配方的基础上，利用悬挂式或牵引式种肥同播机和无人机作业集成立体精准施肥技术模式，实现肥料的精准利用，提高肥料利用率，同时利用智能农机作业，减少田间用工，省时省力，节能减碳，节省投入成本。

二、技术要点

（一）核心技术

1. 分段式精准施肥。结合地力情况和目标产量，进行有机肥和化肥搭配施用，实现养分精准供应。其中有机肥选择腐熟的堆肥或商品有机肥等 1 000～3 000 千克；底肥化肥选择（N-P_2O_5-K_2O 为 25-10-10 或类似配方，其中含 8 个缓释氮）30～40 千克。追肥分两次，第一次在小喇叭口期，追施高氮缓释肥料（N≥36%），第二次是授粉后喷施一次海藻磷钾肥（P_2O_5-K_2O≥400 克/升）。看长势需要可加尿素提苗，或矿源黄腐酸、枯草芽孢杆菌等，改善土壤性状，促进根系生长。

2. 施肥农机设备作业。在种植前，采用有机肥撒施车或厢式撒肥机将肥料均匀抛撒；在播种阶段，选择悬挂式或牵引式种肥同播机，调整种肥同播机的播种量、施肥量、播种深度和施肥深度等参数，确保种子和肥料的均匀分布和合理施用。在小喇叭口和大喇叭口期，根据玉米不同生长期对养分的需求，特别是在生长关键期（如大喇叭口期至抽穗期），利用无人机携带特定肥料进行定点、定量喷洒，补充必需养分，促进光合作用与籽粒形成。通过施肥农机设备的运用，实现施肥精准高效，精量播种，并且节约人工成本。

（二）配套技术

1. 高产品种选择。不同品种生产特性有所差异，根据区域气候和栽培条件，选择经国家或地方审定，在当地已种植并表现优良的高产优质抗病品种。可根据上市要求和茬口安排选择品种熟性，如东单 1331、NK815、立原 296 等抗倒耐密型品种，抗病性强，产量稳定。

2. 有机肥的选择施用。选择腐熟的堆肥、商品有机肥等。每亩可施用 1 500～3 000 千克腐熟的堆肥，或商品有机肥 1 000 千克。利用厢式撒肥机，也可用其他类似农机，在玉米种植前撒施后翻耕入土使有机肥与土壤充分混合，以提高土壤肥力和保水保肥能力。

3. 专用化肥的选择施用。底肥化肥可选用缓释型的掺混肥料 30～40 千克/亩，养分含量为 25 - 10 - 10 或类似配方，其中含 8 个 60 天缓释尿素氮。

追肥选用脲醛缩聚工艺生产的液体缓释氮肥，是兼具速效缓释的液体氮肥（N≥36%）。可稀释 200～300 倍叶面喷施，每次用量 0.2 千克/亩。追肥还可选择海藻磷钾肥（P_2O_5 - K_2O≥400 克/升），以大量元素磷钾为主，适量复配海藻酸等。稀释 800～1 000倍叶面喷施，每次用量 0.14 千克/亩。

4. 种肥同播。选用颗粒均匀、养分含量稳定、不易结块的肥料作为种肥；根据玉米的需肥特点和土壤肥力状况，选择合适的复合肥或者缓释肥。利用悬挂式或牵引式种肥同播机播种，根据种子和肥料的特性，以及种植密度和行距的要求，种子的播种深度为 3～5 厘米，肥料的施肥深度为 5～10 厘米，且肥料与种子之间的距离应保持在 5～8 厘米，以防止烧种烧苗。

5. 无人机追肥。采用大疆 T40 无人机（载重可达 50 千克，飞行半径应在 1～5 千米之间）。根据玉米的生长阶段、株高、密度等因素，设置无人机的飞行高度、飞行速度、喷幅宽度、施肥量等作业参数。在小喇叭口和大喇叭口期进行追肥作业，实现精准高效。

6. 一喷多促。在玉米中后期（大喇叭口期以后）通过将叶面肥、调节剂、抗逆剂、杀菌杀虫剂一次性混合喷施，减少田间作业次数，降低生产成本，是集高产稳产、防灾减灾、病虫防控一体化的重要措施，可以起到有灾防灾、无灾增产的多重功效。

三、适用范围

适用于北京市具有机械播种、无人机作业条件的玉米种植区域。

四、应用效果

此技术集成立体精准施肥模式，以有机无机搭配为基础，通过精准施肥，有效减少了化学肥料的总体用量。通过施肥农机的运用，大幅提高了作业效率和管理的精细化，进而降低了整体生产成本。亩施肥量减少 6.7 千克/亩，生产成本减少 50 元/亩。

五、相关图片

有机肥撒施　　　　　　　　　　　　　玉米种肥同播

天津"种肥同播＋缓释肥料＋无人机追肥"技术模式

一、模式概述

本技术模式通过测土配方施肥技术，制定玉米基肥施肥方案，通过种肥同播机将玉米种子和缓释肥料同时播入土壤。另外，为保证养分充足不脱肥，在玉米苗期至拔节孕穗期采用无人机追肥，视作物生长和天气情况，通过无人机叶面喷施磷钾肥、微量元素肥，保证玉米对各种养分的需求。此技术实现了玉米生育期全程机械化精准施肥，达到养分综合管理，基肥追肥统筹，促进养分需求与供应数量匹配、时间同步、空间耦合。

二、技术要点

（一）基肥确定

1. 肥料品种。基肥选用的缓释肥料，应符合国家相关行业标准。肥料中氮肥养分缓释时间在 3 个月左右，根据不同区域的土壤肥力、目标产量，肥料配方一般为 28－8－8、26－10－12、26－12－6 等，保证肥料施用后前期不烧苗烧根，中期营养成分足，后期不脱肥。

2. 肥料要求。配方肥养分需采用缓释工艺，主要为氮肥缓释。掺混肥中的尿素应使用包衣尿素，缓释时间为 90 天；复合肥颗粒使用聚合物包膜缓释或脲酶抑制剂进行缓释，缓释时间为 60～90 天。肥料颗粒应为圆形，粒径范围为 2～4 毫米，颗粒均匀、密度一致，理化性状稳定，硬度宜大于 20 牛，手捏不易碎、不易吸湿、不粘、不结块，以防肥料通道堵塞。

3. 肥料用量。依据玉米品种、目标产量、土壤测试结果等制定施肥方案，确定施肥总量、施肥次数、养分配比。一般情况下，种肥同播的肥料投入量可比常规施肥减少 10%～15%，进行追肥的地块，基肥可再减少 10%～15%。减肥数量根据当地土壤肥力、施肥水平等实际情况确定。

4. 施肥次数。根据玉米生育期需肥规律，一般采用一次性种肥同播施肥或基肥追肥相结合的方式。一次性种肥同播施肥，根据土壤检测结果，制定全生育期玉米施肥配方，充分考虑氮素释放期等因素，使用含有缓释养分的专用肥料，一次性作基肥满足玉米整个生育期的养分需求。采用基肥追肥相结合的方式，应做好基肥与追肥运筹，基肥中氮肥占 50%～70%，追肥占 30%～50%，可根据实际情况进行调整；磷肥在土壤中的移动性较差，可一次性施用；钾肥可根据土壤质地和供肥状况，选择一次性施用或适当追肥。

（二）追肥方式、种类和时期

追肥方式采用无人机颗粒播撒和叶面喷施的方式进行。颗粒播撒一般采用尿素，氮含量为 46%，亩用量 10～20 千克。时期掌握在玉米抽雄期左右，及时关注天气预报，降雨概率在 80% 以上，1～2 天内降雨概率较大，在降雨前进行播撒。也可以在雨后雨水未完全排出时进行播撒，肥料遇雨水溶后养分可被植株吸收利用。叶面喷施的时间，一般掌握在玉米大喇叭口期至拔节孕穗—灌浆期，可喷施 2 次，间隔 10～15 天，肥料一般选用尿素，浓度在 1.5%～2%。看作物长势和天气条件，可加入磷酸二氢钾和微量元素肥，磷酸二氢钾浓度在 0.2%～0.3%，微量元素肥的用量和浓度根据作物长势进行适当调整。

注意事项：肥液喷施选择无风的阴天或晴天傍晚进行，防止灼伤玉米叶片，确保肥效。喷施结束后记录无人机作业情况，若喷后遇雨，应重新喷施。喷施作业结束后持续观察玉米长势，再次喷施需掌握好时间间隔，避免盲目喷施造成毒害。

（三）种肥同播

1. 玉米品种的选择。种肥同播要求玉米种子抗逆性强，丰产性好，籽粒大小均匀一致，颗粒饱满，经过种子包衣，发芽率在 95% 以上。天津地区可选择京农科 728、纪元 128、华农 138、郑单 958、蠡玉 13 等。全生育期在 98～105 天，适合密植，种植密度可达到 5 000～5 500 株/亩。

2. 播种施肥机械。播种机要求能够进行种肥同播且可以单粒播种，种肥间隔 5 厘米以上，最好达到 10 厘米以上，种子播种深度在 3～5 厘米，肥料深度在 10 厘米左右。等行播种，行距 60 厘米；宽窄行播种，宽行距 80 厘米，窄行距 40 厘米，株距在 20～22 厘米。

机械类型：选用带有种肥同播装置的施肥播种机。一般选用管道输送式的播种机，优点是施肥深度有保证且对肥料的覆盖效果好。机械要求：株行距可调节，行距 40～65 厘米，株距 12～32 厘米。施肥装置应可调节施肥量，量程需满足当地施肥量要求，能够实现肥料精准深施，落点应位于距种子 5～8 厘米、深 8～10 厘米处。

3. 机具调试。作业前应检查施肥装置运转是否正常，排肥通道是否顺畅。机具各运行部件应转动灵活，无碰撞卡滞现象，并进行开机试运转。肥料装入：除去肥料中的结块及杂物，均匀装填到肥箱中，盖上箱盖。装入量不大于种肥同播机最大装载量，盖上防雨盖。装肥过程中应防止混入杂质，影响施肥作业。施肥量调节：施肥量按照机具说明书进行调节，调节完毕应进行试排肥。试排肥应采用实地作业测试，正常作业 50 米以上，根据实际排肥量和施肥深度对种肥同播机进行修正。

4. 整地播种。 6月中旬小麦收获后，视土壤墒情采取旋耕后播种或免耕播种。0～20厘米土壤相对含水量在 80%～90%，可以采取旋耕后播种或免耕播种；在 60%～80%可以采取免耕播种；小于 60%可采取播种后浇蒙头水的措施促进出全苗。播种量1.5～2千克/亩，亩基本苗 5 000～5 500 株。如果旋耕，旋耕深度大于 15 厘米。

5. 田间管理。

（1）除草。玉米播种完成后对土壤墒情较好的地块，可喷施精·异丙甲草胺进行土壤封闭防除杂草；对土壤墒情较差的地块，可于玉米幼苗 3～5 叶、杂草 2～5 叶期每亩用4%烟嘧磺隆悬浮剂 100 毫升兑水 50 升进行喷雾。

（2）病虫害防治。重点做好黏虫、玉米螟、穗蚜，穗斑病、叶斑病等主要病虫害的防治工作。通过选用抗病虫品种、生物与化学药剂等防治病虫害。黏虫用 90%固体敌百虫或菊酯类农药兑水 2 000～2 500 倍液在玉米出苗后间苗定苗前进行喷雾治虫；玉米螟的防治，可采用放飞赤眼蜂或喷施生物农药 BT 乳剂进行防治；叶斑病用 50%多菌灵或70%硫菌灵 500 倍液喷雾。推广植保机械化，实现黏虫、玉米螟等主要害虫机械化、专业化防治，可提高防治效率和防治效果。

6. 作业要求。 依据当地气候条件和玉米品种熟期合理确定播种时期。春播玉米在 5～10 厘米地温稳定在 10℃以上，气温稳定在 12℃以上，于 5 月上旬进行播种。夏播玉米一般在 6 月 15—20 日前茬小麦收获后进行播种。土壤含水量至少达到 60%，小于 60%可采取播种后浇蒙头水或喷灌的方法促进出苗。

按照确定的种植密度和施肥量，在种肥同播机上，通过旋钮和档位调节株行距和施肥量，确保下种量和施肥量与设计一致。由于不用间苗，考虑到发芽率和病虫害的影响，实际在播种机上调节的密度一般要比计划种植的密度高 10%左右。

启动前，检查机具转动是否灵活，各个部件是否正常运转。作业起始阶段应缓慢前行5 米后，按照正常速度作业；中途停车、转弯掉头应缓慢减速，避免发生危险和施肥不均匀。行进中观察田面平整度和前茬作物秸秆造成的拥堵，遇到不下种肥的问题应及时解决。

7. 注意事项。 作业过程中，应规范机具使用，注意操作安全。施肥作业中应避免紧急停止或加速等操作，发现问题及时停机检修。调整好株行距，匀速前进，避免伤苗、缺株和倒苗。及时检查种仓和肥仓，观察下种口和排肥口是否畅通，避免堵塞。当天作业完成后，应及时排空肥箱及施肥管道中的肥料，做好肥箱、排肥、开沟等部件的清洁。

8. 收获。 在不影响后茬作物播种的情况下，要适当晚收。实践证明，在玉米苞叶变白、松散、籽粒乳线消失、内含物完全硬化时的完熟期收获可提高玉米单产。

（四）无人机施肥

1. 无人机选用。 选用既可播撒颗粒肥料也可喷洒液体肥料的无人机。一般选用大疆

T50、T60 植保无人机，该无人机具有以下优点：一是安装两组有源相控阵雷达，具备三目鱼眼视觉系统；二是载重大，播撒喷洒量提升，播撒载重 60 千克，喷洒载重 50 千克；三是采用压力离心喷头，雾化更均匀，防控效果更显著；四是速度的提升，让作业速度更快。

2. 肥料选择。 撒施时可选用溶解性好的单质肥料或配方肥料。喷施时要求肥料具有较好的溶解性，氮肥可选用尿素，磷肥可选用磷酸二氢钾，镁肥、锌肥、硼肥和钼肥、铁肥等可选用多元微量元素水溶肥。相关肥料产品应符合相关标准，取得农业农村部登记（备案）证。

3. 作业程序。 田间撒施作业时，应选择载肥量大、施肥均匀的无人机。喷施作业时应将肥料用清水全部溶解后，静置 5 分钟取清液待用。根据作业区实际情况，设置无人机的飞行高度、速度、播撒（喷洒）幅宽、喷雾流量等参数，并对无人机进行试飞，试飞正常后方可进行飞行作业。

三、适用范围

适用于天津地区土地平整且可使用玉米种肥同播机的一年一熟春玉米种植区，以及一年两熟小麦—夏玉米主产区。地块土壤肥力在中等以上，土壤类型为砂壤质、中壤质或黏壤质，酸碱度在 7～8.5 之间，全盐含量在 2‰ 以下。北部山区由于部分区域地势不平，且砾石含量高，不适宜种肥同播机械的应用。

四、应用效果

种肥同播使肥料和种子保持适合的距离，便于根部吸收养分。所用高效缓释肥不易流失养分，保证作物各个时期养分供应，提高肥料利用率，利于形成壮苗健株，达到增产效果。实施玉米种肥同播比传统种植亩增产 20 千克，增产率 5％ 左右。节省肥料 10％～20％，种肥同播集播种、间苗、追肥三道工序于一体，亩节约人工 1 个。

第四节　西南玉米区

云南旱地玉米"养分综合管理＋膜下滴灌水肥一体化"技术模式

一、模式概述

根据作物需求，以测土配方施肥为基础，制定玉米水肥一体化施肥方案，配套玉米配方施肥专用水溶性肥料，通过膜下滴灌水肥一体化设备施肥，均匀、准确地将肥料和水输送到作物根部土壤，实现水和肥的高效合理协调利用，提升农田水肥利用效益。

二、技术要点

（一）玉米膜下滴灌水肥一体化系统

1. 系统组成。玉米膜下滴灌水肥一体化系统由水源、首部枢纽、输配水管网和滴灌管组成。

2. 水源。灌溉水水质应符合以地表水、地下水作为农田灌溉水源的水质要求，pH 5.5～8.5，重金属及有害物质含量应控制在相关标准范围之内。

3. 首部枢纽。

（1）水泵。根据灌区水源条件、资源状况、地形条件和灌溉耕地面积来确定水泵的工作参数，依据工作参数选择适宜的水泵。

（2）过滤系统。根据灌溉水源中杂质选择不同的过滤处理设备。过滤器可选择离心过滤器加筛网过滤器、叠片过滤器、砂介质过滤器。灌溉系统工作前和结束后对过滤器进行冲洗，灌溉季结束后清洗集砂罐，打开阀门排干泥沙和积水。

（3）施肥系统。根据水源条件可选用压差式施肥罐、泵前施肥池、文丘里施肥器、注肥泵或比例施肥泵等施肥器。施肥罐中肥料溶液不超过罐容积的 2/3，通过调整闸阀控制滴肥速度。

（4）测量和安全保护装置。根据首部枢纽的不同设备要求安装压力表、流量计或水表，实时监测管道中的工作压力和流量，保证系统正常运行。安装安全保护装置，包括进排气阀、安全阀、止逆阀、泄水阀等，避免系统开启或关闭时产生的异常压力对管道管件造成破坏。

4. 输配水管网。

（1）管网构成。玉米膜下滴灌水肥一体化输配水管网包括干管、支管二级管网。

（2）干管。干管宜采用聚氯乙烯（PVC）硬管，管径 90～125 毫米，管壁厚 2.0～3.0 毫米，承压 0.6 兆帕。干管采用地埋方式铺设，埋深 1.0～1.5 米。

（3）支管。支管宜采用聚乙烯（PE）软管，管径 40～60 毫米，管壁厚 1.0～1.5 毫米。支管铺设视具体情况和需要既可埋入地下也可放于地面。

5. 滴灌管。

（1）滴灌管参数。滴灌管技术参数应符合农业灌溉设备的滴头和滴灌管技术规范要求，宜采用内镶式滴灌管，耕地坡度过大宜采用压力补偿式滴头。滴灌管采用聚乙烯（PE）软管，管径 15～20 毫米，管壁厚 0.4～0.6 毫米，流量为 1.78～3.0 升/时，滴头间距为 15～30 厘米，沙质土壤滴头间距可适当缩小，黏质土壤滴头间距可适当加大。

（2）滴灌管铺设。滴灌管铺设方向与玉米覆膜平行，与支管垂直，长度不超过 60 米。根据当地玉米种植采用大小行种植实际，在大行或小行间铺设两条滴灌管。滴灌管铺放于土壤表面，滴头朝上，地膜覆盖于滴灌管之上。滴灌管末端接口打结、固定，留出 1.0～1.5 米的余量。

6. 滴灌设计安装运行。滴灌工程设计、安装调试和运行维护等应符合节水灌溉工程技术标准和微灌工程技术标准的要求。

（二）养分综合管理

1. 原则。坚持"有机无机肥料相结合、大量和中微量元素肥料相结合、追肥随灌溉水分次施用、酸性土壤优先施用中性或碱性肥料"的原则，运用水肥耦合原理，综合考虑玉米养分需求、土壤养分水平和目标产量制定施肥方案，并根据玉米生长状况、植株养分状况等适时调整。

2. 施肥方式。玉米全生育期氮磷钾肥施用，以水肥一体化膜下滴灌施肥为主，种肥基施为辅。氮肥基施占 10%、追施占 90%；磷肥基施占 30%、追施占 70%；钾肥基施占 20%、追施占 80%。种肥宜施用复合肥料。追肥在玉米生长过程中分多次结合滴灌进行。有机肥料作种肥一次性施入，中微量元素肥料根据当地实际结合追肥滴灌或用无人机施入。

3. 肥料选择。一是质量要求，旱地大春玉米膜下滴灌水肥一体化技术滴灌肥料除应符合肥料养分管理的原则和质量要求的规定外，同时还应满足肥料品质高、水溶性好；肥料之间能相溶，相互混合不发生化学反应或产生沉淀；肥料腐蚀性小，以微酸性、中性或弱碱性肥料为佳；优先选择能满足玉米不同生育时期养分需求的专用大量元素水溶肥料；根据土壤情况，在玉米不同生育时期适当补充硼、锌、铜等微量元素肥料等。二是肥料品种特性，旱地大春玉米膜下滴灌水肥一体化施用的肥料品种及特性参见下表。

旱地大春玉米膜下滴灌水肥一体化肥料品种及特性

分类	肥料名称	化学分子式	执行标准	主要养分含量（优等品）	吸湿性	酸碱性
氮肥	尿素	$CO(NH_2)_2$	GB/T 2440	N 46.0%	差	中性
	碳酸氢铵	NH_4HCO_3	GB/T 3559	N 17.2%	高	中性
钾肥	氯化钾	KCl	GB/T 37918	K_2O 62.0%	差	中性
	硫酸钾	K_2SO_4	GB/T 20406	K_2O 52.0%	差	中性
复合肥	硝酸钾	KNO_3	GB/T 20784	K_2O 46.0%、N 13.5%	差	中性
	磷酸一铵（水溶性）	$NH_4H_2PO_4$	GB/T 10205	P_2O_5 59.5%、N 10.5%	差	微酸性
	磷酸二铵（工业级）	$(NH_4)_2HPO_4$		P_2O_5 61.1%、N 12.0%	中	弱碱性
	磷酸二氢钾	KH_2PO_4	HG/T 2321	P_2O_5 51.0%、K_2O 33.8%	差	中性
微量元素肥料	硼酸	H_3BO_3	GB/T 538	B 17.0%	差	微酸性
	硫酸锌	$ZnSO_4 \cdot 7H_2O$	HG/T 3277	Zn 20%	高	微酸性
	硫酸铜	$CuSO_4 \cdot 5H_2O$	GB 437	Cu 25%	高	微酸性
	钼酸铵	$(NH_4)_6Mo_7O_{24} \cdot 4H_2O$	GB/T 3460	Mo 54%、N 6%	差	中性
水溶肥料	大量元素水溶肥料	—	NY/T 1107	大量元素含量≥50.0%（或≥400 克/升）	—	—
	微量元素水溶肥料	—	NY 1 428	微量元素含量≥10.0%（或≥100 克/升）	—	—

4. 施肥制度。 不同玉米种植区域可根据目标产量、土壤养分和水肥一体化条件下的肥料利用率来计算施肥量。不同生育时期施肥制度见下表。

玉米全生育施肥制度

生育时期	施肥时期	施肥量及次数
播种	3月下旬至4月上旬	作种肥施入，N 1.50～2.50千克/亩、P_2O_5 1.50～3.00千克/亩、K_2O 1.20～2.40千克/亩
播种至出苗	3月下旬至4月上旬	不施肥
出苗至拔节期	4月上旬至5月上旬	随水滴灌施入，N 3.75～6.25千克/亩、P_2O_5 1.50～3.00千克/亩、K_2O 0.60～1.20千克/亩，分2次滴施
拔节至抽穗期	5月上旬至6月上旬	随水滴灌施入，N 5.25～8.75千克/亩、P_2O_5 1.25～2.50千克/亩、K_2O 1.50～3.00千克/亩，分2次滴施
抽穗至灌浆期	6月上旬至7月下旬	随水滴灌施入，N 3.75～6.25千克/亩、P_2O_5 0.50～1.00千克/亩、K_2O 2.10～4.20千克/亩，滴施1次
灌浆至蜡熟期	7月下旬至8月下旬	随水滴灌施入，N 0.75～1.25千克/亩、P_2O_5 0.25～0.50千克/亩、K_2O 0.60～1.20千克/亩，滴施1次
蜡熟至收获期	8月下旬至9月下旬	不施肥

5. 追肥方法。 在玉米出苗至拔节期、拔节至抽穗期、抽穗至灌浆期、灌浆至蜡熟期分别结合滴灌进行水肥一体化追肥，具体步骤如下。

（1）追肥时首先要准确控制肥料用量，计算出每个轮灌区的需肥量，然后开始配肥。

（2）滴灌和加入肥料前要求先滴清水，再加入肥液。

（3）每次施肥时需控制好肥液浓度。施肥开始前，用干净的杯子从离首部最近的滴头接一定量的肥液，用便携式电导率仪测定EC值，确保肥液EC<5毫西/厘米。

（4）配肥时先将肥料加入溶肥罐（桶），固体肥料加入量不能超过施肥罐容积的1/2（溶解性好的肥液不应超过施肥罐容积的2/3），然后注满水，并用搅拌机进行搅动，使肥料完全溶解。

（5）打开水管连接阀，调整首部出水口闸阀开度，开始追肥，每罐肥宜在20～30分钟追完。

（6）追肥完成后再滴清水，将管道中残留的肥液冲净。

（三）注意事项

本技术属于本地化栽培技术，宜在云南区域应用，应用时需要进一步确定不同区域的最佳滴灌用水量和施肥量。采用本技术可将玉米播种时间提前，但要充分考虑种植区域春季低温和倒春寒对玉米苗期带来的影响。另外也要充分考虑灌溉水源应满足相关技术要求。

三、适用范围

适用于云南省滇中、滇东北及滇西北区旱地大春玉米膜下滴灌水肥一体化技术生产。

四、应用效果

经 30 个测产点测产统计，应用膜下滴灌水肥一体化技术，玉米平均单产为 967.7 千克/亩，与传统种植技术平均单产 751.9 千克/亩相比，亩增产 215.8 千克，增幅 28.7%。经折算采用膜下滴灌水肥一体化技术玉米单株肥料用量比传统种植减少 3.1%。

五、相关图片

玉米膜下滴灌水肥一体化技术首部枢纽

玉米膜下滴灌水肥一体化技术滴灌水分用量田间试验

云南西南石漠化区"测土配方施肥＋种肥同播＋缓控释肥"技术模式

一、模式概述

以测土配方施肥为基础，制定玉米基肥施肥方案，结合机械化作业配套缓控释肥，选好玉米良种实现种肥同播。在玉米生育期一般不再追肥，如陡坡地、沙石地，可结合实际适当采用无人机追施磷酸二氢钾，实现"一喷多促"的效果。

二、技术要点

（一）种肥同播

1. 选用良种。 根据当地的土壤类型、气候条件，结合目标产量选择适合当地种植的主导品种。如土壤肥沃的地块宜选用株型紧凑、适宜密植的品种，土壤贫瘠的地块则选用株型平展、适宜稀植的品种。

2. 整地作业。 秸秆还田：前茬作物秸秆粉碎均匀抛撒还田，秸秆切碎长度≤10厘米，秸秆切碎合格率≥90％，抛撒均匀度≥80％。高留茬和粗大秸秆应用秸秆粉碎还田机进行粉碎后再翻犁覆盖。前茬是绿肥的，在盛花期要及时耕翻覆盖致腐烂。整地要求：采用犁翻整地的，秸秆残茬埋覆深度15～25厘米；采用旋耕整地的，秸秆残茬混埋深度6～18厘米。耕整后地表平整，无残茬、杂草等。

3. 机械选择。 机械类型：选用种肥一体旋耕播种机械，在播种的同时完成施肥；为达到较好粉碎秸秆要求，应选用Y型甩刀型秸秆粉碎还田机，刀轴转速应不低于1 600转/分钟；配套动力应选用不低于80马力的四轮驱动拖拉机。

4. 机械要求。 应具备可调节播种量和施肥量功能，能够根据地块土壤肥力状况实现精量播种、精量施肥，肥料颗粒落点应位于两粒种子中间，距种子8～10厘米、深度为3～8厘米处。

5. 作业准备。 机具调试：作业前应检查施肥装置运转是否正常，排肥通道是否顺畅，气吹式施肥装置需检查气吹机气密性。机具各运行部件应转动灵活，无碰撞卡滞现象，并进行开机试运转。肥料装入：除去肥料中的结块及杂物，均匀装填到肥箱中，盖上箱盖。装入量不大于侧深施肥机最大装载量，盖上防雨盖。装肥过程中应防止混入杂质，影响施肥作业。施肥量调节：施肥量按照机具说明书进行调节，调节时应考虑肥料性状及地块打滑对施肥量的影响，调节完毕应进行试排肥。试排肥应采用实地作业测试，正常作业50米以上，根据实际排肥量对种肥同播机进行修正。

6. 作业要求。 作业条件：依据当地气候条件和玉米品种熟期合理确定播种时期，水利条件好的地块，可以适时早播。播种时要求日平均温度稳定通过12℃，避开降雨以及大风天气。三干（土壤干、种子干、肥料干）播种，播深3～8厘米。播种要求：根据玉米品种、播种时间、水利条件等确定种植密度。种肥同播栽培密度一般应比常规施肥栽培密度增加 10%。操作机械播种时应平稳走直，随时观察下种下肥情况，要求漏播率≤5%，相对均匀度合格率≥85%。播种施肥操作：作业起始阶段应缓慢前行 5 米，然后按照正常速度作业；中途停车、转弯掉头时应提升播种机并切断动力，避免发生危险和施肥不均匀甚至堆积的情况。肥料颗粒进入排肥管后通过风机或机械挤压进行强制排肥，定量落入由开沟器开出的位于种子前方 8～10 厘米、深度为 3～8 厘米的沟槽内，此时，下种管同步下种，经覆压轮覆压于土壤中。熄火停车应提前切断播种机动力，同时提升作业机械，避免机械行走时仍同步下种下肥。

7. 注意事项。作业过程中应规范机具使用，注意操作安全。施肥作业中应避免紧急停止或加速等操作，发现问题及时停机检修。调整好株行距，匀速前进，避免漏播或者种肥堆积。根据作业进度及时补充杂交玉米种和肥料。因受播种机、施肥器、肥料种类、作业速度、耕作深度、天气等因素影响，应随时监控施肥量，适时微调。当天作业完成后，应及时排空种箱、肥箱及下种肥管道中的种肥，做好种箱、肥箱、排种肥道、开沟器等部件的清洁。

（二）测土配方施肥

1. 测土。在前茬作物成熟收获后至玉米栽种前进行土样采集，采集土样时要避开路边、地埂、沟边、肥堆等特殊部位，随机、等量多点混合采集 0～20 厘米土层的土壤。开展土壤氮、磷、钾及中、微量元素养分测试，了解土壤供肥能力状况，为配方施肥提供科学依据。

2. 配方。配方是施肥的关键，以当地 3 年收获量的平均数为基础数，增加 5%～10%，确定目标产量，再根据肥料的效应，提出氮、磷、钾的最适用量和最佳比例。肥料品种宜选用氮磷钾配比合理、粒型整齐、硬度适宜的肥料。采用一次性施肥的，宜选用含有一定比例长效缓控释肥，达到一次底肥不用追肥减少劳力的效果；采用基追配合施肥的，也可选用普通配方肥。

3. 配肥。按照配方要求选择优质单质肥料或专用肥、复合肥、有机无机复混肥等肥料品种进行科学搭配。肥料应为圆粒形，粒径 2～5 毫米为宜，颗粒均匀、密度一致，理化性状稳定，硬度宜大于 20 牛，手捏不易碎、不易吸湿、不粘、不结块，以防肥料通道堵塞。

4. 施肥模式。根据不同地力，实行分区划片配方比例，按土壤类型、作物的生育特性和需肥规律，制定相应的施肥模式。

（1）以土定产、以产定肥。根据试验玉米单产在 500 千克左右时需要吸收氮（N）20～24 千克、磷（P_2O_5）8～10 千克、钾（K_2O）6～10 千克，综合考虑土壤供应能力、肥料利用率以及生产水平等因素，在土壤养分中等的情况下，施用肥料氮、磷、钾配比应为 1∶0.5∶0.5 或 1∶0.5∶0.3 左右。

（2）重施底肥。底肥以有机、迟效性肥料为主，适当搭配速效化肥。农家肥必须充分腐熟。一般磷钾肥宜全部作底肥。为减少化肥施用量，在结合施用有机肥的前提下确定施肥总量、施肥次数、养分配比和运筹比例。一般情况下，种肥同播的氮肥投入量可比常规施肥减少 10%～20%，减肥数量根据当地土壤肥力、施肥水平等实际情况确定。

（3）控制氮肥。适量施用氮肥可促进玉米植株生长，但过量施用，不仅会造成徒长、倒伏、病虫害加剧，还可能导致秃尖增长，结实率下降，影响玉米产量。因此，在玉米生长发育过程中要注意控制氮肥用量。

（4）重视磷钾肥。磷钾是玉米生长发育中不可缺少的元素，可增强植株光合作用，延长叶的功能期，使籽粒充实饱满，提高产量。

（5）适当补充中微量元素。中量元素硅、钙、镁、硫，均具有增强抗逆性、改善植株抗病能力、促进玉米生长的作用。

5. 施肥次数。 充分利用玉米种肥同播施肥高效、省工的特点，一般采用一次性长效施肥或一基一追方式。一次性施肥充分考虑氮素释放期等因素，选用含有一定比例缓控释养分的专用肥料，一次施基肥满足玉米整个生育期的养分需求。一基一追方式应做好基肥与追肥运筹，用10%～20%的氮肥和磷、钾、农家肥等作底肥，用80%～90%的氮肥作追肥，其中，6～7叶期追20%～30%，喇叭口期追50%～70%。

三、适用范围

适用于具备机械化作业条件的西南石漠化玉米种植主产区。

四、应用效果

在经济效益方面，种肥同播每亩可节约肥料成本25～40元，同时可提高肥料利用率，玉米单产比对照区每亩可提高5～10千克；在社会效益方面，通过项目的实施示范，使农户对科学施肥"三新"技术有进一步的了解，对新机械、新肥料及无人机的使用面积进一步扩大；在生态效益方面，每亩可减少化肥用量1～2千克，既提高了化肥利用率，又可降低农业面源污染发生风险，从而达到保护生态环境的效果。

五、相关图片

玉米种肥同播机

第四章

小麦科学施肥"三新"集成技术模式

第一节 华北冬麦区

"测土配方＋缓释肥机械深施＋一喷三防"技术模式

一、模式概述

以测土配方施肥为基础，制定小麦基肥施肥方案，配套缓释配方肥，通过撒施耕翻或种肥同播实现机械深施。在抽穗扬花至灌浆期结合营养诊断实施无人机喷施，均衡全生育期养分供应，实现小麦生育期精准定量施肥，促进增产提质。

二、技术要点

（一）基肥确定

1. 肥料品种。宜选用氮磷钾配比合理、粒型整齐、硬度适宜，含有一定比例缓释养分或添加抑制剂、增效剂的配方肥料。

2. 肥料要求。肥料应为圆粒形，粒径 2～5 毫米为宜，颗粒均匀、密度一致，理化性状稳定，硬度宜大于 20 牛，手捏不易碎、不易吸湿、不粘、不结块，以防肥料通道堵塞。

3. 肥料配方及用量。根据测土配方施肥结果，按照"以地定产、以产定氮，以土壤丰缺定磷钾，中微量元素因缺补缺"的原则确定肥料用量和配比。缓控释肥建议选择配方相近产品。一般情况下，本技术模式氮肥投入量可比常规施肥减少 10％左右，减肥数量根据当地土壤肥力、施肥水平等实际情况确定。

4. 施肥次数。小麦生育期较长，一般采用"一基一追一喷"模式，根据缓释肥释放时间、灌溉条件和后期苗情状况也可采取"一基一喷"方式。磷肥在土壤中的移动性较差，可一次性施用；钾肥可根据土壤质地和供肥状况，选择一次性施用或适当追肥。

（二）机械深施

1. 整地作业。前茬作物秸秆切碎均匀还田，长度不超过 5 厘米，留茬高度不超过 10 厘米。因地制宜采取耕翻或旋耕等方式进行埋草灭茬整地，耕翻深度 20～25 厘米，旋耕埋草深度 12～15 厘米。

2. 机械施肥。撒施耕翻时，将基肥撒施于地表后旋耕或耕翻，保证深度大于 20 厘米，及时压实。种肥同播时，将肥料施于种子侧下方 2.5～4 厘米处，肥带宽度大于 3 厘米，或肥料施在种床正下方，间隔大于 3 厘米，肥带宽度略大于种子播幅。有条件的地方还可采用深松分层施肥播种机，通过 3 个施肥口将肥料分别施于深 8 厘米、16 厘米和 24 厘米处，分配比例为 1：2：1 或 1：2：3。

3. 注意事项。使用配套的牵引动力，加强机械深施质量监测，要求肥条均匀连续，无明显断条和漏施。注意秸秆粉碎还田质量，秸秆量过大的地块提倡部分回收、适量还田。施肥播种机械应低速驶进大田，作业全程匀速前进，中途不停车，以免造成断垄。

（三）缓释肥料

聚合物包膜肥料主要作基肥一次性施用。硫包衣肥料可控性不如聚合物包膜，但生产成本低，可补充硫元素，适用于北方缺硫土壤。采用钙镁磷肥、磷酸氢钙、磷酸铵钾盐等包裹尿素，可作基肥或追肥。作基肥时注意肥料和种子间隔在 5 厘米以上；作追肥时施肥时间适当提前，宜采用侧施或穴施。稳定性肥料、脲醛肥料等养分释放速度取决于土壤微生物分解矿化作用，应注意土壤温度、水分等条件。

（四）营养诊断

1. 实时监测。利用无人机多光谱图像传感器，获取田间小麦冠层叶片光谱信息，结合土壤养分、化肥施用等情况，建立小麦营养无人机遥感监测模型。利用当地实际生产数据进行本地化验证，提高小麦营养诊断数据获取的可靠性和准确性，实现大规模小麦营养信息精确、高效及低成本获取。

2. 智能诊断。结合小麦遥感特征信息与农学知识，构建适合不同种植区、不同种植品种、不同管理措施下多种生产目标需求的小麦追肥期养分盈亏智能诊断模型，实现多尺度多生境小麦养分动态提取与智能诊断。

（五）无人机追肥

1. 肥料选择。根据区域土壤特征，针对性选择肥料种类。小麦灌浆期选择晴朗天气以每亩磷酸二氢钾溶液 50 毫升＋高氮水溶肥 150 毫升的比例混合水溶液进行叶面喷施。肥料质量要符合国家和行业标准要求，产品技术指标应达到产品备案或登记要求，保证叶面肥肥效。

2. 无人机选择。选择当地农业生产中普遍使用的农用无人机，载肥量 40 千克以上为宜。作业参数为：喷幅 4 米，作业高度 2.5 米，速度 4.0～4.5 米/秒，亩喷液量 1.5 千克/亩。

3. 无人机作业。作业前应确认作业区域气象信息适合飞行，风力大于 4 级或室外温度超过 35℃不宜作业，雷雨天气禁止作业。操作人员持证上岗，确保安全飞行。根据机器说明，并结合风速风向等气象条件设置飞行参数。若晴天喷肥，应在 9 时前或 16 时后，尤以 16—17 时效果最好。若喷后 4 小时内遇雨，需重喷。

4. 喷施量。小麦灌浆期喷施 2～3 次，两次间隔 1 周左右。肥液浓度不宜过高，防止灼伤叶面，以每亩磷酸二氢钾溶液 50 毫升＋高氮水溶肥 150 毫升的比例混合水溶液进行叶面喷施。气温较高时，在作物适宜的浓度范围内，应坚持就低原则。为增加肥液的附着性能，降低溶液的表面张力，可加入适量增效剂或湿润剂（如中性皂液、质量较好的洗涤剂）等，提高叶面喷肥的效果。

5. 注意事项。喷施过程中无人机操控人员应持证上岗，做好防护措施。无人机运转时禁止触摸，并注意远离。在各种肥液混合喷施时，应以肥料品种特性和使用说明为准则进行混配，以确保肥效。

（六）一喷三防

1. 喷施时间。抽穗后至扬花前（抽穗率达 80％）第一次喷施，以增加穗粒数、预防赤霉病为主，兼顾锈病和白粉病等防治；小麦灌浆期可再次喷施，增加粒重、防控麦穗蚜，兼治白粉病和锈病等。

2. 肥药选用。防控干热风、增加粒重可选用磷酸二氢钾、大量元素水溶肥、芸苔素内酯等。杀菌剂可选用烯唑醇、戊唑醇、己唑醇、苯醚甲环唑、咪鲜胺等。杀虫剂可选用吡虫啉、高效氯氟氰菊酯、噻虫嗪、阿维菌素等。

3. 配方选择。①每亩磷酸二氢钾 50 克＋0.01％芸苔素内酯 10 毫升＋7％联苯·噻虫嗪悬浮剂 40 毫升＋45％戊唑·咪鲜胺水乳剂 20 毫升。②每亩 0.01％芸苔素内酯 10 克＋5％高效氯氟氰菊酯水乳 10 毫升＋20％噻虫胺悬浮剂 20 毫升＋325 克/升苯甲·嘧菌酯悬浮剂 30 毫升。

三、适用范围

适用于华北地区有灌溉条件、水源充足、适宜机耕作业的小麦主产区。

四、应用效果

机械深施使肥料分布于土层中，保证作物养分吸收充足，减少肥料挥发损失。缓释肥肥效长期、稳定，能源源不断地供给植物在整个生育期对养分的需求，比常规施肥亩产增加 6％～15％。减少了施肥量，节省施肥劳动力，节约成本。在目标产量相同的情况下，施用缓释肥料比传统肥料可减少 10％～30％用量。

五、相关图片

整地作业　　　　　　　　　　　　　　　无人机施肥作业

"有机无机配施＋浅埋滴灌水肥一体化"技术模式

一、模式概述

以有机无机配施、测土配方施肥为基础，集成浅埋滴灌、垄作沟播沟灌、宽幅匀播、水肥一体化、农机农艺融合等技术，制定小麦水肥一体化施肥方案。通过增施有机肥、应用配方水溶肥，配套小麦浅埋滴灌智能播种机，根据作物水分和养分的需求规律，实现水肥综合调控和一体化高效管理。通过以水促肥、以肥调水，促进水肥耦合，精量灌溉和精准施肥，全面提升农田水肥利用率，减少化肥用量，提高冬小麦产量，平衡土壤养分，提升肥料利用率，实现农业节本增效和保护生态环境。

二、技术要点

（一）基肥确定

1. 肥料品种。选用氮磷钾配比合理、粒型整齐、硬度适宜的配方肥料。

2. 肥料要求。肥料应为圆粒形，粒径 2～4 毫米为宜，颗粒均匀、密度一致，理化性状稳定，便于机械施用。

3. 肥料用量。依据小麦品种、目标产量、土壤测试等制定施肥方案，确定施肥总量、施肥次数、养分配比和运筹比例。一般情况下，若基肥施用一定数量有机肥，可酌情减少化肥用量 10% 左右。减肥数量根据当地土壤肥力、施肥水平等实际情况确定。

（二）深耕翻地

在播种前利用深耕机械作业，把深层的土壤翻上来，浅层的土壤覆下去，使耕层疏松绵软、结构良好、活土层厚、平整肥沃，固相、液相、气相比例协调。深耕有利于小麦根系下扎，提高小麦抗寒抗旱能力，也可以将部分病菌、虫卵和草籽深埋地下，减轻病虫草害的发生。建议深翻深度 25～30 厘米，最深不超过 35 厘米，每 2 年深翻 1 次。播种铺带作业前要精细整地，将土壤耙碎、耙透、整平、踏实，达到上松下实、蓄水保墒的效果，便于铺设滴灌带。

（三）有机无机配施

按照有机无机相结合的原则，增施有机肥替代部分化肥，从而减少化肥用量，改良土壤，培肥地力，提质增效。

1. 有机肥类型。 可选择充分腐熟的羊粪、牛粪等农家肥，商品有机肥特别是生物有机肥，或沼液、沼渣类有机肥。

2. 施肥用量及方法。 有机肥以基施为主，采用撒施、沟施、冲施等方法，推荐机械耕翻深施。在小麦播种前，采用机械或人工撒施肥料，然后用大型机械进行耕翻入土。商品有机肥每亩施用量 100～200 千克或腐熟农家肥每亩 1 000～2 000 千克或沼渣每亩 2 000～3 000 千克。沼液一般作追肥，用量 5 000～10 000 千克，采用条施、穴施或随水冲施等方式。

（四）滴灌水肥一体化追肥调控

滴灌带（内镶贴片式）浅埋于土中 2 厘米左右，镇压形成微垄，种子播于沟内。滴灌带铺设与小麦播种方向平行，与支管垂直。可根据小麦生长的需肥特性，选择最佳追肥时间，并实现肥随水走，使水肥能直达小麦根区，确保水肥最佳供应状态，从而促进小麦根系的发育和养分吸收，有效提高肥料利用率，达到节水减肥、提质增效、增产增收的目的。

1. 灌溉施肥设备。 离心泵或潜水泵、过滤器、施肥罐、控制阀门、计量水表、压力表等；干、支、毛三级管道；毛管采用迷宫式或贴片式滴灌带，小麦田带距 0.6 米，灌溉单区长度 50～60 米。管道铺设可采用种肥同播同步铺设、播后机械铺设或苗后人工铺设。

2. 施肥。 增施生物有机肥作底肥，氮肥可选用尿素，磷肥选用过磷酸钙或磷酸铵，钾肥选用硫酸钾。施肥原则：氮肥基追比例为 4∶6，其中 40% 的氮肥基施，60% 的氮肥在返青、拔节、孕穗或灌浆期借助灌溉系统随水追施；磷肥全部基施；钾肥基追比例为 6∶4，追施钾肥在拔节和孕穗期随水追施。

每次施肥前先用清水滴灌 5～10 分钟，施肥结束后继续用清水滴灌 20 分钟，防止滴头堵塞。施肥时将水溶肥放入压差式施肥罐内，每次加肥时控制好肥液浓度，一般 1 米^3 水中加入 1 千克水溶肥。农药也可加入施肥罐进行滴灌施药。

3. 灌溉。 总体原则是少滴勤滴，具体按照小麦生长状况和需水规律安排。播种后和苗期，在土壤沙性小的地块，干播湿出每次亩滴灌水量 15 米^3 以内，时间控制在 3 小时以内。拔节期以后滴灌水量可以适当增加，每次亩滴灌水量 20 米^3 左右。小麦播种后到收获滴灌次数视田间墒情确定，一般 4～8 次。小麦整个生育期每次滴灌水量 15～30 米^3/亩，视土壤墒情确定灌水量和次数。一般应以 20 厘米土壤湿润，少浇勤浇，无地表径流为宜，每隔 7~10 天滴灌 1 次。

4. 注意事项。

（1）滴灌带选择。选择内镶贴片式的滴灌带，孔距为 20 厘米，流量小于 2.0 升/小时，且最好用 1.38 升/小时的。避免用边缝迷宫式滴灌带，孔距大于 20 厘米的易造成流速过快过大形成径流，延长渗透时间，而使土壤板结，影响出苗质量。滴孔朝上，防止堵塞。

（2）注重垄沟的形成。不要在镇压轮后装置其他多余的耱耙类。耱平垄沟增加种子的土层覆盖厚度，使种子出苗困难，造成苗弱甚至不出苗，影响播种质量。另外，没有垄沟失去了抗寒抗旱节水、通风透气功能，降低了土壤的透气性，不利于小麦生根壮苗，抗倒伏能力减弱，影响产量。

（五）一喷三防

1. 喷施时间。抽穗后至扬花前（抽穗率达 80%）第一次喷施，以增加穗粒数、预防赤霉病为主，兼顾锈病和白粉病等防治；小麦灌浆期可再次喷施，增加粒重、防控麦穗蚜，兼治白粉病和锈病等。

2. 肥药选用。防控干热风、增加粒重可选用磷酸二氢钾、大量元素水溶肥、芸苔素内酯、氨基寡糖素等。杀菌剂可选用烯唑醇、戊唑醇、己唑醇、丙环唑、苯醚甲环唑、咪鲜胺、氟环唑、吡唑醚菌酯、氰烯菌酯、丙硫菌唑等单剂及其复配制剂。杀虫剂可选用吡虫啉、啶虫脒、高效氯氟氰菊酯、联苯菊酯、噻虫嗪、苦参碱、阿维菌素等。

3. 配方选择。①每亩磷酸二氢钾 50 克+10%吡虫啉可湿性粉剂 20 克+25 克/升高效氯氟氰菊酯乳油 20 毫升+30%己唑醇悬浮剂 18 克。②每亩磷酸二氢钾 50 克+0.01%芸苔素内酯 10 毫升+7%联苯·噻虫嗪悬浮剂 40 毫升+45%戊唑·咪鲜胺水乳剂 20 毫升。③每亩 0.01%芸苔素内酯 10 克+5%高效氯氟氰菊酯水乳剂 10 毫升+20%噻虫胺悬浮剂 20 毫升+325 克/升苯甲·嘧菌酯悬浮剂 30 毫升。④每亩 5%氨基寡糖素水剂 10 毫升+3.6%烟碱·苦参碱微囊悬浮剂 50 毫升+4%嘧啶核苷类抗生素水剂 40 毫升。

4. 注意事项。肥药配制采用二次稀释法，无人机亩用液量不少于 1.5 升。密切关注天气预报，防治后 2 小时内有降雨时，雨晴后要及时补防。注意避开中午前后气温较高时段喷药，避免出现药害和中毒。开展跟踪调查，对防效差的地块要及时补防。

三、适用范围

适用于华北地区能实现机械播种、具有滴灌条件的小麦主产区。

四、应用效果

机械深施使肥料分布于耕层中，保证作物养分吸收充足，减少肥料挥发损失。增施有机肥，提高土壤肥力，促进小麦幼苗健壮生长、株型整齐、籽粒饱满，增产 10%以上。滴灌水肥一体化可节肥 20%以上，水肥利用率提高 25%以上。

五、相关图片

种肥同播铺设滴灌带作业　　　　　　　　　　冬小麦浅埋滴灌

河南"秸秆覆盖免耕＋种肥同播＋喷灌水肥一体化"技术模式

一、模式概述

本技术模式针对华北一年两熟地区玉米季秸秆还田量大、整地播种质量差，频繁机械作业导致土壤压实、犁底层加厚等问题研究开发。技术体系以"重种轻管、简化栽培"为核心，通过融合"免耕技术、秸秆覆盖技术、种肥同播技术、浅播精量播种技术、水肥一体化技术"等关键技术措施，实现了冬小麦一播全苗，达到苗齐、苗匀、苗壮，解决旋耕播种冬小麦基肥撒施利用率不高，以及中后期冬小麦倒伏和早衰的问题，较好地实现了节本增效和增产增收的统一。

二、技术要点

本技术核心是免耕技术、玉米秸秆覆盖技术、种肥同播技术、冬小麦精量浅播技术，配套技术是高产品种筛选、种子处理技术、病虫草害防控技术、水肥管理技术、抗逆减灾技术、一喷三防技术等。

（一）基肥确定

1. 肥料品种。 宜选用氮磷钾配比合理、粒型整齐、硬度适宜，含有一定比例缓控释养分或添加抑制剂、增效剂的配方肥料。

2. 肥料要求。 肥料应为圆粒形，粒径2~5毫米为宜，颗粒均匀、密度一致，理化性状稳定，硬度宜大于20牛，手捏不易碎、不易吸湿、不粘、不结块，以防肥料通道堵塞。

3. 肥料用量。依据小麦品种、目标产量、土壤测试等制定施肥方案，确定施肥总量、施肥次数、养分配比和运筹比例。一般情况下，本技术模式氮肥投入量可比常规施肥减少10%左右，减肥数量根据当地土壤肥力、施肥水平等实际情况确定。

（二）免耕技术

当前农业耕作多采用机械旋耕作业，耕层浅、耕层虚，加之大型播种机机身重，入土深，播种深，出苗难，播种量大，冬小麦个体发育不良，苗弱不抗病、不抗倒。免耕技术的应用，可实现冬小麦播种时播种机入土浅，耕层土壤上虚下实，提高播种质量。

（三）秸秆覆盖技术

玉米还田秸秆处理不当，会使土壤变得疏松和空隙增大，失墒较快。种子与土壤难以紧密接触，影响种子发芽出苗，田间出苗常不整齐，容易出现缺苗断垄现象。秸秆覆盖技术是玉米秸秆在冬小麦整个生育期一直覆盖在地表，一是防止土壤板结，二是实现覆盖保墒，减少冬小麦浇水次数，达到节水目的。前茬作物（玉米）收获后及时将秸秆粉碎覆盖还田，冬小麦播种后，将粉碎的玉米秸秆覆盖于冬小麦播种行楼沟，均匀覆盖整个田间地表。可以减少水分蒸发、防止土壤板结、促进土壤昆虫和微生物的活动，改善土壤理化状况。

（四）种肥同播技术

在适宜播期内，采用种肥同播机将冬小麦种子与底肥一次性施入土壤。前茬作物秸秆切碎后还田，残茬高度低于8厘米，以不影响机械播种为宜。田块平整度要适宜机械化耕作，0～20厘米耕层土壤相对含水量以70%～75%为宜。选择丰产性好、抗逆性强的品种，种子应大小均匀、颗粒饱满，发芽率达标。根据播种量、密度、株距、行距及播种深度等要求，调整种肥同播机具参数。严格控制种肥间距，施肥深度要在种子侧下方5～8厘米，麦种播深2～3厘米，肥料播深10～15厘米，田间冬小麦平均行距20厘米，行距可根据地力水平进行微调，冬小麦播种量控制在8～10千克/亩范围内。

（五）喷灌水肥一体化技术

利用水肥一体化喷灌设施，对小麦越冬适时冬灌，一是能平抑地温，防止冻害死苗。二是将覆盖地表的有机肥中所含的水溶性养分渗入表层土中，为麦苗的生长提供营养。三是冬水冬肥相结合，可为翌春小麦返青和根系生长创造良好条件。四是在玉米秸秆覆盖、小麦免耕，有机肥覆盖在玉米秸秆之上的小麦地块，冬灌还可以踏实秸秆，使有机肥与玉米秸秆充分接触、混合，有利于促进玉米秸秆的快速腐熟、分解。玉米秸秆覆盖地面，减少地表水分蒸发，能更好地保持土壤墒情。实施冬灌的小麦田块，春季雨水正常的年份，小麦春季可以不再浇水灌溉。特别干旱的年份，在小麦孕穗期再灌一次孕穗水即可，可以节水、节能，降低小麦生产成本。

（六）小麦生长中后期水肥一体化叶面喷肥技术

小麦不同生育时期的耗水量与气候条件、冬麦类型、栽培管理及产量水平有密切关系，一般气温降低，耗水量下降，播种至越冬耗水量占全生育期的 15％左右；越冬至返青阶段耗水占总耗水量的 5％；返青至拔节期，随着气温升高，小麦生长发育加快，耗水量随之增加，耗水量占全生育期的 15％左右；拔节以后，小麦进入旺盛生长期，耗水量急剧增加，并由棵间蒸发转为植株蒸腾，植株蒸腾占阶段耗水量的 90％以上；拔节到抽穗 1 个月左右时间，耗水量占全生育期的 25％；抽穗到成熟期占耗水量的 40％左右。

1. 拔节期喷灌。 3 月上旬是小麦拔节需水关键时期，每亩喷灌 30～35 米^3，促进扎根、分蘖，形成壮苗。

2. 孕穗期喷灌。 4 月上旬是穗粒数形成的关键时期，每亩喷灌 30～40 米^3，喷灌时用尿素 30 千克/亩＋磷酸二氢钾 2 千克/亩进行叶面喷施，促进小麦幼穗分化，增加穗粒数。有利于形成大穗，提高小麦穗粒数。

3. 灌浆期管理。 5 月上旬是小麦千粒重形成的关键时期，亩喷灌 30～35 米^3，不要大水漫灌；由于气温偏高，可隔 7～10 天再喷灌一次，亩喷灌 25～30 米^3，喷灌时用尿素 15 千克/亩＋磷酸二氢钾 2 千克/亩进行叶面喷施，促进小麦灌浆，预防干热风，增加粒重。

三、适用范围

适用于河南省东部平原潮土类砂土、砂壤土小麦种植区。

四、应用效果

本技术模式减少了作业程序，节省了种子和化肥用量，提高了单位面积产量，每亩节本增效 200 元左右。通过免耕浅播的小麦出苗快、分蘖多、麦苗壮，解决种粮大户晚播麦田苗弱的问题。具有节肥省水的特点，同时可以较快地提高土壤有机质含量，改善土壤生态环境，丰富土壤有益菌和蚯蚓类有益昆虫，破除了土壤板结，消除了过量施用化肥对土壤的危害，抑制了小麦根腐病、茎基腐病等土传病害的发生，有利于培育生态型土壤，促进农业的可持续发展。

五、相关图片

免耕沟播作业　　　　　　　　　　　喷灌水肥一体化

"测土配方＋粪肥还田＋种肥同播＋无人机追肥"技术模式

一、模式概述

以测土配方施肥为基础，通过集成条垛式堆肥发酵粪肥还田技术，实现有机无机配合。采用种肥同播方式，融合技术与机械，实现轻简化机械深施。小麦生长后期采用无人机追肥技术模式，实现小麦全生育期营养均衡供应，促进科学施肥增效。

二、技术要点

(一) 深翻整地

根据地块大小，选择适宜耕幅的牵引犁、悬挂式翻转深耕犁、悬挂式装配合墒器的翻转深耕犁等进行深翻，耕深不低于 25 厘米，确保打破犁底层，深埋秸秆、杂草和病虫残体。未深翻地块至少旋耕 2 遍，耕深不低于 15 厘米。耕翻后，要使用动力驱动耙或旋耕机及时耙平镇压，紧实土壤，压碎坷垃，坷垃大小不超过 10 厘米。

(二) 优选品种

1. 优化品种布局。选用济麦 22、烟农 377、山农 29、烟农 215、鑫星 617 等，避免选用抗寒能力弱的春性品种和自留种。

2. 优化品种结构。可通过订单生产，种植强筋、中强筋、富硒小麦等特色专用小麦。强筋品种建议选用济麦 44、中麦 578、济麦 5022、鲁研 1403 等；中强筋品种建议选用泰科麦 33、济麦 55、圣麦 918、岱麦 366、山农 47 等品种；功能性品种建议选用山农 48、济麦 8040 等。

(三) 畜禽粪便＋有益菌＋作物秸秆堆肥技术

1. 堆肥原料。以粉碎的小麦、玉米秸秆和畜禽粪便（猪粪、牛粪、鸭粪、鸡粪）为原料。

2. 堆肥场地和设备。每 500 亩小麦种植区需堆肥场地 1～2 亩，应选择长条状地块，便于机械作业。

3. 菌剂选择。菌剂选用复合微生物菌剂，剂型分为粉剂型、颗粒型和液体型，菌种可选择枯草芽孢杆菌、地衣芽孢杆菌、解淀粉芽孢杆菌、侧孢芽孢杆菌等。液体型菌剂有效活菌数不小于 2.0 亿个/毫升；粉剂型菌剂有效活菌数不小于 2.0 亿个/克；颗粒型菌剂有效活菌数不小于 1.0 亿个/克。

4. 原料配比与混合。选用小麦秸秆作为原料，1 米³ 小麦秸秆，加入 1 米³ 畜禽粪便（以鸡粪为例），调节后的 C/N 为 25～35，加入复合微生物菌剂（1～1.5 千克/米³），利用搅拌机、翻抛机将粉碎后的小麦秸秆、畜禽粪便、复合微生物菌剂等原料混合均匀。

5. 堆肥条件控制。调节含水量为 55%～65%。原料混合物应以手握有渗水，但不至于出现大量水滴，手握成团，松手即散为宜。最适宜的 pH 为 5～9。当 pH<5 时，加入石灰粉等碱性材料中和；当 pH>9 时，加入硫黄粉等酸性材料中和。

6. 堆肥过程管理。条垛式堆肥堆体高 1.2 米，根据翻抛机规格设置宽度，堆体间距 0.5 米。槽式堆肥深度不超 2 米，根据场地条件设置长度和宽度。堆肥所需菌剂为好氧微生物，必须提供好氧条件，保持通气。条垛式堆肥堆体与空气的接触面大，通过翻抛满足供氧需要。槽式堆肥堆体与空气的接触面相对较小，采取翻抛和曝气双重办法满足供氧需要。

7. 温湿度控制。堆肥原料混合 2～3 天后开始升温，5～7 天温度达到 60～70℃，当堆体温度达到 65℃左右及时翻抛，达到降温、减少氮损失、增加氧气、混合混匀的目的。堆肥发酵温度高于 60℃的持续时间应在 7 天以上，当堆体温度降至 50℃以下时，发酵腐熟完成。堆肥期间需做好防雨，翻抛时控制含水量在 55%～65%。混合物料的含水量低于 55%及时补水，高于 65%进行晾晒。腐熟后的堆体呈黑褐色，呈现疏松的团粒结构。堆体堆成 2～3 米高进行陈化，陈化时间不超过 15 天。存放时应将堆体压紧，利于保肥。

（四）科学施肥

1. 施用有机肥。结合整地施足基肥，堆肥完成后，利用撒肥车均匀抛撒堆肥 1 000～2 000 千克/亩。缺锌或缺锰地区可亩施硫酸锌或硫酸锰 1～2 千克，缺硼地区可亩施硼砂 0.5～1 千克。

2. 施用配方肥。按照测土配方施肥作物施肥大配方确定氮磷钾养分配比，选择配方肥 $N-P_2O_5-K_2O$ 为 20-13-10（总含量≥43%）。亩产 400～500 千克地块，亩施配方肥 35 千克；亩产 500～600 千克地块，亩施配方肥 45 千克；亩产 600 千克以上地块，亩施配方肥 50 千克。播种时利用种肥同播机一次性施入土壤。

（五）种肥同播

1. 适期播种。小麦适期晚播，适宜播期为 10 月 8—20 日。

2. 适墒播种。小麦播种适宜土壤相对含水量为 70%～80%。播前墒情不足地块，要提前浇水造墒或播种 3～4 天后浇蒙头水；墒情过多地块，及时开沟散墒，做到适墒下种。

3. 适量播种。在适期播种情况下，分蘖成穗率低的大穗型品种，每亩适宜基本苗 15 万～18 万株；分蘖成穗率高的中多穗型品种，每亩适宜基本苗 13 万～16 万株。在此范围内，高产田宜少，中产田宜多。

4. 适深播种。采用小麦宽幅精播技术，苗带宽度 7～10 厘米，播种深度 3～5 厘米，切忌过深过浅。播种机行进速度以 5 千米/时为宜，保证下种均匀、深浅一致、行距一致。

5. 提高地头播种质量。针对牵引动力机械调头造成的地头播种质量差等问题，采用垂直播种法，在地头按照田间播种行向垂直的方向进行播种，做到不漏播、不重播，避免出现缺苗断垄和疙瘩苗。

（六）无人机追肥

1. 无人机选择。 选择当地农业生产中普遍使用的农用无人机，有效负载 50 千克以上为宜。小麦追施肥时，亩用液量≥1.5 升，有效播撒幅宽≤9 米、作业高度 3～3.5 米、飞行速度≤7 米/秒，每亩施肥量误差不超过 5%，具备自主作业、智能避障、漏堵报警、实时监控和轨迹记录等功能。

2. 肥料选择及用量。 无人机追肥一般以氮肥为主，常选用尿素、大量元素水溶肥料、中量元素水溶肥料、微量元素水溶肥料、含氨基酸水溶肥料、含腐植酸水溶肥料、有机水溶肥料等。一般选用大量元素水溶肥料（$N+P_2O_5+K_2O$≥400 克/升），小麦返青期开展无人机追肥作业，亩用量 100～150 毫升。

3. 作业程序。 使用无人机追肥前，应根据作业区地理情况设置无人机的飞行高度、速度、喷幅、航线方向、喷洒量、雾化颗粒大小等参数并试飞，试飞正常后方可进行飞行作业；叶面喷肥作业前，应按照建议的肥料浓度用清水溶解肥料，待肥料全部溶解后，静置 3～5 分钟，取清液喷施；叶面喷肥作业应在风力小于 3 级的阴天或晴天傍晚进行，防止灼伤麦苗，确保肥效；追肥作业后，应记录无人机作业情况。叶面喷肥后若遇雨，应重新喷施；喷施作业结束后，通过观察小麦长势决定是否再次喷施，前后两次喷施应间隔 7～10 天，不可盲目喷施造成肥害。

（七）注意事项

注意种肥隔离，肥料距种子的侧下方 8～10 厘米；土壤墒情合适，不过干过湿；种肥深度以墒情而定，一般 3～5 厘米。无人机操作人员应持证上岗，做好防护措施，3 级以上风力（风速≥4 米/秒）时，不得进行飞防作业。严格遵守无人机飞行相关法律法规。肥料混合喷施时应按照品种特性和使用说明进行混配。

三、适用范围

适用于具备堆肥条件、能够规模机化械种植施肥的黄淮海冬小麦种植区。

四、应用效果

（一）经济效益

堆肥发酵粪肥还田与无人机叶面追肥配合施用，在中等地力地块上，施用堆肥 1 000～2 000 千克/亩，叶面追肥 100 毫升/亩，可显著促进小麦生长发育，提高作物的抗逆性，节省人工费用 50% 以上，化肥用量减少 10%，肥料利用率超过 40%，小麦产量提高 10%，品质明显提高，具有较高的经济效益。

（二）社会效益

农民群众的传统观念得到改变，现代农业意识和科技意识明显提高，科学施肥"三新"技术应用到实际的农业生产中，小麦产量和品质提高，粮食安全得到保障，社会效益良好。

(三) 生态效益

不合理的化肥用量明显减少，土壤、水资源污染减轻，土壤肥力提高。改善生态环境，减少肥料流失和资源浪费，改良土壤质量，推进现代农业发展。

"种肥同播＋缓控释肥＋水肥一体化"技术模式

一、模式概述

针对小麦生育中后期需水、需肥集中的特点，以测土配方施肥为基础，制定小麦基肥施肥方案，配套缓控释配方肥，通过种肥同播实现机械深施。机械深耕可提高土壤渗水、蓄水、保肥能力，有利于小麦越冬前扎根、分蘖，提升小麦抗逆稳产能力，确保麦苗安全越冬。在返青拔节期根据小麦苗情和降水灌溉情况采用水肥一体化设备进行肥水管理，均衡全生育期养分供应，促进增产提质增效。种肥同播＋缓控释肥使肥料均匀分布于土层中，保证作物养分吸收充足，减少肥料挥发损失，促进小麦幼苗的根系生长、冬前分蘖，确保小麦安全越冬。水肥一体化技术的应用可实现多次施肥，变"一次吃饱"为"按需就餐"，均衡小麦全生育期养分、水分供应，促进高产稳产和水肥利用率提升。

二、技术要点

(一) 基肥确定

1. 肥料品种。 选用氮磷钾配比合理、粒型整齐、硬度适宜，含有一定比例缓控释养分或添加抑制剂、增效剂的配方肥料。

2. 肥料要求。 肥料应为圆粒形，粒径 2～4 毫米为宜，颗粒均匀、密度一致，理化性状稳定，便于机械施用。

3. 肥料用量。 依据小麦品种、目标产量、土壤测试等制定施肥方案，确定施肥总量、施肥次数、养分配比和运筹比例。鼓励增施有机肥，提高耕层土壤有机质含量。

有机肥＋缓控释肥＋微肥。亩施经充分腐熟的优质农家肥 1 500～2 000 千克或精制商品有机肥 (有机质含量 45% 以上) 80～150 千克，缓控释配方肥 40～60 千克，硼砂 1 千克。

缓控释肥＋微肥。在玉米秸秆还田的情况下，亩施高氮型三元缓控释配方肥 50 千克左右，硼砂 1 千克。

配方类型与施肥方案

配方类型 ($N - P_2O_5 - K_2O$)	土壤养分类型	用量（千克）			
		低产田	中产田	高产田	超高产田
$25 - 15 - 5$	低磷高钾区	30	$30\sim40$	$40\sim50$	$50\sim70$
$20 - 10 - 15$	氮磷钾均衡区	30	$30\sim40$	$40\sim50$	$50\sim70$
$23 - 8 - 14$	高磷低钾区	30	$30\sim40$	$40\sim50$	$50\sim70$

注：低产田为亩产低于 200 千克，中产田为亩产 300～400 千克，高产田为亩产 400～500 千克，超高产田为亩产 500～700 千克。

4. 施肥次数。小麦生育期较长，一般采用"一基二追"模式，氮肥作基肥占 50％～70％，追肥占 30％～50％，在小麦返青期、拔节期分次追施，亦可根据实际情况进行调整；磷肥在土壤中的移动性较差，可一次性施用；钾肥可根据土壤质地和供肥状况，选择一次性施用或适当追施。

（二）机械深耕

1. 整地作业：粉碎秸秆＋配施腐熟剂＋增施氮肥。使用带有前置秸秆粉碎装置的玉米联合收获机打碎秸秆，秸秆长度不超过 5 厘米，并均匀抛撒还田。如达不到上述标准，可用甩刀式、直刀式、铡切式等高性能秸秆还田专用机再粉碎 1～2 遍，确保达标还田。对还田秸秆量较大地块，秸秆还田后每亩施用腐熟剂 1～2 千克，加速秸秆腐熟分解。秸秆腐熟过程中，需消耗一部分氮素。对于秸秆还田量较大、土壤肥力一般的地块，要在秸秆还田后亩增施纯氮 2～3 千克（尿素 5～8 千克）。

2. 种肥同播。使用种肥同播机械播种时，将肥料施于种子侧下方 2.5～4 厘米处，肥带宽度大于 3 厘米，或将肥料施于种床正下方，间隔大于 3 厘米，肥带宽度略大于种子播幅。播种后及时耙平镇压，紧实土壤，压碎土块，使种子与土壤紧密接触，促进根系生长和下扎，提高小麦出苗整齐度和苗期抗旱抗寒能力。

3. 注意事项。使用配套的牵引动力，加强机械深施质量控制，要求肥条均匀连续，无明显断条和漏施。注意秸秆粉碎还田质量，秸秆量过大的地块一定要深耕还田，对于能够打捆回收有其他用途的秸秆提倡部分回收、适量还田。施肥播种机械应低速驶进大田，作业全程匀速前进，中途不停车，以免造成断垄。针对牵引动力机械调头造成的地头播种质量差等问题，采用垂直播种法，在地头按照田间播种行向垂直的方向进行播种，做到不漏播、不重播，避免出现缺苗断垄和疙瘩苗。

（三）水肥一体化肥水管理

1. 水肥一体化设施。

（1）微喷带灌溉。根据土壤质地和作物情况，选用不同喷幅的微喷带进行灌溉施肥。借助管道输水，以地边为起点向半个喷幅处小麦行间铺设第 1 条微喷带，长度一般不超过 50 米，与作物种植行平行，适宜间隔 1.8～2.4 米。

（2）喷灌。通过地埋伸缩式喷灌器、卷盘式喷灌机、指针式喷灌机等实现水肥一体化管理,具有自动化程度高、控制面积大、作业效率高等特点,更适合规模化种植。

(3)浅埋滴灌。使用具有浅埋铺设滴灌带功能的小麦播种机,同步进行播种和铺设滴灌带。滴灌带顺种植行向铺设于4行小麦中间位置,覆土浅埋固定在地表下3~5厘米处,一般间距60厘米,滴头间距30厘米,出水量1~1.5升/小时,铺设长度以不同厂家材质使用说明为准。滴灌带在黏土或壤土埋深2~3厘米,砂壤土埋深4~5厘米。

喷灌水肥一体化

移动式水肥一体化

微喷带灌溉水肥一体化

2. 肥料选择。追肥时应选择性价比较高的可溶性肥料,氮肥可选用尿素,磷肥可选用磷酸二氢钾,镁肥、锌肥、硼肥和钼肥可分别选用硫酸镁、硫酸锌、硼酸和钼酸铵。水溶性肥料可选择大量元素、中量元素、微量元素、含腐植酸、含氨基酸、有机水溶肥等,肥料产品应符合相关标准，取得农业农村部登记（备案）证。

3. 肥料用量。 依据小麦品种、目标产量、苗情长势等确定用肥量，"一基二追"模式追肥氮素用量占 30%～50%，以酰胺态或铵态氮为主，在小麦返青期、拔节期随水追施。

三、适用范围

适用于黄淮海地区具有水肥一体化条件的小麦主产区。

四、应用效果

应用本技术模式可提高肥料利用率，减少化肥用量，促进节本增效，亩均减少化肥 10 千克左右，亩节约化肥成本 30 元；亩产提高 20 千克左右，亩产值增加 50 元左右，合计每亩节本增效 80 元。本技术模式的应用促进节水 20%～30%，节肥 10%～30%，肥料利用率提高 25% 以上，亩节约人工 1 个，实现节本增效，减轻农业面源污染，提高资源利用效率。

山东中部"机械深施＋宽幅精播＋播前播后双镇压＋无人机喷肥"技术模式

一、模式概述

小麦生产"七分种、三分管"，因此提高播种质量对夺取小麦丰产具有十分重要的意义。以测土配方施肥为基础，制定小麦基肥施肥方案，通过撒施耕翻或种肥同播实现肥料机械深施。小麦宽幅精播在精量、半精量播种技术的基础上，通过扩播幅、增行距、促匀播来实现高产目标。播前播后双镇压，有助于紧实土壤，减少土壤空隙，保墒提墒，为小麦种子萌发和幼苗生长创造良好的土壤环境。通过小麦宽幅精播＋播前播后双镇压带动小麦播种方式的改进和秸秆还田质量的提高，防止或减轻冻害危害，达到小麦苗全、苗匀、苗壮，为小麦高产稳产打好基础。针对小麦生育期长、中后期需肥集中的特点，在返青拔节期根据小麦苗情和降水灌溉情况采用无人机追肥，均衡全生育期养分供应，促进增产提质增效。

二、技术要点

（一）基肥确定

1. 肥料品种。 选用氮磷钾配比合理、粒型整齐、硬度适宜的配方肥料，推荐配方18-20-6、18-18-6、16-20-8。

2. 肥料用量。 依据小麦品种、目标产量、土壤测试等制定施肥方案，确定施肥总量、施肥次数、养分配比和运筹比例。一般情况下，本技术模式氮肥投入量可比常规施肥减少10%左右，减肥数量根据当地土壤肥力、施肥水平等实际情况确定。

3. 施肥次数。小麦生育期较长，一般采用"一基一追一喷"模式，根据缓控释肥释放时间、灌溉条件和后期苗情状况也可采取"一基一喷"方式。"一基一追一喷"应做好肥料运筹，氮肥基施占50%～70%，追施占30%～50%，可根据实际情况进行调整；磷肥在土壤中的移动性较差，一般一次性施用；钾肥可根据土壤质地和供肥状况，选择一次性施用或适当追施。

（二）机械深施

1. 整地作业。前茬作物秸秆切碎均匀还田，长度不超过5厘米，留茬高度不超过10厘米。因地制宜采取耕翻或旋耕等方式进行埋草灭茬整地，耕翻深度20～25厘米，旋耕埋草深度12～15厘米。

2. 机械施肥。撒施耕翻时，将基肥撒施于地表后旋耕或耕翻，保证深度大于20厘米，及时压实。种肥同播时，将肥料施于种子侧下方2.5～4厘米处，肥带宽度大于3厘米，或将肥料施于种床正下方，间隔大于3厘米，肥带宽度略大于种子播幅。

3. 注意事项。使用配套的牵引动力，加强机械深施质量监测，要求肥条均匀连续，无明显断条和漏施。注意秸秆粉碎还田质量，秸秆量过大的地块提倡部分回收、适量还田。施肥播种机械应低速驶进大田，作业全程匀速前进，中途不停车，以免造成断垄。

机械深施

（三）宽幅精播

小麦宽幅精播高产栽培主要是克服传统精播高产栽培中因播幅较窄出现的缺苗断垄和疙瘩苗现象，充分发挥小麦精播高产栽培技术的增产潜力。做好宽幅精播需从以下工作着手。

1. 深耕细耙，造足底墒。耕深23～25厘米，打破犁底层，不漏耕，耕透耙透，增加土壤蓄水保墒能力。深耕要和细耙紧密结合，无明暗坷垃，达到上松下实；耕后复平，做畦后细平，保证浇水均匀，不冲不淤。土壤墒情不足的应播前造墒。

2. 种子选择与处理。 挑选优质、高产、抗逆性强的小麦品种，要求种子纯度不低于99%、净度不低于98%、发芽率不低于85%。播种前晒种2~3天，然后用种衣剂包衣，能有效防治病虫害。

3. 播种。 根据气候和品种特性确定适宜播期，一般冬小麦在日平均气温16~18℃时播种，近几年气候偏暖，冬小麦播种过早容易冬前旺长，不建议9月底播种，宜在10月上中旬，可适当晚播。采用宽幅精播机播种，行距22~26厘米，播幅6~8厘米，播种深度3~4厘米，保证种子分布均匀。

4. 注意事项。 采用小麦宽幅精量播种机播种，要提早检查宽幅精播机质量，精细调试好播种量，严格控制播种速度、播种深度，行距一致，不漏播，不重播，地头地边补种整齐。

(四) 播前播后双镇压

在小麦播种前，因耕翻整地导致土壤表层松散，小麦播种时易造成播种过深，可采取播前镇压。小麦播种深度一般在3~4厘米，过深容易出现地中茎过长，养分过度消耗，从而形成弱苗，对小麦产量影响较大。播后镇压是指小麦播种后采取机械或人工镇压，使种子与土壤密切接触，提高发芽率。另外，播后镇压能减少土壤缝隙，防止冬季寒流侵袭，减少冻害、散墒，保墒保温。

播前播后双镇压是确保苗齐苗匀苗壮的关键措施。要选用带镇压装置的小麦播种机械，在小麦播种时随种随压。秸秆还田地块，要在小麦播种后采用机械镇压器再镇压1~2遍，提高镇压效果。积极推广应用立旋整地双镇压高性能播种机，实现一次作业完成破碎坷垃、平整地面、播前镇压、精量播种、播后镇压等多道工序。采用不带镇压装置的播种机播种的山旱田，播后可用专用镇压器或人工踩踏的方式镇压。

(五) 追肥

1. 肥料选择。 追肥用尿素或30-0-5复合肥，喷肥用含氨基酸水溶肥。

2. 肥料用量。 依据小麦品种、目标产量、苗情长势等确定用肥量，"一基一追一喷"模式追肥氮素用量占30%~50%，喷含氨基酸水溶肥75毫升/亩。

3. 作业要求。 田间作业时，按浓度要求用清水溶解肥料，待全部溶解后静置5分钟，取清液喷施。喷施前应根据作业区地理情况，设置无人机飞行高度、速度、喷幅宽度、喷雾流量等参数，并进行试飞，正常后方可进行作业。在无风的阴天或晴天傍晚进行，防止灼伤麦苗。喷后遇雨应重新喷施。喷肥作业无人机需接入飞防监控系统，对作业质量进行实时监控，含氨基酸水溶肥稀释液亩用量1升以上（约含水溶肥料75毫升/亩，允许相对误差2%），喷幅根据机型最大喷幅减去0.5~1米，飞行速度不高于7米/秒。根据机型不同飞行高度距离小麦顶部2~4米（不高于4米），因地块有树木、墓地等障碍物，造成飞行高度不合格的，拍照留存并给出说明。

4. 注意事项。 喷施过程中无人机操控人员应持证上岗，做好防护措施。无人机运转时禁止触摸，并注意远离。

无人机追肥

三、适用范围

适用于鲁中地区具有机械施肥条件的小麦主产区。

四、应用效果

通过有效实施小麦"机械深施＋宽幅精播＋播前播后双镇压＋无人机喷肥"技术使肥料分布于土层中，保证作物养分吸收充足，减少肥料挥发损失。增加小麦播种幅度、播前播后双镇压，保障小麦出苗率，减少缺苗断垄现象，后期追施氮肥、无人机喷施含氨基酸水溶肥促进小麦幼苗健壮生长、株型整齐、籽粒饱满。以上技术措施可增产 10％左右，节肥 10％～30％，亩节约人工 0.5 个。

滨海盐碱地"缓控释肥种肥同播＋
返青拔节随水追肥"技术模式

一、模式概述

针对滨海盐碱地盐渍化严重与土壤少氮贫磷富钾的养分状况，依据小麦需肥规律、生长特点和目标产量，以测土配方施肥为基础，以肥料效应对比试验为指导，筛选适宜的配方肥料及用量，优化制定滨海盐碱地小麦高效施肥技术模式方案。种肥同播省工省时，缓控释配方肥减量增效，基追适宜促长增产。

二、技术要点

（一）基肥要求

1. 肥料配方。滨海盐碱地冬小麦目标产量 500～600 千克/亩，基肥配方为 18 - 22 - 5。

2. 肥料质量。缓控释配方肥应为圆形颗粒产品，无机械杂质，粒度（1.00～4.75 毫米或 3.35～5.60 毫米）≥90%。包膜颗粒膜壳均匀光滑，未包膜颗粒大小均匀，性质稳定，便于机播。

3. 基肥用量。缓控释配方肥种肥同播推荐用量 35 千克/亩左右，比常规施肥用量减少 10%左右，具体减施数量依据土壤肥力水平、盐渍状况、目标产量等实际情况确定。

（二）种肥同播

1. 整地作业。玉米秸秆粉碎长度≤3 厘米，留茬高度≤10 厘米，采用灭茬机械或旋耕或耕翻进行灭茬整地，耕翻深度≥20 厘米，旋耕深度≥15 厘米。

2. 种肥同播。播种时采用种肥同播机，播种量和施肥量均根据播种时间及气候条件和土壤墒情分别在 12～25 千克和 35～50 千克范围内确定；播深 3～5 厘米，具体根据土壤墒情确定；肥料带位于种子带侧下方≥3 厘米，且与种子带垂直距离≥5 厘米。

3. 注意事项。还田秸秆粉碎长度要短并且抛撒均匀，尽量翻压在耕层 15 厘米以下，同时注意与耕层土壤混匀耙平，提高还田质量，耙实后播种；小麦种子带与肥料带必须间隔一定距离，以免影响种子发芽和出苗。

（三）追肥要求

1. 追肥时期。在小麦起身期到拔节期之间或具体根据土壤墒情和苗情来确定。

2. 追肥种类。追肥选用硫酸铵、磷酸二铵、配方肥或尿素，具体根据土壤养分状况、小麦长势状况确定。因盐碱地最易缺氮，优先推荐选用尿素。

3. 追肥用量。追施尿素或硫酸铵或磷酸二铵或配方肥 20 千克/亩左右，具体根据土壤养分状况和苗情确定。

4. 追肥方式。采用随水追施的方式，把追施肥料均匀撒施在田间，然后根据土壤墒情和气候条件进行灌水。

5. 注意事项。追肥撒施要均匀，且追肥量不能过高，同时必须及时灌水或者降雨前追肥。小麦抽穗后期根据病虫害或是否发生干热风等具体情况采取喷防措施。

三、适用范围

适用于滨海盐碱地小麦主要生产区。

四、应用效果

本技术轻简高效，覆盖率高，推广应用面积大。小麦整个生育期每亩施用化肥纯养分量为 N 15.5 千克、P_2O_5 7.7 千克、K_2O 1.75 千克，化肥总养分量为 24.95 千克/亩，比常规施肥亩减施养分量 10.9%，比常规施肥增产 6.06%，同时提高了养分利用率，达到节肥、增产、高效的目的，取得了显著的经济、生态和社会效益。

第二节　西北麦区

河套灌区"有机肥＋机械深施＋增效氮肥＋一喷三防"技术模式

一、模式概述

根据河套灌区小麦产业现状，以测土配方施肥为基础，配套有机肥料、缓控释肥料，集成有机无机配合、机械深施、种肥同播、一喷三防等技术，提高小麦产量和品质，培肥耕地地力，达到化肥减量增效目的。

二、技术要点

(一) 基肥施用

1. 增施有机肥。基肥增施农家肥或商品有机肥，采取秸秆还田。秋季作物收获后，将有机肥均匀抛撒于地表，亩用腐熟农家肥 1 500～2 000 千克，秸秆还田 200 千克。及时利用深松旋耕机械与土壤混匀后进行秋浇。结合播种每亩施用生物有机肥 40 千克，有效增加种子周围的有机肥供应。

有机肥机械深施

2. 化肥施用。

（1）肥料品种。宜选用氮磷钾配比合理的配方肥料，建议配方 $N - P_2O_5 - K_2O$ 为 15 - 25 - 8。

（2）肥料要求。肥料应为圆粒形，粒径 2～4 毫米为宜，要求粒型整齐、硬度适宜，颗粒均匀、密度一致，理化性状稳定，便于机械施用。

（3）肥料用量。依据小麦品种、目标产量、土壤测试结果等制定施肥方案，确定施肥总量、施肥次数、养分配比和运筹比例。建议种肥亩施磷酸二铵 25～30 千克、氯化钾 5～6 千克、尿素 5 千克或磷酸二铵 10 千克、复合肥（掺混肥）30～35 千克。

（4）施肥方式。要求播种机可实现基肥的机械深施和种肥同播。

（二）追肥施用

1. 肥料品种。 建议选择添加脲酶抑制剂的稳定性尿素。

2. 肥料要求。 肥料应为圆粒形，粒径 2～4 毫米为宜，应粒型整齐、硬度适宜，颗粒均匀、密度一致，理化性状稳定，便于机械施用。

3. 肥料用量。 在小麦拔节期亩追施稳定性尿素 25～30 千克。

4. 水肥运筹。 生育期内灌水 4 次（5 月上旬、5 月下旬、6 月上旬、6 月下旬至 7 月上旬），拔节期随水追肥 1～2 次，第一次追肥占追肥总量的 60％，第二次追肥占追肥总量的 40％。

（三）一喷三防

1. 喷施时间。 抽穗后至扬花前（抽穗率达 80％）第一次喷施，以增加穗粒数、预防干热风、防治赤霉病为主，兼顾锈病和白粉病等防治；小麦灌浆期可再次喷施，增加粒重、防控麦穗蚜，兼治白粉病和锈病等。

2. 肥药选用。 防控干热风、增加粒重、提高品质可选用含氨基酸水溶肥、磷酸二氢钾、大量元素水溶肥、芸苔素内酯等。杀虫剂可选用丙环虫酯、甲维·虱螨脲、甲维·茚虫威、噻虫嗪等。

3. 喷施作业。 98％磷酸二氢钾 50 克/亩＋0.01％14 - 羟基芸苔素内酯水剂 10 克/亩（或 5％氨基寡糖素水剂 10 毫升等其他同类产品）；病虫达到防控指标时加 50 克/升双丙环虫酯可分散剂 10～16 毫升/亩，或 25％噻虫嗪悬浮剂 4～8 毫升/亩，或 14.6％甲维·虱螨脲悬浮剂 10～20 克/亩，或 17％甲维·茚虫威悬浮剂 7.6～12 毫升/亩，或 2.5％高效氯氟氰菊酯水乳剂 20～40 毫升/亩（或其他同类产品）。

4. 注意事项。 肥药配制采用二次稀释法，无人机亩用液量不少于 1.5 升。密切关注天气预报，防治后 2 小时内有降雨时，雨晴后要及时补防。注意避开中午前后气温较高时段喷药，避免出现药害和中毒。开展跟踪调查，对防效差的地块要及时补防。

（四）配套栽培

1. 品种选择。 选择适宜河套灌区生态条件、优质、抗病、抗倒的品种，如永良 4 号、巴麦 13 等。

一喷三防

2. 种肥分层同播。3 月上旬至下旬应用导航播种，亩播种量 25 千克左右。

3. 高效除草。头水至二水之间用药，喷施 10％苯磺隆可湿性粉剂 15 克/亩＋56％ 2 甲 4 氯钠可湿性粉剂 20 克/亩，兑水 30 千克喷雾除草。

4. 收获时期。在蜡熟末期进行机械收割，籽粒含水量在 17％～18％时收获最佳，适时抢收。

三、适用范围

适用于西北河套灌区的小麦主产区。

四、应用效果

小麦采用增施有机肥、机械深施、种肥同播等技术，生育期结合一喷三防技术，可以实现化肥减量 10％左右，同时可以提升小麦品质，连续使用还可以提升耕地质量，为粮食安全生产和农业绿色高质量发展提供技术支撑。

河套灌区"两减一增两喷"技术模式

一、模式概述

根据河套灌区小麦产业现状，以测土配方施肥为基础，制定小麦基肥加追肥优化施肥方案，配套缓控释侧深施专用肥料，施用生物有机肥、稳定性尿素、高效水溶肥等。集培肥耕地地力、提高作物产量品质、促进化肥减量增效等多项技术于一体，达到了产量提高、品质提升、化肥减量和氨挥发减少的目的。

二、技术要点

两减：小麦种肥和追肥（拔节期）各减 5 千克/亩；一增：增施生物有机肥 30 千克/

亩；两喷：喷施两次叶面肥（孕穗期、灌浆期）。

（一）基肥施用

1. 肥料品种。宜选用氮磷钾配比合理的配方肥料，建议配方 $N-P_2O_5-K_2O$ 为 20-25-5。可结合实际情况选用添加硝化抑制剂的复合肥。

2. 肥料要求。肥料应为圆粒形，粒径 2~4 毫米为宜，粒型整齐、硬度适宜，颗粒均匀、密度一致，理化性状稳定，便于机械施用。

3. 肥料用量。依据小麦品种、目标产量、土壤测试结果等制定施肥方案，确定施肥总量、施肥次数、养分配比和运筹比例。建议亩施复合肥 20~25 千克，同时增施生物有机肥 30 千克。

4. 施肥方式。播种机可实现基肥的机械深施和种肥同播。建议采用具两个肥箱的播种机，可将复合肥和生物有机肥分开施用。

（二）追肥施用

1. 肥料品种。建议选择添加脲酶抑制剂的稳定性尿素，或者使用 $N-P_2O_5-K_2O$ 为 30-0-5 的二元复合肥。

2. 肥料要求。肥料应为圆粒形，粒径 2~4 毫米为宜，粒型整齐、硬度适宜，颗粒均匀、密度一致，理化性状稳定，便于机械施用。

3. 肥料用量。拔节期亩追施稳定性尿素 20 千克或追施氮钾肥 25 千克。

4. 水肥运筹。生育期内灌水 4 次（5 月上旬、5 月下旬、6 月下旬至 7 月上旬、7 月中旬），拔节期随水施肥 1~2 次，第一次追肥占追肥总量的 60%，第二次追肥占追肥总量的 40%。

（三）一喷三防

1. 喷施时间。抽穗后至扬花前（抽穗率达 80%）第一次喷施，以增加穗粒数且预防干热风、赤霉病为主，兼防锈病和白粉病等；小麦灌浆期可再次喷施，增加粒重、防控麦穗蚜，兼治白粉病和锈病等。

2. 肥料选用。防控干热风、增加粒重、提高品质可选用含氨基酸水溶肥、磷酸二氢钾、大量元素水溶肥、芸苔素内酯等。

3. 注意事项。肥药配制采用二次稀释法，无人机亩用液量不少于 1.5 升。密切关注天气预报，防治后 2 小时内有降雨时，雨晴后要及时补防。注意避开中午前后气温较高时段喷药，避免出现药害和中毒。开展跟踪调查，对防效差的地块要及时补防。

（四）配套栽培

1. 品种选择。选择适宜河套灌区生态条件、优质、抗病、抗倒的品种。

2. 种肥分层同播。3 月上旬至下旬应用导航播种，亩播种量 22.5~25 千克。

3. 高效除草。头水至二水之间用药，喷施 10% 苯磺隆可湿性粉剂 15 克/亩＋56% 2甲 4 氯钠可湿性粉剂 20 克/亩，兑水 30 千克喷雾除草。

4. 适时收获。 在蜡熟末期进行机械收割，籽粒含水量在 17%～18%时收获最佳，适时抢收。

三、适用范围

适用于西北河套灌区的小麦主产区。

四、应用效果

小麦"两减一增两喷"优化施肥技术，在化肥品种优化、增施有机肥、根外追肥三项技术集成的基础上，可以实现化肥减量 15%左右，减少氨挥发 40%左右，同时可以提升小麦的品质，连续使用还可以促进耕地质量逐步提升，为农业绿色高质量发展提供技术支撑。

西北灌区"测土配方＋浅埋滴灌水肥一体化"技术模式

一、模式概述

以有机无机配施、测土配方施肥为基础，集成浅埋滴灌、分层播种、干播湿出、水肥一体化、农机农艺融合等技术，同时融合"两减一增两喷"优化施肥技术，通过增施生物有机肥、应用配方水溶肥，配套小麦浅埋滴灌智能导航播种机，实现小麦精量播种、精准施肥，均衡全生育期养分供应，促进增产提质增效，达到提升产量品质、提高肥料利用率的目的。

二、技术要点

小麦浅埋滴灌水肥一体化技术主要包括 6 个关键技术环节。

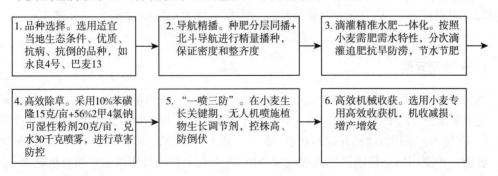

（一）整地作业

前茬作物收获后深耕 25 厘米以上，以熟化土壤，接纳雨水。玉米、向日葵及其他茬口采用秸秆粉碎机及时粉碎秸秆还田，也可用旋耕机破碎玉米、向日葵等根茬还田，以改良土壤结构，提高耕地质量。

早春及时耙糖镇压，收墒整地，形成"上虚下实、底墒充足"的地块，为播种和全苗、壮苗创造良好条件。整地时亩施农家肥 2 000～3 000 千克。

整地作业

浅埋滴灌

（二）精量播种

一般在 3 月上中旬，表土白天解冻 10 厘米以上时抢墒播种。适期早播有利于延长小麦苗期生长时间，可增加穗粒数，提高产量。亩播种量 25 千克左右，基本苗以 45 万～50 万株/亩为宜。播种深度 3～5 厘米，播种幅宽 10 厘米，空行距 10 厘米。播种深浅、间距调整一致，达到籽粒均匀，种子深度、行距相同，滴灌带铺设均匀。

种肥分层同播＋北斗导航进行精量播种

播种前做好播种量和机械调试工作，采用 12 行或 18 行小麦宽幅滴灌智能播种机播种，配套的牵引机械为 35 马力以上四轮拖拉机。根据地块大小选择播幅 2.4 米或 3.6 米，种子 12 行或 18 行，滴灌带 6 条或 9 条的机型。

（三）水肥管理

滴灌带（内镶贴片式）浅埋于土中 2 厘米左右，镇压形成微垄，种子播于沟内。滴灌带铺设与小麦播种方向平行，与支管垂直，实现水肥一体化，按作物需要供水供肥。滴灌带铺设间距 40 厘米，采用内镶贴片式滴灌带，贴片间距为 20 厘米，滴头流量 1.38～2.0 升/时。

施肥：种肥同播，亩施磷酸二铵或复合肥 25 千克左右，每亩增施生物有机肥 30 千克左右。小麦生育期随水滴灌水溶肥，每次施入 3～6 千克/亩，前期以氮磷为主，后期以氮钾为主。氮肥用量不宜过多，防止小麦徒长、晚熟、倒伏等情况发生，造成减产。一般水溶配方肥施用量：N 10～12 千克/亩、P_2O_5 8～11 千克/亩、K_2O 3～5 千克/亩，可根据土壤肥力状况和小麦长势做适当调整。

每次施肥前先用清水滴灌 5~10 分钟，施肥结束后继续用清水滴灌 20 分钟，防止滴孔堵塞。施肥时将水溶肥放入压差式施肥罐内，每次加肥时控制好肥液浓度。农药也可加入施肥罐进行滴灌施药。

灌溉：总体原则是少滴勤滴，具体按照小麦生长状况和需水规律安排。播种后和苗期，在土壤砂性小的地块，干播湿出，每次亩滴灌水量 15 米^3 以内，时间控制在 3 小时以内。在土壤砂性大的地块，适当增加滴灌次数。拔节期以后滴灌量可以适当增加，每次亩滴灌水量 20 米^3 左右。

小麦播种后到收获滴灌次数视田间墒情确定，一般 4~8 次。小麦整个生育期每次滴灌水量 15~30 米^3/亩，视土壤墒情确定水量和次数。如果为砂土，可增加滴灌次数和水量。一般应以 20 厘米土壤湿润，少浇勤浇，无地表径流为宜，每隔 7~10 天滴灌 1 次。

（四）一喷三防

1. 喷施次数。喷施两次叶面肥（孕穗期、灌浆期）。

2. 喷施时间。抽穗后至扬花前（抽穗率达 80%）第一次喷施，以增加穗粒数、预防干热风为主，兼治锈病、白粉病等；小麦灌浆期再次喷施，增加粒重、防控麦穗蚜，兼治白粉病和锈病等。

3. 肥药选用。防控干热风、增加粒重、提高品质可选用含氨基酸水溶肥、磷酸二氢钾、大量元素水溶肥、芸苔素内酯、氨基寡糖素、富硒水溶肥等。杀虫剂可选用丙环虫酯、甲维·虱螨脲、甲维·茚虫威、噻虫嗪等。杀菌剂可选用戊唑醇、吡唑醚菌酯、三唑酮等。

4. 配方选择。98%磷酸二氢钾 50 克/亩＋0.01%14-羟基芸苔素内酯水剂 10 克/亩（或 5%氨基寡糖素水剂 10 毫升等其他同类产品）；虫害达到防控指标时加 50 克/升双丙环虫酯可分散液剂 10~16 毫升/亩，或 25%噻虫嗪悬浮剂 4~8 毫升/亩，或 14.6%甲维·虱螨脲悬浮剂 10~20 克/亩，或 17%甲维·茚虫威悬浮剂 7.6~12 毫升/亩（或其他同类产品）；如有病害根据具体情况加入杀菌剂。

5. 配药喷施。肥药配制采用二次稀释法，无人机亩用液量 1.5 升以上。密切关注天气预报，防治后 2 小时内有降雨时，雨晴后要及时进行补防。注意避开中午前后气温较高时段喷药，避免出现药害和中毒。开展跟踪调查，对防效差的地块要及时补防。

小麦田高效除草

无人机"一喷三防"

（五）注意事项

1. 滴灌带选择。选择内镶贴片式滴灌带，孔距为 20 厘米，流量小于 2.0 升/时，一般选用 1.38 升/时的。不宜用孔距大于 20 厘米的边缝迷宫式滴灌带，避免流速过快过大形成径流，延长渗透时间，造成土壤板结，影响出苗质量。滴孔应朝上，防止堵塞。

2. 注重垄沟的形成。不要在镇压轮后装置其他多余的糖耙类。糖平垄沟增加种子的土层覆盖厚度，使种子出苗困难，造成苗弱甚至不出苗，影响播种质量。另外，垄沟具有抗寒、抗旱节水、通风透气功能，增加土壤透气性，利于小麦生根壮苗，增强抗倒伏能力。

3. 干播湿出。部分滴灌地是未浇灌秋冬水的地块，土壤墒情差，耕层几乎没有水分，有 15～20 厘米的干土层，播种后通过滴水才能发芽出苗。干播湿出技术通常用于膜下滴灌作物，小麦干播湿出可在不覆膜的条件下进行，滴水时综合考虑土壤渗透性，确定合理的控水时间。

三、适用范围

适用于西北井灌区、引黄灌区、井黄双灌区。

四、应用效果

小麦浅埋滴灌水肥一体化技术，在密植作物基础上应用水肥一体化技术，集播种、施肥、滴灌带铺设、覆土、镇压为一体的全程机械化作业，实现了"四节"（节水、节肥、节种、节工）、"三抗"（抗旱、抗寒、抗倒伏）、"三增"（增产、增收、增效益）的目标。本技术模式能够提高小麦生产力，提升耕地质量，为粮食安全生产和农业绿色高质量发展提供技术支撑。

宁夏引黄灌区春小麦套种大豆"有机肥＋
缓控释肥一次性基施＋一喷多促"技术模式

一、模式概述

在春小麦套种大豆种植模式中，遵循"轻简化、宜机化"原则，坚持因地制宜、区别对待，小麦带施肥不减少，能充分满足小麦对养分的需求；大豆带根据地力水平不施氮肥或少施氮肥，避免大豆旺长。全程应用测土配方施肥技术，采取一次性施用专用型缓控释肥料，与有机肥合理搭配，以一次性施肥、机械深施、新型肥料施用等关键技术为核心，同时集成配套优良品种、合理栽培、田间管理及病虫草害防治等技术措施，形成"有机肥＋缓控释肥一次性基施＋一喷多促"技术模式。

二、技术要点

(一)核心技术

根据春小麦、大豆需肥规律和肥料施用效应,选用小麦和大豆专用缓控型氮肥和磷、钾肥组合的配方肥,在小麦、大豆等播种前或播种时一次性施入土壤,满足作物全生育期对养分的需求。后期根据小麦和大豆长势长相,适当补充磷酸二氢钾、含氨基酸水溶肥、含腐植酸水溶肥或微量元素水溶肥等叶面肥。

(二)施肥技术

1. 缓控释肥配方及用量确定。按照小麦 350 千克/亩、大豆 100 千克/亩以上的目标产量确定施肥量。小麦、大豆缓控释肥必须分区施于各自种植带内,小麦亩施 $N-P_2O_5-K_2O$ 配比为 32-13-6 或相近配方的专用缓控释配方肥 38～42 千克,大豆亩施 $N-P_2O_5-K_2O$ 配比为 21-24-10 或相近配方的专用缓控释配方肥 10～12 千克。

2. 施肥方法。结合播前整地,全田亩基施腐熟堆肥 1 000～1 500 千克或商品有机肥 150～200 千克,机械深翻深松入土,施肥深度 10～20 厘米。小麦缓控释肥采用先施肥后播种的方法,肥料深 8～10 厘米;套种大豆缓控释肥采用种肥同播方法,肥料距离大豆种子 5～6 厘米,深 8～10 厘米,即"侧 5 深 8"。

3. 叶面喷施。在大豆苗期和开花期,可亩用钼酸铵 15 克兑水 30 千克进行叶面喷施。对于苗情长势偏弱的大豆,可亩用磷酸二氢钾 100 克或含腐植酸水溶肥(大量元素型)150 克兑水稀释成 0.3%～0.5%溶液进行叶面喷施。麦套大豆全田进行叶面喷施,可在生长中后期结合"一喷多促",将磷酸二氢钾、含氨基酸水溶肥或含腐植酸水溶肥等,混合杀菌杀虫剂、抗逆剂、调节剂等一次性喷施。

(三)配套技术

1. 品种选择。小麦选择高产、优质、抗逆性强的宁春 58、宁春 55、宁春 61 等中早熟品种;大豆选择直立、耐阴、耐密、抗倒伏、结荚高度适宜机收的中晚熟品种。

2. 播种时间。小麦:银南地区适宜播种期 2 月下旬至 3 月上旬,银北地区 3 月上旬。大豆:4 月中旬播种(至少在小麦头水 7 天前,以 10 天最好)。

3. 种植行比。依据小麦收割机的割幅选择小麦/大豆种植行比,割幅 2.4～2.6 米的主推小麦/大豆种植行比"20∶4"模式,割幅 2.2～2.3 米的主推小麦/大豆种植行比"18∶4"模式。

4. 密度。小麦:亩保苗 30 万～33 万株,实际下种量控制在 18～21 千克。大豆:亩保苗 9 000～10 000 株,实际下种量 2～3 千克。

5. 播种方式。"20∶4"模式的麦套种大豆总带宽 377.5 厘米,其中小麦净带宽 237.5 厘米,种植 20 行,行距 12.5 厘米;"18∶4"模式的麦套种大豆总带宽 352.5 厘米,其中小麦净带宽 212.5 厘米,种植 18 行,行距 12.5 厘米。两种模式套种预留净空 140 厘米,大豆种植 4 行,行距 30 厘米,单粒株距 7 厘米,双粒穴距 14 厘米,小麦与大豆间距 25 厘米。

小麦和大豆播深 3～5 厘米。

6. 灌水。春小麦全生育期灌水 3～4 次，头水争取在 4 月底前灌完。头水与二水间隔时间在 10～15 天，小麦抽穗前灌三水，如后期小麦带复种作物，需在小麦灌浆中后期适时、适量灌麦黄水。大豆开花结荚期（小麦抽穗前后）、鼓粒期各灌水一次，灌足灌透，其他情况可视墒情及时补水。

7. 除草。播种前土壤封闭除草，可选择噻吩磺隆或唑嘧磺草胺。小麦苗期、大豆播种前或出苗前选用 2，4-滴异辛酯乳油＋苯磺隆，兑水全田喷雾，结合防除杂草亩加 0.136％赤霉酸·吲哚乙酸·芸苔素内酯可湿性粉剂 2～3 克，提高麦苗素质，增强小麦抗逆能力。小麦苗期除草最好采用自走式或背负式喷雾器，如选用飞防，需在无风天气条件下进行。

8. 病虫害防治。对病虫害达到防治指标的田块应立即开展"一喷三防"工作，防治小麦条锈病、白粉病、蚜虫、干热风及大豆锈病、黑斑病、棉铃虫、黏虫、叶甲类害虫、红蜘蛛、蚜虫等。并根据病虫害发展情况及时组织开展统防统治，减轻危害。杀虫剂选用啶虫脒、高效氯氟氰菊酯、噻虫嗪等；杀菌剂选用戊唑醇、氟环唑、粉锈宁、多菌灵、丙环唑等；植物生长调节剂选用磷酸二氢钾、芸苔素内酯等。

（四）注意事项

1. 分区施肥。小麦带和大豆带施肥务必做到严格分区，坚持做到小麦带施肥不减少，能充分满足小麦对养分的需求；大豆带根据地力水平不施氮肥或少施氮肥，避免大豆旺长。

2. 严选肥料。大豆为忌氯作物，推荐选用硫基缓控释肥料。

三、适用范围

适用于宁夏引黄灌区的小麦大豆复合种植地区及西北同类型地区。

四、应用效果

小麦套种大豆采用"有机肥＋缓控释肥一次性基施＋一喷多促"技术模式，能够有效减少小麦大豆化肥用量、追肥次数和数量，亩均减少化肥用量 3％以上，减少追肥次数 1～2 次，较常规施肥小麦亩均增产 22.4 千克，大豆亩均增产 11.7 千克。

陕西渭北"有机肥＋机械深施＋缓释肥料"技术模式

一、模式概述

以提高小麦单产水平为目标，通过增施有机肥，配套小麦深耕施肥机械撒施耕翻或种肥同播实现机械深施,针对小麦生育期长、中后期需肥集中的特点,选用缓释肥料,延长有效养分的吸收利用期,满足作物全生育期养分供应,达到增产节肥效果。

二、技术要点

(一)有机肥施用技术

1. 有机肥类型。一般选择充分腐熟的羊粪、牛粪等农家肥,或沼液、沼渣类有机肥料,也可以选用商品有机肥,或含有益菌的生物有机肥。

2. 有机肥用量。对于中等肥力土壤、中等产量水平(亩产≥400千克)的田块,施用充分腐熟的农家肥1 500～2 000千克/亩,或普通商品有机肥200～300千克/亩,或优质生物有机肥100～150千克/亩,或沼渣1 000～1 500千克/亩+沼液2～5米³/亩。

3. 施肥时期与方法。在小麦播种前将全部有机肥均匀撒施地表,农家肥及颗粒状商品有机肥可用有机肥抛撒机进行均匀撒施,然后进行深翻整地,沼液肥可在小麦越冬至返青期进行均匀喷洒。

(二)机械深施

1. 机械类型。选择小麦宽幅沟播机、种肥同播机等,一次性完成灭茬、旋耕、播种、施肥、覆土、开沟、镇压,一机多用,将旋耕机、播种机、施肥机三机合一,实现了种肥隔行分层、精准施肥、化肥机械深施技术。

2. 整地作业。前茬作物秸秆切碎均匀还田,长度不超过5厘米,留茬高度不超过10厘米。因地制宜采取耕翻或旋耕等方式进行埋草灭茬整地,耕翻深度25～30厘米。

3. 机械施肥。撒施耕翻时,将基肥撒施于地表后旋耕或耕翻,保证深度大于20厘米,及时压实。种肥同播时,将肥料施于种子侧下方2.5～4厘米处,肥带宽度大于3厘米,或将肥料施于种床正下方,间隔大于3厘米,肥带宽度略大于种子播幅。有条件的地方还可采用深松分层施肥播种机,通过3个施肥口分别将肥料施于深度8厘米、16厘米和24厘米处,分配比例为1:2:1或1:2:3。

4. 注意事项。使用配套的牵引动力,加强机械深施质量监测,要求肥条均匀连续,无明显断条和漏施。注意秸秆粉碎还田质量,秸秆量过大的地块提倡部分回收、适量还田。施肥播种机械应低速驶进大田,作业全程匀速前进,中途不可停止作业,以免造成断垄。

有机肥抛撒

(三)缓释肥的选择与施用

1. 缓释肥要求及配方。选择符合国家标准的缓释肥料,要求颗粒均匀、密度一致,粒径2～4毫米为宜,理化性状稳定,便于机械施用。选用氮磷钾配比合理、粒型整齐、硬度适宜,含有一定比例缓释养分的配方肥料。依据多年测土配方施肥技术成果以及肥料试验数据,川塬灌区选用氮磷钾配方为 23 - 12 - 5 或 24 - 16 - 5 的缓释肥,塬旱地选用氮磷钾配方为 25 - 10 - 5 的缓释肥。

2. 施肥方法及用量。播前可将缓释肥撒施于地表后耕翻,或者结合种肥同播进行机械深施。依据小麦品种、目标产量、土壤测试值等因素确定施肥总量,本技术模式氮肥投入量比常规施肥减少 5%~10%。指导施肥量为:川塬灌区亩基施缓释肥 50~60 千克,塬旱地及丘陵山区亩基施缓释肥 40~50 千克。

种肥同播

三、适用范围

适用于陕西川塬交通便利、地形平整,能机械施肥的小麦主产区。

四、应用效果

本技术模式增产10%以上,节肥 5%~10%,肥料利用率提高 10%~15%,亩节约人工约 1 个。

西北灌区"测土配方施肥＋
机械深施＋水肥一体化"技术模式

一、模式概述

以测土配方施肥为基础,制定小麦基肥施肥方案,配套专用配方肥料或掺混肥料,通过条播铺带施肥一体化播种机施肥。同时在小麦生育期进行水肥一体化追肥,实现小麦生育期全程均匀精准施肥，达到节水、节肥、省工和增产、增收、增效的效果。

二、技术要点

(一)基肥确定

1. 肥料品种。宜选用单质尿素、磷酸二铵、硫酸钾混合的掺混肥料或专用配方肥。基肥应以有机肥为主，选择腐熟农家肥或商品有机肥。

2. 肥料要求。肥料应为圆粒形，粒径 2～5 毫米为宜，颗粒均匀、密度一致，理化性状稳定，硬度宜大于 20 牛，手捏不易碎、不易吸湿、不粘、不结块，以防肥料通道堵塞。

3. 肥料用量。应根据产量水平、肥料种类、土壤及气候条件制定施肥方案，确定施肥总量、施肥次数、养分配比。一般情况下，有机肥与磷肥（或 70％磷肥）作基肥一次性施入，氮肥一般要求基肥与追肥比为 1∶(1～2)，钾肥一般要求基肥与追肥比为 1∶1。

4. 追肥运筹。10％的磷肥、30％的氮肥在起身期至拔节期随水滴施；20％的氮肥和25％的钾肥在孕穗期随水滴施；10％的氮肥、10％的磷肥和 25％的钾肥在扬花期随水滴施；10％的氮肥、10％的磷肥在灌浆期随水滴施。

(二)机械深施

1. 品种选择。选择与当地气候条件适应的抗病、抗倒伏及抗逆性强的品种。

2. 播前整地。前茬作物收获后及时秋耕进行深松，犁地深翻 30 厘米以上，先用动力驱动耙整地，后使用平土框平整土地，杜绝用旋耕耙整地。耙地深度 8～10 厘米，做到播前土壤上虚下实，整地质量达到"齐、平、松、碎、净"标准的要求。

3. 机械选择。使用安装北斗导航系统的条播铺带施肥一体化播种机播种，实现播种、施肥与铺滴灌带同时进行；也可采用条播播种机先播种后铺带的方式，可选用不同播幅的悬挂式播种机。同时种肥必须分离，化肥施在种侧 5 厘米、深 8 厘米处。

4. 作业准备。根据机具使用说明书检查各零部件，应安装正确，紧固可靠，动力传动部分和转动件应转动灵活。按当地农艺要求调整小麦播种量和化肥量。以机组中心线为基准，按农艺要求的行距和化肥播深，对称调整并固定施肥开沟器、滴灌带铺放装置。滴灌带卷应固定在滴灌带轴的相应位置，左右偏移不大于 50 毫米。试播小麦播种机组调整好后，应试播 10～20 米，确认施肥、播种、铺滴灌带质量合适后，方可正式作业。试播后检查调整播种、施肥深度，保持合适的深度及种肥隔土层；检测播种机具的播种均匀性和播种与施肥深度均匀性；检查滴灌带的覆土和铺放是否符合农艺要求。符合农艺要求后，方可正式作业。

5. 作业要求。作业之前，根据机组长度确定地头宽度，画好地头线，并对地块进行规划，确保第一趟作业走直。施肥、铺滴灌带、播种作业一律采用梭式行走法。施肥、铺滴灌带、播种作业开始后，机组停在地头线外，放下机具，根据地头宽度留足地头的滴灌带，并用木条（或管子）固定好滴灌带。操作人员及辅助跟机作业人员要时刻注意作业中发生的各种异常情况。要确保播种质量合格，化肥、种子、滴灌带要及时进行补充。作业时机具应缓慢起步，匀速前进（不大于 5 千米/时）。机具工作时严禁倒退和转弯。作业时农具手应经常注意排肥、铺滴灌带装置工作是否正常，经常检查各紧固件和连接件，防止松脱，发现异常现象应停车排除。作业时及时添加肥料和种子，肥料、种子不得少于肥料箱体容积的 1/4。确保安全生产，严格按照农机安全操作规程进行操作。

6. 注意事项。作业过程中，应规范机具使用，注意操作安全。条播铺带一体化播种机作业时尽量不要停车，以免肥料堆积。作业中不得急转弯和倒退，遇地头空行和转弯时必须提起播种机。悬挂式播种机起步时应缓慢提速，轻轻落下播种机，以免损坏开沟器。注意观察施肥箱，严防布条、绳头、石块、铁钉等杂物进入排种器。作业中应经常检查播种机管口等是否堵塞，并加以清理。

（三）水肥一体化

1. 水肥一体化系统构建。主要由水源、首部枢纽、输配水管网、过滤器、施肥罐和滴灌带组成。滴灌设备的规格和型号根据生产实际进行选择，首部枢纽包括加压、过滤和灌溉施肥智能决策等设施设备。田间输配水管网应根据所选择的水肥一体化技术模式，严格按照相关技术和参数要求，科学进行布设。滴灌带可铺设在地表，也可铺设在地下。浅埋式滴灌带在黏土或壤土地埋深 2～3 厘米，砂土地埋深 4～5 厘米。小麦一般采用 15 厘米等行距播种或宽窄行播种，1 条滴灌带灌溉 4 行小麦。应采用内镶贴片式滴灌带，贴片间距 20 厘米，流量 1.38～2 升/时。

2. 灌溉时间。根据小麦生长需求和降水情况，精准调整灌溉时间和灌溉量。从苗期到拔节期，土壤相对含水量的最低值应该设定为 65% 左右；从拔节期到孕穗期，土壤相对含水量的最低值应该设定为 75% 左右；从孕穗期到扬花期，土壤相对含水量的最低值应设定为 75% 左右；从扬花期到灌浆期，土壤相对含水量的最低值应设定为 70% 左右；从灌浆期到成熟期，土壤相对含水量的最低值应设定为 55% 左右。小麦全生育期灌水 7～8 次，肥随水施。

3. 肥料选择。滴灌时要求肥料具有良好的溶解性，选择对灌溉水的影响较小且与其他肥料品种兼容、混合后不会产生沉淀的水溶性肥料。氮肥可选用尿素，磷肥可选用磷酸一铵，钾肥可选用硫酸钾。

4. 作业程序。施肥前，滴清水 20～30 分钟，待滴灌管得到充分清洗，同时检查滴灌系统，防止渗漏及堵塞，土壤湿润后开始施肥，灌水及施肥均匀系数达到 0.8 以上。施肥期间及时检查，确保滴水正常。施肥结束后，继续滴清水 20～30 分钟，将管道中残留的肥液冲净。

三、适用范围

适用于西北地区有机械条播铺带水肥一体化条件的灌溉小麦种植区。

四、应用效果

深施肥料可以减少养分流失，特别是减少氮肥的挥发和淋溶损失，同时促进根系向下生长，提高作物的抗逆性。水肥一体化滴灌技术可以节水 50%～60%，节肥20%～30%，增产 10%～15%，整体效果突出，既能提高水分和养分的利用率，又改善了农作物的生长状况，有利于促进农业可持续发展。

五、相关图片

增施有机肥

水肥一体化　　　　　　　　　　　　　种肥同播

无人机施肥　　　　　　　　　　　　　田间测产

新疆"种肥同播＋水肥一体化＋无人机追肥"技术模式

一、模式概述

以种肥同播＋水肥一体化＋无人机追肥为核心，集成种肥同播分层施肥、精量半精量播种、水肥一体化、测土配方施肥、病虫害绿色防控、一喷三防等多项技术，促进农机农艺融合，实现小麦高产稳产和化肥减量增效目标。

二、技术要点

(一) 基肥确定

1. 肥料品种。肥料品种主要有尿素、复合肥或磷酸二铵、钾肥（硫酸钾）、微生物菌肥。

2. 肥料要求。使用的肥料均应在相关部门登记备案，肥料应为圆粒形，粒径 2～4 毫米为宜，颗粒均匀、密度一致，理化性状稳定，便于机械施用。

3. 肥料用量。依据小麦品种、目标产量、土壤测试结果等制定施肥方案，确定施肥总量、施肥次数、养分配比和运筹比例。例如，目标产量为 700 千克，一般推荐施用腐熟农家肥 1.5～2 吨/亩、微生物菌肥 5 千克/亩、尿素 5 千克/亩、磷酸二铵 20 千克/亩、硫酸钾 5 千克/亩。

(二) 机械深施

1. 整地作业。犁地深度 28～30 厘米，使用分流式平地机进行整地作业，做到土地平整、土粒松碎、无明显坷垃，必要时使用驱动耙或联合整地机再作业一遍，保持田间清洁，达到"齐、平、松、碎、净、墒"六字标准。

2. 机械施肥。撒施耕翻时，将基肥用撒肥机均匀撒施于地表，结合犁地均匀施入土层，保证深度大于 25 厘米，及时压实。种肥同播时，选择装备北斗导航系统的 80 马力以上拖拉机，配套种肥分离小麦专用播种机，实施等行距（15 厘米）播种方式，一次性完成施肥、铺设滴灌带和镇压等作业，提高播种质量和整齐度，种肥一般施用复合肥 8～10 千克/亩。

3. 注意事项。使用配套的牵引动力，加强机械深施质量监测，应无明显断条和漏施。

(三) 水肥一体化技术

1. 灌溉制度。全生育期灌水 335 米³/亩，其中在播后 48 小时内滴出苗水 30 米³/亩，越冬水 50 米³/亩，返青至起身期滴水 30 米³/亩，拔节期滴水 45 米³/亩，抽穗期滴水 2 次共 70 米³/亩，扬花期滴水 2 次共 50 米³/亩，灌浆期滴水 40 米³/亩，成熟期滴水 20 米³/亩。

2. 肥料选择。选用氮磷钾配比合理的大量元素水溶肥料、中量元素水溶肥料、微量元素水溶肥料、含氨基酸水溶肥料和含腐植酸水溶肥料等。肥料质量应符合有关国家或行业标准要求，相关产品应经过登记或备案。

3. 肥料用量及运筹。追肥一般返青期随水滴施尿素 5 千克/亩，起身至拔节期随水滴施尿素 8 千克/亩，孕穗期随水滴施尿素 5 千克/亩＋复合肥 5 千克/亩＋硫酸钾 3 千克/亩，抽穗至灌浆期随水滴施农用硫酸锌 3 千克/亩＋硫酸钾 2 千克/亩。在小麦灌浆期实施"一喷三防"2次，提高小麦粒重。

（四）无人机喷施

1. 叶面肥的选择。根据地块土壤特征，针对性选择肥料种类。可选用尿素、磷酸二氢钾、大量元素水溶肥料、微量元素水溶肥料、含氨基酸水溶肥料等。肥料质量应符合有关国家或行业标准要求，相关产品经农业农村部登记备案。

2. 无人机作业。作业前应确认作业区域气象信息适合飞行。风力大于4级或室外温度超过35℃不宜作业，雷雨天气禁止作业。操作人员持证上岗，确保安全飞行。根据机器说明书，并结合风速风向等气象条件设置飞行参数。若晴天喷肥，应在12时前或19时后。若喷后4小时内遇雨，需重喷。

3. 喷施量。在小麦扬花期后喷施2～3次，两次间隔1周左右。肥液浓度不宜过高，防止灼伤叶面，一般尿素1%～2%，磷酸二氢钾0.5%～1.0%，每亩喷施15～20千克。其他农业农村部登记的水溶肥料喷施浓度以使用说明为准。气温较高时，在作物适宜的浓度范围内，应坚持就低原则。

三、适用范围

适用于新疆伊犁河谷冬小麦种植区域。

四、应用效果

采用"种肥同播＋水肥一体化＋无人机追肥"技术模式，以精准养分调控为前提，选用复合肥作基肥，采用种肥同播分层施肥、水肥一体化、无人机叶面追肥等技术，较常规技术化肥可减量5千克，实现肥料利用率提高30%～40%、节水50%、农药用率降低30%，每亩小麦增产15～30千克。本技术模式可行，受到农户欢迎，可大面积推广应用。

五、相关图片

28行种肥分离播种机

水肥一体化种植模式

第三节　长江中下游麦区

"机械深施＋缓释肥料＋无人机遥感追肥"技术模式

一、模式概述

以测土配方施肥为基础，制定小麦基肥施肥方案，配套施用种肥同播专用缓释肥，通过机械播种同步完成施肥。在小麦播种前用无人机进行高程监测，监测田块内部平整度；在分蘖期和拔节初期利用无人机遥感监测长势，并对作物长势进行解析，采用无人机追施配方肥料。后期视作物生长和天气情况实施"一喷多促"，实现小麦生育期全程机械化精准施肥。

二、技术要点

技术路线为：高程监测→小麦选种→肥料选择→整田→种肥同播→机器维护→营养诊断→无人机施肥，其具体步骤如下。

（一）高程监测

水稻收获后的田块高程监测是精准农业的重要环节，通过无人机低空遥感技术结合数字高程模型和地理信息系统，可以高效获取田块高程数据，为整地操作提供科学依据。高程不平整易形成积水区域，引发土壤缺氧和养分流失，影响作物生长。高程监测技术通过无人机规划飞行路径采集高分辨率影像，利用专业软件处理数据，分析田块内部高程差异，明确水分积聚区域，并基于此优化排水系统设计和整地方案。实施后，可通过再次监测验证效果，进一步优化操作流程。本技术能够有效避免积水问题，提高土壤湿度适宜性，提高种植作物的机械化水平和种植面积，同时提高肥料利用率和农业生产效率。

（二）小麦选种

选择分蘖能力强、成穗率高的小麦品种。播种前要对种子进行精选处理，要求种子的净度不低于98%，纯度不低于97%，发芽率达85%，含水量≤13%。

（三）肥料选择

基肥要选择颗粒状的缓释肥，要求粒型整齐，硬度适宜，手捏不碎、吸湿少、不粘、不结块。一般选用粒径为2～5毫米的圆粒形小麦专用配方肥或缓释肥。主推配方：30%（15－6－9）、35%（20－5－10）、40%（25－5－10）。推荐使用小麦专用缓释肥45%（27－6－12），其中缓效氮的含量占总氮量的60%～70%，释放期60天以上，缓释肥料应符合相关标准。

(四) 机械选择

选择旋耕施肥播种机或复式作业机，应能调整播种量、播种深度、行距、株距，施肥量、施肥深度，肥料与种子之间的距离等。每 500 亩配备一台 90 马力以上的大中型拖拉机，配套一台旋耕施肥播种镇压复式作业机。可一次性完成旋耕秸秆埋茬、施肥播种和镇压作业；亦可先机械整地，使表层土壤松碎，根茬、秸秆粉碎后混于表层土壤中，旋深 15 厘米以上，耙实后再施肥、播种。

(五) 种肥同播

1. 施肥总量。小麦总施氮量控制在每亩 12～17 千克纯氮，基肥施用三元复合肥 (占氮肥用量的 50%～60%)。根据不同品种产量水平、品质类型、需肥特性和土壤类型，确定总施肥量，提倡结合测土配方施肥进行。一般中筋小麦 (目标产量 500 千克/亩左右)，总施肥量为 N 16 千克/亩、P_2O_5 5～8 千克/亩、K_2O 8～10 千克/亩；弱筋小麦 (产量目标 450 千克/亩左右)，总施肥量为 N 14 千克/亩、P_2O_5 5～6 千克/亩、K_2O 8～10 千克/亩。依据基肥肥料类型选择相应的施肥方案。

基于目标产量与地力贡献率的氮肥推荐用量

目标产量 (千克/亩)	地力贡献率 (%)	氮肥用量 (千克/亩)
550	65	15～17
450～550	50～65	14～16
<450	<50	12～14

2. 运筹方案。基施普通复合肥时结合种肥同播机深施混入土壤，并分别在小麦四叶期追施苗肥 (占氮肥用量的 10%)、倒 2.5 叶期追施拔节孕穗肥 (占氮肥用量的 30%～40%)。如基肥选择小麦专用缓释肥，总施氮量可减少 10%～15%，结合种肥同播机将基肥一次性深施，后期结合无人机遥感诊断进行变量施肥。

3. 施肥深度。施肥播种机施肥量最大调整为 50 千克/亩，施肥深度要在种子侧下方 5 厘米，尽量不和种子在同一垂直平面内。

4. 秸秆还田。秸秆粉碎还田机械作业，要满足秸秆切碎长度≤10 厘米，秸秆切碎合格率≥90%，抛撒不均匀率≤20%，田面秸秆分布均匀。

5. 旋耕施肥。采用复式作业机一次性完成"旋耕-施肥-播种-镇压"作业，要求旋耕深度 12 厘米以上，耕深稳定性≥90%，秸秆覆盖率≥80%，田面平整，机播行距 20～25 厘米，播深 2～3 厘米，适期播种的田块每亩播量 8 千克左右，错过适期播种的每推迟一天每亩增加播量 0.2～0.3 千克。确保播种均匀，不漏播，不重播，做到播深适宜、深浅一致、播量合理、种子与土壤接触密切。

6. 配套技术。

(1) 苗情管理。依据播期调整用种量，并对种子进行处理以减轻冻害发生概率；对群体过大、有倒伏风险的田块，应镇压控旺、施用植物生长调节剂等及时调控。春季冻害发生时根据冻害程度及时追肥。

（2）水分管理。田内开好丰产沟，做到雨停田干，确保田间雨后无积水，避免渍害。边沟深度为25～35厘米。田间每间隔3～5米开畦沟，沟深15～20厘米，田块长度超过80米需开腰沟，沟深20～25厘米。

7. 注意事项。

（1）注意适墒播种。播种前必须观察墒情，做到适墒播种。土壤适宜含水率为18%～22%，太湿或太干都不适合播种。

（2）注意播种质量。将种子与肥料分别装入容器内进行播种与施肥，切勿将种子与肥料混合。播种机各行的播量要一致，在播幅范围内落籽要分散均匀，无漏播重播现象。作业过程要及时检查种仓和肥仓，并注意检查旋耕装置作业中是否有碎草缠绕。如果施肥播种旋耕机动力不足90马力，则旋耕深度不足12厘米，秸秆深还田效果较差，适合先进行深旋耕还田作业，再进行施肥播种。理想作业条件下，小麦播种深度一般在3厘米，颗粒肥料施于种子正下方5厘米处或者位于种子横向10～15厘米、下方5厘米处。

（3）注意清理施肥机械。播种作业完成后，清洗干净肥料箱、排肥管及施肥器，以免剩余的化肥损伤机具部件。

（六）营养诊断

在小麦生产管理中，采用无人机遥感技术对分蘖期和拔节初期的小麦长势进行监测与诊断，是实现精准农业的重要手段。该过程主要包括数据采集、影像处理、特征提取、长势分析以及施肥处方图的生成。首先，利用高精度无人机搭载多光谱传感器，对农田进行航拍，获取高分辨率遥感影像数据。通过辐射定标和几何校正等预处理，将影像数据转换为数字格式，同时校正辐射误差和几何畸变，确保影像质量与精度。其次，基于地理信息系统和计算机视觉技术，从遥感影像中提取与小麦长势相关的植被指数及其他表型特征。在长势分析阶段，利用提取的植被指数与特征数据，结合前期栽培管理措施及环境因子，通过遥感与作物生长模型的耦合分析，构建作物长势评价体系。最后，根据分析结果生成空间分布精准的施肥处方图，为农业生产者提供具体的施肥指导。

（七）无人机施肥

1. 无人机选择。选择当地农业生产中普遍使用的农用无人机，有效负载50千克以上为宜。小麦追施肥时有效播撒幅宽3～5米、作业高度3～4米，飞行速度4～6米/秒，每亩施肥量误差不超过5%，具备自主作业、智能避障、漏堵报警、实时监控和轨迹记录等功能。

2. 肥料选择。无人机撒施肥料一般以氮肥为主，常选用尿素；叶面喷施时应选择溶解性好的氮磷钾和中微量元素肥料，如尿素、磷酸二氢钾、硫酸镁、硫酸锌、硼酸、钼酸铵等，或大量元素水溶肥料、中量元素水溶肥料、微量元素水溶肥料、含氨基酸水溶肥料、含腐植酸水溶肥料、有机水溶肥料等。

3. 肥料用量。将生成的施肥处方图推送到种植大户的植保无人机账号，通过加载处

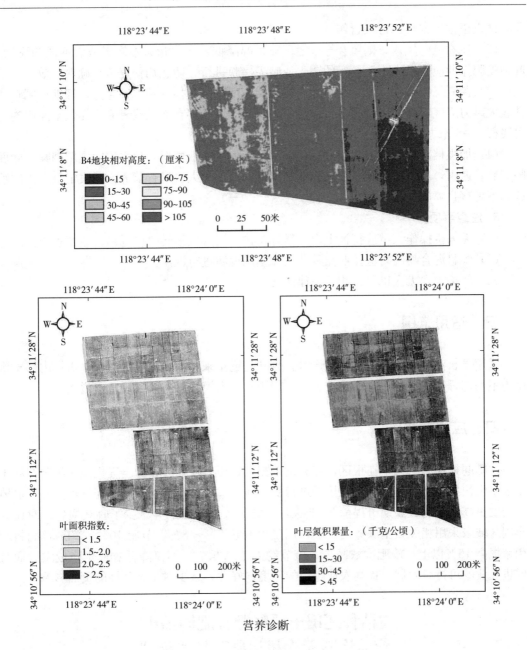

营养诊断

方图进行施肥作业。

4. 作业程序。飞行前应仔细观察周围环境，确保作业区域开阔、周围无高大建筑物或物体遮挡；确保作业区域及附近无高压线、通信基站或发射塔台等电磁干扰；确保作业区域远离障碍物及人群，并排除周围一切可能的不安全因素。

（1）机器试撒。作业前建议小范围试撒，准确确认实际作业亩用量。首次使用遥控器前需充电以激活内置电池，电量指示灯开始闪烁，表示内置电池已激活。安装高精度定位模块，展开天线，展开飞行器检查电量并开机。使用无人机追肥前，应根据作业区地理情况设置无人机的飞行高度、速度、喷幅、航线方向、喷洒量、雾化颗粒大小等参数并试飞，试飞正常后方可进行飞行作业。

（2）注意风向风速。侧风会导致播（喷）幅降低，应尽量采取顺风或者逆风向飞行；叶面喷肥作业应在风力小于 3 级的阴天或晴天傍晚进行，防止灼伤麦苗，确保肥效。

（3）控制飞行高度。雷达距离地面或冠层高度越高，播（喷）幅越大，轻细小肥料或遇较大风力天气应降低飞行高度，应避免高度高于 4 米，在无风或者完全无低空障碍物时可飞行 5～8 米。

（4）加强档案管理。追肥作业后，应记录无人机作业情况，建立田间施肥档案。叶面喷肥后若遇雨，应重新喷施。喷施作业结束后，通过无人机进行营养诊断决定是否再次喷施，不可盲目喷施造成肥害。

5. 注意事项。

（1）无人机操作人员应持证上岗，做好防护。无人机运转时应远离，严禁触摸。

（2）肥料混合喷施时应按照品种特性和使用说明进行混配。

（3）严格遵守无人机飞行相关法律法规。

三、适用范围

适用于长江中下游小麦种植主产区，尤其是近年来新建的高标准农田。田块内部土壤肥力不均匀程度高且相对高低差较大时，应用本技术模式可有效实现节本增效。

四、应用效果

种肥同播使肥料集中在根区，养分供应充足，便于作物吸收。全程机械化施肥有利于小麦早生快发、株型整齐，实现按需进行变量施肥，相对于常规田块小麦长势更齐，群体均匀度更高，平均收获期可提前 2～3 天，节省了收割成本，并减少了收获损失。对比同年同区域未采用相关技术服务的田块，产量提升超 6%～8%，节肥 10%～20%，肥料利用率提高 15%以上，施肥次数减少，亩节约人工 0.5 个。不仅降低农业生产成本，而且促进农业的可持续发展，提高农业生产的环境友好性，减少对生态环境的负面影响。

"秸秆还田＋缓释肥种肥同播＋营养诊断无人机追肥"技术模式

一、模式概述

在化肥用量较高的区域集成秸秆深翻还田、增施有机肥、种肥同播、应用缓释肥、作物营养遥感诊断无人机精准追肥等技术，形成"秸秆还田＋缓释肥种肥同播＋营养诊断无人机追肥"技术模式，后期配套无人机喷施含氨基酸水溶肥技术，实现小麦生育期全程精准施肥。

二、技术要点

(一) 秸秆深翻还田

利用铧式犁等农业机械,对地表土壤进行适当深度的翻耕,疏松和增厚耕层,并将作物残茬等深埋于地表之下。经犁耕后的田块要求表面无水稻秸秆等作物残茬,无明显犁沟或土包,地中地头无漏耕现象。

1. 技术参数。

(1) 秸秆要求。水稻收获宜用半喂入联合收割机,联合收割机安装秸秆切碎装置,收获时留茬高度≤10厘米,秸秆切碎长度≤10厘米,秸秆抛撒不均匀率≤20%;前茬作物病虫害严重的秸秆不宜直接还田。

(2) 作业要求。根据田间土壤情况和铧式犁的数量匹配相应的机械动力,一般配备140马力以上四轮驱动拖拉机,犁耕深翻深度≥25厘米,稳定性大于85%,耕后地表平整,犁底平稳,立垡、回垡率小于5%,碎土率大于80%。

(3) 适墒耕旋。土壤含水率在15%~25%之间犁耕深翻,犁耕深翻还田作业后的秸秆覆盖率≥90%,深翻后旋耕整地1次以上。

(4) 增施有机物料。每亩机施(撒施)有机物料200~1 000千克,均匀抛撒(抛撒不均匀率≤20%)。土壤有机质≥18克/千克时,可少量施用有机物料或不施用。商品有机肥料符合NY/T 525标准,自制有机肥符合NY/T 3442标准,重点推广应用以畜禽粪便类、菌渣为主要原料的有机肥,稳定产品质量。

2. 操作过程。稻田控水降渍—联合收割机实时收割水稻—水稻秸秆切碎匀抛—增施有机物料(同时增施氮肥或基肥)—铧式犁耕翻—旋耕机碎垡平整—机械播种—机械开沟—镇压。首次作业深度不宜过深,后续可逐渐提高。实施犁耕深翻田块,要加大有机肥、菌渣类的配施量,促进微生物活动,加速土壤有机质积累。增施有机肥的基施氮肥投入前移1~2千克/亩,增施菌渣类的基施氮肥投入前移2~3千克/亩。犁耕深翻作业可以每隔3~5年在秋季深耕1次,短期内秸秆还田量大、土层比较薄、土壤有机质较少的薄地可每年进行犁耕深翻。

秸秆深翻　　　　　　　　　　　　　　　　　有机肥撒施

（二）种肥同播应用缓释肥

在小麦播种时一次性将种子和缓释肥料深施到土壤中，提高肥料利用率。

1. 技术要点。

（1）肥料用量及运筹。根据小麦品种、目标产量、地力水平等因素制定施肥方案，每亩施氮（N）14～18千克、磷（P_2O_5）3～6千克、钾（K_2O）3～6千克。应用"种肥同播＋缓释肥"技术模式，采取一基一追方式，基肥亩施40～50千克缓释肥（33-8-9）；拔节孕穗肥亩施5～10千克尿素。抽穗扬花初期结合病虫害防治，喷施含氨基酸水溶肥料，每亩次用100克。

（2）机械作业。选择适宜的种肥同播机，调整适宜的播种量、播种深度、行距、株距、施肥量、施肥深度、肥料与种子之间的距离等。作业前检查装置运行是否正常，排种、施肥稳定，不伤种子。机械作业必须缓慢起步，匀速前进，速度以2～3档为宜，不宜过快以免影响播种（施肥）质量。

2. 操作流程。

（1）种子处理。在播种前3～5天将种子摊在防水布上，厚度以5～7厘米为宜，连续晒1～2天，随时翻动，晚上堆好盖好，直到牙咬种子发响为止。播种前拌种，随拌晾干后随播。

（2）适播时期。播种时间在10月28日至11月10日。

（3）确定播量。适期早播（10月底前）7～9千克/亩，目标基本苗12万～14万株；适期播种（11月上旬）8～11千克/亩，目标基本苗14万～16万株；适期晚播（11月中下旬），适当加大播种量至12～20千克/亩。

（4）播种方式。种肥同播（机条播），确保匀播，播种深度2～3厘米。

（5）机械镇压。小麦播种后1周内镇压为宜，土壤坷垃大且含水量低应播后立即镇压并适当提高镇压强度。出苗后在苗期也可视苗情进行二次镇压。

（6）开沟理墒。田内外三沟配套排水降湿。田外沟，沟深≥1米；田内沟竖沟间距2～3米，沟深≥20厘米；横（腰）沟间距40～50米，沟深≥30厘米；田头沟，沟深≥40厘米。

3. 注意事项。

（1）抗旱排涝降渍。田内外三沟配套排水降湿，做到能灌能排，遇旱沟灌洇水，遇涝排水降渍（湿）。

（2）补救春霜冻害。出现倒春寒情况，可通过迅速增施速效肥恢复补救，可亩增施尿素5～8千克（依据幼穗冻死率增施）促进再生分蘖。

（三）作物营养遥感诊断无人机精准追肥

利用遥感、大数据、人工智能等现代信息手段，构建适用于精准施肥的作物营养盈亏遥感诊断模型，出具施肥方案，指导农户科学施肥，保障粮食产量。

1. 模型构建。 于小麦追肥期，利用无人机多光谱图像传感器，获取田间小麦氮素、叶绿素含量等信息，建立小麦营养无人机遥感监测模型，并利用本地数据进行测试评价，提高小麦营养无人机遥感监测技术在不同种植区的可靠性和实用性。

2. 盈亏诊断。结合小麦遥感特征信息与农学知识，构建适合不同种植区、不同种植品种、不同管理措施下多种生产目标需求的小麦追肥期营养盈亏智能诊断模型，实现小麦主要追肥期营养动态提取与智能诊断。

3. 处方决策。建立基于专家经验的小麦施肥知识图谱，利用遥感诊断小麦营养数据对知识图谱进行动态演化，构建适用于低空无人机、基于养分平衡和产量最优的小麦精准施肥智能决策模型；利用营养盈亏遥感诊断结果，融合测土施肥大数据，构建小麦追肥期因苗施肥决策方法，生成无人机施肥作业数字化处方图。

4. 操作流程。先进行无人机营养诊断及盈亏诊断，生成施肥作业数字化处方图，将施肥作业数字化处方图存入储存卡，然后将储存卡安装到施肥无人机遥控器卡槽中，遥控器识别到处方图后，可直接调用，施肥无人机据此进行精准、高效、按需施肥。

5. 注意事项。小麦追肥期进行 2～3 次诊断，如果因为天气原因造成麦苗受冻害，应及时增加诊断频次，采取抗逆措施促进麦苗恢复，并酌情确定是否追肥。

三、适用范围

适用于长江中下游土壤有机质含量偏低、肥料用量偏高的小麦种植区域。

四、应用效果

土壤有机质含量提高 2%～5%，土壤总体肥力水平获得提升，化肥用量减少 15%～20%，小麦增产 10%～15%，做到小麦精准、高效、按需施肥，实现了粮食增产、地力提升和绿色发展的多目标协同。

环巢湖"测土配方施肥＋机械深施＋无人机追肥"技术模式

一、模式概述

以测土配方施肥为基础，在稻麦轮作地块小麦施肥中以"控氮、减磷、稳钾"为原则，坚持大配方小调整，制定小麦科学施肥方案。基肥应用小麦配方肥，机械深施，实行种肥同播，在小麦生育期监测苗情，进行营养诊断，不追肥或减少追肥并精准追肥，追肥应用无人机撒施或叶面喷施，实现小麦生育期全程机械化精准施肥。通过小麦科学施肥"三新"模式集成应用，提高肥料利用率，推动小麦生产降本增效。

二、技术要点

以测土配方施肥技术成果应用为基础，选用小麦专用配方肥，应用种肥同播、无人机追肥,农机农艺融合,实现全程机械化精准施肥。具体实施技术路线为:测土配方→肥料选择→小麦选种→整地作业→机械深施→无人机追肥。

(一)测土配方

按照测土配方施肥技术规程,以本地取土养分检测和田间肥料试验结果为基础,根据代表性小麦品种目标产量的需肥量、不同生育时期的需肥规律和肥料效应,在合理施用有机肥的前提下,提出小麦科学化肥用量、结构配比、施肥时期和施用方法,在施肥技术应用路径上注重"精、改、调、替、管"多管齐下。在测土配方施肥技术基础上,坚持小麦生育期营养诊断与生长后期苗情监测紧密结合,利用本地土壤养分状况、肥料投入、收获产量等实际生产数据进行本土化验证。监测营养诊断数据与作物不同施肥技术下全生育期的匹配度,为后期探索适宜本地主要作物在不同种植区、不同品种、不同管理措施下多种生产目标需求的追肥期养分盈亏诊断模型提供多尺度多生境数据支撑。以建立高效低成本作物营养信息监测模型为目标,实现利用营养诊断大模型来指导作物精准施肥。

(二)肥料选择

1. 施肥品种。选用巢湖市当地推荐小麦专用配方肥,主要养分($N-P_2O_5-K_2O$)配比为18-12-15或相似配方(氮、磷、钾养分上下浮动2个百分点,总养分不低于45%)。采用一次性施肥的,宜选用含5~8个缓控释氮小麦专用配方肥料;采用基追配合施肥的,也可选用普通配方肥,追肥建议用颗粒尿素。

2. 施肥要求。基肥要选择颗粒状且易于机械深施操作的复合肥、复混肥或缓控释肥,肥料应为圆粒形,粒径2~5毫米为宜,颗粒均匀、密度一致,理化性状稳定,硬度适宜,手捏不易碎、不易吸湿、不粘、不结块,利于肥料通道通畅下料。

3. 施肥用量。依据本地小麦适宜品种、目标产量、耕地质量等级等制定施肥方案,确定施肥总量、施肥次数、养分配比。对照小麦目标产量小于400千克/亩,推荐基肥施用配方肥量为30~35千克/亩;目标产量大于400千克/亩,推荐基肥施用配方肥量为35~40千克/亩。一般情况下,种肥同播的氮肥投入量可比常规施肥减少10%~20%,减肥量根据不同地块土壤肥力、种植及施肥水平等实际情况确定。秸秆还田量较大田块,基肥亩增施纯氮1~2千克,防止出现生理夺氮影响麦苗生长。

4. 施肥次数。结合种肥同播机高效、省工的特点,一般采用一次性施肥或一基一追方式。一次性施肥充分考虑氮素释放期等因素,选用含缓控释氮的配方肥料,一次施基肥满足小麦整个生育期的养分需求。一基一追方式应做好基肥与追肥运筹,氮肥基肥占60%~70%,追肥占30%~40%,可根据实际生产情况进行小调整;磷、钾肥作基肥一次性施用,后期根据作物苗情对照缺肥情况补施叶面肥。

(三)小麦选种

选择适宜当地的抗病性强、抗倒伏、分蘖能力强、成穗率高的小麦品种。播种前要对种子进行精选处理，要求种子的净度不低于 98％，纯度不低于 97％，发芽率达 95％以上。提倡使用包衣种子，未进行包衣处理的种子需进行拌种处理，以防治病、虫、鸟的危害。播种量 12～15 千克/亩，若播种时间较晚，建议适当增加播种量。

（四）整地作业

1. 秸秆还田。 选用 100 马力以上的农机，配备卫星导航系统或高水准农机手，对前茬留田作物秸秆进行碎抛或粉碎作业，采用耕翻、深旋耕等方式埋草整地，旋耕埋草深度达到 15 厘米以上，确保秸秆分布深而匀。

2. 精细整地。 通过适当的旋、耙方式进一步整地，达到田面平整、上虚下实、表土细碎。特别是对秸秆还田地块，应压碎土块，弥补土壤缝隙，避免出现旋耕不实造成的播种过深、透风跑墒、易旱易冻等弊端，提高整地质量。土壤板结或犁底层较浅的田块适当增加耕深，根据田块性状制定作业路线，防止漏耕、重耕。对条件允许的主体，建议整地时机械增施商品有机肥。

3. 机械开沟。 在种肥同播作业后，要及时机械开沟，田内沟深一般 20～30 厘米，畦沟间隔 2.0～2.5 米，腰沟间隔 20～30 米。田外大沟一定要明显深于田内沟，一般深度 40 厘米以上，便于田内积水能够顺利排出。畦沟、腰沟、田外沟三沟配套，沟沟相通。

（五）机械深施

1. 机械选择。 选择适宜的种肥同播机，应能调整播种量、播种深度、株行距、施肥量、施肥深度及肥料与种子之间的距离，建议选择带有镇压滚筒装置机械，实现前旋耕，中施肥、播种，后镇压一体化。

2. 作业准备。 播种施肥前一定要观察墒情，做到适墒播种。

（1）机具调试。作业前应检查种肥同播机装置运转是否正常，种子及肥料通道是否顺畅，有无阻碍杂物。进行开机试运转，保证机具各运行部件应转动灵活，无碰撞卡滞现象。

（2）肥料种子分别加入对应的箱体中，对应调节到所需用量，加料前需认真清理箱体并排出通道中的杂物。

（3）使用或加装带旋耕及镇压滚筒装置，保证作业时能将旋耕、施肥、播种、镇压一次完成，省工提效。

3. 作业要求。

（1）种肥位置配合。播种深度一般应控制在 3 厘米左右，对容重低等易失墒地块应适当增加 1～2 厘米，深浅要一致。施肥深度要控制在种子侧下方 3～5 厘米。将种子与肥料分别装入容器内进行播种与施肥，切勿将种子与肥料混合。

（2）保证作业同步。作业过程中应注意观察麦种和肥料箱剩余量，一旦发现不能满足一个行程的排肥或播种量，应及时添加，保证种肥能同步精量作业。作业时，随时注意种肥两箱中种子和肥料及排口下排情况，发现种肥有播空或堵塞时，应立即停下来检查后再继续作业。

4. 注意事项。注意控制机械作业速度，匀速作业，保证前旋耕充分，中间种子肥料均匀，后镇压密实。

（六）无人机追肥

1. 无人机选择。选择当地农业生产中普遍使用的无人机，有效负载 50 千克以上为宜。小麦追肥时有效撒播幅宽 3～5 米，作业高度 3～4 米，飞行速度 4～6 米/秒，每亩施肥量误差不超过 5%，具备自主作业、智能避障、漏堵报警、实时监控和轨迹记录等功能。

2. 肥料选择。无人机小麦追肥一般以撒施肥料为主，品种为氮肥，常用颗粒尿素。叶面肥选择尿素、磷酸二氢钾或七水硫酸锌。

3. 肥料用量。

（1）撒施。一般在小麦返青到拔节初期进行，根据苗情追施尿素 8～12 千克/亩。

（2）叶面喷施。可在小麦不同生长期视苗情长势和天气情况进行，结合一喷三防，在孕穗至灌浆中期喷施磷酸二氢钾 1～2 次，亩用量 100 克，兑水量不少于 5 升；对缺锌地块基肥未施锌肥，在拔节至孕穗期喷施七水硫酸锌，亩用量 100 克，兑水量不少于 5 升。

4. 施肥建议。

（1）采用无人机撒施肥料，通常应选择在返青到拔节初期或起身期的降雨前后或灌溉前进行。

（2）晚播或弱苗田块，以及早春受天气等影响不能通过土施或随灌溉追肥时，可先在返青和拔节期叶面喷施适量氮肥和磷酸二氢钾 1～2 次，缓解养分缺乏对小麦生长造成的不良影响，促进分蘖生长。

（3）土壤缺锌地块，在拔节至孕穗期或灌浆初期喷施锌肥 1 次。

5. 作业程序。

（1）使用无人机追肥前，应根据作业区地理情况设置无人机的飞行高度、速度、航线方向等参数并试飞，试飞正常后方可进行飞行作业。叶面喷施还应该设置喷幅、喷洒量、雾化颗粒大小等参数。

（2）叶面喷肥作业前，应按照建议的肥料浓度用清水溶解肥料，待肥料全部溶解后，静置 3～5 分钟，取清液喷施。叶面喷肥作业应在风力小于 3 级的阴天或晴天傍晚进行，防止灼伤麦苗，确保肥效。叶面喷肥后若遇雨，应重新喷施。喷施作业结束后，通过观察小麦长势决定是否再次喷施，两次喷施间隔 7～10 天，防止过度喷施造成肥害。

6. 注意事项。

（1）无人机操作人员应持证上岗，做好防护措施。无人机运转时应远离，严禁触摸。

（2）肥料混合喷施时应按照品种特性和使用说明进行混配。

（3）严格遵守无人机飞行相关法律法规。

三、适用范围

适用于环巢湖流域具有机械操作条件的稻麦轮作区。

四、应用效果

本技术模式推广应用能有效提高小麦肥料利用率，降低肥料用量，提高小麦播种质量，节省人工成本，减小劳动强度，稳产丰产增收益。

（一）经济效益

小麦种肥同播同时应用配方肥，相对传统人工撒播，降低了劳动强度，减少播种量，提高了播种质量，通过科学精准施肥达到稳产丰产目标。其中种肥同播作业成本为70~80元/亩，实现旋耕、播种、施肥、镇压一体化，无人机撒施成本为0.8~1.0元/千克，在产量稳定同时，较传统种植综合节本增效150元/亩。

（二）社会效益

种肥同播机作业效率在8~10亩/时，无人机追肥作业效率在40~50亩/时，效率为传统作业的10~20倍。不但提高了农业生产效率，还大大减轻了劳动强度，节约了施肥用工，作业平均费用也得到降低。

（三）生态效益

与传统撒施相比，小麦种肥同播肥料位于种子下方，减少养分损失同时又与根距离近，利于作物养分吸收；利用根系的趋肥性，使植株根系下扎深、生长发达，小麦节距缩短，茎秆粗壮。化肥用量减少能减轻氮素等排放，减少污染源。

"秸秆还田＋测土施肥＋种肥同播＋无人机追肥"技术模式

一、模式概述

以测土配方施肥数据为基础，制定小麦基追肥施肥方案，配套缓控释专用肥或普通配方肥，通过施肥播种一体机播种。在小麦春季田管采用无人机追施返青拔节肥，在小麦生长后期视作物生长和天气情况实施"一喷三防"，实现小麦生育期全程机械化精准施肥。

二、技术要点

（一）基肥确定

1. 肥料品种。宜选用氮磷钾配比合理、粒型整齐、硬度适宜的肥料。采用一次性施肥的，宜选用含有一定比例缓控释养分的专用肥料；采用基追配合施肥的，可选用普通配方肥。

2. 肥料要求。肥料应为圆粒形，粒径 2～5 毫米为宜，颗粒均匀、密度一致，理化性状稳定，硬度宜大于 20 牛，手捏不易碎、不易吸湿、不粘、不结块，以防肥料通道堵塞。

3. 肥料用量。依据小麦品种、目标产量、土壤测试结果等制定施肥方案，确定施肥总量、施肥次数、养分配比和运筹比例。一般情况下，配方施肥的肥料投入量可比农民习惯施肥减少 10%～20%，减肥数量根据当地土壤肥力、施肥水平等实际情况确定。

4. 施肥次数。充分发挥种肥同播施肥高效、省工的特点，采取基追施肥方式。基追施肥方式应做好基肥与追肥运筹，氮肥基施占 60%～70%，追施占 30%～40%，可根据实际情况进行调整；磷肥在土壤中的移动性较差，可一次性施用；钾肥可根据土壤质地和供肥状况，选择一次性施用或适当叶面追肥。

（二）秸秆还田与种肥同播施肥

1. 整地作业。秸秆还田：前茬作物（玉米）秸秆切碎后打捆部分离田，剩余部分深翻还田，联合收割机收割留茬≤10 厘米，秸秆切碎长度≤10 厘米，秸秆切碎合格率≥80%，高留茬和粗大秸秆应用秸秆粉碎机进行粉碎后再深耕整地。整地要求：采用犁翻整地的，秸秆残茬埋覆深度 30～40 厘米，漂浮率≤10%，耕整后地表平整，无残茬、杂草等，无卧垡、无大块田面露出。

2. 机械选择。机械类型：秸秆还田的机械马力大，秸秆粉碎程度要高；秸秆深翻机械选用自转犁进行深翻掩埋秸秆；种肥同播机采用单旋或双旋的旋耕、气吹式和螺旋杆输送肥料及种子的一体机。机械要求：螺旋杆输送式可调节施肥量，根据测土配方施肥要求，能够实现肥料精准深施，落点应位于小麦种子侧 3～5 厘米、深 4～6 厘米处；种子通过气吹式或螺旋杆输送式播种，实现均匀播种、精量播种，培育壮苗早发，播后通过刮板覆盖。

3. 作业准备。机具调试：作业前应检查施肥装置运转是否正常，排肥通道是否顺畅，气吹式施肥装置需检查气吹机气密性。机具各运行部件应转动灵活，无碰撞卡滞现象，并进行开机试运转。肥料装入：除去肥料中的结块及杂物，均匀装填到肥箱中，盖上箱盖。装入量不大于施肥机最大装载量，盖上防雨盖。装肥过程中应防止混入杂质，影响施肥作业。施肥量调节：施肥量按照机具说明书进行调节，调节时应考虑肥料性状及田块打滑对施肥量的影响，调节完毕应进行试排肥。试排肥应采用实地作业测试，正常作业 50 米以上，根据测土配方施肥量对施肥机进行修正，误差≤2 千克。

4. 作业要求。作业条件：依据当地气候条件和品种熟期科学选择小麦品种，确定播种时期。及时收割玉米，粉碎秸秆，深翻还田并旋耕整地耙平，根据"适墒、适期、适深、适量、适机"的要求，适时早播。种肥同播操作：作业起始阶段应缓慢前行 5 米，查看种肥播量及深度，然后按照正常速度作业；中途停车、转弯掉头应缓慢减速，避免发生危险和种肥施用不均匀。肥料颗粒进入排肥管后通过机械挤压进行强制排肥，定量落入由开沟器开出深度为 4～6 厘米的沟槽内，小麦种子经气吸或机械挤压进行播种，播种深度4～5厘米，肥料与种子间隔3～5厘米，防止种肥离得太近，造成烧芽影响出苗。

秸秆深翻还田及整地耙平作业

种肥同播作业

5. 注意事项。 作业过程中，应规范机具使用，注意操作安全。施肥作业中应避免紧急停止或加速等操作，发现问题及时停机检修。调整好垄距，匀速前进，避免肥料烧芽影响出苗，造成断垄缺苗。根据作业进度及时补充种子和肥料。受播肥器、肥料种类、作业速度、天气等因素影响，应随时监控施肥量，适时微调。当天作业完成后，应及时排空肥箱及施肥管道中的肥料，做好肥箱、排肥、开沟等部件的清洁。

（三）无人机追肥

1. 精准追肥。 根据小麦生育期的需肥规律、田间长势长相，融合测土配方施肥大数据，以不同分区为计算单元，结合小麦目标产量、需肥规律、施肥运筹及养分配比等因素，生成小麦施肥作业决策数字化多维处方图。将处方图通过储存卡导入施肥无人机，实现小麦无人机精准、高效、按需追肥。

2. 肥料选择。 撒施时可选用单质肥料或配方肥料。喷施时要求肥料具有较好的溶解性，氮肥可选用尿素，磷肥可选用磷酸二氢钾，镁肥、锌肥、硼肥和钼肥可分别选用硫酸镁、硫酸锌、硼酸和钼酸铵。水溶性肥料可选择大量元素、中量元素、微量元素、含腐植酸、含氨基酸、有机水溶肥等，肥料产品应符合相关标准，取得农业农村部登记（备案）证。

无人机追肥

3. 作业程序。 田间撒施作业时，应选择载肥量大、施肥均匀的无人机。喷施作业时应将肥料用清水全部溶解，静置 5 分钟后取清液待用。根据作业区实际情况，设置无人机的飞行高度、速度、喷（撒）幅宽度、喷雾流量等参数，并对无人机进行试飞，试飞正常后方可进行飞行作业。肥液喷施选择无风的阴天或晴天傍晚进行，防止灼伤麦苗，确保肥效。喷施结束后记录无人机作业情况，若喷后遇雨，应重新喷施。喷施作业结束后持续观察小麦长势，再次喷施需间隔 7～10 天，避免盲目喷施造成毒害。

三、适用范围

适用于长江中下游具有机械作业条件的小麦—玉米一年两熟制主产区。

四、应用效果

秸秆还田可以改良土壤结构，培肥地力，提高耕地质量；种肥同播施肥和无人机追肥使肥料集中在根区或叶区，养分供应充足、便于吸收；精量播种，节约成本，有利于小麦早生快发、苗齐苗壮，籽粒饱满，增产 15% 以上；测土配方施肥节肥 10%～20%，施肥次数减少，肥料利用率提高 10% 以上，亩节约人工 1 个。

第四节 西南麦区

稻茬麦"翻旋浅覆＋机械深施＋无人机追肥"技术模式

一、模式概述

以测土配方施肥为基础，结合稻茬小麦翻旋浅覆耕作栽培技术，制定小麦生育期施肥方案，配套缓控释肥料、水溶肥料等绿色高效肥料，采用无人机追肥，实现小麦全程机械化轻简高效施肥，提高肥料利用率，实现化肥减量增效。

二、技术要点

（一）翻耕深压秸秆

在小麦播种前 14～21 天，用耕作机械进行翻压，将秸秆与表层土壤充分混匀，翻压深度 15～30 厘米，水稻收割后，土壤墒情较好，微生物较活跃，秸秆易腐熟。微生物参与分解秸秆的过程中，要吸收氮素，需要调节碳氮比至 20～30，每亩需增施尿素 2.2～4.4 千克（纯氮 1～2 千克）。水稻秸秆含有丰富的氮、磷、钾元素，后期分解释放可供作物吸收利用，可适当减少追肥用量。

（二）旋耕盖肥

播种前 2 天内施用底肥，施用的肥料应符合 NY/T 496 的规定。选择缓控释复合肥料（24-6-10），养分释放期为 3 个月左右，用量为 30～35 千克/亩。用无人机将肥料均匀撒施于翻耕后的土壤，施肥后用旋耕机旋耕田块，旋耕深度 12～15 厘米。

（三）浅耕覆种

选用经审定的适宜本地区种植的品种，种子质量符合有关标准规定。推荐小麦播种量为 15～18 千克/亩，播种前需要进行拌种处理，防治病、虫、鸟的危害。采用无人机将小麦种子均匀撒播于旋耕后的土壤，播种后用浅旋机将小麦种子均匀翻入土壤表层以下 3～6 厘米。

（四）无人机追肥

在小麦拔节期用无人机追施尿素，施用量为 4～6 千克/亩。在小麦扬花期，运用无人机喷施磷酸二氢钾、流体硼等。叶面肥施用浓度为 0.68%～1%，即 200～300 克磷酸二氢钾兑水 30 千克，流体硼根据产品用量用法具体确定。喷施时选择无风或微风的天气，晴天在 9 时之前 16 时之后喷施，阴天全天都可以喷施。

开沟排湿　　　　　　　　　　　　　无人机追肥

（五）田间管理

1. 病虫害防控。小麦抽穗—灌浆期是小麦病虫害防控关键时期，在小麦抽穗期开展"一喷三防"工作，施用杀虫剂、杀菌剂、植物生长调节剂、微肥等混配剂喷雾，重点防控小麦赤霉病、锈病、白粉病、蚜虫、红蜘蛛、吸浆虫。加强巡查排查，视田间情况适时防控条锈病。

2. 田间杂草防控。小麦叶龄 3.0～4.0 期间，采用化学药剂防除田间杂草。

3. 抗倒伏。对群体大、长势旺的田块，可在拔节初期喷施植物生长调节剂，缩短基部 1、2 节间，控制植株旺长，防止倒伏。

（六）适时收获

小麦在蜡熟期，籽粒重量最高，是收获的最佳时期，应抢时于晴天进行机收。收获时将小麦秸秆粉碎还田。

三、适用范围

适用于西南地区平原平坝区具有机械整地和无人机施肥条件的小麦主产区。

四、应用效果

本技术模式可实现稻田秸秆深埋、肥料匀施深施，与免耕浅旋播种技术相比，亩均减少纯氮用量 1.5～2.5 千克，使用一次除草剂，可实现小麦基本苗提高 10％～15％，增产 10％，肥料利用率达到 45％以上，纯收益提高 15％以上。

"测土配方＋沼液追肥＋一喷三防"技术模式

一、模式概述

以测土配方施肥技术为依托，搭载配方肥物化技术产品，结合绿色种养循环畜禽粪污资源化利用，采用种肥同播或撒施耕翻一次性施足优化配方肥底肥，在小麦拔节期前追施适量沼液，实现有机与无机结合、简化与减量协调、增产与增效同步的化肥减量增效目标。

二、技术要点

（一）优化配方底肥

1. 底肥选择。充分应用测土配方施肥技术，采取定制配方或专用配方的路径选择底肥。一般选择小麦全生育期的专用配方肥，总养分含量为 40%（N - P_2O_5 - K_2O 为 23 - 11 - 6），不同生态区可根据区域土壤肥力特点选择合适的配方。

2. 底肥用量。根据目标产量、地力情况等确定，底肥用量配比一般减量至习惯性配方施肥总量的 70% 左右，一般亩用量 25 千克。

3. 施肥方式。可采用撒施、条施、种肥同播等方式施入底肥。

（二）有机沼液追肥

1. 追肥选择。以绿色种养循环粪肥还田为依托，用好畜禽养殖粪污资源，就近选择规模养殖场或第三方粪肥服务主体提供的粪肥（沼液），用作小麦追肥。

2. 追肥用量。沼液养分含量变异较大，推荐用量按照氮、磷、钾（N、P_2O_5、K_2O）总养分含量 4.0 千克/米^3 计算，推荐沼液亩用量 1.5～3 米^3。

3. 追施时间。考虑农时季节、劳动力、畜禽粪肥（沼液）供给等因素，可在小麦苗期至拔节期间施用。

4. 追施方式。在养殖场附近农田铺设管网灌溉还田，服务组织通过液体粪肥罐车运输到田间喷灌还田。

（三）一喷三防

完成追肥后，配套应用小麦"一喷三防"技术，提高小麦抗病、抗虫、抗倒能力。在小麦扬花期，运用无人机喷施尿素、磷酸二氢钾、含氨基酸水溶肥、含腐植酸水溶肥、有机水溶肥等。叶面肥施用浓度为 0.68%～1%，即 200～300 克磷酸二氢钾兑水 30 千克。根据实际情况添加锌、硼等微量元素，按照产品说明书用量用法施用。喷施时选择无风或微风的天气，晴天在 9 时之前 16 时之后喷施，阴天全天都可以喷施。

(四) 注意事项

1. 有机沼液追施前应充分腐熟，卫生学指标及重金属含量需达到《农用沼液》（GB/T 40750—2021）等要求。

2. 有机沼液追施不宜过迟，也不宜过量，避免造成贪青晚熟和倒伏。沼液浓度较高时应兑水稀释后施用，或采用水肥一体化追施。

三、适用范围

适用于西南地区畜禽粪肥充足的川中丘陵小麦产区。

四、应用效果

底肥优化配方，追肥沼液养分全面速效，能为小麦生产稳定均衡提供营养。根据田间试验、农户施肥调查、统计数据分析，小麦亩均较常规施肥增产10％左右。本技术模式底肥施用可采用种肥同播或机械翻耕施入，追肥采用服务组织运输还田或通过输送管网还田，作业流程简化、省工省时，可减少尿素用量3～6千克/亩。

第五章

油料作物科学施肥"三新"集成技术模式

第一节　大　　豆

内蒙古东部"浅埋滴灌水肥一体化＋一喷多促"技术模式

一、模式概述

采用浅埋滴灌技术，通过田间铺设的滴灌带实现水肥一体化。以配方施肥技术为基础，根据大豆需肥规律、目标产量，进行精确定量施肥，合理分期追肥。应用喷肥无人机进行叶面追肥，实现一喷多促，优化施肥方式，均衡全生育期养分供应。配套耐密抗倒高产品种、精细整地、精准包衣、科学接种大豆根瘤菌剂、合理密植、滴水出苗、水肥按需精准调控、病虫绿色防控等关键技术，实现大豆科学施肥、单产提升。

二、技术要点

（一）品种选择

选择国家或内蒙古自治区审定（引种备案）的耐密、抗倒、高产、适宜机械精量点播和机械收获的品种。

（二）种子处理

精选大豆种子，剔除破碎粒、病斑粒、虫食粒和其他杂质。精选后的种子进行包衣，每100千克大豆种子用6.25％精甲·咯菌腈300毫升＋30％噻虫嗪200毫升，进行均匀包衣。在播种前接种大豆根瘤菌剂（接种大豆根瘤菌剂与种子包衣的时间间隔大于72小时），每100千克大豆种子用100～150毫升大豆根瘤菌剂进行拌种，将菌剂喷洒在种子表面，混拌均匀后，在阴凉处摊平晾干即可（接种后必须在24小时内完成播种作业）。

（三）精细整地

采用松耙结合的整地方式，使用 1S-300 型深松机进行深松作业，作业深度 25～30 厘米。深松后使用 1GKNM 系列双轴灭茬旋耕机/1BZ 系列高速灭茬耙，一次性完成灭茬、碎混、平整等作业；或使用 1ZL 系列深松联合整地机一次性完成灭茬、深松、碎土、合墒、平整、镇压联合作业，深松深度 25～30 厘米。

（四）精量播种

1. 播期。 当 5～10 厘米土壤温度稳定通过 8℃时，适时播种。

2. 密度。 根据品种及土壤肥力状况，种植密度 2 万～2.5 万株/亩。

3. 播种量。 根据种植密度、百粒重、发芽率、清洁率和田间损失率等确定播种量。

4. 播种机具。 2BQD 系列气吸式精量播种机可以一次性完成开沟、铺管、施肥、播种、覆土、镇压等作业。

5. 播种质量。 播种深度一致，覆土均匀、无断条，播种深度镇压后控制在 3～5 厘米。

6. 种植模式。 1.3 米大垄 4 行平播浅埋滴灌种植模式，小行距 20 厘米，大行距 30 厘米，苗带间距 60 厘米。

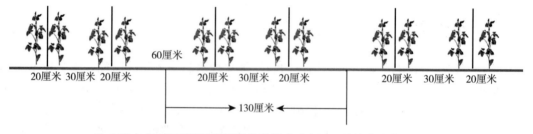

1.3 米大垄 4 行平播浅埋滴灌种植模式示意图（黑线代表滴灌带）

（五）滴水出苗

播后及时滴出苗水，每亩滴水量 15～20 米³，土壤表面湿润带边缘超过苗带 5～10 厘米即可，切勿过量灌溉。

（六）水肥精准管理

1. 灌溉制度。 播后及时滴出苗水，在大豆初花期、结荚期、鼓粒期等关键生育时期视土壤墒情灌水，每次灌水量为 15～20 米³/亩。

2. 施肥制度。 基肥推荐 12-18-15、12-23-13（N-P_2O_5-K_2O）或相近配方。产量水平 200～245 千克/亩，每亩施配方肥 17～21.5 千克；产量水平 245～300 千克/亩，每亩施配方肥 21.5～25.5 千克；产量水平 300 千克/亩以上，每亩施配方肥 25.5～27.5 千克。追肥环节，于初花期、结荚期、鼓粒期，按照 3：4：3 的比例，随滴灌追施配方水溶肥（氨基酸≥32 克/升，Zn+B≥8 克/升，N+P_2O_5+K_2O≥400 克/升，N-P_2O_5-K_2O=100-180-120）5 千克。

（七）一喷多促

于初花期使用无人机，每亩叶面喷施微量元素水溶肥（$Cu+Fe+Mn+Zn+B+Mo\geq$ 10%）80 克＋磷酸二氢钾 80 克；于结荚初期，每亩叶面喷施 5% 高氯·甲维盐 13 克＋磷酸二氢钾 80 克，7～10 天后每亩叶面喷施 6% 寡糖·链蛋白 20 克＋磷酸二氢钾 80 克；于鼓粒初期，每亩叶面喷施含氨基酸水溶肥（氨基酸$\geq$100 克/升，$Zn+B\geq$20 克/升，$N+P_2O_5+K_2O\geq$200 克/升，$N-P_2O_5-K_2O=100-60-40$）120 毫升＋磷酸二氢钾 80 克，15～20 天后每亩叶面喷施含腐植酸水溶肥（腐植酸$\geq$30 克/升，$N+P_2O_5+K_2O\geq$200 克/升，$N-P_2O_5-K_2O=40-80-80$）120 毫升＋磷酸二氢钾 80 克。

（八）适时收获

在大豆叶子落净，籽粒饱满归圆且呈本品种固有色泽、能听到摇铃声，籽粒水分低于 18% 时，进行收获。收获后人工或采用机械回收滴灌带，减少对土壤的污染。

三、适用范围

适用于内蒙古东部地势平坦、具有灌溉条件的大豆种植区。

四、应用效果

通过应用大豆"浅埋滴灌水肥一体化＋一喷多促"技术模式，可实现亩增产 20% 以上，减少化肥施用量 10% 以上，减少农药使用量 3% 以上，节水 40% 以上，节本增效 10% 以上。

五、相关图片

深松整地　　　　　　　　　　　　精量播种

滴水出苗

一喷多促

黄淮海"根瘤菌剂＋种肥同播＋无人机追肥"技术模式

一、模式概述

在前茬小麦机械收获并全量秸秆还田的基础上，集成根瘤菌接种、侧深施肥、种肥同播、无人机追肥和病虫害绿色防控等多项技术。接种大豆根瘤菌及科学合理施肥，增强根瘤菌共生固氮能力，提高产量、改善品质、培肥地力；采用"五位一体"种肥同播技术，一次性完成灭茬、播种、施肥、封闭除草、覆秸保墒五项作业，实现苗齐、苗匀、苗壮；花期或鼓粒期使用无人机进行追肥或开展"一喷多促"，在增施新型叶面肥的同时防控茎枯病、刺吸性害虫等病虫害，达到促进植株健壮、预防早衰的目的。本技术模式可有效提高肥料利用率，减轻大豆病虫草害程度，提升大豆产量和品质，实现节本增效。

二、技术要点

（一）大豆根瘤菌接种

1. 大豆根瘤菌剂的选择。选用取得农业农村部肥料登记证的大豆根瘤菌剂产品，产品质量符合《农用微生物菌剂》（GB 20287—2006）要求，在保质期内、包装完好。

2. 接种方式。

（1）拌种。根据播种量，按大豆根瘤菌剂产品说明书确定用量。应在大豆播种前12小时内进行根瘤菌拌种作业。根据用种量和当地生产条件，使用干净的盆、桶等容器或拌种机械进行拌种。拌种容器或机械在完成拌种作业后，应用清水清洗3次以上。拌种作业：拌种地点应在阴凉处，避免阳光直射。将适量根瘤菌剂与大豆种子混合，轻轻搅拌至所有种子表面都附着根瘤菌剂，种子阴干后播种。拌种时应避免碰破种皮。

（2）喷施。根据喷施面积和大豆根瘤菌剂产品说明书确定根瘤菌剂和水的用量。使用自来水配制菌液时，提前将自来水接入容器静置 1～2 天。将根瘤菌剂加入水中，搅拌均匀后即可使用，菌液应现用现配。用喷施设备在大豆播种时将根瘤菌液喷洒在大豆种子表面及周围土壤上。曾用于喷施抑菌剂或灭活剂的喷施设备，应用清水将容器、管路和喷头清洗3次以上。喷施作业开始前应检查喷施设备的压力部件、控制部件、喷头和接口，保证喷施设备正常运行。喷施时，作业人员应注意观察喷头是否堵塞、各接口是否有滴漏现象，发现问题及时排除。

（3）种子包衣。包衣剂所用材料应对根瘤菌、大豆植株、人畜和环境无毒无害，并能保证包衣 1 个月后每粒大豆种子根瘤菌存活数量$\geqslant 1 \times 10^4$菌落形成单位。将包衣剂溶液与根瘤菌液按体积比 1∶1 混合，充分振荡（不少于 1 分钟），制成根瘤菌包衣剂混合液。将称好重量的大豆种子放入干净塑料袋中，参考包衣剂使用说明，加入适量根瘤菌包衣剂混合液，吹气并扎紧塑料袋口，摇匀（不少于 1 分钟），此方式适合一次不超过 5 千克种子的包衣操作。种子量大时，增加 5%～10%的根瘤菌包衣剂混合液，使用包衣机或其他大容量容器，用工具混合均匀，确保包衣种子表面有足够的根瘤菌。将包衣种子在阴凉处摊平晾干，避免暴晒，在通风干燥的环境条件下贮存，贮存温度不超过 4℃。

（二）科学施肥

1. 施肥原则。大豆施肥一般由种肥和追肥组成，原则是既要大豆有足够的营养，又要发挥根瘤菌的固氮作用。因此，无论是在生长前期还是后期，施氮都不应过量，以免影响根瘤菌生长或引起倒伏。施肥要做到大量元素和微量元素合理搭配，迟效、速效并用。种肥宜选用氮磷钾配比合理、粒型整齐、硬度适宜的缓释肥料或配方肥料。

2. 施肥量。目标产量 200 千克/亩以上，亩施氮肥（N）3～4 千克、磷肥（P_2O_5）4～5 千克、钾肥（K_2O）2～3 千克；目标产量 150～200 千克/亩，亩施氮肥（N）2～3 千克、磷肥（P_2O_5）3～4 千克、钾肥（K_2O）2～3 千克；目标产量 150 千克/亩以下，亩施氮肥（N）2～3 千克、磷肥（P_2O_5）2～3 千克、钾肥（K_2O）1～2 千克。

施肥量可依据当地生产条件、土壤肥力水平、肥料效应及大豆根瘤菌生物固氮量等适当调整。

3. 施肥时期和方式。

（1）种肥。低肥力地块，50%氮肥作种肥，保证幼苗在根瘤形成前有足够的氮素营养，50%氮肥在开花或鼓粒期追施；中等以上肥力地块，可施用缓释肥作种肥，也可前期不施氮肥，在开花或鼓粒期追施。磷肥和钾肥作种肥一次性施入。

（2）追肥。补充大量元素以追施尿素为主，在开花或鼓粒期追施。种肥施氮肥的地块，一般亩追施尿素 4～5 千克为宜。对前期未施氮肥或长势不佳、封垄不好的大豆田，一般亩追施尿素 7～8 千克为宜。追肥方式为沟施，施在植株一侧 5 厘米处，沟深7～10 厘米。也可在降水时利用无人机追施。微量元素肥料以钼肥、硼肥为主，利用无人机在大豆花期进行叶面喷施。钼肥使用 0.2%钼酸铵溶液，每次 40～50 千克/亩；用硼酸或硼砂配制成浓度为 0.2%的溶液作为硼肥，在大豆初花期和盛花期各喷 1 次，每次 40～50 千克/亩。对有缺素症状的田块，可喷 0.5%硫酸亚铁溶液或 0.2%硫酸锌溶液，每次 40～50 千克/亩。

（三）种肥同播

1. 品种选择。 宜选择抗旱、耐涝、稳产、抗倒，抗大豆花叶病毒、疫霉根腐病，底荚高度适中，成熟时落叶性好，不裂荚的品种。

2. 种子处理。 应用清选机精选种子，要求纯度≥99％，净度≥98％，发芽率≥95％，水分≤13.5％，粒型均匀一致。大豆种子在播前应接种根瘤菌、进行药剂拌种或包衣。大豆苗期根腐病、立枯病严重区域，选用精甲霜灵、咯菌腈等药剂拌种；地下害虫发生较重区域，可选用辛硫磷、吡虫啉等药剂拌种，以减少苗期病虫害。

3. 小麦秸秆处理。 综合考虑小麦收获成本，降低收获高度。免耕覆秸精量播种机作业时，前茬作物收获可留茬30厘米，秸秆不做处理。

4. "五位一体"免耕覆秸精量播种。 麦收后利用底墒抓紧播种，宜早不宜晚；底墒不足时造墒播种。使用麦茬免耕覆秸播种机，播种、侧方位施肥、灭茬、封闭除草、覆秸同时进行，播种行距40厘米，播种深度3～5厘米，施肥位置在种侧3～5厘米、种下5～8厘米。一次性操作可达到苗齐、苗匀、苗壮、防病、防虫、施肥、封闭除草的目的，为后期抗病虫、高产打下良好的基础。

（四）无人机追肥

1. 肥料要求。 固体肥料颗粒尺寸应与无人机肥料撒播器相匹配，液态肥料需经过滤后加注，肥液内无颗粒状固体杂质。撒施时可选用单质肥料或配方肥料。喷施时要求肥料具有较好的溶解性，氮肥可选用尿素，磷肥可选用磷酸二氢钾，镁肥、锌肥、硼肥和钼肥可分别选用硫酸镁、硫酸锌、硼酸和钼酸铵。水溶性肥料按功能成分可分为大量元素型、中量元素型、微量元素型、有机物质型，肥料产品应符合相关标准，取得农业农村部登记（备案）证。

2. 精准施肥。 结合大豆目标产量、需肥规律、施肥运筹及养分配比等因素，科学计算追肥量。将施肥处方导入无人机，追肥作业前，要根据无人机系统提示进行肥料施用量校准，确保实现无人机精准、高效、按需追肥。

3. 无人机作业基本要求。

（1）操作人员。要经过专业培训，并取得无人机系统操作手合格证。

（2）作业半径、高度、平飞速度。无人机施肥作业半径≤2 000米，最大飞行高度≤30米，最大平飞速度≤50千米/时。大豆无人机施肥具体飞行作业参数设定：颗粒肥，航速5米/秒，航高3～6米，撒播半径4米；液态肥，航速6米/秒，航高3米，撒播半径4米。

（3）天气条件。无人机施肥作业应在天气状况良好时进行，风速＜8米/秒，降水量＜50毫米/天，能见度500米，温度0～40℃。

（五）病虫害绿色防控

播种期实施田间封闭除草，防治黄淮海地区大豆田常见的杂草。幼苗期注意防治大豆胞囊线虫病、根腐病及蚜虫、叶螨等；花期注意防治点蜂缘蝽、蛴螬、天蝼、豆天蛾、棉铃虫；鼓粒期注意防治豆天蛾、造桥虫等；成株期注意防治根腐病、溃疡病、拟茎点种腐病、炭疽病等。病虫害防治可选用自走式喷杆喷雾机或植保无人机进行作业。

（六）机械化收获

1. 选择适宜的收获时期。机械联合收获最佳时期在大豆完熟期，此期大豆籽粒含水量为20%左右，豆叶全部脱落，豆粒归圆，摇动大豆植株会听到清脆响声。

2. 机械化联合收获。首选大豆专用联合收割机，也可选用多用途联合收割机。收获时，要求割茬4～6厘米，以不漏荚为原则，尽量放低割台。大豆收割机作业前，根据大豆植株含水量、喂入量、破碎率、脱净率等情况，调整机器作业参数。一般调整滚筒转速为500～650转/分，脱粒间隙30～34毫米。

（七）机具配备建议

1. 免耕播种机具。推荐使用播种机：2BMFJ系列大豆免耕覆秸精量播种机、2BMFD-6/12系列全量秸秆覆盖免耕播种机等。

2. 无人机。使用广州极飞、深圳大疆和江苏大成系列无人机。

3. 收获机具。推荐使用收割机：4LZ-8型大豆联合收割机、4LZ-2型大豆联合收割机等。

三、适用范围

适用于黄淮海地区麦茬大豆种植区域。

四、应用效果

施用根瘤菌能显著提升根瘤的固氮酶活性、增加大豆各器官生物积累，对促进根系生长和发育，增加根系结瘤，特别是根基部结瘤较为明显。"三新"示范区平均增产10%。水分、肥料利用率提高10%以上，化肥、农药用量减少5%以上，节省农事操作2～3次，每亩增收节支60元以上。

五、相关图片

大豆种肥同播

大豆根瘤菌拌种

无人机追肥

东北地区"侧深施肥＋根瘤菌剂＋无人机追肥"技术模式

一、模式概述

本技术模式基于测土配方施肥原理，结合大豆全生育期施肥需求，制定大豆施肥方案，实施种肥同播侧深施肥，配套根瘤菌剂接种，后期采用无人机叶面追肥。在开花初期，选用化控剂调控株型，控制大豆徒长，防止后期倒伏。后期结合大豆生长状况和气候条件，实施精准"一喷多促"管理，实现大豆生育期全程机械化、精准化施肥。

二、技术要点

1. 肥料品种。宜选用氮磷钾配比合理、粒型整齐、硬度适宜的肥料。采用底肥配合后期无人机追肥，可选用普通配方肥。

2. 肥料要求。肥料应为圆粒形，粒径以2～5毫米为宜，颗粒均匀，密度一致，理化性状稳定，硬度宜大于20牛，手捏不易碎、不易吸湿、不粘、不结块，以防肥料通道堵塞。

3. 肥料用量。

（1）施肥总量。一般氮、磷、钾可按 1 ∶（1.1～1.5）∶（0.5～0.8）的比例施用，总施肥量每公顷 225～300 千克，氮、磷、钾合理搭配。中等肥力地块，施用量要比常规垄作增加 10％以上，分层深施于种下 5 厘米和 12 厘米，并在花期喷施叶面肥。叶面肥可在大豆开花初期与结荚初期各施一遍，每公顷可用尿素 5～10 千克加磷酸二氢钾 3 千克，兑水 500～600 千克喷施。

（2）种肥。播种时，每公顷施用 30～45 千克磷酸氢二铵作为种肥，切忌种、肥同位，以免烧种。

（3）底肥。总施肥量中扣除种肥作为底肥。底肥要做到分层侧深施，上层施于种下5～7 厘米处，施肥量占底肥量的 1/3。下层施于种下 10～12 厘米处，施肥量占底肥量的2/3（积温较低的冷凉地区，适当减小下层施肥比例）。在采取减肥措施，如混拌肥料增效剂的情况下，可在常规施肥的基础上减少 25％用量。

（4）追肥，依据大豆生育时期、营养特性和营养状态选择叶面肥种类。一般苗期喷施氨基酸叶面肥、适量的含氮叶面肥，开花结荚期叶面喷施含氨基酸以及磷、钾、硼、锌、钼等元素的叶面肥，鼓粒期叶面喷施含磷、钾、硼、钼等元素的叶面肥。生产中可依据叶面肥的使用说明进行施肥，或依据生产经验，在初花期、结荚始期施用尿素，结荚始期和鼓粒始期喷施磷酸二氢钾，每公顷用尿素 3～7.5 千克、磷酸二氢钾 1.5～3.0 千克，每公顷喷液量 120～200 升。

4. 根瘤菌剂接种。

（1）拌种。适用于现拌现用的小规模种植农户。

①拌种剂量及时间。根据播种量，按大豆根瘤菌剂产品说明书确定用量。应在大豆播种前 12 小时内进行根瘤菌拌种作业。

②拌种器械。根据用种量和当地生产条件，使用干净的盆、桶等容器或拌种机械进行拌种。拌种容器或机械在完成拌种作业后，用清水清洗 3 次以上。

③拌种作业。拌种地点应在阴凉处，避免阳光直射。将适量根瘤菌剂与大豆种子混合，轻轻搅拌至所有种子表面都附着根瘤菌剂，种子阴干后播种。拌种时应避免碰破种皮。

（2）喷施。适用于使用带喷施设备播种机具的种植农户。

①菌液配制。根据喷施面积和大豆根瘤菌剂产品说明书确定根瘤菌剂和水的用量。使用自来水配制菌液时，提前将自来水接入容器静置 1～2 天。将根瘤菌剂加入水中，搅拌均匀后即可使用。菌液应现用现配。

②喷施设备。大豆播种时，用喷施设备将根瘤菌液喷洒在大豆种子表面及周围土壤上。曾用于喷施抑菌剂或灭活剂的喷施设备，用清水将容器、管路和喷头清洗3 次以上。

③喷施作业。喷施作业开始前，应检查喷施设备的压力部件、控制部件、喷头和接口，保证喷施设备正常运行。喷施时，应注意观察喷头是否堵塞、各接口是否有滴漏现象，发现问题及时排除。

（3）种子包衣。适用于种子企业对大豆种子进行包衣。

①包衣剂要求。包衣剂所用材料应对根瘤菌、大豆植株、人畜和环境无毒无害，并能保证包衣1个月后每粒大豆种子根瘤菌存活数量$\geqslant 1 \times 10^4$菌落形成单位。

②包衣作业。将包衣剂溶液与根瘤菌液按体积比1:1混合，充分振荡（不少于1分钟）制成根瘤菌包衣剂混合液。将称好重量的大豆种子放入干净塑料袋中，参考包衣剂使用说明，加入适量根瘤菌包衣剂混合液，吹气并扎紧塑料袋口，摇匀（不少于1分钟）。种子量大时，增加5%～10%的根瘤菌包衣剂混合液，使用包衣机或其他大容量容器，用工具混合均匀，确保包衣种子表面有足够的根瘤菌。

③晾干及贮存。将包衣种子在阴凉处摊平晾干，避免暴晒，在通风干燥的环境条件下贮存，贮存温度不超过4℃。

5. 无人机追肥。无人机施肥技术利用无人机搭载施肥设备，对农田进行精准施肥。通过无人机的高空视角和精准定位能力，可以实现对农田的全方位覆盖和均匀施肥。

①在施肥前，需要根据农作物的营养需求和土壤状况，制定合适的施肥方案。然后，选择适合农田环境和农作物特点的无人机和施肥设备。在施肥过程中，无人机可以根据预设的航线自动飞行，并通过遥控或自动控制系统进行施肥作业。

②使用无人机施肥前，根据作业条件设置无人机的飞行高度、速度、喷幅、航线、喷洒量、雾化颗粒大小等参数并试飞，试飞正常后方可进行飞行作业。

③在进行叶面喷肥作业前，按照建议的浓度用清水溶解肥料，待全部溶解后，静置3～5分钟，取清液喷施。

④叶面喷肥作业应在风力小于3级的阴天或晴天傍晚进行，防止烧伤植株，确保肥效。

⑤追肥作业后，应记录无人机作业情况。叶面喷肥后若遇降水，应重新喷施。

6. 化学调控。若预测大豆花荚期降水充沛，应提前在开花初期选用化控剂进行调控，控制大豆徒长，调整株型，防止后期倒伏。常用的大豆化控剂有三碘苯甲酸、增产灵、多效唑、亚硫酸氢钠等，按说明书使用。

三、适用范围

适用于土地平整、较大面积连片种植的区域，田间作业以大马力拖拉机为主，适合机械化作业条件。

四、应用效果

本技术模式的核心是安全高效集约施肥管理，结合"轮作大豆高产栽培技术"，在大豆连片机械化种植区域推广应用，采用秆强、耐密、耐瘠薄、优质高效的大豆品种，在群体调控上采取大豆全生育期化学调控技术，构建合理的匀密群体，协调群体形态建成，提高大豆抗倒伏和抗灾能力。与传统种植技术相比，本技术模式可使大豆单产稳定提高5%以上，每亩纯经济效益提升40元以上，为国家大豆产业振兴提供了坚实的支撑，并为保障国家油料作物供应和粮食安全作出贡献。

根瘤菌剂拌种　　　　　　　　　　　大豆种肥同播侧深施肥

此外，本技术模式有助于控制和适度减少化学肥料的使用量，降低农业投入品对生态环境和农产品质量的负面影响。通过改进施肥和防控措施，提升大豆品质和生产效益，从而增强大豆生产的市场竞争力。

黑龙江"根瘤菌剂拌种＋缓释肥料＋浅埋滴灌"技术模式

一、模式概述

集成浅埋滴灌、根瘤菌剂拌种和缓释肥施用技术，显著提高大豆产量和品质。通过根瘤菌剂拌种提高大豆的生物固氮能力，减少氮肥施用量；通过浅埋滴灌以水带肥和缓释肥的施用，确保大豆在生长过程中有充足且适量的水分和养分供给，提高水肥利用效率，减少化肥和农药的用量，降低对环境的污染风险。在减少投入的同时，显著提高大豆的产量和品质，从而增加农民的经济收入。在大豆种植过程中，本技术模式能够解决春播期干旱、坐水种困难、播后出苗不齐不全以及关键生育时期遇干旱灌溉难等问题，显著提高大豆的单产水平。

二、技术要点

1. 优选良种。根据当地的积温条件选择生育期适宜、生产潜力高、综合抗性强的大豆品种，并对种子进行精细筛选，挑选饱满、大小均一、无虫斑病斑的大豆种子。

2. 肥料选择。

（1）种衣剂。根据大豆品种、土壤条件、病虫害情况以及当地的气候条件，选择合适的种衣剂，应具有防病、防虫、促生长等多重功效，用量为种子量的 1.3%～1.5%。

（2）根瘤菌剂。需要考虑当地的土壤条件与生态特点，选用有效活菌多、质量可靠的产品，以快速建立优势菌群。

（3）缓释肥。缓释肥需选择总养分含量达 50％以上的大豆专用缓释肥，确保具有较长的肥效期，能够持续为大豆提供养分，减少施肥次数和施肥量。

（4）其他肥料。滴灌用肥料宜选择大量元素肥料和微量元素肥料，如尿素、磷酸一铵、硫酸钾等；叶面肥可选择水溶性肥料，可选择含氨基酸、腐植酸或添加了中微量元素的配方。

3. 肥料的施用。

（1）根瘤菌施用。拌种时应先拌种衣剂，晾干后再拌根瘤菌剂，避免药剂与根瘤菌剂混合。在阴凉处进行根瘤菌剂拌种，轻轻搅拌至所有种子表面都附着根瘤菌剂，拌种时应避免碰破种皮。拌种完成后，将种子放在阴凉通风处阴干即可播种，12 小时内播种完毕。若要补充根瘤菌剂，则需要在大豆植株的幼苗期随水补充。

（2）缓释肥施用。根据土壤肥力、大豆品种和产量目标等，合理确定施肥量。一般每亩施用大豆专用缓释肥 15～20 千克，具体用量可根据当地施肥水平和产量水平而定。缓释肥施用可结合整地进行，施肥深度为 20～30 厘米，或作为种肥在播种时施用，施于种子下方 5～8 厘米处。

（3）其他肥料施用。滴灌施肥按照以水带肥的原则，随滴灌施用；叶面肥采取无人机喷施的方式施用。

4. 精细整地。

（1）地块的选择。宜选耕层深厚、土壤肥沃、地势平坦、不重茬、不迎茬的地块进行大豆种植，以保证合理的轮作模式，既能够有效利用土地中的营养元素，也可有效减少病、虫、草害的发生。

（2）精细整地。整地宜于前一年的秋季进行，田间碎混整地后，进行深松镇压；春季结合底肥施入进行起垄镇压，推荐测土配方施肥，底肥用量根据当地的土壤情况而定，施肥深度为 20～30 厘米。

5. 适时播种。 根据当地的生态条件和生产力水平，确定大豆种植方式。根据不同大豆品种的农艺性状、不同生产区域的生态特点、机械化水平调整大豆的播种密度。当 5 厘米耕层连续 5 天温度稳定通过 7℃时即可开始播种。采用机械精量播种，保证种子分布均匀、播种深度一致，播种的同时分层施用缓释种肥，种子与肥料间距 5～8厘米。

6. 田间精细管理。

（1）化学除草。根据当地草情，选择最佳药剂配方，重点选择杀草谱宽、持效期适中、无残效、对后茬作物无影响的除草剂，禁用长残效除草剂。

①苗前封闭除草。建议配方为每公顷 90％乙草胺 1 700～2 200 毫升＋57％ 2,4-滴丁酯 900 毫升，或每公顷 90％乙草胺 1 700～2 200 毫升＋57％ 2,4-滴丁酯 600 毫升＋75％噻吩磺隆 30 克。

②苗后除草。于大豆植株的 V1～V3 期开展苗后除草。建议配方为每公顷 5％精喹禾灵 1 000～1 500 毫升＋48％异噁草松 600～750 毫升＋25％氟磺胺草醚 800～1 000 毫升，或每公顷 12.5％烯禾啶 1 500～2 000 毫升＋25％氟磺胺草醚 1 500～2 000 毫升。

（2）中耕管理。

①第 1 遍中耕。在大豆出苗显行时进行，主要以深松、放寒、增温、保墒为主，深松放寒深度达到 30 厘米以上，以深松后不起粘条为准。

②第 2 遍中耕。在第一遍中耕后 5～7 天，苗高 13 厘米左右时进行。

③第 3 遍中耕。在大豆封垄前结束，主要作用是覆土、破除板结层、消灭杂草。

（3）水肥管理。按照以水带肥的原则，根据当地气候和植株长势确定水肥施用措施，合理确定施肥量，避免过量施肥导致养分浪费和环境污染。肥料可使用速效氮、磷、钾肥和微量元素肥料。一般全生育期滴灌 5～6 次，分别为出苗期 1 次、分枝期 1 次、始花期至盛花期 1～2 次（每公顷施用尿素 30 千克，磷酸一铵 30 千克，硫酸钾 45 千克）、结荚期至鼓粒期 1～2 次（每公顷施用尿素 15 千克，磷酸一铵 30 千克，硫酸钾 30 千克）。根据当地降水量调节灌溉用水量，田间土壤含水量较低时，每公顷用水量以 220～300 米^3 为宜；土壤含水量较高时，每公顷用水量以 90～120 米^3 为宜。

（4）化学调控。根据大豆的生长情况进行化控剂的施用，以建立高光效群体。在大豆的幼苗期（V2 期），叶面喷施控长促根型复配剂；在大豆的始花期（R2 期），叶面喷施促花防落型复配剂；在大豆插墒封垄前后，进行根部疫霉病与茎部菌核病的防治；在大豆的鼓粒期（R6 期），叶面喷施杀虫剂，防治叶螨及大豆食心虫。

宜采用无人机进行植株生长调节剂和叶面肥的喷施。根据田间植株长势，选择合适的化控剂，以达到促根、壮苗、提高群体光效、增强抗性的目的。同时，可根据植株生长状态，利用无人机喷施水溶性肥料，以达到保花促荚、提高植株抗性和光合能力的目的。作业时应严格按照平台的飞行参数作业，飞行高度为在作物上方 1～6 米，飞行速度为 1～9 米/秒，喷幅宽 3～11 米，喷液量≥15 升/公顷。飞手兑药的顺序为先肥料后助剂，助剂须为飞防专用助剂。

（5）病虫害防治。根据大豆叶部症状及虫害发生情况，适时喷施药剂进行防治。每公顷可使用 15％咯菌·噁霉灵可湿性粉剂 1.5 千克以防治根部疫霉病与茎部菌核病；每公顷使用 2.5％功夫乳油 300 毫升，或使用其他菊酯类杀虫剂，或每公顷使用 40％毒死蜱乳油 1 200～1 800 毫升，防治叶螨及大豆食心虫。大豆食心虫需从鼓粒期开始防治，每 10 天防治 1 次。

7. 适时收获。大豆籽粒成熟后适时收获，避免产量损失。

8. 注意事项。

（1）选择具有高产潜力且综合抗性强的大豆品种是获得高产的前提，生产中应避免品种退化混杂，要定期更换新品种、精选种子，做到精准播种。

（2）整地和中耕是获得高产的基础，秋季严把整地质量，春、夏季依据土壤条件和天气预报采取合理的中耕措施，为春季播种和大豆生长提供良好的环境。

（3）水肥管理是协调大豆生长发育需求与水、肥、气、热、光供应关系的关键，依据大豆高产需求与环境条件制定科学的水肥调控策略，辅以有效的化控技术，保证不同生长阶段大豆发育充分，形成高光效群体。

（4）病虫草害有效防治是获得高产的保障，准确预报并及时采取有效防治措施，可显著减少病虫草害对大豆产量的影响。

三、适用范围

适用于黑龙江省具有水肥滴灌条件的春大豆种植区。

四、应用效果

1. 经济效益。浅埋滴灌技术通过精确控制灌溉和施肥，为大豆生长提供了良好的水肥环境，显著提高了大豆的产量，同时提高水分和肥料的利用效率，降低生产成本，提高土地的利用效率，增加农民收入。

2. 社会效益。推动农业现代化进程，促进农业可持续发展，提高农民收入水平，优化农业产业结构，提升农业科技水平，并促进农村社会的稳定。

3. 生态效益。本技术模式在节水、提高肥料利用率、改善土壤环境、减少农药使用量以及促进农业绿色发展等方面具有显著的作用，对于保护生态环境、实现农业可持续发展具有重要意义。

五、相关图片

无人机一喷多促　　　　　　　　　　　　浅埋滴灌

大豆收获

宁夏大豆玉米带状复合种植"种肥同播＋缓控释肥＋叶面喷施"技术模式

一、模式概述

坚持大豆玉米"分区施用、分量供给、基种结合、轻简易机"的施肥原则，以一次性施肥、机械深施、新型肥料施用等关键技术为核心，有效破解大豆施肥过量、玉米施肥不足等难题。同时集成配套优良品种以及合理栽培、田间管理、病虫草害防治等技术措施，有效解决了玉米大豆带状复合种植分区施肥和后期追肥的技术难题。

二、技术要点

（一）核心技术

为减少施肥次数，选用玉米和大豆专用控释肥或缓释肥，实现一次性施肥。后期根据大豆和玉米长势、长相，适当补充磷酸二氢钾、含氨基酸水溶肥、含腐植酸水溶肥或微量元素水溶肥等叶面肥。

1. 基（种）肥。 具备大豆玉米带状复合种植专用播种机的地区，采用一体化种肥同播方式，一次性施入玉米和大豆专用控释肥或缓释肥。按照大豆 100 千克/亩、玉米 800 千克/亩的目标产量，每亩基施充分腐熟的农家肥 500～1 000 千克或商品有机肥 100～200 千克，玉米机播施入专用控释肥（$N - P_2O_5 - K_2O = 30 - 12 - 5$ 或相近配方）70～80 千克/亩，大豆机播施入专用控释肥（$N - P_2O_5 - K_2O = 21 - 24 - 10$ 或相近配方）10～15 千克/亩，具体根据大豆玉米不同带比调整机播下肥量。

不具备成熟的专用播种机、机械不能满足肥料分区施用的地区，先基施有机肥和大豆专用控释肥或缓释肥，以满足大豆用肥需求。玉米采用一体化种肥同播方式，一次性施入玉米所需的专用控释肥或缓释肥，大豆播种时则不再施种肥。按照大豆 100 千克/亩、玉米 800 千克/亩的目标产量，每亩基施充分腐熟的农家肥 500～1 000 千克，或商品有机肥 100～200 千克，或生物有机肥 50～100 千克，以及大豆专用控释肥（$N - P_2O_5 - K_2O = 21 - 24 - 10$ 或相近配方）10～15 千克，玉米机播施入专用控释肥（$N - P_2O_5 - K_2O = 30 - 12 - 5$ 或相近配方）65～75 千克/亩，具体根据大豆玉米不同带比调整机播下肥量。

2. 叶面喷施。 大豆适当喷施中微量元素肥，建议喷施 2 次，间隔 7～10 天。在大豆苗期和开花期，可每亩用钼酸铵 15 克兑水 30 千克进行叶面喷施。对于长势偏弱的大豆植株，可每亩用磷酸二氢钾 100 克或含腐植酸水溶肥（大量元素型）150 克兑水配制成浓度为 0.3%～0.5% 的溶液叶面喷施。大豆玉米全田进行叶面喷施，在生长中后期结合一喷多促、病虫害防治，将磷酸二氢钾、含氨基酸或腐植酸水溶肥等叶面肥，混合杀菌杀虫剂、抗逆剂、调节剂等一次性喷施。

（二）配套技术

1. 品种选择。扬黄灌区大豆选择直立、耐阴、抗倒伏中晚熟品种，玉米选择紧凑、耐密、抗倒伏中晚熟品种。南部山区大豆选择抗旱、耐阴、直立中早熟品种，玉米选择紧凑、耐旱、高产中早熟品种。

2. 接种根瘤菌。根瘤菌接种一般用量为每千克大豆种子 2.7～3.5 毫升菌液，大豆播种前 12 小时内使用干净的盆、桶等容器或拌种机械进行拌种，确保大豆种子表面沾上根瘤菌液即可，尽量当天接种、当天播种。

3. 播种时间。大豆玉米同期播种。扬黄灌区适宜播种期为 4 月中下旬，南部山区适宜播种期为 4 月中下旬至 5 月上旬。

4. 播种深度。播种深度视土壤质地和土壤墒情而定，砂质土壤或墒情不足适当深播，黏性土壤或墒情较好适当浅播，一般大豆播深以 3～5 厘米为宜，玉米播深以 5～6 厘米为宜。

5. 行比配置。行比配置要综合考虑当地净作玉米和大豆密度、海拔、地势、降水、农机等条件，根据目标产量，确定适宜的大豆带和玉米带的行数、带内行距、株距、带间行距。一般大豆玉米行比主要有 3：2、4：4、6：4 模式。

6. 合理密植。大豆密度达到当地同品种净作大豆密度的 70％以上；玉米密度与当地同品种净作玉米密度相当，1 行玉米的株数相当于净作玉米 2 行的株数。

7. 施肥深度。侧深施肥位置在种子侧面 5～8 厘米，施肥深度 8～10 厘米；做不到侧深施肥可采用分层施肥，施肥深度为种子下面 3～5 厘米；难以做到分层施肥时，须采取深施肥方式，尤其磷肥要集中深施于 10 厘米土层以下。

8. 水分管理。玉米大豆带状复合种植要充分考虑玉米、大豆对水分的需求，统筹考虑灌水时期和灌水量，协调好大豆头水灌水早、玉米头水灌水迟的矛盾。适当将玉米大豆复合种植头水灌水时期较正常略提前，一般根据当季降水情况及土壤墒情可以考虑提前一周左右，通常在 6 月上中旬根据具体情况，结合降水确定是否灌溉。

9. 化学控旺。于大豆分枝期、初花期，每亩用 5％烯效唑可湿性粉剂 25～50 克，兑水 30 千克，各进行 1 次化学控旺。可结合防病防虫、喷施植物生长调节剂（叶面肥）进行。

10. 草害防治。坚持"播前土壤封闭处理为主，苗后茎叶处理为辅，化学除草为主，地膜覆盖、机械防治等农艺措施为辅，治小治早"的除草策略。

11. 病虫防治。遵循"预防为主、综合防治"的方针，加强田间管理，做到早防早治、统防统治。大豆玉米全生育期采用物理、生物与化学防治相结合的方法，利用杀虫灯、性诱捕器或色板等诱杀害虫。

（三）注意事项

1. 分区施肥。施肥务必做到精准、分区，必须保证玉米单株施氮量与单种相同，即带状复合种植 1 行玉米的施氮量与单种玉米 2 行施氮量相当，确保播种机下肥量调整为单种玉米下肥量的 2 倍左右。玉米按单种每亩施肥量集中施肥于玉米带，大豆少施或不施氮肥，肥料集中施于大豆带。

2. 叶面喷施。肥液要随配随用，选择无人机、高地隙喷杆喷雾机、气雾式喷雾器等作业，在无风的阴天或晴天上午叶面露水干后，避开高温时段进行喷施，若喷施后遇降水，第二天应重新喷施。钼肥宜在大豆开花前喷施，硼肥和锌肥则在大豆初花期喷施效果更好，磷酸二氢钾宜在大豆结荚鼓粒期施用。

三、适用范围

适用于宁夏具有灌溉条件的大豆玉米带状复合种植地区。

四、应用效果

采用本技术模式能够有效减少大豆玉米化肥用量、追肥次数，亩均可减少化肥用量3%以上，减少追肥次数1~2次。通过叶面喷肥，不仅提高作业效率、降低劳动力成本，有效地抓住了施肥的关键期，提高养分利用效率，而且对于提高作物抗逆性、增强防灾减灾能力、促进作物增产和农业提质增效具有极其重要的意义。

五、相关图片

大豆和玉米一次性施肥　　　　　　　　　无人机喷施叶面肥

人工喷施叶面肥　　　　　　　　　病虫草害分区防治

四川丘陵区大豆玉米带状复合种植
"专用肥＋种肥同播"技术模式

一、模式概述

坚持"减量、协同、高效、环保"的技术路线，按照"分带施肥、分次施用""一施两用、前施后用"原则，以测土配方施肥＋种肥同播为关键技术，配套优良品种以及合理栽培、田间管理、病虫草害防治等技术措施，集成大豆玉米带状复合种植"专用肥＋种肥同播"技术模式，具有产出高、可持续、机械化、低风险等优势，为丘陵粮食产区种管收全程机械化大面积推广提供了模板。

二、技术要点

（一）春播带状复合种植

轮换大豆玉米空间种植布局，种植模式与新型肥料、机械施肥集成，实现轻简化耕作。

1. 种植模式。

（1）品种选择。春播玉米选用紧凑型、半紧凑型、优质、高产、适应性好、抗逆性强的品种，如成单30、仲玉3号、正红507、正红325等；大豆选用优质、高产、耐阴、直立型品种，如贡秋豆5号、贡选1号、南豆12、南豆25、南夏豆27、南夏豆28等。

（2）轮作种植。大豆收获期为10月中下旬，在大豆收获后进行全地块深翻整地，整地深度＞20厘米。按照春播带状复合种植模式要求安排小春生产种植单元，在前一年种植玉米幅内种植小麦，播种幅宽120厘米，用于下一年种植大豆；在前一年种植大豆幅内种植蔬菜等短期作物或空行，播种幅宽100厘米，用于下一年种植玉米，实现轮作养地。

2. 施肥模式。

（1）玉米种肥同播。按照前季种植制度安排，于3月中下旬，在空行或蔬菜收获后的种植带内，采用旋耕、播种、施肥一体机械（2BYFSF－2型2行播种施肥机）进行旋耕整地和玉米播种施肥。要求旋耕深度20厘米，全层施肥厚度20厘米，施用专用复合肥（$N-P_2O_5-K_2O=25-6-9$）或相近配方的缓（控）释肥35～40千克/亩。玉米播种2行，行距40厘米，株距15厘米，播深5～8厘米，每窝播1粒精选种子，出苗密度3 500～4 000株/亩。

（2）施用玉米攻苞肥。玉米播后约50天，玉米大喇叭口期，在两行幼苗中心位置打一直径5厘米、深5厘米的孔穴，在孔穴内施用专用复合肥（$N-P_2O_5-K_2O=25-6-9$）30～35千克/亩。

（3）大豆种肥同播。6月中旬，在小麦播幅内采用旋耕、播种、施肥一体机械（2BYFSF-3（4）型密植播种施肥机）进行旋耕整地和大豆播种施肥，要求旋耕深度18～20厘米，施专用复合肥（N-P$_2$O$_5$-K$_2$O=15-10-15）15～20千克/亩，全层施肥厚度18厘米。大豆播种3行，行距30厘米，株距8～10厘米，播深5～8厘米，每窝播1粒精选种子，密度9 000～11 000株/亩。

视苗情在大豆苗期、初花期可追施适量尿素。

3. 田间管理。

（1）病虫害防治。玉米注意防治纹枯病、玉米螟虫（大喇叭口期）、黏虫、椿象、蚜虫、叶螨、草地贪夜蛾等病虫害。大豆生长前期注意防治蛴螬、地老虎、蚜虫、叶螨、椿象等虫害。同时，在大豆花蕾期、结荚初期、盛花期和鼓粒期重点防治豆荚螟等。

（2）防涝抗旱控草。根据气象状况，做好田间开沟排湿工作以防涝渍，做好作物生长期田间抗旱工作，并注意防控田间杂草。

（3）防旺长。根据作物长势，春玉米可用化控药剂控制株高；大豆3～5片复叶期和初花期可使用烯效唑喷施茎叶，控制株高，防止旺长。

4. 机械收获。

玉米成熟后采用4YZP-2C自走式联合收割机收获脱粒和粉碎秸秆还田，减少对大豆的荫蔽影响。

大豆成熟后采用GY4D-2型联合收割机收获脱粒和粉碎秸秆还田。

（二）夏播带状复合种植

带宽加大，玉米抢时抢墒播种、早施追肥，大豆适当延迟播种，减少大豆玉米共生期。

1. 种植模式。

（1）品种选择。夏播玉米选用紧凑型、半紧凑型、耐密抗倒、株高适中、适宜机械化收割的高产品种，如仲玉3号、华试919、正红325、川单99、同玉609等；大豆选用耐密、耐阴、抗倒、宜机收的高产品种，如贡选1号、南豆12、南豆25、南夏豆27等。

（2）带状种植。在净作小麦或油菜收获后，及时清除农作物秸秆，按照夏播带状复合种植模式在种植单元内分带画线。种植单元总宽度240厘米，其中玉米种植带宽100厘米，大豆种植带宽140厘米。

2. 施肥模式。

（1）玉米种肥同播。按照种植模式，在小麦或油菜收获后，于立夏至5月中旬，抢时抢墒采用旋耕、播种、施肥一体机械（2BYFSF-2型2行播种施肥机）在玉米播幅内进行旋耕整地和夏玉米播种施肥。要求旋耕深度20厘米，全层施肥厚度20厘米，施用专用复合肥（N-P$_2$O$_5$-K$_2$O=25-6-9）或相近配方的缓（控）释肥30～34千克/亩。玉米播种2行，要求行距40厘米，中小穗型品种株距33厘米，大穗型品种窝距43厘米，播深5～8厘米，每窝播2粒精选种子，密度3 100～4 000株/亩。

（2）施用玉米攻苞肥。播后约 40 天，玉米进入大喇叭口期，在两行幼苗中心位置打一直径 5 厘米、深 5 厘米的孔穴，在孔穴内施用专用复合肥（$N-P_2O_5-K_2O=25-6-9$）30 千克/亩。

（3）大豆种肥同播。7 月中旬进行大豆播种，采用旋耕、播种、施肥一体机械（2BYFSF-3（4）型播种施肥机）在大豆播幅内进行旋耕整地和大豆播种施肥，要求旋耕深度 18～20 厘米，施用专用复合肥（$N-P_2O_5-K_2O=15-10-15$）18～20 千克/亩，全层施肥厚度 18 厘米。在大豆播幅内播种大豆 3 行，行距 0.33 米，窝距 0.33 米，每窝播 2～3 粒精选种子，以后根据出苗情况补苗。

以后视苗情在大豆苗期、初花期可追施适量尿素。

3. 田间管理。

（1）病虫害防治。玉米注意防治纹枯病、玉米螟、蚜虫、叶螨等病虫害。大豆苗期注意防治蚜虫、叶螨、蟋蟀等，后期注意防治豆荚螟、大豆食心虫和斜纹夜蛾。

（2）防涝抗旱控草。根据气象状况，做好玉米生长前期和中期田间抗旱工作，正槽土及地势平坦地块注意开沟排湿，并注意防控田间杂草。

（3）防旺长。根据作物长势，玉米可用化控药剂控制株高。大豆 3～5 片复叶期和初花期可使用烯效唑喷施茎叶，控制株高，防止旺长。

4. 机械收获。玉米成熟后采用 4YZP-2C 自走式联合收割机收获脱粒和粉碎秸秆还田，减少对大豆的荫蔽影响。

大豆成熟后采用 GY4D-2 型联合收割机收获脱粒和粉碎秸秆还田。

三、适用范围

适用于四川丘陵地区具有灌溉条件的大豆玉米带状复合种植地区。

四、应用效果

大豆玉米带状复合种植采用"专用肥＋种肥同播"技术模式，能有效减少大豆玉米化肥用量、追肥次数，比当地习惯施肥可减少化肥用量 3～4 千克/亩，减少大豆玉米追肥次数 2～3 次。春玉米全生育期施用总氮不超过 18.75 千克/亩，低于四川省氮肥定额标准 19 千克/亩，施肥总量 30 千克/亩，与四川省玉米目标产量 500 千克/亩以上推荐施肥总量相当。夏玉米全生育期施用总氮不超过 16 千克/亩，达到四川省氮肥定额标准 16 千克/亩，施肥总量 25.6 千克/亩，低于四川省推荐施肥总量 30 千克/亩。大豆施肥量比传统施肥少 3～4 千克/亩。玉米产量与当地净作相当，春玉米产量达到 600 千克/亩以上，增收大豆 100～120 千克/亩，单价 5.5 元/千克，增收 550～660 元/亩，夏玉米产量 500 千克/亩以上，增收大豆约 100 千克/亩，单价 5.5 元/千克，增收 550 元/亩，具有产出高、可持续、机械化、低风险等优势，适宜在丘陵粮食产区推广。

五、相关图片

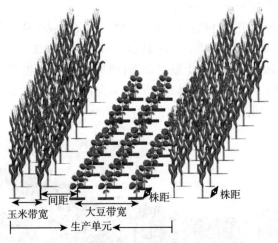

大豆玉米带状复合种植技术模式示意图

大豆玉米带状复合种植技术模式实图

内蒙古水浇地"根瘤菌接种＋
浅埋滴灌水肥一体化"技术模式

一、模式概述

内蒙古水浇地"根瘤菌接种＋浅埋滴灌水肥一体化"技术是在原大豆垄三栽培技术的基础上改进研发的一项新技术。将原来 65 厘米的垄改成 110 厘米的大垄，垄上双行改成垄上 4 行，采用宽窄行种植模式，小行距 20 厘米，大行距 30 厘米，株距 13～14 厘米，每亩保苗 1.7 万～1.9 万株。播种前采用拌种方式接种大豆根瘤菌剂，增强大豆共生固氮作用，减少化学氮肥施用。在 4 行中间铺设滴灌管，采用浅埋滴灌水肥一体化技术，实现植株分布均匀合理、水肥精准高效供应、节肥节水节药、增产增收增效的目的。

二、技术要点

1. 轮作选茬。选择地势平坦、土层深厚、保水保肥较好、具有滴灌条件的地块，前茬应为禾本科作物并实行三年以上轮作，适宜种植玉米、谷子等作物。

2. 品种选择。选择生育期短于当地无霜期 10 天以上，且所需有效积温较当地年有效积温低 150℃以上的品种。

3. 种子包衣。可选用 25％克多福种衣剂，按药种比 1：70 的比例拌种。种子包衣可防治根潜蝇、根腐病、地下害虫，并补充微量元素。

4. 灭茬整地、增施农家肥。在 4 月初进行灭茬整地。结合整地每亩施腐熟农家肥 2 米^3，均匀施入田间。

5. 接种大豆根瘤菌剂。种子播前拌根瘤菌剂，每 25 毫升液体根瘤菌剂与 5 千克大豆种子混匀，置于阴凉通风处，拌好的种子适当晾干后即可播种。

6. 机械精播施肥。在 5 月 5—15 日播种，用播种机进行精量播种，一次完成播种、深施底肥、铺设滴灌管、镇压等工作，底肥选择大豆专用肥（N - P$_2$O$_5$ - K$_2$O＝12 - 22 - 13），每亩施用 20 千克，滴灌管不能盖土太厚，盖土不能超过 1 厘米，播种时种子覆土厚度不能超过 3 厘米，小行距 20 厘米、宽行距 30 厘米，株距 13～14 厘米，每亩保苗 1.7 万～1.9 万株，播后及时滴水。一定要滴透，确保大豆出苗整齐。

机械精播施肥

大豆精量播种

7. 化学除草。用 48％氟乐灵乳油对土壤进行处理，每亩用 150～200 毫升，兑水 20 千克，于地表均匀喷雾，然后立即混土，防止药液挥发。施药 5～7 天后方可播种，可在灭茬前喷药，然后结合灭茬进行混土，氟乐灵杀草谱广，对下茬玉米安全。苗期喷药，可用 5％精喹禾灵 50 毫升＋25％三氟羧草醚 30 毫升，兑水 30 千克喷雾，或用 5％精喹禾灵 50 毫升＋48％灭草松 150 毫升，对下茬无药害。

8. 加强田间管理。全生育期一般灌水 4～6 次，每次灌水量 10～30 米³/亩。播后可根据土壤墒情滴灌出苗水，在分枝期、初花期、盛花期、结荚期和鼓粒期结合降水情况灌水，滴灌时地表湿土边缘超过播种地带 5～10 厘米即可。大豆 3 片复叶期，行间要进行一次深松，20 厘米左右。在大豆花荚期，喷施叶面肥，每亩用云大 120（长效芸苔素内酯）20 毫升＋尿素 0.4 千克＋磷酸二氢钾 0.15 千克，兑水 30 千克进行叶面喷雾。做好病虫害防治工作。

9. 收获。在 9 月下旬，大豆落叶后即可收获。收割后要及时脱粒，避免大豆食心虫继续危害，使豆粒归仓。

10. 注意事项。及时铲除田边、地埂、渠边杂草。若出现药害、冻害、涝害、雹灾等，可用碧护 2～3 克，兑水 7～10 千克进行叶面喷施，视药害程度可间隔 7 天喷施 1～2 次。

三、适用范围

适用于耕地土层深厚、产量稳定达到 200 千克/亩以上、具有滴灌条件的大豆主产区。

四、应用效果

内蒙古水浇地"根瘤菌接种＋浅埋滴灌水肥一体化"技术模式，能够保证苗齐、苗匀、苗壮，满足大豆生长期对水肥的需求，确保生育期间水肥合理供应，做到节水节肥。本技术模式与品种相结合，能够充分发挥大豆品种的增产潜力，增产效果显著。

第二节 油 菜

湖北"测土配方＋缓释肥料＋有机肥"技术模式

一、模式概述

油菜是湖北省主要油料作物，传统的施肥模式针对性差、方法粗放、环节多、效率低，严重制约了油菜生产效益和产量潜力的发挥。自 2005 年测土配方施肥项目实施以来，油菜精准高效施肥配套技术不断完善，2010 年开始在主产区示范应用。本技术利用联合播种机、无人机等智能新机具，采用测土配方、以产定量、养分协同、侧位深施等新技术，应用专用配方肥、缓控释肥和叶面肥等新产品，可为油菜化肥减量增效提供技术支撑。

二、技术要点

(一)施肥方案确定

1. 肥料养分配方。依据测土配方施肥结果和湖北省不同区域直播油菜产量水平,确定湖北省油菜施肥包含氮、磷、钾、硼、镁5种营养元素,充分发挥营养元素间的协同增效作用。

2. 肥料用量。按照亩产150千克油菜籽全生育期推荐施氮肥(N)10~12千克、磷肥(P_2O_5)2.5~4.0千克、钾肥(K_2O)3.0~4.5千克、硼肥(B)0.1千克左右、镁肥(MgO)1~2千克的标准,依据各区域油菜品种、目标产量、土壤养分测试结果等制定施肥方案,确定施肥总量、施肥次数和运筹比例。

3. 肥料运筹。依据油菜专用肥的类型确定施肥方式,应用油菜专用配方肥采用"一基一追"的方式,应用油菜专用缓控肥采用"基肥一次性施用"的方式。采用"一基一追"的方式,氮肥和钾肥按7:3的比例分配为基肥与追肥,基追比例可根据生育期长短进行适当调整,其他养分全部用于基肥,追肥主要作薹肥。

4. 基施肥料品种。宜选用区域油菜专用配方肥(氮-磷-钾=22-11-7,硼0.15%)或油菜专用缓控释肥(氮-磷-钾=25-7-8,硼0.15%),或与推荐的油菜专用配方肥相似配方的复合(混)肥。肥料应为圆粒形,粒径以2~4毫米为宜,颗粒均匀、硬度适宜,便于机械施用。

5. 叶面肥。在花期结合菌核病防控叶面喷施镁肥和钾肥(MgO 0.1~0.2千克/亩,K_2O 0.2~0.3千克/亩),防止早衰、促进油菜籽粒饱满、提高油菜籽粒含油量。

6. 有机肥。推荐水稻季秸秆粉碎还田,也可留高茬直播。有条件的田块可增施商品有机肥150千克/亩或发酵腐熟的畜禽粪肥300~500千克/亩,作基肥施用。

(二)机械深施基肥

采用种肥同播技术,选用油菜精量联合播种机械一次性完成旋耕、灭茬、开厢沟、播种、深施肥、覆土等多道工序,实现前茬作物秸秆全量还田、精量播种、侧深施肥、开沟防渍等多重目标。施肥行与播种行相距5~8厘米,施肥深度7~10厘米。

(三)无人机追施薹肥

1. 追肥方案确定。基肥选用油菜专用配方肥或相似配方复合(混)肥的,按肥料运筹方案追施薹肥;按要求施用油菜专用缓释肥的一般不用追肥,但遇到特殊情况,如苗生长较弱或脱肥,要根据苗情适时追肥。

2. 追肥时期。薹肥一般在蕾薹期至初薹期追施,选择在小雨前(不产生径流)或雨后进行。

3. 肥料选择。薹肥选用颗粒尿素和氯化钾,或高氮高钾低磷复合肥。

(四)无人机叶面施肥

进入初花期一周左右结合菌核病防控叶面喷施镁肥和钾肥,镁肥选用改性硫酸镁(与咪鲜胺或戊唑·咪鲜胺混合不产生沉淀）200～300克/亩，钾肥选用磷酸二氢钾 200～250克/亩，混合溶解后喷施。

（五）注意事项

1. 油菜对缺硼十分敏感，油菜专用肥必须含有足够的硼，同时湖北省冬油菜主产区土壤缺镁普遍，专用肥应该含有一定量的镁，在选用油菜专用肥时注意甄别。

2. 叶面施肥前密切关注天气预报，防治后4小时内若有降水，晴后及时重新喷施。

3. 移栽油菜施肥方案参照直播油菜执行，"一基一追"施肥方式的氮、钾肥基追比调整为6∶4。

三、适用范围

适用于湖北省直播油菜种植区。

四、应用效果

与传统施肥相比，本技术模式平均减少化肥用量10%，肥料利用率提高8%，节省施肥用工0.3～0.5个/亩，平均增产10%，省工节本增效效果显著。

五、相关图片

1.悬挂架　2.肥箱　3.排肥轴　4.地轮　5.前犁　6.后犁
7.旋耕装置　8.施肥铲　9.后托板　10.双圆盘开沟器
11.机架　12.排种器　13.排肥器

整机结构示意图

包络刮削施肥铲　　传统深施肥铲

施肥铲排布示意图

施肥铲结构及安装位置

施肥

播种　除草

油菜侧深施肥机械

无人机追肥   花期叶面喷肥

氮–磷–钾=15–6–5.8（总26.8）   氮–磷–钾=12.5–3.5–4.0（总20.0）
146千克/亩   183千克/亩

增产25.3%、减肥25.4%

技术应用效果

湖北"种肥同播＋叶面光谱诊断＋精准追肥"技术模式

一、模式概述

针对油菜生产中施肥粗放、新技术应用滞后等问题，为充分发挥油菜生产效益和产量潜力，集成精量联合播种施肥、叶面光谱诊断、无人机叶面喷施等新技术，应用油菜专用配方肥、缓控释肥和叶面肥等肥料新产品，实现油菜施肥机械化、精准化和智能化。

二、技术要点

（一）核心技术

1. 肥料选择。推荐选用油菜专用配方肥（氮-磷-钾＝22－11－7，硼0.15％）或油菜专用缓控释肥（氮-磷-钾＝25－7－8，硼0.15％），或与推荐的油菜专用配方肥相似配方的复合（混）肥。肥料应为圆粒形，粒径以2～4毫米为宜，颗粒均匀、硬度适宜，便于机械施用。依据测土配方施肥结果和湖北省不同区域直播油菜产量水平，亩产150～180千克油菜籽推荐的专用肥用量为40～60千克/亩。肥料用量可根据土壤肥力状况和油菜目标产量水平适当调整，旱地油菜酌情减少施肥量，前茬作物为大豆、蔬菜、棉花等，可减少施肥量30％左右，如果施用有机肥，可减少施肥量15％～25％。

2. 肥料机械化侧深施用。采用种肥同播技术，选用油菜精量联合播种机械一次性完成旋耕、灭茬、开厢沟、播种、深施肥、覆土等多道工序，实现前茬作物秸秆全量还田、精量播种、侧深施肥、开沟防渍等多重目标。施肥位置为播种行侧5～8厘米，施肥深度为土表下7～10厘米。

3. 苗期快速诊断精准追肥。在越冬期利用无人机（配备多光谱相机，飞行高度20米，航向重叠80％，旁向重叠60％）拍摄油菜田间的多光谱影像，根据油菜养分亏缺的深度学习诊断和追肥推荐模型，计算推荐施肥量，同时结合田间苗情按需精准追肥。追肥一般选择在小雨前（不产生径流）或雨后进行，追肥肥料选用颗粒尿素和氯化钾，或高氮高钾低磷复合肥。

4. 无人机叶面施肥。进入初花期一周左右结合菌核病防控叶面喷施镁肥和钾肥，镁肥选用改性硫酸镁（与咪鲜胺或戊唑·咪鲜胺混合不产生沉淀），施用量为200～300克/亩，钾肥选用磷酸二氢钾，施用量为200～250克/亩，混合溶解后喷施。

（二）配套技术

1. 合理密植。选用通过省级或国家审定登记的适宜湖北省种植的双低油菜品种，适期播种，机械精量播种量为200～300克/亩，播种量随播期推迟和海拔升高适当增加，确保成苗数3.5万～4.5万株/亩。

2. 墒情管理。 播种后遇干旱天气，可采取沟灌渗厢的方式灌溉，水深不过厢面，厢面宜保持湿润 3 天以上，确保一播全苗。对于降水较多的区域，应做到厢沟、腰沟、围沟"三沟"相通，逐级加深，确保灌排通畅。

3. 绿色防控。 机播时或播种后即喷乙草胺等药剂进行封闭除草。草害较重的田块，在油菜 4～5 叶期喷施选择性除草剂进行茎叶除草。初花后期做好"一促四防"，对于菌核病重发田块，盛花期可用无人机喷施咪鲜胺、菌核净等杀菌剂进行防治。根肿病易发田块除选用抗根肿病品种外，可用氰霜唑拌种，结合整地每亩用生石灰 25～50 千克改良土壤。

4. 适时收获。 当全株 2/3 角果呈黄绿色、主轴基部角果呈枇杷色、种皮呈黑褐色时，进行分段机收，采用联合机收获时推迟 5～7 天进行。人工收获的适宜时期同分段机收，做到轻割、轻放、轻捆、轻运，减少损失。

三、适用范围

适用于湖北省油菜主产区。

四、应用效果

本技术模式通过机械侧深施用油菜专用肥或专用缓释肥，实现了施肥的轻简高效，配合苗期无人机快速诊断，提高了追肥的精准性。与传统施肥相比，本技术模式平均减少化肥用量 15%～20%，肥料利用率提高 8%～10%，节省施肥用工 0.5～0.8 个/亩，平均增产 10%～12%，省工节本增效效果显著。

五、相关图片

油菜专用肥的机械侧深施用

无人机苗期营养诊断

油菜养分缺乏诊断平台

初花期无人机叶面施肥

陕南直播油菜"基肥深施＋缓释肥料＋无人机追肥"技术模式

一、模式概述

以测土配方施肥为基础，按照直播冬油菜营养"前期贮藏、后期转移"的特性，制定冬油菜"专用肥一基一追"或"专用缓控肥一次性施用"施肥方案，以产量确定施肥量。采用油菜精量直播机进行灭茬、机耕、施肥、直播、开沟、镇压一体化作业，实现油菜播期根区深施基肥。在蕾薹期根据苗情采用无人机追施氮、钾肥，在花期结合菌核病防控叶面喷施钾、镁肥，促进油菜增产增效。

二、技术要点

（一）施肥方案确定

1. 肥料配方。 依据测土配方施肥结果，确定油菜主产区施肥包含氮、磷、钾、硼 4 种营养元素，在数量上要体现稳氮、控磷、增钾、补硼，并充分发挥养分间的协同增效作用。

2. 肥料用量。依据陕南直播油菜区土壤肥力条件、油菜品种、目标产量、土壤养分测试结果等制定施肥方案,确定施肥总量、施肥次数和运筹比例。

(1) 在平均亩产 180 千克以上地区,采用生育期比较长的中油杂 501、秦优 797、秦优 1618 等品种,可以亩施纯 N13.5 千克、P_2O_5 5 千克、K_2O 8.6 千克、H_3BO_3 1 千克,所有磷、钾、硼肥和 58.4% 的氮肥作基肥在油菜直播时一次性施入,或者整地前施入,深翻入土。余下 41.6% 的氮肥作为腊肥、薹肥沟施中耕覆盖。

(2) 在平均亩产 160~180 千克地区,采用生育期适中的中油杂 19、沣油 737、沣油 306、秦优 1618 等品种,可以亩施纯 N13.0 千克、P_2O_5 4.75 千克、K_2O 8.0 千克、H_3BO_3 1 千克,所有磷、钾、硼肥和 58% 的氮肥作基肥在油菜直播时一次性施入,或者整地前施入,深翻入土。余下 42% 的氮肥作为腊肥、薹肥沟施中耕覆盖。

(3) 在平均亩产 160 千克以下地区,采用生育期适中的中油杂 19、沣油 737、沣油 306、鸿油 66、润普金、秦优 1699 等品种,可以亩施纯 N 12.0 千克、P_2O_5 4.5 千克、K_2O 7.7 千克、H_3BO_3 1 千克,所有磷肥、钾肥、硼肥和 57% 的氮肥作基肥在油菜直播时一次性施入,或者整地前施入,深翻入土。余下 43% 的氮肥作为腊肥、薹肥沟施中耕覆盖。

也可以采用总养分含量为 40%(氮-磷-钾 = 25-7-8)的油菜专用缓释肥 45~50 千克一次性基施,可以减少施肥人工成本。

一般情况下,本技术模式氮肥投入量比常规施肥减少 10% 左右、磷肥投入量减少 20% 左右、钾肥投入量减少 10% 左右,减肥量根据当地土壤肥力、施肥水平、秸秆还田等实际情况确定。

3. 肥料运筹。依据肥料类型确定施肥方式,应用油菜专用配方肥采用"一基一追"或者"一基二追"的方式,应用油菜专用缓控肥采用"基肥一次性施用"的方式。采用"一基一追"的方式,氮肥和钾肥按 6∶4 的比例分配为基肥与追肥;采用"一基二追"的方式,氮肥和钾肥按 6∶3∶1 的比例分配为基肥与追肥,基追比可根据生育期长短进行适当调整,其他养分全部用于基肥,追肥主要作薹肥。

4. 基施肥料品种。宜选用油菜专用配方肥或油菜专用缓控释肥,或与推荐的油菜专用配方肥相似配方的复合(混)肥。

5. 基施肥料要求。肥料应为圆粒形,粒径以 2~4 毫米为宜,颗粒均匀,密度一致,硬度适宜,理化性状稳定,便于机械施用。

6. 叶面施肥。根据油菜生长状况、气候条件、目标产量,在花期结合蚜虫、菌核病防控,每亩用 43% 戊唑醇悬浮剂 20 毫升+硼砂 100 克+2.5% 高效氯氰菊酯悬浮剂 100 毫升+磷酸二氢钾100 克+改性硫酸镁 200 克,兑水 30 千克利用无人机对叶面均匀喷雾,可以满足油菜水肥需求,防早衰、控病虫、促个体、建群体,促进油菜籽粒饱满、提高油菜籽粒含油量。

(二)基肥机械深施

1. 前茬收获。选用带有秸秆切碎抛撒装置的联合收割机在前茬作物(水稻或玉米)收获的同时将秸秆就地粉碎,平均留茬高度≤15 厘米,秸秆粉碎长度≤10 厘米,粉碎长度合格率≥95％，漏切率≤1.5％。通过加装均匀抛撒装置板控制抛撒秸秆力度、方向和范围，提高均匀度，覆盖整个作业区域，抛撒不均匀率≤20％。

2. 种肥同播。 选用油菜精量联合播种机械一次性完成旋耕、灭茬、开厢沟、播种、深施肥、覆土等多道工序，实现前茬作物秸秆全量还田、精量播种、侧深施肥、开沟防渍等多重目标。施肥行与播种行相距5~8厘米，施肥深度7~10厘米。

3. 注意事项。

（1）合理密植。陕南油菜直播适宜时间为9月20—30日。机械精量播种250~300克/亩，当土壤墒情较差（适中的土壤相对含水量为50％~65％）或播期推迟至10月初时，须适当增加播种量至350~400克/亩，确保成苗数2.5万~3.0万株/亩。

（2）墒情管理。一般厢宽1.5~2.5米，沟深25~30厘米，做到厢沟、腰沟、围沟"三沟"相通，逐级加深，确保灌排通畅。播种后遇干旱天气且耕层土壤相对含水量低于45％时，在开沟后灌一次渗沟水，采取沟灌渗厢的方式灌溉，水深不过厢面，厢面宜保持湿润3天以上，确保一播全苗。

（3）控制杂草。在油菜播种后48小时内，每亩用90％乙草胺悬浮剂100~120毫升兑水40千克封闭除草，草害严重时在油菜6~7叶期，选用精喹禾灵悬浮剂100毫升或者16％草除灵·二氯吡啶酸·烯草酮悬浮剂32毫升兑水30千克茎叶除草，注意应在无风的晴天喷施，不可漏喷，更不可重复喷。建议采用机动、电动喷雾器喷施除草剂，以免药害发生。

（4）油菜专用肥选用。油菜对缺硼十分敏感，其专用肥须含有足够的硼。陕南冬油菜主产区土壤缺硼普遍，推荐施用大厂硼肥，品质有保障。

（三）无人机追施薹肥

1. 追肥方案确定。 基肥选用油菜专用配方肥或相似配方复合（混）肥的，按施肥方案追施腊肥、薹肥；施用油菜专用缓释肥的一般不用追肥，但苗较弱或脱肥时，要根据苗情适时追施尿素。

2. 无人机选择。 选择当地农业生产中普遍使用的农用无人机，载重量以40千克以上为宜。

3. 肥料选择。 薹肥选用颗粒尿素和氯化钾，或高氮高钾低磷复合肥。

4. 注意事项。 薹肥一般在蕾薹期至初薹期追施，选择在小雨（不产生径流）前或雨后进行。如果氮肥和钾肥无法混匀，可分别施用。无人机操控人员应持证上岗，按准则进行操作，保证安全和规范。

（四）叶面施肥

1. 叶面肥施用方案确定。 根据油菜生长状况、目标产量和区域土壤养分状况在油菜初花期，结合菌核病防控叶面喷施镁肥和钾肥，镁肥选用改性硫酸镁（与咪鲜胺或戊唑·咪鲜胺混合不产生沉淀）200~300克/亩，钾肥选用磷酸二氢钾100~200克/亩，混合溶解后喷施。

2. 无人机喷施。 在油菜进入初花期一周后进行田间作业，按浓度要求用清水溶解肥料和农药（杀菌剂），待全部溶解后静置 5 分钟，取清液喷施。喷施前应根据作业区地理情况，保持无人机距离油菜冠部 1.5 米左右，飞行速度保持 4 米/秒，并设置无人机喷幅、喷雾流量等参数，并进行试飞，正常后方可进行作业。

3. 注意事项。喷施前将所有肥料和农药（杀菌剂）做溶解性试验，选择不产生沉淀的配方，肥药配制采用二次稀释法，无人机每亩用液量不少于 2.5 升。密切关注天气预报，防治后 4 小时内有降水时，晴后及时重新喷施。

三、适用范围

适用于陕南海拔 650 米以下水稻土、黄褐土、黄棕壤油菜种植区域，具有机械施肥条件的冬油菜主产区均可以使用本技术模式。

四、应用效果

每亩减少化肥用量 10％以上，肥料利用率提高 8％以上，节省施肥用工 0.5～1 个/亩，平均增产 12％。

五、相关图片

根据地力情况优选品种

油菜厢式播种　　　　　　　　　采用化肥喷施器追施尿素

采用化肥深施器追施复合肥料 　　　　无人机"一促四防"并喷施叶面肥

内蒙古东北部春油菜"种肥同播＋ 缓控释肥＋叶面喷施"技术模式

一、模式概述

以测土配方施肥为基础，制定油菜基肥施用方案，配套集成"种肥同播＋缓控释肥＋叶面喷施"技术模式，实现油菜全生育期机械化施肥，提高化肥利用率，促进农业绿色高质量发展。

二、技术要点

(一)基肥确定

1. 肥料品种。 采用油菜专用配方肥，选用氮磷钾配比合理、与当地油菜施肥配方一致或接近的肥料；采用缓释尿素、磷酸二铵、硫酸钾自行混肥的，可根据当地油菜施肥配方和播种地块实际情况调整施肥配方，精准施肥。

2. 肥料要求。 化学肥料应为圆粒形，粒径以 2～4 毫米为宜，颗粒均匀，密度一致，理化性状稳定，手捏不易碎、不易吸湿、不粘、不结块，以防肥料通道堵塞。

3. 肥料用量。 依据油菜品种、目标产量、土壤测试结果等制定施肥方案，确定施肥总量、施肥次数、养分配比和运筹比例。一般情况下，本技术模式化肥投入量可比常规施肥减少 1%～3%，减肥量根据当地土壤肥力、施肥水平等实际情况确定。

4. 施肥次数。 专用配方肥作底肥一次性施入，充分考虑氮素释放期等因素，可以选用含有一定比例缓控释养分的肥料。自行配肥的，可以选择具有缓控释功能的尿素进行混配，一次施基肥满足油菜整个生育期的养分需求，磷肥在土壤中的移动性较差，作底肥一次性施用，钾肥根据土壤质地和供肥状况，作底肥一次性施用。后期视作物生长和天气情况喷施水溶肥。

（二）轮作＋免耕＋秸秆还田

1. 轮作。油菜忌重茬，小麦、大麦、马铃薯都是油菜的良好前茬，选择合适前茬，避免重茬播种，减少病虫害的影响。

2. 免耕＋秸秆还田。选择小麦茬口进行免耕播种，小麦留高茬还田，上年度秋季不翻地整地，本年度春季直接播种，达到保墒抗风、减少水土流失、培肥地力、保护生态环境、节约耕翻成本、增加收益的目的。

（三）种肥同播

1. 品种选择与种子处理。油菜机械化栽培要选择具有茎秆坚韧、抗倒性强、分枝部位较高、抗（耐）裂角性强、成熟整齐、纯度高等特性的优良品种，且播种用种子要求发芽整齐、发芽势强、发芽率高，以保证出苗一致，群体整齐，成熟期一致，便于收获。播种用种子要进行播前晒种、机械选种，选大小均匀、饱满、发芽率90％以上、净度98％以上、纯度99％、含水量10％以下的优级种子，并进行拌种等处理，实现杀菌、防虫、肥育幼苗等多种目的。

2. 选地。油菜喜湿但不耐湿，因此要选择土层深厚、土壤肥沃、保墒性能好的平川地或漫岗缓坡地，避开风口和低洼易涝地、冰雹线等，以免造成产量损失。春油菜对整地质量要求严格，耕作层要达到20厘米。

3. 适时早播。根据油菜种子可以在低温下发芽和苗期抗寒能力强的特点，一般春油菜在0～5厘米的土壤温度稳定在6℃以上时即可播种。在幼苗不受冻害的情况下，尽量早播，一般在5月上中旬播种。如遇春季持续严重干旱，干旱地块适当延迟播种。

4. 合理密植。为保证油菜个体、群体都能得到充分发展，要求每亩保苗6万～8万株。

5. 机械选择。春播时采用免耕播种机一次性完成开沟、播种、施肥、镇压等作业。

6. 作业准备。作业前应检查施肥装置运转是否正常，排肥通道是否畅通。机具各运行部件应转动灵活，无碰撞卡滞现象，并进行开机试运转。除去肥料中的结块及杂物，均匀装填到肥料箱中，装入量不超过最大装载量。装肥过程中应防止混入杂质，影响施肥作业。施肥量按照机具说明书进行调节，调节时应考虑肥料性状及地块实际情况对施肥量的影响，调节完毕应进行试排肥，应实地作业，正常作业50米以上，根据实际排肥量对免耕播种机进行修正。

7. 作业要求。依据当地气候条件和油菜品种合理确定播种期，适时早播。播种时要求日平均温度稳定在6～8℃，避开降水以及大风天气。

8. 注意事项。作业过程中，应规范机具使用方法，注意操作安全。施肥作业中应避免紧急停止或加速等操作，发现问题及时停机检修。播种作业要做到播量精准、排种均匀、播深一致、不重播、不漏播。根据作业进度及时补充种子和肥料。受免耕机、肥料种类、作业速度、天气等因素影响，应随时监控施肥量，适时微调。当天作业完成后，应及时排空肥料箱及施肥管道中的肥料，做好肥料箱以及排肥、开沟等部件的清洁。在油菜播种后出苗前采用施药封闭除草方式控制杂草。

(四)喷施水溶肥

1. 肥料品种。根据当地实际情况,一般选用磷酸二氢钾水溶肥。

2. 肥料要求。选用磷酸二氢钾符合《肥料级磷酸二氢钾》(HG/T 2321—2016)要求。

3. 方案确定。根据油菜生长情况、目标产量和区域土壤养分状况,油菜封垄后(4 片叶)进行化控,喷施磷酸二氢钾 50~200 克/亩,蕾薹期喷施磷酸二氢钾 50~200 克/亩,花期结合菌核病防控喷施磷酸二氢钾 50~200 克/亩。

4. 作业准备。确认自走式喷药机处于良好的工作状态,包括检查所有的机械部件、液压系统、电气系统等是否正常。检查喷药机的喷杆、喷头、泵、过滤器等是否完好无损。检查药液箱,确保药液箱清洁,没有残留物,以防污染新加入的药液,同时检查药液的浓度和量是否足够覆盖作业区域。检查药液,确认使用的药液符合农业标准和安全要求,检查药液是否有沉淀或结晶,必要时进行搅拌或稀释。在正式作业前进行试运行,检查喷药机的喷洒效果和压力是否正常。

5. 作业要求。避免在大风天或雨天进行喷药作业,以免造成药液飘散影响药效。尽量在 9:00 前或 16:00 后进行作业,避免在夏季中午高温时间喷施农药。

6. 注意事项。密切关注天气预报,防治后 4 小时内有降水时,晴后及时重新喷施。

三、适用范围

适用于内蒙古自治区呼伦贝尔市及周边具有机械施肥条件的春油菜产区。

四、应用效果

通过施用缓控释肥,能有效减少春油菜氮肥用量、追肥次数和数量,亩均可减少化肥总用量(折纯)1%~3%,配套"秸秆还田+种肥同播+轮作+喷施水溶肥+全程机械化"技术模式,可提高作业效率,降低劳动力成本,提高养分利用效率,促进作物增产和农业提质增效。

长江流域旱地油菜"有机肥+缓释肥料"技术模式

一、模式概述

四川旱地直播油菜面积逐渐增大,但旱地土层浅薄、保水保肥能力弱、中微量元素缺乏、水土流失和季节性干旱问题突出。同时,油菜在生产过程中还存在化肥投入多、施用结构和方式不合理以及劳动力成本高等问题。本技术模式以"前茬秸秆还田、抗旱耐瘠品种、多源增碳、轻简化施肥、集雨补灌、高效精准防控、分段收获"为核心,实现了化肥减量增效，提升了旱地油菜生产水平。

二、技术要点

（一）前茬作物秸秆还田

前茬玉米等作物收获时，留茬高度在 20 厘米以内，秸秆粉碎长度在 15 厘米以内，秸秆均匀覆盖还田以保墒、抑草。

（二）品种选择及播种

选用抗旱耐瘠、株型紧凑、抗倒性好的双低油菜中熟品种，如川油 81、川油 83、望乡油 1881 等品种。

直播油菜适宜播期为 9 月下旬至 10 月上旬，移栽油菜于 9 月上旬播种育苗，10 月中下旬移栽。

地块较规则的区域宜采用小型浅旋播种机播种，每亩用种 250～300 克。人工条播按行距 25 厘米、沟深 2～5 厘米开沟，将种子拌少量细沙条播后覆土，每亩用种 250～300 克；人工穴播以行距 25 厘米、穴距 25～40 厘米、穴深 2～5 厘米为宜，每亩用种 200 克左右；撒播每亩用种 350～400 克。移栽油菜每亩用种 100 克，苗床面积与大田面积比一般以 1∶（4～5）为宜，大田移栽油菜株行距以 30～35 厘米为宜。

（三）增施有机肥料

根据田间地力，每亩施腐熟鸡粪、猪粪、牛粪有机肥 800～1 000 千克，或鸡粪、猪粪、牛粪源商品有机肥 100～200 千克，以培肥地力。

（四）轻简化施肥

直播或移栽大田一次性基施油菜高效专用缓释肥（$N-P_2O_5-K_2O=25-7-8$）40～50 千克/亩，或油菜配方肥（$N-P_2O_5-K_2O=26-13-6$）40～45 千克/亩。

提倡轻简化、机械化施肥，机械直播油菜可采用种肥同播的方式。肥料应均匀撒施于地表，旋耕与表土混匀；穴施肥料，穴深 8～10 厘米，肥料与种子距离 3～5 厘米，并覆土；条施肥料，在油菜行间开施肥沟，沟深 8～10 厘米并覆土。

（五）集雨补灌

利用山坪塘等集雨水利设施，结合田间灌溉管网，对天然降水富集叠加利用。播种前 7～8 天喷灌底墒水。越冬期根据田间墒情，用磷酸二氢钾等水溶性肥料结合喷灌补水补肥，增强油菜抗寒性和调控土壤温度。干旱年份初花期采用快灌快排方式灌水抗旱，以降低因干旱导致土壤中的硼有效性降低而造成的产量损失。

（六）高效精准防控

播种后出苗前用精异丙甲草胺或乙草胺进行封闭除草。

蚜虫在干旱年份或含水量低的土壤中发生较重且易传播病毒病，苗期、蕾薹期结合防治菌核病每亩用50％抗蚜威可湿性粉剂15克喷雾防治蚜虫。

防治菌核病，可每亩用40％菌核净可湿性粉剂100～150克，或25％咪鲜胺乳油80毫升，或50％异菌脲悬浮剂50～100克（毫升），或40％啶酰菌胺水分散粒剂24～36克，兑水30～45千克，在油菜蕾薹期，采用人工喷雾的方式或使用植保无人机，结合杀虫剂、杀菌剂、磷酸二氢钾、硼肥等开展"一促四防"工作。

（七）分段收获

当整株75％以上角果呈枇杷黄色、籽粒转变为红褐色时，人工或选用油菜割晒机于早、晚或阴天割晒，田间晾晒4～5天后采用捡拾机捡拾脱粒，同时秸秆全量粉碎还田。

三、适用范围

适合四川及长江流域有山坪塘、蓄水池等水利设施，且已建设或有条件建设压力灌溉设施的旱地油菜主产区推广应用。

四、应用效果

本技术模式与农民习惯种植模式相比，在化肥减施10％～15％的基础上，油菜籽平均增产6.6％，亩均节本增收60元以上。应用本技术模式能够实现节肥节药高产高效的目标，尤其在干旱年份增产增效效果显著。

五、相关图片

前茬作物秸秆还田

旱地模式喷灌

长江中下游冬油菜"测土配方＋缓控释肥一次性施用"技术模式

一、模式概述

按测土配方施肥确定施肥量，应用缓控释肥，通过种肥同播一次性施肥技术，同步完成旋耕、施肥、播种、开沟等工序，实现精确、定量、均匀播种和施肥，能够有效降低生产成本、提高产量和种植效益，推广应用面积逐年大幅度增加，具有很好的发展前景。

二、技术要点

（一）施肥量的确定

1. 肥料品种。宜选用氮磷钾配比合理的缓控释肥料。

2. 肥料要求。肥料应为颗粒型，粒径以 2～5 毫米为宜，颗粒均匀，密度一致，理化性状稳定，流动性好，平均每粒抗压力应不小于 40 牛，不易吸湿、不粘、不结块、无粉末，以防肥料通道堵塞。

3. 肥料用量。根据目标产量，与合理施用有机肥料相结合，中等肥力田块施肥量推荐如下：

目标产量 150～200 千克/亩，43％（氮-磷-钾＝25-12-6）（其中掺混缓释尿素的氮占氮总量的 60％）缓释肥 40～50 千克/亩，缓释硼肥 400 克/亩。

目标产量 200 千克/亩以上，49％（氮-磷-钾＝25-10-14）（其中掺混缓释尿素的氮占氮总量的 50％）缓释肥 40～45 千克/亩，缓释硼肥 200 克/亩。

（二）播种

1. 油菜品种选择。选用产量高、抗病、抗倒伏、抗裂角、株高适中（160 厘米左右）、株型紧凑、花期集中、便于机械收获的双低品种，种子质量应达到《经济作物种子 第 2 部分：油料类》（GB 4407.2—2024）的要求。

2. 播期与播种量。适宜播期为 9 月下旬至 10 月上中旬，宜早不宜迟。在适宜播期内，播量 0.2～0.4 千克/亩，随着播期的推迟，播量增至 0.3～0.4 千克/亩。

3. 播种质量。各行的播量要一致，在播幅内落籽要分散均匀，无漏播、重播现象，具体按照《油菜机开沟免耕直播机械化技术规范》（DB34/T 666）、《油稻稻三熟制油菜全程机械化生产技术规程》（NY/T 2546）的规定执行。

（三）机械选择

选择集旋耕、施肥、播种、开沟功能于一体的旋耕施肥播种机，应具备智能控制装置，实现雷达测速、播量可调。随速变量施肥、播种，保证作业面积均匀。配套的开沟器，深度可调，保证种子落地准确。

选用的旋耕施肥播种机，技术参数标准见下表。

旋耕施肥播种机技术参数

序号	项目	单位	参数值
1	结构形式	/	悬挂式
2	配套动力范围	千瓦	73.5～95.6
3	整机外形尺寸（长×宽×高）	毫米	2 350×2 546×1 900
4	作业速度	米/秒	0.56～1.67
5	生产率	公顷/时	0.46～1.35
6	幅宽	厘米	230
7	耕深	厘米	8～16
8	行距	厘米	15～30（可调）
9	工作行数	行	1～8（可调）
10	旋耕部分传动方式	/	中间传动
11	刀辊设计转速	转/分	220
12	刀辊最大回转半径	毫米	245
13	旋耕刀型号	—	IT245
14	总安装刀数	把	64
15	排种器形式	—	槽轮滚筒＋气送式
16	排种器数量	个	1～8（可调）
17	排肥器形式	—	外槽轮
18	排肥器数量	个	1～10（可调）
19	排种开沟器形式	—	圆盘式
20	排种开沟器数量	个	1～8（可调）
21	排种开沟器深度调节范围	毫米	0～50
22	种/肥箱容积	升	150/310（155×2）
23	排量调节方式	—	手机 APP/控制屏数字智能化输入步进电机调节
24	播种部分传动方式	—	步进电机
25	风机形式	—	电动
26	覆土器形式	—	镇压辊
27	镇压器形式	—	镇压辊

（四）田间作业

1. 田块准备。水稻收获前 15 天排水晾田，如遇干旱天气，在割稻前 1 周灌跑马水润田造墒，播种至出苗期 20 厘米表土层土壤相对含水量应达到 60%～70%，确保机械作业顺畅、油菜出苗整齐。

秸秆还田的田块，需用秸秆粉碎还田机进行粉碎还田作业，秸秆切碎长度≤10厘米，秸秆切碎率≥90％，抛撒不均匀率≤20％。

前茬收获后，及时旋耕待播。

2. 机械准备。启动拖拉机，调整施肥播种参数，试操作，发现漏播需停车检查，排除故障后方可进行作业。作业前料箱中添加足量的肥料和种子，机具由慢到快再到正常作业速度。在正常作业速度下确认耕深和播种情况。

3. 作业要求。田间作业顺序为施肥—旋耕—开沟—整平—播种—镇压。漏播率≤2％；各行播量一致性变异系数≤7％；行距一致性变异系数≤5％。保持田块内沟沟相通，排水畅通。

4. 注意事项。作业过程中，应规范使用机具，注意操作安全。作业中应避免紧急停止或加速等操作，匀速前进，发现问题及时停机检修。根据作业进度及时补充种子和肥料。应随时监控施肥量和播种量，适时微调。当天作业完成后，应及时排空肥料箱及施肥管道中的肥料，做好肥料箱及排肥、开沟等部件的清洁。

（五）田间管理

1. 分类管理，控旺促弱。部分早播旺长田块，可在4叶1心至6叶1心时期，用多效唑、烯效唑、矮壮素·多效唑等控旺。因干旱、迟播等导致的弱苗田块，可在3叶期雨前每亩施尿素5～7.5千克提苗，也可喷施氨基酸水溶肥等促壮。

2. 病虫草害防治。

（1）芽前除草。播种后1～2天杂草出土前，选择防除一年生禾本科杂草和部分阔叶杂草的芽前除草剂，阻止杂草种子的萌发。

（2）苗期除草。在油菜4～5叶期进行，用选择性灭生除草剂（如氨氯酸·草除灵·二氯吡等）防除油菜中的单、双子叶杂草。

（3）油菜生育中后期病虫害防治。应根据"病虫情报"选用药剂，及时安全用药。苗期主要防治蚜虫，在油菜初花期主要防治菌核病、霜霉病等。

（六）及时收获

在全田90％以上油菜角果颜色变黄色或褐色，完熟度基本一致时收割。

三、适用范围

适用于长江中下游具有机械作业条件的油菜产区。

四、应用效果

本技术模式节约人工0.17个/亩，节约用工成本34元/亩；节省化肥（纯）2.1千克/亩，节省肥料成本6.9元/亩，减肥12.5％；节本增收40.9元/亩；施肥次数减少，肥料利用率提高3.9％。

五、相关图片

机械整地

田间油菜　　　　　　　　　　　　　精量播种

重庆冬油菜"测土配方＋
缓释肥料＋无人机追肥"技术模式

一、模式概述

针对西南丘陵山地科学施肥技术推广难度大，传统基肥一道清施肥方式等问题，集成"测土配方＋缓释肥料＋无人机追肥"机械化轻简高效栽培技术模式。以测土配方施肥为基础，根据冬油菜营养"前期贮藏、后期转移"的特性，制定油菜基肥配方，选用含硼肥的缓释稳定性复合肥料，机械化侧深施入距播行1～2厘米处，在油菜苗期根据作物营养需求，适当追施氮肥，在油菜蕾薹期用无人机追施硼肥和磷钾水溶性肥料"一喷两用"，均衡全生育期养分供应,促进增产提质增效。本技术模式能够解决丘陵山地油菜健康生长对营养的需求,全程机械化解决劳动力缺乏问题,并实现油菜轻简化栽培,每亩节本增收300元以上。

二、技术要点

(一)技术路线图

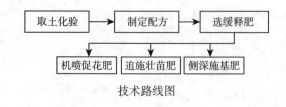

技术路线图

(二)基肥确定

1. 肥料品种。选用机械一次性完成旋耕、灭茬、开厢、开沟、施肥等多道工序,基肥选用适合重庆地区土壤条件的、氮磷钾配比合理的、添加缓释成分的含硼油菜专用配方肥,或相似配方的稳定性复合(混)肥料,实现精量播种或移栽、侧深施肥、开沟防渍等多重目标。

2. 肥料要求。基肥应为圆粒形,粒径以2~5毫米为宜,颗粒均匀,密度一致,理化性状稳定,硬度宜大于20牛,手捏不易碎、不易吸湿、不粘、不结块,以防肥料通道堵塞。

3. 肥料用量。依据油菜品种、目标产量、土壤测试结果等制定施肥方案,确定施肥总量、施肥次数、养分配比和运筹比例。一般情况下,基肥每亩施用缓释配方肥35~40千克,苗期追肥施用尿素5~8千克,蕾薹期无人机追肥喷施硼肥和磷钾水溶性肥料。采用本技术模式施肥总量(折纯)可比常规施肥减少10%左右,减肥量根据栽培田块土壤肥力、施肥水平、秸秆还田情况等确定。

4. 施肥次数。充分发挥油菜侧深施肥高效、省工的特点,一般采用一次性施肥或"一基一追"方式。一次性施肥充分考虑氮素释放期等因素,选用含有一定比例缓释养分的专用肥料,一次施基肥满足油菜整个生育期的养分需求。采用"一基一追"方式应做好基肥与追肥运筹,基肥占70%,追肥占30%,可根据实际情况进行调整;磷肥在土壤中的移动性较差,可一次性施用;钾肥可根据土壤质地和供肥状况,选择一次性施用或适当追肥。

(三)追肥确定

1. 肥料品种。喷施时要求肥料具有较好的溶解性,氮肥可选用尿素,磷钾肥可选用磷酸二氢钾或大量元素水溶性肥料,镁肥、锌肥、硼肥和钼肥可分别选用硫酸镁、硫酸锌、硼酸和钼酸铵。

2. 肥料要求。应选择在水中溶解性好、有效成分含量较高、纯度较高的品质肥料,防止无法溶解堵塞喷头，肥料产品应符合相关标准，取得农业农村部登记（备案）证。

3. 肥料用量。硼肥每亩用量 30 毫升，大量元素水溶肥料每亩用量 100 毫升，根据作物长势适当调整。

4. 无人机。无人机选用大疆 T60/T25P 农业植保无人机，作业环境风力应≤3 级，风速越快雾滴穿透能力越弱，飘移性越强，无人机飞行高度 3～3.5 米，飞行速度 5～7 米/秒。

5. 施肥次数。一般冬油菜 5～7 叶期，结合病虫防治，可进行一次无人机叶面追肥；油菜芸苔期至初花期，结合防治菌核病进行一次无人机追肥。

6. 注意事项。使用无人机进行叶面追肥，要求亩用水量 2～3 升，选择晴天露水干后喷洒，喷洒要求均匀周到，不重喷不漏喷。飞防药浓度较高，药剂配制应遵循二次稀释法，若涉及磷酸二氢钾等叶面肥，一般建议单独配制，否则易产生桶混反应。

三、适用范围

适用于四川盆地、丘陵山地等冬油菜种植区域。

四、应用效果

1. 经济效益。应用本技术模式可节省大量人工成本，每亩节本增收 300 元以上，同时能提高作物产量，每亩能增产 30 千克，净增效益 180 元，经济效益显著。

2. 社会效益。通过本技术模式的推广应用，丘陵山地冬油菜施肥"三新"（新品种、新技术、新机具）技术进一步普及，在提高油菜产量和效益的同时，品质也得到大幅度提升，有力保障"油瓶子"安全，同时有效带动油菜产业健康发展。

3. 生态效益。应用本技术模式，可减少化肥施用量 10% 左右。无人机追肥直接被作物吸收利用，有效保护土壤生态环境，减少农业面源污染，生态效益显著。

五、相关图片

测土配方　　　　　　　　　　　　　　机械播种施肥

无人机追肥　　　　　　　　　　　　机收秸秆还田

第三节　花　　生

广东"有机肥＋配方肥＋叶面喷施"技术模式

一、模式概述

本技术模式是在综合考虑花生生长特性、土壤肥力状况及环境因素的基础上，形成的一套系统、科学的施肥技术体系。本技术模式以有机肥与配方肥相结合、基肥与追肥相配合、叶面喷施微量元素肥等为主要技术手段，在花生生长关键期，迅速补充营养，提高产量和品质，实现花生生育期精准施肥。

二、技术要点

（一）有机肥的施用

有机肥是花生生长的重要营养来源之一，能显著改善土壤结构，增强土壤的保水保肥能力，为花生的生长提供良好的土壤环境。它富含多种营养元素，能够缓慢而持久地供给花生所需养分，促进花生健康生长。此外，有机肥中的有益微生物还能活化土壤中的养分，提高土壤肥力，增强花生的抗逆性，减少病虫害的发生。同时，施用有机肥有助于减少化肥的施用量，减少农业面源污染，对环境友好，还能提高花生的品质和口感，增加经济效益。

1. 肥料要求。宜选用农家肥或商品有机肥。农家肥营养成分相对不均衡，氮、磷、钾及有机质等的比例可能因原料和制作方法不同而有差异，使用成本较低。商品有机肥是由专业厂家按照国家标准生产的有机肥，通常是将动物粪便、植物残体及其他有机物加工处理后制成的，可保证有机质质量分数≥45％，每克有效活菌数≥5.0×10⁸菌落形成单位，额外添加作物所需营养成分以保证有机肥的营养更加均衡。

2. 施肥方式。施肥方式为垄作开沟，将有机肥均匀施于沟内；作畦结合整地进行，均匀撒施，播种后再把细土覆盖上去。

3. 施肥量。有机肥的施用量应根据土壤肥力和目标产量确定，每亩施用有机肥40～50千克。

4. 施肥时间。有机肥应在花生播种前施用，以促进花生幼苗的生长和发育。

(二) 基肥施用

基肥是花生生长的基础，对花生的生长和产量具有重要影响。本技术模式以商品有机肥辅以氮磷钾配方肥作为基肥。有机肥可以改善土壤结构，提高土壤肥力，为花生的生长提供充足的养分；而配方肥根据花生的需肥规律和土壤供肥性能科学配比，能更好地满足花生生长发育的营养需求。合理的营养供给有助于花生更好地应对环境压力，提高抗旱和抗涝能力。

1. 肥料要求。宜选用氮磷钾配比合理（华南地区推荐使用22-8-15、16-6-23、17-8-15、16-5-16或相近配方的复合肥）、粒型整齐、硬度适宜的肥料。

2. 施肥时间。基肥应在整地时施用，以便肥料均匀混合于土壤中，为花生的生长提供良好的土壤环境。

3. 肥料用量。依据花生品种、目标产量、土壤测试结果等制定施肥方案，确定施肥总量、施肥次数，基肥用量建议为25千克/亩。

4. 施肥方法。基肥应均匀撒在整地后的土壤上，然后进行翻耕，使有机肥和复合肥均匀混合在土壤中，以便花生根系更好地吸收养分。

(三) 追肥管理

追肥是花生生长过程中补充营养的重要措施之一。本技术模式推荐在花生的下针期和结荚期分别追肥，花生在下针期对养分的需求量急剧增加，通过追肥，可以促进果针顺利下扎，增加结荚数量。结荚期是决定花生结果数量的关键时期，追肥可以保证植株有充足的养分供给，促进荚果的充实和饱满。结荚后期花生根系吸收能力减弱，此时追肥还可以防止植株出现脱肥早衰现象。

1. 追肥时间及用量。①下针期。待花生生长至35～40天，每亩地可追施10千克复合肥，以促进花生幼苗的生长。②结荚期。播种后65天左右，在花生结荚期，每亩地追施15千克复合肥，以促进花生的生长发育和果实的形成。

2. 施肥方法。将复合肥均匀撒施在花生株丛周围，注意不要距离根系太近，以免造成肥害。一般建议保持10～12厘米的距离。

(四) 叶面喷肥

叶面喷肥是一种有效的补充营养的方式，在一定的氮、磷、钾肥供给水平上，喷施硼肥、锌肥、钼肥等单一微量元素肥料，可以提高肥料的利用率，促进花生的生长和发育，提高花生荚果产量和籽粒产量。本技术模式推荐在花生生长前、中、后期均进行叶面喷肥，以补充花生生长所需的营养元素。

1. 喷肥时间。 在花生的幼苗期、下针期、结荚期分别进行，满足花生不同生长时期对各种营养元素的需求。

2. 肥料种类。 花生生长前期施用高钼型微量元素水溶性肥料，1 周后施用高硼型微量元素水溶性肥料，结荚期施用高钾型大量元素水溶性肥料，以满足花生生长对营养的需求。

3. 喷肥方法。 每亩取信号传导型硼肥 100 毫升稀释至 30 升，用喷雾器喷施，肥液随配随用，将肥液均匀喷洒于叶片正反两面，应在无风天 10：00 以前或 16：00 以后喷肥。叶面喷肥也可结合病虫害防治，药肥同喷。

三、适用范围

适用于广东省及类似地区花生种植区，尤其适用于追求高产、优质的现代化农业生产基地。

四、应用效果

通过实施本技术模式，可以显著提高花生的产量和品质，降低农业生产成本，提高肥料利用率，同时有效改善土壤环境，促进农业可持续发展。

1. 经济效益。 本技术模式通过科学合理的施肥管理，采用有机肥与化肥相结合、基肥与追肥相配合、叶面喷施等施肥技术，提高了肥料的利用率，满足了花生不同生育阶段对营养的需求，促进了花生的生长发育和果实的形成，减少了化肥的过量使用和浪费，降低了农业生产成本。此外，本技术模式注重补充硼肥、钼肥等中微量元素肥料以及生物有机肥，花生的单株果数、单株果重以及饱仁重均明显提高，荚果数量增多且籽粒饱满。这不仅提高了花生的总产量，而且提高了花生籽粒中蛋白质、脂肪、可溶性糖及维生素 C 等营养成分的含量，从而提高了花生的市场价值。应用本技术模式生产的花生籽粒饱满、色泽鲜艳、口感良好。在始兴县沈所镇兴仁村进行的花生试验表明，应用本技术模式花生的产量比应用传统施肥方式提高了 10％左右，肥料利用率提高 10％～20％，农业生产成本降低 10％～20％，实现降本增收。

2. 社会效益。 本技术模式的应用还带来了广泛的社会效益。首先，本技术模式的推广与应用提高了农民的种植技术水平和管理能力，促进了农业技术的普及与进步。其次，通过提高花生的产量和品质，为农民提供了稳定的收入来源，有助于提高农民的生活水平，推动农村经济的发展。此外，本技术模式还注重环境保护与可持续发展，符合社会发展的长远利益，提升了农业产业的整体形象。

3. 生态效益。 在生态效益方面，本技术模式注重有机肥的施用和土壤改良，改善了土壤结构和肥力状况。通过施用生物有机肥，有效提升了土壤有机质含量，改善了土壤理化性状，有助于维护土壤健康，还能促进土壤生态系统的平衡与稳定。实践表明，应用本技术模式后，土壤有机质含量和肥力水平明显提高。另外，本技术模式采用叶面施肥方式，可以减少施肥量，从而减少土壤中硝酸盐的积累和残余无机氮，降低了对土壤和水源的污染风险，能够提高肥料的利用率，减少养分的浪费，有助于保护生态环境，促进农业的可持续发展。

五、相关图片

试验田全景

三种配方肥与传统施肥花生测产

试验田花生脱粒

吉林"大垄双行＋膜上播种＋水肥一体化"技术模式

一、模式概述

"大垄双行＋膜上播种＋水肥一体化"技术模式是以测土配方施肥为基础，一次性完成播种和铺设滴灌带作业，能够抵御低温和春旱，促进花生生长发育，改善花生品质，节约水资源，大幅度提高单产的综合栽培技术。依据土壤测试、田间试验结果，结合花生需肥规律及特性，提供科学施肥指导方案；利用大垄双行种植方式，提高花生种植密度，提升耕地资源和光热资源利用效率，增加花生植株通风透光空间，提高边行效应，实现增产增收、改善花生品质的目标；使用膜上播种技术出苗时无须引苗，花生苗直接从苗眼长出，避免因引苗不及时造成的烤苗现象发生，做到苗齐、苗匀、苗壮，减少劳动力投入，大幅度降低生产成本，实现节本增效；通过运用水肥一体化技术可定时、定量、少量多次将水分及养分输送到花生根部，减少土壤表面的水分蒸发，从而提高水和肥的利用效率，实现肥料的精准施用。

二、技术要点

（一）基肥要求

1. 基肥准备。于上一年秋季规范采集土壤样品，由县级土肥技术推广部门开展土壤测试，利用专家咨询系统制定科学施肥技术指导方案。农民据此购买与科学施肥技术指导方案氮磷钾一致或接近的配方肥料。

2. 基肥要求。基肥应为圆粒形，粒径以 2～5 毫米为宜，颗粒均匀，密度一致，理化性状稳定，硬度宜大于 20 牛，手捏不易碎、不易吸湿、不粘、不结块，以防肥料通道堵塞。肥料氮、磷、钾配比推荐 1：1.2：1.2。

3. 基肥用量。依据花生品种、目标产量、土壤测试结果等制定施肥方案，确定基肥施用总量。

（二）选地与整地

1. 选地。选择土层深厚、地势平坦、土质疏松、排灌条件良好、土壤 pH 为 6.5～7.5 的壤土或砂壤土地块，最好是经过秋翻的地块。

2. 整地。根据花生的生长特点，选择通透性好、土层深厚、质地疏松、排灌方便的砂壤土地或壤土地，避开低洼易涝与盐碱地块。整地要求深翻 20 厘米以上，耙细、搂平，除净根茬、石块，确保土壤疏松、细碎、平整，为播种和铺设滴灌带做好准备。

（三）播前准备

1. 选种。要选择具有增产潜力、品质好、抗逆性强的花生品种。

2. 选择地膜。建议选择具有除草功能的黑地膜，所用地膜宽幅 90 厘米，厚度 0.008 毫米，每亩 4～4.5 千克。

3. 起垄。地膜覆盖大垄双行花生，多采用宽垄双行种植方式。垄距 90 厘米、台面宽 70 厘米、垄间距 30 厘米、垄高 10～12 厘米，呈微拱形。起垄的同时施入腐熟的农家肥或有机肥＋化肥，将垄面搂平，可进行覆膜作业。

4. 覆膜。覆膜前每亩用 48％甲草胺乳油 0.25～0.3 千克，兑水 50～75 千克，均匀喷洒垄面。喷药后立即覆膜。覆膜时将膜展平、拉紧，使地膜与垄面贴合紧密，四周用土压严实。

5. 种子处理。

（1）选种。花生剥壳前选择晴朗天气连续晒荚果 2~3 天，然后进行果选，剔除虫、烂、霉果，提高种子活力，促进种子后熟，提高种子的发芽率和发芽势。

（2）剥壳。播种前 10~15 天剥壳为宜，选择大小一致、成熟度好、有光泽、种皮完好、活力强的籽粒播种，除去霉变粒、虫粒、破损粒、杂粒和受冻害的籽粒。

（3）发芽试验。做好发芽试验，发芽率达到 90％以上方可作为种子。

6. 药剂处理。一是用含克百威、三唑酮等有效成分的花生专用种衣剂拌种，主要防治地下害虫，如蛴螬、蝼蛄、金针虫等。二是用花生根瘤菌剂拌种，促进根瘤形成，增强固氮能力。三是用萎锈·福美双拌种，主要防治根腐病、茎腐病。

（四）播种

1. 播种时期。5月上中旬地膜覆盖种植花生，日平均气温稳定通过 13℃时进行播种。

2. 播种密度。垄距 90 厘米，每垄 2 行，行距 30~35 厘米，穴距 15 厘米，每亩9 000~10 000 穴，每穴播种 2 粒。

（五）水溶性肥料及水肥一体化设备要求

1. 水溶性肥料选择。肥料必须具有较高的溶解度，能够在水中迅速溶解并形成可供作物吸收的溶液；具有较低的淋溶性，防止在灌溉过程中因土壤淋溶损失，避免养分流失和环境污染；在灌溉过程中需要保持较好的稳定性，不发生沉淀、结晶和团聚等现象；不同批次、不同品牌的肥料在成分和性质上应保持一致，以降低肥料的供应风险，确保质量和效果稳定；提供充足的氮、磷、钾等主要元素，以及适量的微量元素和有机质，以满足作物的生长需求；在使用过程中不应对土壤、水体和大气等造成污染，不含有毒有害成分；产品符合相关标准，取得农业农村部登记（备案）证。

2. 水肥一体化设备要求。水肥一体化滴灌设备应具备优良的电气性能、机械性能、耐久性和可靠性。同时，设备应配备相应的施肥泵、过滤器、压力表、流量计等附件，以满足施肥操作需要；具备精准施肥、水肥混合均匀、营养科学配比等功能。通过实时监测土壤湿度、养分含量等参数，为精准施肥提供数据支持。设备应具有多种施肥模式，如脉冲式、连续式等，以满足不同作物和不同生长阶段的需求；应符合安全标准，配备相应的安全保护装置，如漏电保护器、过载保护器等。

（六）田间管理

播种后，经常检查薄膜有无破损、透风之处，如发现及时用土压好、堵严。幼苗出土时，要经常检查出苗情况，及时查苗补种确保全苗。出苗后，及时清除苗眼杂草，对膜内的杂草，采用压土的方法，见草就压，草死后撤土。播种后，对垄沟内的杂草每亩用乙草胺 0.15~0.20 千克，兑水 60~75 千克喷雾除草。花生植株封垄后，如出现徒长现象，可叶面喷施 50 毫克/千克多效唑水溶液，每亩 50 千克。为了保护功能叶片，防止早衰，促进饱果，在开花下针期和饱果期，如发现脱肥现象，可喷 2~3 次 0.2％~0.3％磷酸二氢钾溶液或腐植酸叶面肥进行根外追肥。

（七）测产验收

作业结束后，适时开展测产验收工作，详细记录测产结果，总结作业成效。

三、适用范围

适用于土层深厚、地势平坦、土质疏松、排灌条件良好、土壤 pH 为 6.5～7.5 的壤土或砂壤土地块。

四、应用效果

1. 经济效益。 本技术模式有效利用土地资源、节约水资源，大幅度提高单产，花生平均产量可达 4 500～6 000 千克/公顷。

2. 社会效益。 本技术模式推动了农业现代化进程，提高了农业生产的技术水平和效率，降低了劳动成本，保证了种植的质量和均匀性，有利于规模化种植和现代化农业的发展。

3. 生态效益。 地膜覆盖可以减少土壤水分的蒸发，保持土壤湿润，减少灌溉次数，从而节约水资源。地膜的反光功能还能帮助作物提高光合效率，促进作物对营养的吸收利用。水肥一体化技术可减少化肥的流失，充分利用水资源。

五、相关图片

花生地膜覆盖

花生覆膜播种打孔一体机

辽宁"膜下滴灌＋水肥一体化"技术模式

一、模式概述

花生是辽宁省第三大作物，种植面积 500 多万亩，主要分布在葫芦岛市、锦州市和阜新市，因为花生的综合经济效益比较高，所以种植面积不断增大。花生主要种植在辽宁省中西部旱区，在能够提供灌溉水源的基础上，推广花生"膜下滴灌＋水肥一体化"技术模式，同时解决了旱区花生种植过程中水和肥的问题，花生产量和品质均实现提升。本技术模式已在辽宁省规模化花生种植区进行推广应用，效果比较显著。

二、技术要点

（一）整地播种与管道铺设

1. 品种选择。依据当地的气候条件和市场需求选择高产、优质、耐肥、综合抗性好的花生品种。葫芦岛市和大连市应选择产量潜力大、抗逆性好、生育期 130～140 天的品种，其他产区应选择生育期 120～130 天的品种。

2. 种子处理。根据病虫害发生情况和不同种衣剂剂型进行种子包衣，东北地区"倒春寒"发生严重，应选择耐低温种衣剂。

3. 播种。当 5 厘米土层温度稳定在 12℃ 以上时即可播种，辽宁一般为 4 月 25 日至 5 月 15 日。春播花生，每亩单粒精播 13 000～16 000 粒，双粒播种 8 000～9 000 穴。播种机械选用起垄、播种、喷洒除草剂、铺设滴灌带、覆膜、膜上压土等一次完成的花生联合播种机。

4. 施肥量。施肥量依据不同地块目标产量和施肥水平确定，提倡有机肥和无机肥配施。氮肥 40%、磷肥全部、钾肥 60% 作基肥，其余肥料在生长期内随滴灌施入，作为追肥。基施腐熟堆肥 1 000～2 000 千克/亩或商品有机肥 250～300 千克/亩的地块可减少 10%～20% 化肥用量。

（二）水肥管理

花生全生育期推荐"四水三肥"水肥一体化模式。生长期内滴灌补肥，于苗期、开花下针期、荚果期进行三次追肥，分别以总肥量的 10%、30%、20% 滴灌施入。

基肥：播种时施入 13 - 17 - 15 （S）复合肥料 15～25 千克/亩，种肥隔离，肥料在种子侧下方 5～7 厘米处。

第 1 次灌水：播种出苗期，灌水量为 10～15 米^2/亩，追施尿素 2～3 千克/亩、磷酸二铵 1～2 千克/亩。

第 2 次灌水：开花下针期，灌水量为 20～30 米^2/亩，追施尿素 5～7 千克/亩、硫酸钾 1～2 千克/亩；

第 3 次灌水：结荚期，灌水量为 20～30 米^2/亩，追施尿素 3～5 千克/亩、硫酸钾 4～5 千克/亩；

第 4 次灌水：饱果期，若遇旱应小水滴灌，灌水量为 5～10 米^2/亩。

（三）地膜清理

收获后及时回收田间残留地膜，推荐使用生物降解地膜。

三、适用范围

适用于辽宁省机械化程度较高、灌溉水源充足的规模化花生种植区。

四、应用效果

近年来，随着地膜覆盖和水肥一体化技术的推广和应用，很多地区花生产量达到 300~400 千克/亩，增产 10%~30%，尤其在辽宁西部旱区，随着播种和收获机械化的普及，两项技术的结合应用为当地农民增收提供了技术支撑。

五、相关图片

花生膜下滴灌　　　　　　　　　　　花生水肥一体化

河南"一保三肥"改土减肥增产增效技术模式

一、模式概述

对测土施肥、土壤保育、肥料配方优化、根瘤菌效果评价、花生生育期养分等进行研究，优化集成了花生"一保三肥"改土减肥增产增效技术模式，即土壤保育＋根瘤菌肥、专用配方肥、叶面肥三肥优化技术模式，实现土壤连作障碍消减、土壤肥力提高、化肥减量增效、花生增产提质。

二、技术要点

（一）土壤保育技术

采用土壤学、植物营养学、农业生物学理论与技术，减缓或消除影响花生生长的障碍因子，改善土壤性状，提高土壤肥力，为花生创造良好的土壤环境。

　　直播花生土壤保育技术：整地时深耕 25～30 厘米，种肥分层同播，机械施用针对性土壤调理剂 30～50 千克/亩，或炭基有机肥料 100～200 千克/亩，或商品有机肥料 200～300 千克/亩，或生物有机肥料 100～200 千克/亩，或微生物菌剂 2～5 千克/亩。

　　套播花生土壤保育技术：黄淮海地区小麦收获后及时中耕培土，结合灌水条施土壤调理剂 40 千克/亩或腐植酸有机肥 50～80 千克/亩。

整地深耕 25～30 厘米

（二）"三肥"优化技术

　　优化进行根瘤菌剂接种、基施专用配方肥、无人机适时叶面喷肥，达到全生育期营养精准调控的目的。

　　1. 根瘤菌剂接种。应用根瘤菌剂，发挥生物固氮潜力。在生茬地及病害发生较轻的地块，结合配方肥施用，推广使用根瘤菌剂对种子进行包衣或拌种，或对种子喷施根瘤菌剂，增强根瘤固氮能力，可减少氮肥用量 20%～30%。

　　（1）品种选择。为保证菌剂质量，应选用取得农业农村部登记证的产品，产品质量符合《农用微生物菌剂》（GB 20287—2006）的要求，并已按照《根瘤菌生产菌株质量评价技术规范》（NY/T 1735—2009）对选用的菌剂产品进行质量评价，所选用菌剂产品中的根瘤菌菌株与花生品种相匹配，能良好结瘤和有效固氮，并具有增加花生产量的效果。产品应在保质期内，运输条件符合要求，做到包装完好。

　　（2）接种作业。在花生播种前 12 小时内，按照产品说明书进行根瘤菌剂拌种，一般采用干净的盆、桶等容器或拌种机械进行拌种，如所用的拌种容器或机械进行过种衣剂作业，应用清水将其清洗 3 次以上，直至无农药残留为止。拌种地点应在阴凉处，避免阳光直射。使用液体根瘤菌剂包衣或拌种时，每亩花生种子需菌剂 40～50 毫升，使种子表面全部湿润即可，防止花生种皮过湿脱落；使用固体根瘤菌剂包衣或拌种时，每亩花生种子需菌剂 40～50 克，使其表面均匀粘上菌剂即可，保证活菌数不低于每亩 80 亿个菌落形成单位。也可使用根瘤菌剂喷施方法，用喷施设备在播种时将根瘤菌稀释液喷洒在花生种子表面及周围土壤上。拌种、种子包衣和喷施时可添加 0.05%～0.1%钼酸铵或钼酸钠溶液以及 0.1%硼砂溶液，提高结瘤效率。播种后应及时浇水，保证土壤含水量为 60%～70%，以利于根瘤菌生存。

　　2. 基施花生专用配方肥。

　　（1）施肥方案。按照以地定产、以产定氮、以土壤磷钾丰缺指标确定磷钾用量原则，确定氮、磷、钾肥用量。磷、钾肥一次性基施，氮肥应综合作物需肥规律和土壤供肥能力，一次性施入或以基追结合方式按一定比例分次施入。土壤质地偏黏的中、高产地块，基肥可一次性施入；中、低产地块氮肥采取基追结合方式分次施入，先将 50%～70%氮肥和全部磷肥、钾肥、钙肥与种子同时施（播）入，剩余 30%～50%氮肥于花针期和结荚期分别追施。视土壤丰缺状况巧施钙肥、硫肥、锌肥等中微量元素肥，缺乏地块每亩可基施钙肥 10～20 千克、硫肥 2～4 千克、锌肥 1～2 千克。

（2）肥料选择。选用氮磷钾配比合理、粒型整齐、硬度适宜、低氯或硫基配方肥料。肥料应为圆粒形，粒径以 2～4 毫米为宜，颗粒均匀，密度一致，理化性状稳定，便于机械施用。

（3）肥料用量。河南省不同产区氮磷钾配方推荐：豫北优质中高产区推荐 16 - 14 - 15 或相近配方，沿黄及黄河故道优质高产区推荐 17 - 13 - 15 或相近配方，岗岭旱作中低产区推荐 18 - 12 - 15 或相近配方，豫中优质中高产区推荐 18 - 11 - 16 或相近配方，豫南优质中高产区推荐 19 - 10 - 16 或相近配方。根据土壤中微量元素分析结果，可适当添加微量元素肥料。配方肥用量根据花生产量水平或肥力高低进行推荐，具体可参照当地土肥部门施肥指导意见。

（4）施肥作业。选用适宜的种肥同播机一次性完成施肥与播种。施肥位置在种子下方，防止种子与肥料距离过近，导致烧苗，一般施肥深度 10～20 厘米，播种深度 3～5 厘米。

种肥同播

无人机喷施叶面肥

3. 无人机适时叶面喷肥。 根据花生生育期长相长势，做到全营养精准调控，改变农民盲目追施氮肥的习惯。

（1）叶面肥的选择。应选择取得农业农村部登记证的含腐植酸水溶肥、微量元素水溶肥、磷酸二氢钾等叶面肥以及三十烷醇等植物生长调节剂。在使用植保无人机喷施叶面肥时，适当添加助剂能提高肥液在植物叶片上的黏附力，促进肥料的吸收。

（2）喷施量。①壮苗快长肥。使用无人机在苗期喷施，以补充速效氮肥和微量元素为主，促苗早发快长。一般肥力水平较低的花生田，叶面喷施 1%～2% 尿素溶液和 0.1%～0.2% 硫酸锌、硼肥，促苗早发快长。②花针期全营养。使用无人机在花针期喷施，以增钙补微为主，促多开花和开花一致，促花针下扎。推荐喷施 0.1%～0.2% 硝酸钙、硼酸溶液。③结荚期促荚肥。花生结荚期及时补施含锌、硼、钼等微量元素的水溶性肥料，促进荚果发育。每隔 7～10 天喷施 1 次，喷施 3 次。④饱果期防早衰肥。使用无人机在饱果期喷施，以磷酸二氢钾、钙肥为主，一般浓度为 0.1%～0.2%，起到防早衰、促饱果的作用。

（3）相关要求。肥液随配随用，将肥液均匀喷洒于叶片正反两面。应在无风天10：00以前或16：00以后喷施，喷后4小时内遇雨应重喷。叶面施肥可结合病虫害防治，推广药肥同喷的正阳县花生三遍药模式。喷施叶面肥时，可结合喷施植物生长调节剂，促花生吸收营养和生长。

三、适用范围

适用于河南省麦套花生和夏花生种植区域。

四、应用效果

通过深耕、施用土壤调理剂或有机肥或微生物菌剂、种肥同播、施用专用配方肥，无人机在苗期、花针期、结荚期、保果期喷施叶面肥，直播花生增产9%以上。通过中耕培土、条施土壤调理剂或有机肥或微生物菌剂、施用专用配方肥，无人机在苗期、花针期、结荚期、保果期喷施叶面肥，套播花生增产8%以上。经综合统计分析，采用本技术模式能改善花生农艺性状、提高经济效益、改善土壤理化性状、增加养分积累量，花生产量平均增加30~40千克/亩，增产率可达8%~10%，油酸含量平均增加1.6%；每亩节约施肥成本15~45元，每亩增收180元以上，化肥减施10%~20%，地力提升，具有显著的经济、社会和生态效益。

黄淮海春花生"地膜覆盖＋有机肥替代＋水肥一体化"技术模式

一、模式概述

针对花生产量较低、农民施肥量过大、肥料利用率低、劳动力不足等现状，根据测土配方施肥研究成果及花生需肥规律，集成春花生"地膜覆盖＋有机肥替代＋水肥一体化"技术模式，有效解决了地膜覆盖条件下栽培花生难追肥的问题，减少了化肥用量，降低了劳动强度，实现了培肥土壤、提升地力、化肥增效、花生增产等目标，促进农业绿色高质量发展。

二、技术要点

（一）有机肥施用

1. 有机肥品种。采用无害化处理的鸡粪、土杂肥等，或选用符合《有机肥料》（NY/T 525）要求的有机肥料。

2. 有机肥用量。每亩施鸡粪、土杂肥等1~2米^3，或商品有机肥300~400千克，于整地前均匀撒施在地表。

3. 替减化肥量。应用有机肥一般可替代 10%~15% 的氮肥。

(二) 配方肥施用

1. 肥料品种。选用氮磷钾配比合理、粒型整齐、硬度适宜、低氯或硫基配方肥料。

2. 肥料要求。肥料应为圆粒形，粒径以 2~4 毫米为宜，颗粒均匀，密度一致，理化性状稳定，便于机械施用。

3. 肥料用量。依据花生品种、目标产量、土壤测试结果等制定施肥方案，确定施肥总量、养分配比和运筹比例。一般推荐氮磷钾配方为 15-18-12、20-15-10、15-15-15、20-10-15 的肥料或相近配方的肥料。产量水平 400 千克/亩以下，配方肥推荐用量 25~35 千克/亩；产量水平 400~550 千克/亩，配方肥推荐用量 35~45 千克/亩。

4. 施用方法。在覆盖地膜时采用覆膜、播种、施肥一体化机械进行施肥。

(三) 地膜覆盖

花生覆盖地膜能提高地温 3~4℃，保持土壤水分，有利于土壤微生物的活动，使土壤养分有效转化，减少肥料淋溶损失，提高种子发芽率，使种子提前发芽，抑制杂草生长等。一般于 3 月中下旬施足底肥、整好地后，在清明节后，采用覆膜播种一体化机械，进行播种、施肥、覆膜作业。选用全生物降解农用地面覆盖薄膜，质量应符合《全生物降解农用地面覆盖薄膜》(GB/T 35795) 的要求。

(四) 水肥一体化追肥

1. 肥料品种。①常规肥料配制。按照农作物需肥规律，采用尿素、磷酸二氢钾、氯化钾、磷酸二铵和磷酸一铵、硫酸钾等常规肥料，科学配比，配置水肥一体化系统。②水肥一体化专用肥。选择水肥一体化专用肥，如大量元素水溶性肥料、水溶性复合肥料等，进行水肥一体化追肥。水溶性肥料的质量应符合《大量元素水溶肥料》(NY/T 1107) 的规定。

2. 肥料用量。以地定产、以产定氮、以土壤磷钾丰缺指标确定磷钾用量，制定施肥方案，确定施肥总量、施肥次数、养分配比和运筹比例。一般根据土壤墒情，于结荚期至饱果期随水追肥 3 次左右，每次追施 5 千克左右低氮高磷钾配方水溶性肥料。

3. 相关要求。①水源要求。井水、河水或水库水，水质满足《农田灌溉水质标准》(GB 5084—2021) 要求。②配套控制设备。包括阀门、流量和压力调节器、流量表或者水表、压力表、安全阀、进排气阀等。③供水管选择。管材和管件应符合《给水用硬聚氯乙烯 (PVC-U) 管材》(GB/T 10002.1) 的要求，在管道适当位置安装排气阀、逆止阀和压力调节器等装置。④输配管网。由干管、支管、滴灌带和控制阀等组成，地势差较大的地块需安装压力调节器。干管管材及管件应符合《低压灌溉用硬聚氯乙烯 (PVC-U) 管材》(GB/T 13664) 的要求，支管管材及管件应符合产品质量要求，滴灌带应符合《塑料节水灌溉器材　第 1 部分：单翼迷宫式滴灌带》(GB/T 19812.1) 的要求。干管直径一般为 80~120 毫米，具体大小根据灌溉面积和设计流量确定，支管直径一般为 32 毫米或者 40 毫米。滴灌带管径 15～20 毫米，滴孔间距为 15～20 厘米，工作时滴灌带压力为 0.05～0.1 兆帕，流量为 1.5～2.0 升/时。⑤管道田间布设。根据地块的形状布设支管和滴灌带，支管布设方向与花生种植行向垂直，滴灌带铺设走向与花生种植行向相同，将支管与滴灌带布置成"丰"字形或梳子形。⑥施肥装置安装。施肥装置可安装于滴灌系统首部与干管相连组成水肥一体化系统，亦可安装于支管或滴灌带的上游，与支管或滴灌带相连组成水肥一体化系统。施肥器可以选择压差式施肥罐、文丘里注入器、注入泵等。施肥装置的安装与维护应符合《微灌工程技术标准》（GB/T 50485）的要求。⑦作业要求。在需要灌水和追肥的时期，进行滴灌施肥。首先，打开灌溉区域的管道阀门灌溉 20 分钟；其次，根据地块大小计算肥料用量，将固体肥料溶解成肥液，使用过滤网将肥液注入施肥罐后将罐盖扣紧，检查进出口阀门，确保阀门都处于关闭状态。调节施肥专用阀，形成压差后打开施肥专用阀旁的 2 个阀门，将罐内肥液压入灌溉系统开始施肥，注肥流量根据肥液总量和注肥时间确定，施肥结束后关闭进出口阀门，排掉罐内积水，用清水冲洗 20 分钟管道系统，防止肥料在管道中沉淀。如某生育时期土壤水分充足不需要灌水，但需要追肥时，应在该时期增灌 10 米^3/亩，以随水追肥。

4. 注意事项。①防止烧伤叶片。特别是喷灌和微喷灌施肥，容易出现肥料烧叶现象。②避免过量灌溉。一般使 20～60 厘米土层保持湿润即可。③施肥后用清水冲洗管道。一般先让管道充满水，再开始施肥，施肥时间原则上越长越好。施肥结束后滴 20～30 分钟清水，将管道内的肥液排出，防止藻类等生长，以免堵塞滴头。

（五）叶面喷肥

配合打药进行叶面补肥，以补充微量元素、防止花生早衰、提高花生抗逆性，从而提高花生产量。

1. 叶面肥的选择。叶面肥选择取得农业农村部登记证的含腐植酸水溶肥、微量元素水溶肥、磷酸二氢钾等叶面肥以及三十烷醇等植物生长调节剂。在使用植保无人机喷施叶面肥时，适当添加助剂能提高肥液在植物叶片上的黏附力，促进肥料的吸收。

2. 喷施量。花生不同生长时期喷施叶面肥，每亩用液量不低于 30 升。①花针期。以增钙补微为主，推荐喷施 0.1%～0.2%硝酸钙、硼酸溶液，促多开花和开花一致，促花针下扎。②结荚期。花生结荚期及时叶面补施锌肥、硼肥、钼肥等微量元素水溶性肥料，促进荚果发育。每隔 7～10 天喷施 1 次，喷施 3 次。③饱果期。以磷酸二氢钾、钙肥为主，浓度为 0.1%～0.2%，起到防早衰、促饱果的作用。

三、适用范围

适用于黄淮海春花生种植区域。

四、应用效果

根据示范结果，与当地农民习惯施肥相比，应用春花生"地膜覆盖＋有机肥替代＋水肥一体化"减量增效技术模式，节肥 20%～30%，减少了不合理的化肥施用，切实提高了化肥利用效率。应用本技术模式花生产量提高 15%～20%，同时花生籽粒品质得到提高，实现节本增产提质增效。

花生覆膜种植   花生水肥一体化作业现场

河南夏花生"土壤改良＋种肥同播＋缓释肥＋叶面喷肥"技术模式

一、模式概述

针对南阳盆地岗坡丘陵中下部洪冲积平原黄褐土土粒细、质地黏、酸化严重等突出问题，以土壤改良为基础，以优化施肥结构为核心，结合叶面喷肥补充中微量元素，研究集成了黏质耕地夏花生"土壤改良＋种肥同播＋缓释肥＋叶面喷肥"化肥减施单产提升技术模式，切实解决土壤酸化与板结、施肥结构不合理、肥料利用率较低等问题，实现节肥增产、提质增效。

二、技术要点

(一)土壤改良技术

结合秸秆还田，在深耕整地的同时科学施用土壤调理剂。

1. 品种选择。①选择具有改良酸化土壤功能的土壤调理剂。一般选用颗粒型，富含 CaO、MgO、SiO_2、K_2O 等成分，产品质量要符合相应技术标准。②选择具有疏松土壤功能的土壤调理剂。一般选用颗粒型，含有表面活性剂成分，能达到改善土壤结构性障碍的目的，产品质量要符合相应技术标准。

2. 施用量。一般耕层 pH 在 5.5 以下时，每亩用酸化土壤调理剂 40 千克＋土壤疏松剂 4 千克；pH 为 5.5～6.0 时，每亩用酸化土壤调理剂 20 千克＋土壤疏松剂 3 千克；pH 为 6.0～6.5 时，每亩用酸化土壤调理剂 10 千克＋土壤疏松剂 2 千克。

3. 施用作业。麦收后，将小麦秸秆粉碎撒匀（若秸秆全量还田，需在秸秆上均匀撒施尿素 5 千克/亩，非全量还田无须施用尿素），再用深耕机械均匀深耕一遍，深度一般为 20～25 厘米，耙平，然后将两种土壤调理剂均匀撒于田间，再耙 1～2 遍，确保耙透、耙匀，及时起垄播种。

（二）配方肥＋缓释肥技术

按照以地定产、以产定氮、以土壤磷钾丰缺指标确定磷钾用量的原则，确定氮磷钾肥用量。一般磷钾肥一次性基施，氮肥施用应综合作物需肥规律和土壤供肥能力，土壤质地偏黏的中、高产地块，基肥一次性施入。

充分挖掘测土配方施肥成果，结合花生丰缺指标试验结果，合理推荐施肥配方，科学调整施肥结构。

1. 目标产量为 250～300 千克/亩。一般每亩施纯 N 8～9 千克、P_2O_5 3～4 千克、K_2O 5～6 千克。其中，硝态氮/铵态氮：酰胺态氮：缓释氮＝15：65：20。

2. 目标产量为 300～400 千克/亩。一般每亩施纯 N 9～11 千克、P_2O_5 4～6 千克、K_2O 6～7 千克。其中，硝态氮/铵态氮：酰胺态氮：缓释氮＝15：65：20。

（三）种肥同播＋起垄一体化技术

1. 种子品种选择。南阳盆地一般选择珍珠豆型中早熟品种，如白沙系列、罗汉果系列品种。

2. 机械选择。选用适宜的机械，一般选用一次可起 2～4 垄、可种肥同播的播种机械，实现种肥同播＋起垄一次作业。

3. 种肥同播＋起垄作业。调节机械参数，使垄高 15～20 厘米，两垄中心点间距 70 厘米，垄上部宽 30～40 厘米，可播种 2 行，垄上 2 行花生间距 10～12 厘米，穴距 12～13 厘米，一穴双粒。施肥位置在种子下方，防止种子与肥料距离过近，导致烧苗，一般施肥深度在土表下 10～20 厘米，播种深度 3～5 厘米。

（四）叶面追肥技术

1. 叶面肥种类选择。根据花生生长时期和需肥规律选择合适的叶面肥，可选择取得农业农村部登记证的含腐植酸水溶肥、微量元素水溶肥等叶面肥以及三十烷醇等植物生长调节剂，也可选择尿素、硝酸铵钙、磷酸二氢钾等配制成水溶液。所选肥料要符合《微量元素水溶肥料》（NY 1428）、《尿素》（GB/T 2440）、《农业用硝酸铵钙及使用规程》

（NY/T 2269）、《肥料级磷酸二氢钾》（HG/T 2321）等标准的要求。在使用植保无人机喷施叶面肥时，适当添加助剂能提高肥液在植物叶片上的黏附力，促进肥料的吸收。

2. 喷施量。花生不同生长时期喷施叶面肥，每亩用液量不低于 30 升。①苗期。一般肥力水平较低的花生田，叶面喷施 1％～2％尿素溶液或含腐植酸水溶肥和 0.1％～0.2％硫酸锌、硼肥，促苗早发快长。②花针期。以增钙补微为主，推荐喷施 0.1％～0.2％硝酸铵钙、硼酸溶液，促多开花和开花一致，促花针下扎。③结荚期。花生结荚期及时叶面补施锌肥、硼肥、钼肥等微量元素水溶性肥料，促进荚果发育。每隔 7～10 天喷施 1 次，喷施 3 次。④饱果期。以磷酸二氢钾、钙肥为主，浓度为 0.1％～0.2％，起到防早衰、促饱果的作用。

3. 注意事项。叶面追肥时，喷施时间以 10：00 以前或 16：00 之后为宜，忌用铁、铝等金属容器，避免与铁、铝等金属离子起化学反应，喷后 4 小时内遇雨应重喷。叶面施肥可结合病虫害防治，推广药肥同喷的正阳县花生三遍药模式。喷施叶面肥时，可结合喷施植物生长调节剂，促花生吸收营养和生长。

（五）配套技术

1. 种子包衣。选用通过审定的高产、优质、耐肥、综合抗性好的花生品种。播种前 7～10 天进行机械剥壳，剥壳前晒种 2～3 天，剥壳时随时剔除虫、芽、烂果，使用符合《农药安全使用规范总则》（NY/T 1276）要求且取得正式登记证的包衣剂进行包衣。

2. 播种。夏直播花生播种期越早越好，宜 6 月 10 日前，不晚于 6 月 15 日，每亩双粒播种 10 000 穴左右，选用起垄、播种、喷洒除草剂、铺膜、膜上压土等一次完成的花生联合播种机进行播种，有条件的地方可以铺设滴灌带进行水肥一体化施肥灌溉。播后根据耕层含水量进行灌溉，若耕层墒情较差，且 3～5 天内无有效降水，可及时灌溉，确保一播全苗。

3. 及时化学封闭除草。花生播种后 3 天内，可选用乙草胺等苗前封闭除草剂，在田间均匀喷洒，做到不重喷、不漏喷。

4. 灌溉与排水。花生开花下针期至结荚期需水量大，遇旱及时浇水。花生生长中后期如降水较多，排水不良，会引起根系腐烂、茎枝枯衰、烂果，要及时疏通沟渠，排除积水。

5. 收获和贮藏。夏直播花生生育期短，荚果充实饱满度差，因此不能过早收获，否则会降低产量和品质，应根据天气情况和荚果的成熟饱满度适时收获，一般应保证生育期不低于 115 天，当花生饱果率达 65％～70％时应及时收获。

三、适用范围

适用于耕层质地黏重、土壤酸化及化肥施用量偏高的盆地及平原夏花生种植区。

四、应用效果

一是减肥增产，应用本技术模式，与农户习惯施肥相比，每亩减肥 10％～20％，每亩增产 10%～15%；二是土壤改良，通过两种土壤调理剂的配合施用，有效修复土壤酸化和板结，生长季结束，经抽样监测，耕层土壤 pH 提高 0.2，土壤容重降低 0.04%～0.07%。总之，本技术模式通过对土壤修复改良，起到疏松土壤、提高黏质土壤通透性、打破耕层板结、促进团粒结构形成的效果，在改善土壤微生物环境、提高土壤保水能力、促进作物根系生长、提高农作物抗病抗逆能力方面效果明显。

起垄和种肥同播一体化　　　　　　　　　　花生机械收获

夏玉米夏花生复合种植"测土配方施肥＋缓控释肥＋水肥一体化"技术模式

一、模式概述

本技术模式充分利用高位作物玉米的边行优势，扩大低位作物花生的受光空间。通过调控行株距实现玉米种植密度与玉米单作相当，花生种植密度达到花生单作的 70%。因地制宜选择测土配方施肥等技术，推广应用新型肥料产品缓控释肥。准确匹配植物营养需求，提高养分吸收和利用效率。同时应用水肥一体化技术后，节水可达 60%，肥料利用率提高 10%，每亩节省人工成本 100 元，平均每亩增产花生 152.5 千克，玉米不减产，实现每亩新增利润 236.4 元，经济效益、生态效益显著。实现一年两收，不仅能保障玉米产量，还能增收一季花生。

二、技术要点

（一）主要技术内容

创新集成以"鲜食玉米鲜食花生带状复合种植、玉米花生宽幅间作一体化机播、玉米花生分带施肥和隔离植保"等关键技术为核心，结合水肥一体化技术的夏玉米夏花生复合种植"三新"配套技术。并以新型经营主体等为依托,通过建立关键技术示范基地、农技人员培训、举办现场观摩会、媒体宣传等手段,有效提升农民对夏玉米夏花生复合种植"三新"配套技术的认知度和掌握程度。

(二)主要操作流程及具体措施

1. 整地。 6月上旬前茬作物秸秆粉碎还田。旋耕整地,随耕随耙耢,清除残膜、石块等杂物,保证整地质量,做到地平、土细、肥匀。按照种植走向安排种植带,花生起垄种植。以玉米:花生=3:6模式为例,一条完整的种植带为3行玉米—玉米花生间隔带—3垄花生(每垄2行花生)—玉米花生间隔带。1条完整的种植带长415~435厘米。其中,玉米3行,行距45~55厘米;花生3垄,垄距85厘米,垄高10厘米,1垄2行,小行距30厘米;玉米带和花生带间距35厘米。

2. 种肥同播。

(1)播种。玉米播种深度5~7厘米,花生播种深度3~4厘米。6月中旬前完成播种。

(2)肥料选择。花生肥料选择低氮高磷高钾复合肥40千克/亩;玉米肥料选择高氮低磷低钾缓控释肥40千克/亩。

(3)田间配置。根据种植规格和肥料用量调好玉米株行距及花生穴距,利用标尺等工具控制好带距宽。玉米行距45~55厘米,每米种8株,每亩留苗4 000~4 500株;花生垄距85厘米,垄高10厘米,1垄2行,小行距30厘米,单粒播种,穴距10厘米(10穴/米)左右。

(4)安装滴灌系统。播种后立即铺设滴灌设备,系统首部及施肥罐安装在水源处。根据地块现状及水源位置布设支管和滴灌带,按照玉米、花生每行间铺设1条滴灌带(滴孔间距15厘米),1条完整的种植带共铺设5条滴灌带,滴灌带铺设方向与种植行向一致,支管布设方向与种植行向垂直。

3. 田间管理。

(1)滴灌浇水。播种后立即滴灌浇水,每亩滴水约15米³。以后分别在初花期(播种后50天左右)、开花下针期(播种后50天左右)、膨果期(播种后100天左右),根据土壤墒情,在清晨或傍晚滴灌浇水,注意放慢滴灌速度,每亩滴水12~15米³,以防湿度过大造成烂果和发芽。

花生滴灌

(2)除草。每亩用33%二甲戊乐灵乳油100毫升,或每亩用48%地乐胺乳油150毫升,兑水60千克喷雾。玉米及花生生育期内发生病虫草害,优先采用农业、物理及生物防治。第一次滴灌后,进行封闭除草,分带定向喷施除草剂。

(3)滴灌施肥。选用含微量元素的滴灌专用肥或水溶性复合肥,也可选择尿素、磷酸二氢钾、硫酸钾、硝酸钙等可溶性肥料,滴灌追肥总量一般为 N 4 千克/亩，P_2O_5 8 千克/亩，K_2O 6 千克/亩，CaO 2.5 千克/亩，全生育期滴灌追肥 3 次，每亩滴水约 15 米^3。分别于花生初花期滴灌总追肥量的 30％；开花下针期滴灌总追肥量的 30％；膨果期滴灌总追肥量的 40％。

（4）防治病虫草害。对生长较旺的半紧凑型玉米，在 10～12 叶展开时，用生长延缓剂均匀喷施玉米上部叶片。间作花生易旺长倒伏，当花生株高 28～30 厘米时，用生长延缓剂均匀喷施茎叶（避免喷到玉米），施药后 10～15 天，如果高度超过 38 厘米可再喷施 1 次，收获时应控制在 45 厘米内，确保植株不旺长。

4. 收获与晾晒。根据玉米成熟度适时进行收获作业，成熟标志为籽粒乳线基本消失、基部黑层出现。夏花生在大部分荚果成熟、饱果指数达到 60％以上时，及时收获、晾晒。

花生收获

三、适用范围

适合耕层厚度 50 厘米（根系主要分布在 50 厘米深的土层内，结实层位于上方 20 厘米处）肥沃的轻砂壤土。

四、应用效果

经济效益明显。按花生荚果 6.7 元/千克、玉米 2.5 元/千克计算，其中主要成本包括每亩增加费用（旋耕整地 60 元＋花生种子 11 千克×24 元/千克＋花生机械播种 25 元＋花生机械收获 90 元＋除草剂、植保等管理费用 50 元及水肥一体化 50～100 元）、减少费用（其他作物播种 20 元＋收获 35 元）。平均每亩增产花生 152.5 千克，玉米较单作不减产，保证了在玉米不减产的情况下，每亩新增利润 500 元左右。使用夏玉米夏花生复合种植"三新"配套技术，对消减连作障碍、创新种植制度、实现种地养地结合发挥了积极作用，社会和生态效益显著。

第六章

果树科学施肥"三新"集成技术模式

第一节 苹 果

环渤海湾"自然生草＋有机肥＋
水肥一体化"技术模式

一、模式概述

根据果园土壤肥力、苹果产量及果树生长发育需肥特点制定苹果有机肥、基追肥以及中微量元素肥施用方案。通过施肥机施用有机肥，提升果园土壤肥力；采用滴灌技术实现水肥一体化，为果树提供充足养分；通过植保无人机叶面喷施中微量元素肥料，补充营养；实施果园自然生草，采用遥控割草机处理行间杂草。

二、技术要点

(一) 秋施有机肥

1. 施肥时间及施肥方式。在 9 月中旬至 10 月中旬，早中熟品种采收后施肥。对于晚熟品种如富士，采收后马上施肥。根据果园土壤有机质现状采用不同的施肥方式：建园时没有施用有机肥的，开沟施用有机肥；建园时基施有机肥的，株间直接撒施有机肥。

2. 有机肥的类型及施用量。施用堆肥、商品有机肥或生物有机肥。堆肥要待牛粪、羊粪、猪粪等充分腐熟后，按"斤果斤肥"的原则施用，即每生产 1 千克苹果施入 1 千克腐熟的堆肥；施用商品有机肥时，每生产 5 千克苹果施入 1 千克商品有机肥；施用生物有机肥时，每生产 10 千克苹果施入 1 千克生物有机肥。

3. 施肥机械及处理。

(1) 开沟机施肥。在树冠外沿垂直投影部分行间开沟，采用机械开沟，沟宽 40 厘米、深 40 厘米，有机肥与土混匀后施用。

(2) 撒肥机施肥。采用侧抛撒肥机施肥，行间运行，直接撒施于树冠行间，撒施后与土混匀。

（二）追肥

1. 追肥方式。采用滴灌技术，借助压力灌溉系统，将可溶性固体肥料或液体肥料溶解在灌溉水中，均匀、准确、定时、定量供给。通过滴头以水滴的形式不断地湿润果树根系主要分布区的土壤，使其保持适宜作物生长的最佳含水状态。应用水溶性肥料，提高水肥利用效率，减少化肥用量。

2. 追施肥料。根据土壤养分状况和果树根系发育的需求选择单质肥料自行配置，或者直接选择不同配比的大量元素水溶性肥料，间隔滴灌含腐植酸水溶性肥料或含氨基酸水溶性肥料。

3. 追肥时间及追肥量确定。

（1）单质肥料的配置、施用量及施用时间。盛果期树全年各时期滴灌养分施入量详见下表。

盛果期树全年分阶段滴灌养分施入量

单位：千克/亩

发育阶段	日期	硝酸铵	尿素	磷酸一铵	硫酸钾
开花前 7 天	4 月中旬	6.0		2.5	1.3
落花后 10 天	4 月下旬	0.0		2.5	1.3
春梢生长至停长期（每次施肥间隔 10～15 天）	5 月上旬	10.0		2.5	1.3
	5 月中旬	6.0		2.5	1.3
	5 月下旬	6.0		2.5	1.3
果实迅速膨大期（每次施肥间隔 15～20 天）	6 月上旬		4.0	1.3	2.5
	7 月中旬		1.8	1.3	5.0
	8 月中旬			2.5	2.5
	9 月中旬			1.3	5.0
采收后 3～5 天	10 月上旬		3.5	3.5	2.5
采收后 15～20 天	10 月中旬		5.5	2.6	1.3

（2）新型水溶肥施用量及施用时间。追肥滴灌大量元素水溶肥 8～15 千克/亩，全年 5～8 次，每次灌水量 4～6 米³/亩。春季萌芽前到花后 6～8 周，施用氮-磷-钾＝20 - 12 - 18 或相近配方水溶肥 2～3 次；夏季果实膨大期滴灌氮-磷-钾＝15 - 7 - 28 或相近配方水溶肥 1～2 次；秋季采收前后滴灌氮-磷-钾＝20 - 12 - 18 或相近配方水溶肥 2～3 次。根据果树生长发育的需要间隔滴灌含腐植酸、氨基酸水溶肥等有机水溶肥。

4. 追肥滴灌系统。滴灌系统主要由首部枢纽、管路和滴头三部分组成。

（1）首部枢纽。包括水泵（及动力机）、化肥罐、过滤器等。其作用是抽水、施肥、过滤，以及将水送入干管。

（2）管路。包括干管、支管、毛管以及必要的调节设备（如压力表、闸阀、流量调节器等），其作用是将加压水均匀地输送到滴头。

（3）滴头。其作用是使水流经微小的孔道，形成能量损失，减小其压力，使其以点滴的方式滴入土壤中。滴头通常放在土壤表面。直径 2 厘米滴管（毛管）一般每行铺 2～3 条。

（三）中微量元素肥料施用

果树的产量和品质受最少养分的限制，而果树常年生长在一个地方，因此要特别注意中微量元素肥料的施用。科学施用中微量元素肥料已成为提高果品产量，特别是改善果品品质的重要途径。

1. 肥料选择及施用时期和施用量。根据建园时间长短及田间缺素状况施用中微量元素肥料。苹果中微量元素肥料的施用见下表。

苹果中微量元素肥料施用

时期	种类、浓度（用量）	作用	备注
萌芽前	1%～2%硫酸锌	矫正小叶病	喷施，用于易缺锌的果园
萌芽后	0.3%～0.5%硫酸锌	矫正小叶病	喷施，出现小叶病时应用
开花期	0.3%～0.4%硼砂	提高坐果率	初花期可连续喷施 2 次
新梢生长期	0.1%～0.2%柠檬酸铁或硫酸亚铁	矫正缺铁黄叶病	可连续喷施 2～3 次
5—6 月	0.3%～0.4%硼砂	防治缩果病	幼果期可连续喷施 2 次
	0.3%～0.4%硝酸钙	防治苦痘病	幼果期套袋前连续喷施 3～4 次
落叶前	0.3%～1%硫酸锌	矫正小叶病	喷施，用于易缺锌的果园
	0.3%～1%硼砂	矫正缺硼症	喷施，用于易缺硼的果园

2. 施肥机械。果园植保机器人是一种专门为果园设计的智能化农业设备，通过人工操控，做到喷药结合施肥，更高级的可以自主导航和作业，能做到既精准喷雾，又提高喷雾效果，既降低劳动强度，又提高生产效率。

（四）自然生草技术

果园自然生草是人工选择自然生杂草，控制不良杂草对果树和果园土壤的有害影响，是一项先进、实用、高效的土壤管理方法。实施本技术，近地层光、热、水、气等生态因子会发生明显变化，形成有利于果树生长发育的小气候环境。

1. 自然生草处理。生长前期，先任由野草生长，利用活草层进行覆盖，当草长到 30 厘米时，采用割草机器人割草，每年割 3～5 次，保持果园草高不超过 30 厘米；立秋后，停止割草至生长末期，任其自然死亡，使杂草产生一定数量种子，保证下一年的密度。

2. 割草机械。遥控割草机是一种现代化的园艺工具，具有便捷、高效和灵活的特点。通过遥控器进行操作，让使用者可以在一定距离外控制割草机的工作，避免直接接触机器带来的潜在危险，减轻了劳动强度，又提高了效率，据前所果树农场的应用反馈，每天能割草 30 亩。

三、适用范围

适用于环渤海湾水肥条件较好、地势较平坦的矮化苹果产区。

四、应用效果

同常规技术相比，本技术模式可以提高肥料利用率 20％～30％，每亩减少化肥施用量 20 千克以上，增产率约 10％，每亩节省生产成本 300 元以上，每亩节本增收约 800 元。同时，土壤理化性状得到明显改善。

五、相关图片

有机肥开沟施用

撒肥车

果园植保机器人喷施中微量元素肥料

割草机器人

辽宁"有机肥＋配方肥＋水肥一体化"技术模式

一、模式概述

辽宁省是水果生产大省，果园面积 500 多万亩，其中苹果种植面积最大，达到 200 多万亩。实施"有机肥＋配方肥＋水肥一体化"技术模式，通过增施有机肥、改良土壤、提高养分含量，采用测土配方施肥技术，推荐配方肥，实现养分均衡供应，结合水肥一体化技术，稳步提高苹果产量，改善果实品质。

二、技术要点

(一) 基肥

1. 施肥时期。苹果果实采收后进行施肥。

2. 施肥量。基肥选用腐熟堆肥 $2\sim4$ 米^3/亩，或商品有机肥（生物有机肥）$500\sim800$ 千克/亩。化肥可选用 16 - 12 - 12（S）、18 - 13 - 14（S）（或相近配方）复合肥料。每生产 1 000 千克苹果施用配方肥 $15\sim20$ 千克/亩。

3. 施肥方法。采取沟施或穴施，沟施时沟宽 30 厘米左右、长 $50\sim100$ 厘米、深 40 厘米，分为环状沟、放射状沟以及株间条沟。穴施时根据根冠大小，每株树 $4\sim6$ 个穴，穴的直径和深度为 $30\sim40$ 厘米。每年换位置挖穴，有效期为 3 年。施用时将有机肥、化肥与土混匀。

(二) 追肥

根据土壤养分测定结果、叶部营养诊断以及果树的吸收规律和特点确定施肥量和施肥种类，一般情况下每年追肥 $3\sim5$ 次。追肥采用水肥一体化技术，通过采用滴灌技术借助压力灌溉系统，将可溶性固体或液体肥料溶解于灌溉水中，均匀、准确、定时、定量给苹果树根系供肥，通过滴头以滴水的形式不断湿润果树根系主要分布区的土壤，使土壤保持适宜作物生长的最佳含水状态。

花后 $2\sim4$ 周施用 20 - 10 - 10（或相近配方）复合肥料（或相近配比含腐植酸水溶性肥料）$15\sim20$ 千克/亩；花后 $6\sim8$ 周、果实膨大期、采收前施用 15 - 5 - 25（或相近配方）大量元素水溶性肥料（或相近配比含腐植酸水溶性肥料）$35\sim40$ 千克/亩，每次施用 $10\sim15$ 千克/亩。

(三) 其他配套措施

1. 生草覆盖。果园自然生草覆盖是使果园行间自然生草，割后覆盖树盘的一种果园土壤管理技术。生草覆盖作为一种提升果园土壤肥力、保持土壤墒情以及控制树冠下杂草的土壤管理技术，已广泛在生产中得到应用。平地果园可利用便携式割草机刈割 $4\sim6$ 次，山地果园采用动力式果园割草机械进行刈割。每年刈割次数为 4～6 次，雨季后期停止刈割。刈割的草覆盖于树盘上。

2. 叶面施肥。叶面施肥具有吸收快、肥料利用率高、不受环境影响、不被土壤固定等优点。萌芽前喷施尿素 100 倍液促进萌芽、长枝。花期喷 0.3％硼砂溶液和 0.3％尿素溶液，提高坐果率，防治苹果缩果病和缺硼旱斑病。花后至套袋前 3 遍药都要加入叶面钙肥，防治因缺钙引起的苹果苦痘病、苹果痘斑病、苹果黑点病、果实裂纹裂口等。摘袋前 1 个月是苹果第二个需钙高峰期，结合喷施钙肥，加喷 2～3 遍叶面硅肥，以增加果皮厚度和韧性，促进着色。苹果着色期叶面喷施磷酸二氢钾，促进着色，增加果实含糖量。

三、适用范围

适用于辽宁省具备水肥一体化条件的苹果种植区域。

四、应用效果

同常规施肥技术相比，可以提高肥料利用率 5％左右，每亩减少化肥施用量 10 千克以上，增产率达 5％以上，每亩节本增收约 500 元，土壤理化性状得到明显改善。

五、相关图片

水肥一体化技术

黄土高原"测土配方＋有机无机结合"技术模式

一、模式概述

以测土配方施肥为基础，制定果树施肥技术方案，利用开沟施肥一体机深施完全腐熟的有机肥或生物有机肥，以及果树专用肥或缓控释肥，在苹果生长期，利用水肥一体化节水设备追施水溶肥，实现苹果增产增收。

二、技术要点

(一) 技术模式

模式一：有机肥＋配方肥＋水肥一体化

该模式在盛果期矮化自根砧苹果园应用。苹果园行株距 4 米×1.5 米，每亩栽植 110 株，目标产量 4 000 千克/亩。

1. 秋施基肥。

(1) 有机肥。要求每亩施入完全腐熟的纯羊粪 1 500 千克（羊粪含氮量以 0.8％计，1 500千克羊粪折合纯 N 12 千克，约占全年氮肥总施用量的 50％），每株树平均施入 13.6 千克；或每亩施入符合《生物有机肥》(NY 884) 要求的有机肥 600 千克，每株树平均施入 5.5 千克。有机肥于秋施基肥时一次性施入，施肥深度 30 厘米左右。

(2) 化肥。全年每亩施入量 100 千克（仅根部施入，不含叶面喷施），每株树平均施入 0.91 千克，其中氮磷钾复合（配方）肥 80 千克，单质钾肥 20 千克。秋施基肥时随有机肥每亩施入全年复合（配方）肥总量的 60％（每亩施入 48 千克），建议配方为 16 - 15 - 14，每株树平均施入 0.44 千克。

2. 春夏追肥。剩余的 40％复合（配方）肥（32 千克/亩）和 20 千克钾肥，以水肥一体化的形式施入，100 亩以上规模的家庭农场等经营大户采用自动化滴灌系统。

施肥时间及肥水施用量：一般情况下从果树春季发芽至 8 月底需追施水溶肥至少 3 次，施用浓度为 0.5％～1％，每次每亩 5～8 m^3。

(1) 3 月。施入高氮中磷中钾配方肥 (20 - 10 - 10)，总量的 20％（每亩施入 16 千克）。

(2) 6 月。施入中氮高磷中钾配方肥 (10 - 20 - 10)，总量的 20％（每亩施入 16 千克）。

(3) 7—8 月。每亩施入钾肥（硫酸钾）20 千克。

以上复合肥的基肥、追肥配方，如市场上与建议配方无完全一致的，可选择与之相近的配方。

3. 落叶前喷施尿素溶液。为促使养分回流，增加贮藏营养，增强树体抗冻性，建议在果实采收后至落叶前喷施尿素溶液 3 次，浓度分别为 1％、3％和 5％，每次间隔 7～10 天，最后 1 次可加入 0.5％硼砂和 5％硫酸锌。

模式二：有机肥＋配方肥＋机械深施

该模式在盛果期乔化苹果园应用。苹果园行株距 6 米×4 米，每亩栽植 28 株，目标产量 3 000千克/亩。

1. 秋施基肥。

(1) 施肥时期。9 月中旬至 10 月底，富士等晚熟品种采收后立即进行，越早越好，提倡带果施肥。

(2) 施肥量。有机肥选用完全腐熟的纯羊粪 1 500 千克/亩，每株树平均施入 53.6 千克；或每亩施入符合《生物有机肥》(NY 884) 要求的有机肥 600 千克，每株树平均施入 21.4 千克。

配方肥选用 16 - 15 - 14 复合肥，随秋施基肥每亩施入 60％（48 千克），每株树平均施入 1.7 千克。全年每亩施入化肥 100 千克，每株树平均施入 3.6 千克。

（3）施肥方法。用开沟、施肥、覆土一体机，在树冠外围投影向内 1/3 处，顺行向挖深 40 厘米左右的沟，一次性施入全部有机肥和 60％复合（配方）肥，集中施用，局部优化。轮换位置施肥。

（4）自行堆制肥料方法。

①原料。羊粪或猪粪、油渣、麦麸、水。

②比例。羊粪或猪粪 1 000 千克、油渣 50 千克、麦麸 5 千克、发酵剂 200 克。

③发酵方式。露天堆肥好氧发酵。

④发酵方法。发酵剂与麦麸稀释均匀；羊粪补充水分至 40％～50％；稀释好的发酵剂与羊粪、油渣搅拌均匀；堆肥高度 2 米，宽、长不限；温度达到 55℃ 时翻堆；发酵好的有机肥添加生物菌剂（每吨添加 1 千克）。

2. 春夏追肥。剩余的 40％复合（配方）肥（每亩 32 千克）和每亩 20 千克单质钾肥作为追肥施入，方法同模式一。

3. 落叶前喷施尿素溶液。

同模式一。

模式三：有机肥＋缓（控）释肥模式

该模式在盛果期乔化或矮化苹果园实施，建议选择正规大型企业生产的苹果专用缓（控）释。每亩缓（控）释肥施入总量不超过 80 千克。

1. 基肥。每亩施入完全腐熟的纯羊粪 1 500 千克或符合《生物有机肥》（NY 884）要求的有机肥 600 千克＋苹果专用缓（控）释肥 60 千克。缓（控）释肥建议选用 18 - 9 - 18 或相近配方。

2. 追肥。应根据树体长势和挂果情况，于 3—6 月施入 1～2 次缓（控）释肥，每次每亩 10 千克。缓（控）释肥选用 10 - 20 - 30 或相近配方。

（二）果园生草

上述三种模式全部采用行内覆盖黑色地布（树两边各 80～100 厘米）、行间生草（长柔毛野豌豆或豆菜轮茬）的土壤管理模式。

1. 生草品种。推荐长柔毛野豌豆（毛叶苕子）或豆菜轮茬（大豆最好选用绿肥专用品种汾豆牧绿 2 号，油菜选用白菜型延油 2 号）

2. 播种方式。油菜撒播即可，大豆和长柔毛野豌豆必须条播。

3. 播种量。油菜每亩 0.25 千克，大豆每亩 2～3 千克，长柔毛野豌豆每亩 1.5～2.0 千克。

4. 播种时期。油菜要求于 8 月下旬播种，可撒播，也可条播。注意播种前先将地旋耕一遍，待土壤踏实后再播种。大豆 4 月下旬至 5 月上旬播种，长柔毛野豌豆 9 月下旬播种。

5. 生草管理。要及时拔除恶性杂草；无论自然生草还是人工生草，当草长到 40～50 厘米时均要及时刈割（长柔毛野豌豆不须刈割），全年刈割 4 次即可。

（三）施肥新机具关键参数

1. 矮化果园开沟施肥覆土一体机。开沟器及支架宽 1.9 米、长 1.8 米，肥料斗宽 0.8 米、长 1.5 米，加肥量 300 千克，开沟宽度 40 厘米，开沟深度 25～30 厘米，功率＞50 千瓦，单边开沟每亩施肥最大量 1 千克，施肥速度 35 亩/天。

2. 乔化果园开沟施肥覆土一体机。开沟器及支架宽 1.34 米、长 1.3 米、高 1.16 米，加肥量 240 千克，开沟宽度 30 厘米，开沟深度 35 厘米，功率 30～60 千瓦，单边开沟每亩施肥量 0.8 吨，施肥速度 30 亩/天。

3. 自压式简易灌溉施肥系统。包括首部枢纽、直径 32 毫米 PVC 主管或 N80 地埋管、直径 16 毫米硬质 PE 迷宫式滴灌管、施肥器、80～100 目滤网、肥水贮存罐等。①直径 32 毫米 PVC 主管或 N80 地埋管埋设于地表 100 厘米以下。②直径 16 毫米硬质 PE 迷宫式滴灌管顺树行紧贴树身铺设，用扎丝固定于树干距地表 20～30 厘米处，长度不超过 60 米。超过 60 米的，可将主管引到地中间向两边进行铺设，保障灌溉均匀。③每棵树的滴灌管处布设 4～6 个压力补偿滴头。④肥水贮存罐与果园的高差在 1～3 米。

（四）注意事项

作业过程中，应规范使用机具，注意操作安全。施肥作业中应避免紧急停止或加速等操作，发现问题及时停机检修。调整好施肥深度、与树干的距离和施肥量，匀速前进，避免伤害树根、施肥深度不到位、施肥量不合理等问题发生。

三、适用范围

适用于黄土高原苹果主产区。

四、应用效果

化肥用量年平均下降幅度超过 10％，优质果品率提升 15％以上，每亩增收约 500 元。

五、相关图片

科学施肥"三新"技术模式示范区　　　　　应用水肥一体化技术

土样采集　　　　　　　　　　　　　　　　硕果累累

山东"有机替代＋配方肥＋水肥一体化"技术模式

一、模式概述

长期以来,果农为了追求高产和大果,超高强度利用苹果园土壤,化肥施用量高且不合理,有机肥施用严重不足,造成养分利用率低、土壤有机质含量下降、土壤养分失衡、土壤酸化板结、地下水硝酸盐污染等环境问题,而且还造成了果实生理病害加重、内在品质下降等问题。

化肥减量增效、增加有机肥施用是前提。通过有机肥替代化肥技术,充分发挥有机肥养分的替代和增效作用,有效减少化肥用量,是稳定提升生产能力和质量水平,实现苹果产业转型升级绿色发展的重要保障。经过多年的研究和试验示范,总结提出了以有机肥局部优化、果园生草、酸化土壤改良、化肥精准高效施用为核心的苹果有机肥替代化肥技术。本技术是在山东胶东半岛和中南部地区苹果产区经多年研究形成的一套实用型技术,具有减肥增效、增产提质、环境友好、适应性强、易于推广的特点。

二、技术要点

(一)有机肥局部优化施用技术

增加有机肥用量,特别是生物有机肥、添加腐植酸的有机肥以及传统堆肥和沼液/沼渣类有机肥。

有机肥用量:中等肥力土壤、中等产量水平(亩产 3 000 千克)果园,农家肥(腐熟的羊粪、牛粪等)2 000 千克/亩,或优质生物肥 500 千克/亩,或饼肥 200 千克/亩,或腐植酸有机肥料 100 千克/亩,或沼渣 3 000~5 000 千克＋沼液 50~100 米³/亩。在 9 月中旬至10 月中旬施用(晚熟品种采果后尽早施用)。

施肥方法:采用穴施或条沟施,局部集中施用,沟宽 30 厘米左右、深 40 厘米左右,分为环状沟、放射状沟以及株(行)间条沟,沟长依具体情况而定。矮砧密植果园在树行两侧开条沟施用。穴施时根据树冠大小，每株树 4～6 个穴，穴的直径和深度为 30～40 厘米。每年变换位置挖穴，穴的有效期为 3 年。施用时要将有机肥等与土充分混匀。

（二）果园生草技术

采用"行内清耕或覆盖、行间自然生草/人工生草＋刈割"的管理模式，行内保持清耕或覆盖园艺地膜、作物秸秆等物料，行间人工生草或自然生草。

人工生草可选择白车轴草、小冠花、早熟禾、高羊茅、黑麦草、长柔毛野豌豆和鼠茅等，播种时间以 8 月中旬至 9 月初为佳，早熟禾、高羊茅和黑麦草也可在春季 3 月初播种。播深为种子直径的 2～3 倍，土壤墒情要好，播后喷水 2～3 次。自然生草果园行间不进行中耕除草，使马唐、稗、光头稗、狗尾草等当地优良野生杂草自然生长，及时拔除豚草、苋、藜、苘麻、葎草等恶性杂草。无论人工种草还是自然生草，当草长到 30～40 厘米高时要进行刈割，割后保留 10 厘米左右，割下的草覆于树盘上，每年刈割 2～3 次。

（三）酸化土壤改良技术

在增施有机肥的同时，施用生石灰、贝壳粉类碱性（弱碱性）土壤调理剂或钙镁磷肥进行酸化改良。生石灰具体用量根据土壤酸化程度和土壤质地而异。微酸性土（pH 为 6.0），砂土、壤土、黏土施用量分别为 50、50～75、75 千克/亩；酸性土（pH 为 5.0～6.0），砂土、壤土、黏土施用量分别为 50～75、75～100、100～125 千克/亩；强酸性土（pH≤4.5），砂土、壤土、黏土施用量分别为 100～150、150～200、200～250 千克/亩。生石灰要经过粉碎，粒径小于 0.25 毫米。冬、春季施用为好，施用时果树叶片应该干爽，不挂露水。将生石灰撒施于树盘上，通过耕耙、翻土，使其与土壤充分混合，施入后应立即灌水。生石灰隔年施用。商品类土壤调理剂的用法用量参照产品说明。

（四）化肥精准高效施用技术

本技术是以中等肥力土壤、中等产量水平（亩产 3 000 千克）果园中的红富士苹果为例进行设计的，其他肥力条件、产量水平、产区和品种可参照执行。

1. 传统土壤施肥。

（1）基肥。

①复合肥类型及用量。建议施用高氮高磷中钾型复合肥，用量 50～75 千克/亩。

②土壤改良剂和中微量元素肥料。建议施用硅、钙、镁、钾肥 50～100 千克/亩，硼肥 1 千克/亩左右，锌肥 2 千克/亩左右。

复合肥、土壤改良剂和中微量元素肥料与有机肥结合施用。

（2）追肥。追肥建议 3～4 次，第一次在 3 月中旬至 4 月中旬，建议施一次硝酸铵钙（或 25 - 5 - 15 等类似配方硝基复合肥），施肥量 30～60 千克/亩；第二次在 6 月中旬，建议施一次高磷配方或平衡型复合肥，施肥量 30～60 千克/亩；第三次在 7 月中旬至 8 月中旬，施肥类型以高钾配方为主（10 - 5 - 30 或类似配方），施肥量 25～30 千克/亩，配方和用量要根据果实大小灵活掌握，如果果个够大（如红富士在 7 月初达到 65～70 克，8 月初达到 70～75 克），则要降低氮素比例并减少用量，仅之可适当增加。

追肥可采用放射沟施或条沟施，深度 20 厘米左右，每株树 4～6 条沟。矮砧密植果园在树行两侧开条沟施用。

2. 水肥一体化。基肥施用时间和方法同上。

追肥量一般为纯氮（N）9～15 千克，纯磷（P_2O_5）4.5～7.5 千克，纯钾（K_2O）10～17.5 千克。各时期氮、磷、钾施用比例见下表。

盛果期苹果树水肥一体化追肥计划

生育时期	灌溉次数	灌水定额（米³/亩·次）	每次灌溉加入养分占总量比例（%）		
			N	P_2O_5	K_2O
萌芽前	1	25	25	20	10
花前	1	20	20	10	10
花后 2～4 周	1	20	15	10	10
花后 6～8 周	1	20	15	30	10
果实膨大期	1	10	10	10	20
	1	10	10	10	20
	1	10	5	10	20
合计	7	115	100	100	100

（五）中微量元素肥叶面喷施技术

（1）落叶前喷施 1%～7% 尿素溶液、1%～6% 硫酸锌溶液和 0.5%～2% 硼砂溶液，可连续喷 2～3 次，每隔 7 天 1 次，浓度前低后高。

（2）开花期喷施 0.3%～0.4% 硼砂溶液，可连续喷 2 次。

（3）缺铁果园新梢旺长期喷施 0.1%～0.2% 柠檬酸铁溶液，可连续喷 2～3 次。

（4）果实套袋前喷施 0.3%～0.4% 硼砂溶液和 0.2%～0.5% 硝酸钙溶液，可连续喷 3 次。

（六）注意事项

1. 定期进行土壤和叶片养分分析，根据果园土壤养分和树体营养状况，调整施肥方案。

2. 有灌溉条件的地区建议采用水肥一体化技术进行施肥，没有灌溉条件的地区可采用移动式施肥枪进行施肥。

三、适用范围

适用于山东省苹果产区。

四、应用效果

本技术模式可显著改善苹果园土壤理化性状，促进土壤有机质含量持续提高，节约氮肥 30%左右，节约磷肥 35%左右，优质果率提高 15%左右，增产 8%～15%，每亩节本增收 800～1 500 元，节肥增效效果显著。

山东临沂"生物多效堆肥＋机械施肥＋水肥一体化"技术模式

一、模式概述

临沂市因地制宜，集成创新科学施肥"三新"技术模式，通过对新技术、新产品、新机具的研究与示范，在苹果生产区集成推广"生物多效堆肥＋机械施肥＋水肥一体化"技术模式，可显著提升果园有机质含量，提高水肥资源利用效率，减少化肥施用。

二、技术要点

（一）生物多效堆肥技术

1. 堆肥原料。 以粉碎的果树枝条、畜禽粪便（猪粪、牛粪、鸭粪、鸡粪等）为原料，粉碎后的果树枝条粒径为 1～1.5 厘米，果树枝条可用作物秸秆、蘑菇渣等代替。

2. 菌剂选择。 选用复合微生物菌剂，所用复合微生物菌剂的菌种可选择枯草芽孢杆菌、地衣芽孢杆菌、解淀粉芽孢杆菌、侧孢芽孢杆菌等。

3. 原料配比与混合。 果树枝条的碳氮比（C/N）为（300～500）∶1，在原料配比中，1 米^{3}果树枝条粉碎物，加入 2 米^{3}畜禽粪便，调节后的碳氮比为（25～35）∶1，加入复合微生物菌剂（1～1.5 千克/米^3），利用搅拌机、翻抛机将粉碎后的果树枝条、畜禽粪便、复合微生物菌剂等原料混合均匀。

4. 堆肥条件控制。

（1）碳氮比。微生物分解有机物质较适宜的碳氮比为（25～35）∶1，合理调节堆肥原料的碳氮比是加快堆肥原料腐熟、提高腐殖化系数的有效途径。

（2）含水量。调节含水量为 55%～65%。原料混合物应手握有渗水，但不至于呈现大量水滴，以手握成团、松手即散为宜。

（3）pH。最适宜的 pH 为 5～9。当 pH<5 时，加入生石灰粉等碱性材料中和；当 pH>9 时，加入硫黄粉等酸性材料中和。

5. 堆肥过程管理。

（1）建堆。条垛式堆肥堆体高约 1.2 米，可根据翻抛机规格设置宽度，堆体间距 0.5 米。槽式堆肥深度不超 2 米，根据场地条件设置长度和宽度。

（2）保持通气。堆肥所需菌剂为好氧微生物，必须提供好氧条件，保持通气。条垛式堆肥堆体与空气的接触面大，通过翻抛满足氧气需要。槽式堆肥堆体与空气的接触面相对较小，采取翻抛和曝气双重办法满足氧气需要。

（3）温湿度控制。堆肥原料混合 2～3 天后开始发热，5～7 天温度达到 60～70℃，当堆体温度达到 65℃左右时及时翻抛，达到降温、减少氮损失、增加氧气、混合均匀的目的。堆肥发酵温度高于 60℃的持续时间应在 7 天以上，当堆体温度降至 50℃以下时，发酵腐熟完成。堆肥期间需做好防雨工作，翻抛时控制含水量在 55%～65%。混合物料的含水量低于 55%时及时补水，混合物料的含水量高于 65%时进行晾晒。

（4）陈化与存放。腐熟后的堆体呈黑褐色，疏松团粒结构，堆成高 2～3 米的堆体进行陈化，陈化时间不超过 15 天。存放时应将堆体压紧，利于保肥。

（二）机械施肥

1. 施肥时间与施肥量。堆肥作基肥于秋季采收后、落叶前施用，每亩果园推荐施用量为 1.5～3 吨。

2. 施肥方式。应用集开沟、施肥、填土、整平功能于一体的果园有机肥施肥机。由拖拉机牵引带动，肥料输送系统直接采用拖拉机后动力输出驱动，带动车厢内部的输送链自动把肥料向后输送，肥料输送快慢可调节，可一次性完成开沟、施肥、回填工作，同时车厢后方可增配不锈钢颗粒肥斗，实现颗粒肥与有机肥混合施用，提高果园施肥效率，降低劳动强度，节省成本。

3. 施肥位置。利用果园有机肥施肥机，在果树树冠滴水区的外缘向里平行于树行开沟施肥，开沟宽度 20～30 厘米，开沟深度 40 厘米左右。

（三）水肥一体化技术

1. 水源。丘陵山地果园可修建软体集雨池收集自然降水，条件允许的可用河流、井水等补充。软体集雨池一般在果园中地势相对较高的位置，深度一般为 5～7 米，体积为 300～500 米³。

2. 首部系统。一般包括变频控制柜、变频水泵、水表、过滤器、智能施肥机、阀门、止逆阀等。

（1）过滤器。河流、水库、池塘的水源，宜采用沙石过滤器＋碟片过滤器组合，可充分过滤水源的悬浮物质和藻类；水源为井水宜采用离心过滤器＋碟片过滤器组合，可充分过滤井水中的沙石。

（2）智能施肥机。运用物联传感技术、自动控制技术、计算机技术、无线通信技术等，用户可通过软件平台查看设备的工作状态，应用智能施肥机，可实现无人值守自动灌溉，分片控制设置轮灌，根据用户设定的配方、灌溉过程参数自动控制灌溉量、吸肥量等，实现对灌溉、施肥的定时定量控制，充分提高水肥利用率。

（3）肥液贮存罐。选择耐腐蚀性强的贮存罐，配备电动搅拌机，容量大小根据施肥面积和施肥习惯确定。

（4）输配水管网系统。由主管、干管、支管、毛管组成，管材选用 PE 管，具有高强耐压韧性好、抗冻耐高温、稳定耐腐耐磨的特点。一般主管直径选用 160 毫米，干管直径选用 90 毫米或 110 毫米，支管直径选用 50 毫米或 63 毫米，支管沿果园一侧铺设，埋深 30～40 厘米。毛管直径选用 16 毫米，与支管垂直铺设，每行果树铺设 2 条毛管。

（5）灌水器。果园水肥一体化灌水器需根据土壤类型、立地条件等进行选择，其中砂土果园宜选用微喷，壤土果园宜选用滴灌。滴灌管沿每行果树树冠外围向内 20 厘米处布置 2 条，丘陵山地需采用压力补偿式滴头，每棵果树配置 4～6 个，滴头流量低于 2.7 升/时，内镶贴片式滴灌管在铺设时滴孔应向上，滴头间距按株行距设置。微喷灌是利用旋转或辐射式的微型喷头将水肥混合液均匀喷洒在作物根部土壤上，微喷头流量低于 90 升/时，喷洒半径 3～4 米。

（6）水溶性肥料选择。所选用肥料应是经国家有关部门备案或批准登记和生产的符合标准的水溶性肥料。常用的水溶性肥料包括大量元素水溶性肥料、中量元素水溶性肥料、微量元素水溶性肥料、含氨基酸水溶性肥料、含腐植酸水溶性肥料、有机水溶性肥料。

（四）苹果灌溉施肥制度

苹果需肥规律为"前 N、中 P、后 K"。灌溉施肥原则是肥随水走、少量多次。控制施肥时间，使用前用清水冲洗管道，施肥后继续用清水灌溉 15～20 分钟，将管道中的肥液完全排出，提高肥料利用率。苹果灌溉施肥制度见下表。

苹果灌溉施肥制度

生育时期	灌溉次数	灌水定额（米³/亩·次）	每个生育期施用的纯养分量（千克/亩）				备注
			N	P_2O_5	K_2O	$N+P_2O_5+K_2O$	
采收后	1	30	6.0	4.0	5.6	15.6	滴灌/微喷
花前期	1	12	6.0	2.0	4.3	12.3	滴灌/微喷
花后期	1	13	6.0	2.5	5.3	13.8	滴灌/微喷
幼果期	2	15	4.5	1.5	3.3	9.3	滴灌/微喷
花芽分化期	2	15	4.5	1.5	3.3	9.3	滴灌/微喷
果实膨大前期	2	15	6.0	1.5	5.3	12.8	滴灌/微喷
果实膨大后期	2	15	3.0	2.5	5.6	11.1	滴灌/微喷
采收前	2	15	0.0	2.5	7.1	9.6	滴灌/微喷
合计	13	205	36.0	18.0	39.8	93.8	

（五）注意事项

1. 堆肥过程中，需持续监测堆体温度，避免腐熟不完全；当堆体温度达到 65℃ 左右时需及时翻抛，避免温度过高造成氮损失。堆肥发酵温度高于 60℃ 的持续时间应在 7 天以上。

2. 配置水肥一体化设备时，为较好地平衡浇水量，丘陵山地需采用压力补偿式滴头。

三、适用范围

适合临沂市苹果园推广应用。

四、应用效果

(一) 经济效益

示范区苹果平均亩产达到 3 500 千克，果品可溶性固形物含量平均达 18%，优质果品率达到 85% 以上。亩均化肥施用量减少 30%，果园亩产值达 1.5 万元，每亩经济效益可提高 50%。可显著提升果品含糖量、营养物质含量，商品价值提高，向优质、高端方向转型升级。同时粪肥为弱碱性，通过施用还田，部分土壤酸化、次生盐渍化等问题得到有效改善，减少化肥施用量，降低了应用成本，提高作物产量和改善作物品质，增加了作物产出，经济效益显著。

(二) 社会效益

粪肥还田可有效提高土壤有机质含量，改善农产品在外观、营养物质等方面的不足，促进农产品品质的提升，有利于打造以绿色健康为主的农产品品牌，加快农业品牌化升级，转变农业发展方式，激活现代农业新动能，助推农产品品牌价值提升和产业竞争力增强。收集处理畜禽养殖场粪污并还田，有效实现资源循环利用以及能量多级流动，有利于建立和完善循环农业发展模式，促进种植业与养殖业的衔接。

(三) 生态效益

生物多效堆肥消化了大量畜禽粪便、果树枝条、农作物秸秆，改善了养殖场周边环境，提升了粪污利用水平，将 "粪污" 变 "粪肥"，水肥一体化技术提高水肥利用率，减少化肥施用量，稳步推进化肥减量增效，有效减轻对水体、土壤等的污染，实现物质和能源多层级的循环再利用，改善生态环境，提升生态效益，进而实现保护环境的目的，对建设美丽田园、农村环境综合整治有巨大的促进作用。

五、相关图片

翻耕

滴灌

果园软体集雨池

第二节　柑　　橘

福建"土壤调理＋有机肥＋配方施肥"技术模式

一、模式概述

在土壤 pH<5.5 的柑橘园，利用土壤调理剂对柑橘园土壤 pH 进行合理调控，补充钙、镁元素，钝化重金属。通过测土配方施肥明确土壤养分丰缺情况，因需补缺，精准施肥；结合增施有机肥等技术措施对酸化土壤进行综合调控，达到土壤调酸和培肥地力的目标。

二、技术要点

（一）施用土壤调理剂

果实采收后，根据土壤 pH 检测结果，当 pH<4.5 时，推荐施用量为 200～300 千克/亩；土壤 pH 为 4.5～5.5 时，推荐施用量为 100～200 千克/亩。土壤调理剂采用沟施，挖 30～40 厘米深、40～50 厘米长和 20～30 厘米宽的沟，将土壤调理剂施入沟中，覆土后充分与土壤混匀。

（二）施用有机肥

根据土壤有机质含量推荐有机肥用量，当土壤有机质含量≤15 克/千克时，商品有机肥推荐用量为 300～500 千克/亩，粪肥推荐用量为 1 000～1 500 千克/亩；当土壤有机质含量为 15～30 克/千克时，商品有机肥推荐用量为 200～300 千克/亩，粪肥推荐用量为 800～1 000千克/亩；当土壤有机质含量≥30 克/千克时，商品有机肥推荐用量为 150～200 千克/亩，粪肥推荐用量为 500～800 千克/亩。

(三) 施用配方肥

基肥一般在果实采收后,与有机肥、土壤调理剂一起施用。根据土壤养分含量和果树的营养需求调整配方肥比例,建议在花芽分化期、幼果期、果实膨大期施用配方肥,花芽分化期适当提高氮肥用量,幼果期、果实膨大期适当提高磷、钾肥用量。每亩化肥投入定额为 40 千克,其中氮肥 18 千克。基肥至春季追肥(1—5 月)推荐高氮中磷中钾型复合肥,$N+P_2O_5+K_2O \geqslant 45\%$(22-10-13)或相近配方。夏季追肥(6—8 月)推荐中氮低磷高钾型复合肥,$N+P_2O_5+K_2O \geqslant 45\%$(18-5-22)或相近配方。

(四) 增施镁肥

根据柑橘缺镁状况,适量补镁,在施用冬肥时和开花前土施氢氧化镁 0.1~0.2 千克/株或氧化镁 0.1~0.15 千克/株。同时,在春梢生长期、稳果期、膨果期喷施 2%~4% 七水硫酸镁溶液,每株树的用量为 3~4 升。

三、适用范围

适用于福建省土壤 pH<5.5 的柑橘园。

四、应用效果

施用土壤调理剂和优化施肥结构,提高土壤 pH;结合增施有机肥,提升土壤有机质含量,增强土壤生物活性,达到改善酸化土壤和培育健康土壤的目的。通过柑橘园土壤酸化综合改良技术,柑橘增产 100~200 千克/亩,增收 500~600 元/亩,土壤 pH 提高 0.3~0.5。

五、相关图片

柑橘沟施有机肥

柑橘主推技术简比试验

四川"沼肥还田＋配方施肥"技术模式

一、模式概述

沼肥是畜禽粪污在沼气池中充分发酵后产生的有机肥。推广集"种-养-沼-肥"为一体的循环生态模式，有利于促进畜禽养殖废弃物资源化利用，推进农业可持续发展，减少化肥施用量，是发展化肥减量技术的有效新途径。通过连续开展田间试验与效果监测试验，探明沼肥替代化肥的最佳替代量为30％，明确沼肥替代化肥施用的方式，构建了粪肥科学还田技术和路径，实现化肥减量。

二、技术要点

(一) 施肥量

1. 定植 1～2 年的幼树。 柑橘幼树以施用氮肥为主，配合施用磷、钾肥，应勤施薄施，年施纯氮 100～200 克/株，氮、磷、钾施用比例以 1∶（0.3～0.6）∶（0.5～0.9）为宜。

在入冬前施沼液 20～30 千克/株、沼渣 5～15 千克/株、复合肥（10-10-20）0.1～0.25 千克/株。2 月下旬至 8 月下旬，根据土壤墒情和施用便利程度施 2～4 次沼液和复合肥（25-8-7），每次施用沼液 20～30 千克/株、复合肥 0.05～0.10 千克/株。

2. 种植 3～5 年初挂果树。 产量低于 1 500 千克/亩，年施纯氮 200～350 克/株，氮、磷、钾的施用比例以 1∶（0.3～0.6）∶（0.6～1.2）为宜。入冬肥施用量占全年总施肥量的 20％～25％，早熟柑橘以施用氮肥为主，配合施用磷、钾肥，晚熟柑橘以施用钾肥为主，配合施用氮、磷肥；花前肥施用量占全年总施肥量的 20％～25％，以施用氮肥为主，配合施用磷、钾肥；稳果肥施用量占全年总施肥量的 5％～10％，以施用平衡肥为主；壮果肥施肥量占全年总施肥量的 30％～40％，以施用氮、钾肥为主，配合施用磷肥；转色肥施肥量占全年总施肥量的 10％～20％，以施用钾肥为主，配合施用磷肥。

（1）入冬肥。在入冬前施沼液 30～50 千克/株、沼渣 10～20 千克/株，早熟柑橘施复合肥（25-8-7）0.1～0.25 千克/株，晚熟柑橘施复合肥（15-5-25）0.15～0.3 千克/株。

（2）花前肥。施复合肥（25-8-7）0.1～0.25 千克/株。

（3）稳果肥。施复合肥（15-15-15）0.1～0.15 千克/株。在 3—6 月根据土壤墒情和施用便利程度施 2～4 次沼液，每次 30～50 千克/株。

（4）壮果肥。施复合肥（20-5-20）0.3～0.4 千克/株。

（5）转色肥。施复合肥（15-5-25）0.15～0.3 千克/株，沼液 30～50 千克/株。

3. 种植 6 年以上成年挂果树。 产量为 1 500～3 500 千克/亩，年施纯氮 300～500 克/株，氮、磷、钾的施用比例以 1∶（0.3～0.6）∶（0.6～1.2）为宜。入冬肥施用量占全年总施肥量的 20％～25％，早熟柑橘以施用氮肥为主，配合施用磷、钾肥，晚熟柑橘以施用钾肥为主，配合施用氮、磷肥；花前肥施用量占全年总施肥量的 20%～25%，以施用氮肥为主，配合施用磷、钾肥；稳果肥施用量占全年总施肥量的 5%～10%，以施用平衡肥为主；壮果肥施用量占全年总施肥量的 30%～40%，以施用氮、钾肥为主，配合施用磷肥；转色肥施用量占全年总施肥量的 10%～20%，以施用钾肥为主，配合施用磷肥。

（1）入冬肥。在入冬前施沼液 50～75 千克/株、沼渣 15～25 千克/株，早熟柑橘施复合肥（10-15-10）0.15～0.3 千克/株，晚熟柑橘施复合肥（10-10-20）0.2～0.4 千克/株。

（2）花前肥。施复合肥（25-8-7）0.25～0.4 千克/株。

（3）稳果肥。施复合肥（15-15-15）0.15～0.25 千克/株。在 3—6 月根据土壤墒情和施用便利程度施 2～4 次沼液，每次 50～75 千克/株。

（4）壮果肥。施复合肥（20-5-20）0.4～0.6 千克/株。

（5）转色肥。施复合肥（15-5-25）0.2～0.4 千克/株，沼液 50～75 千克/株。

4. 中微量元素补充。"因需补缺"补充中微量元素，酸性土壤注意补充钙、镁、硼、锌。缺钙、镁的柑橘园，秋季施用钙镁磷肥 25～50 千克/亩。缺锌、硼的柑橘园，在春季萌芽前每亩施用硫酸锌 1.0～1.5 千克、硼砂 0.5～1.0 千克。

（二）施肥方法

施肥时要挖沟深施，沿树冠滴水线挖环状沟或从基部向外挖 2～3 条放射状沟至滴水线处，沟宽 30～40 厘米、深 30 厘米，将化肥和沼肥施于沟内，待沼液干后用土覆盖。有条件的园区可利用水肥一体化设施进行灌溉和施肥。

（三）注意事项

1. 沼肥出池后，在贮存池中存放 5～7 天，搅动料液，使气体挥发，根据沼液黏稠度兑水稀释 1～2 倍方可施用。

2. 施肥时期根据柑橘的品种和生育期确定。具体施肥量和氮磷钾配比根据柑橘产量水平、土壤肥力和作物实际长势酌情确定。

3. 沼肥不能和草木灰、石灰等碱性物料混合施用，会导致氮肥损失，降低肥效。

三、适用范围

适用于四川省柑橘种植区。

四、应用效果

与常规施肥相比，用沼肥替代 30% 化肥可以减少纯氮（N）、磷（P_2O_5）和钾（K_2O）施用量分别为 1.65～8.25 千克/亩、0.50～6.60 千克/亩和 0.50～9.90 千克/亩，柑橘产量平均提高 2.1%。

五、相关图片

沼液灌溉

施用化肥

赣南脐橙"自然生草＋有机肥＋水肥一体化"技术模式

一、模式概述

以测土配方施肥为基础，集成有机肥替代、水肥一体化、自然生草等技术，制定"脐橙养分综合管理"技术模式，通过增施生物有机肥、应用配方水溶肥，实现脐橙精准施肥，均衡全生育期养分供应，促进增产提质增效。

二、技术要点

（一）核心技术

1. 测土配方施肥技术。

（1）取土化验。在脐橙上一个生育期果实采摘后，下一个生育期开始之前，连续一个月未进行施肥后采集脐橙果园土壤样品，土壤采样深度0～40厘米，在树冠滴水线附近或以树干为中心向外延伸到树冠边缘2/3处采集，距施肥沟（穴）10厘米左右，避开施肥沟（穴），每株对角采2点。滴灌要避开滴灌头湿润区。

（2）配方施肥。采果肥（11月）：每株施45％硫酸钾复合肥（15-15-15）0.5～1千克，钙镁磷肥1千克，商品有机肥10千克。花前肥（3月上旬）：每株施尿素0.25千克，高氮高钾硫酸钾复合肥0.5千克（比如16-8-20）。壮果肥（5月上旬）：每株施尿素0.25千克，高氮高钾硫酸钾复合肥0.5千克（比如16-8-20）。秋梢肥（7月中旬）：每株施45％硫酸钾复合肥（15-15-15）0.75～1千克。

2. 有机肥替代技术。

（1）有机肥类型。商品有机肥。

（2）有机肥用量。普通商品有机肥 600～800 千克/亩。

（3）施用时间。一般在前一年采果清园后施用，或于 2 月中旬一次性施用。

（4）施肥方法。采用环沟施或条沟施进行局部集中施用，沟宽 30 厘米左右、深 30 厘米左右，分为环状沟、放射状沟以及株（行）间条沟，沟长依具体情况而定。穴施时根据树冠大小，每株果树 4～6 个穴，穴的直径和深度为 30～40 厘米，每年换位置挖穴。施用时要将有机肥等与土充分混匀。矮砧密植果园可应用施肥机械在树行两侧开条沟施肥，距离树干 40～50 厘米，沟宽 30 厘米左右、深 30 厘米左右。

3. 水肥一体化技术。

（1）系统组成。包括水源、首部枢纽（包括水泵、过滤器、施肥器、测量控制仪表、控制阀、电控箱等）、输配水管网（包括干管、支管和毛管）、滴水器（宜采用滴灌管和微喷头，砂土地宜采用微喷头；丘陵山坡地和坡度大于 0.1 的地块，宜采用压力补偿式滴水器）。

（2）肥料用量。以产定肥、因土补肥、因树调肥。根据产量确定化肥基本用量和比例，结果期脐橙需要 N、P_2O_5、K_2O 的比例为 2∶1∶2.1，不同产量水平年肥料用量见下表。根据脐橙园土壤肥力和树势等调节肥料用量，土层厚、土壤较肥沃，或树龄小、树势强的果园建议适当减少肥料用量 10%～20%；土层薄、土壤瘠薄，或树龄大、树势弱的果园建议适当增加肥料用量 10%～20%。

不同产量水平年肥料用量

目标产量（千克/亩）	1 000	1 500	2 500	3 500
施氮（N）量（千克/亩）	8	10	14	18
施磷（P_2O_5）量（千克/亩）	4	5	7	9
施钾（K_2O）量（千克/亩）	8.4	10.2	14.7	18.9

（3）肥料运筹。根据脐橙产量、品质形成规律和养分需求规律，按需分期精准调控，水肥一体化施肥运筹见下表。

脐橙园水肥一体化运筹

生育时期	灌溉次数	灌水定额（米³/亩）	每次灌溉加入养分占总量比例（%）		
			N	P_2O_5	K_2O
萌芽前	1	10	20	35	10
花前	1	10	20	25	15
花后 2 周	1	10	10	5	15
第一次生理落果后	1	15	20	15	25
果实膨大期	1	25	10	5	10
	1	25	10	5	10

（续）

生育时期	灌溉次数	灌水定额 （米³/亩）	每次灌溉加入养分占总量比例（%）		
			N	P₂O₅	K₂O
采果后	1	20	10	10	15
合计	7	115	100	100	100

4. 自然生草技术。 采用"行内清耕或覆盖、行间自然生草/人工生草＋刈割"的管理模式，行内采用清耕或秸秆覆盖等方式，行间进行人工生草或自然生草。人工生草可选择长柔毛野豌豆、紫云英和鼠茅等，播种时间以9月下旬至10月上旬为佳。播深为种子直径的2～3倍，土壤墒情要好，播后喷水2～3次。自然生草果园行间不进行中耕除草，使鬼针草、马唐、稗、光头稗、狗尾草等当地优良野生杂草自然生长，及时拔除豚草、苋、藜、苘麻、葎草等恶性杂草。无论人工种草还是自然生草，当草长到30～40厘米时要进行刈割，割后保留10厘米左右，割下的草覆于树盘上，每年刈割2～3次。

（二）注意事项

选择内镶贴片式滴灌带，孔距为20厘米，流量小于2.0升/时，最好为1.38升/时。避免用边缝迷宫式滴灌带，孔距若大于20厘米，易造成流速过快形成径流，延长了渗透时间，且易造成土壤板结。滴孔朝上，防止堵塞。另外，滴头湿润半径设为20厘米。每次施肥前先用清水滴灌5～10分钟，施肥结束后继续用清水滴灌20分钟，防止滴孔堵塞。

三、适用范围

适合有灌溉条件的赣南脐橙园，其他产区和其他品种可参照执行。

四、应用效果

本技术模式与常规技术相比，亩均可减少施用化肥10%～20%，产量提高10%～20%。同时，有效提升果实品质，改善果园土壤理化性质，促进农业绿色高质量发展。

五、相关图片

脐橙果园有机肥施用

脐橙果园水肥一体化（滴灌）

水肥一体化原肥发酵池　　　　　　　　脐橙果园自然生草

四川丘陵区甜橙"缓释肥＋有机肥＋无人机喷施叶面肥"技术模式

一、模式概述

施肥管理是关系甜橙产量和品质的关键因素之一，常规生产中常常因为肥料品种、配比、施用时间、施用量及施用次数等不合理导致产量下降、品质变差、劳动力成本增加。通过对化肥减量增效科学施肥"三新"集成技术模式试点调查总结，并收集历年测土配方施肥试验示范数据，在甜橙生产中采用"缓释肥＋有机肥＋无人机喷施叶面肥"技术模式，合理设计甜橙生长各阶段肥料配方、施用方式及时间，可有效节本增效，保护农业生态环境。

二、技术要点

在测土配方施肥技术模式及科学施肥"三新"技术模式基础上，根据土壤养分状况及甜橙不同生长期特性，确定肥料品种、配方及施肥方式、时间。施肥遵循减量、省工、高效的原则。选用氮磷钾配比合理、粒型整齐、硬度适宜的缓释肥料和高品质水溶性肥料，基肥增施秸秆堆腐有机肥。施肥方式采用穴施、沟施覆土，由专业人员进行叶面施肥，推广肥料新产品，强化机艺融合、技物结合，实现化肥减量增效、肥料管理和生产成本降低、作物产量不减、有效保护农业生态环境的目标。

（一）第一次施肥（基肥＋花前肥）

1. 肥料品种。 $N：P_2O_5：K_2O=20：8：12$，缓释氮含量≥8%，低氯或无氯的缓释肥料，配施农作物秸秆堆腐而成的有机肥。

2. 肥料用量。 每亩施用缓释肥50～70千克（2.5～3.5千克/株），每亩施用秸秆堆腐有机肥800～1 200千克（20～30千克/株）。

3. 施肥方式及时间。 采用条状开沟和环形开沟施肥方法,在树冠滴水线附近果穴东西两面平行开沟(人工),或沿滴水线环形开沟(机械)施肥,开沟深度 20～40 厘米,施肥后覆土。缓释肥料与秸秆堆腐有机肥混合施用,可采用机械混合后施用。施肥时间在果实采摘后 10～20 天,以 2 月中下旬最为适宜。

(二)第二次施肥(稳果肥+壮果肥)

1. 肥料品种。 N：P_2O_5：K_2O=20：8：12,缓释氮含量≥8%,低氯或无氯的缓释肥料。

2. 肥料用量。 每亩施用缓释肥 30～50 千克(0.75～1.25 千克/株)。

3. 施肥方式及时间。 采用条状开沟和环形开沟施肥方法,在树冠滴水线附近果穴南北两面平行开沟(人工),或沿滴水线环形开沟(机械)施肥,开沟深度 20～40 厘米,施肥后覆土。施肥时间为谢花后 10～20 天(6 月中旬至 7 月中旬)。

(三)第三次施肥(转色肥或采前肥)

1. 肥料品种。 选用有机质≥100 克/升、N+P_2O_5+K_2O≥120 克/升、Zn+B 2～10 克/升、pH(稀释 250 倍)6.5～8.5、水不溶物≤50 克/升的有机水溶肥。

2. 肥料用量。 每亩施用有机水溶肥 100～200 克,结合无人机施肥特点,按照 1：(50～80)的配比兑水,用无人机喷施。

3. 施肥方式及时间。 采用无人机喷施,喷施时间为 7 月下旬至 8 月下旬,可与果树防病治虫等结合(药剂须与叶面肥无冲突)。

4. 作业程序。 航化作业前需进行肥料预混试验、喷雾雾滴检测试验和预飞试验。航化作业时,要求叶面肥全部溶解后注入无人机肥料箱,确保肥液清澈、无残渣和沉淀。由于甜橙栽植区域主要以坡地为主,地形条件复杂,无人机喷施须由专业的飞防机构人员进行操作,确保安全。

三、适用范围

适用于四川盆地丘陵区地形条件复杂,交通、灌溉等基础设施相对较差的低山甜橙种植区。

四、应用效果

应用"缓释肥+有机肥+无人机喷施叶面肥"技术模式,减少施肥次数 1～2 次,每亩节省人工 4～6 个,有效降低了生产成本。新施肥方式(飞机喷施)和新肥料品种(缓释肥和高效水溶肥)的推广,在节省人工的同时,促进了种植户施肥方式的转变。通过沟施覆土、叶面喷施和有机无机混合施用等方式,减少了肥料流失,提高了肥料利用率。每亩化肥施用量减少 10%～15%,达到化肥减量的目的。通过试验发现,采用本技术模式甜橙产量平均增加 46.7 千克/亩,增产率 1.5%,在化肥减量的同时实现了稳产增产。

五、相关图片

施用缓释肥　　　　　　　　　　　　　　无人机喷施叶面肥

滇西南沃柑"营养诊断＋水肥一体化"技术模式

一、模式概述

滇西南沃柑"营养诊断＋水肥一体化"技术模式是将测土配方施肥、叶片营养诊断、节水、喷灌、滴灌等技术综合利用到山区坡地上,通过水、肥的协调利用,减少化肥的投入,高效利用水资源,提高作物产量和品质,从而达到节水、减肥、省工的效果,实现科学施肥增效。

二、技术要点

(一)技术路线

根据土壤养分状况和沃柑各生育期叶片营养诊断结果制定施肥方案,通过水肥一体化喷灌/滴灌系统,将肥料在混料池中溶解后输入灌溉箱内稀释至适宜施用的浓度,以滴灌或喷灌方式将肥液喷洒到叶面上或输入根区。

(二)技术参数

1. 营养诊断。

(1)测土配方施肥。在沃柑收获后,采集土壤样品,检测土壤 pH、有机质、碱解氮、有效磷、速效钾等指标,根据普洱市土壤常量(微量)元素含量分级标准,对土壤进行等级评价。通过查询土壤养分丰缺指标和施肥推荐指标、沃柑的树龄和目标产量、需肥规律及土壤养分状况,确定需要的肥料和用量。

(2)叶片营养诊断。根据沃柑不同时期叶片养分缺乏的症状来追施叶面肥。氮素缺乏表现为老叶失绿发黄,新叶生长迟缓,叶片小而薄,叶脉周围及叶尖黄化或失绿。磷素缺乏表现为老叶基部或叶缘出现紫色、褐色斑点。钾素缺乏表现为老叶叶缘出现褐色坏死，之后扩展至叶脉间，形成不规则的褐色斑块。钙素缺乏表现为新梢叶基部出现褐色斑点，逐渐扩大为坏死斑。镁素缺乏表现为老叶叶脉间黄化，逐渐扩展至叶缘，形成倒 V 形斑块。硼素缺乏表现为新梢停止生长，生长点萎缩坏死。

2. 施肥新技术。根据作物品种、种植制度、灌溉方式选择水肥一体化模式和水溶性肥料。按照"肥随水走，少量多次、分阶段拟合"的原则制定灌溉施肥制度，适当增加追肥数量和次数，提高养分利用率。根据施肥制度，对灌水时间和次数进行调整，作物需要施肥但不需要灌溉时，增加灌水次数，减少灌水定额，缩短灌水时间。根据天气变化、土壤墒情、作物长势等实际情况，及时调整灌溉施肥制度。

3. 肥料新产品。

（1）肥料品种。基肥选择有机肥或者绿肥＋杂草深翻；促梢肥和稳果肥选择以速效氮肥为主的水溶性肥料，壮果肥选择高钾型复合中微量元素水溶肥，并适时补充钙、镁、锌、铁、硼等中微量元素的叶面肥。

（2）肥料要求。沃柑喜肥，需肥量比较大，宜选用养分含量高、营养全面、溶解性好、利用率高的水溶性肥料。

（3）肥料用量。一般情况下，水肥一体化施肥化肥投入量可比常规施肥减少10％～30％，减肥数量根据当地土壤肥力、施肥水平等实际情况确定。栽植 3 年及以上挂果果园 N、P_2O_5、K_2O 的施用比例为 1.0∶（0.5～0.6）∶（0.8～1.0），施肥时期及用量如下。

①采后基肥。采果枝梢老化后，株施农家肥 10 千克或有机肥 3～5 千克、普钙 0.3～0.5 千克，在行间挖深 10～30 厘米、宽 30 厘米条沟施用，肥、土拌匀施下，施后覆土。

②促梢肥。通过水肥一体化滴灌系统株施高氮水溶性复合肥料 0.5～1 千克，配水比例 1∶200，每次滴灌不超过 5 小时，遵循少量多次的原则。

③稳果肥。初花至谢花期，通过水肥一体化喷灌系统叶面喷施 0.3％磷酸二氢钾＋0.2％硼砂，每 10 天左右 1 次，喷施 2～3 次，一般在晴天的早晚喷施。春梢自剪后，喷施 0.2％硫酸锌 2 次。

④壮果肥。第二次生理落果结束时，通过水肥一体化滴灌系统株施高钾型复合中微量元素水溶性肥料 0.2～0.5 千克，配水比例 1∶300，每次滴灌不超过 5 小时，遵循少量多次的原则。

⑤元素补充矫治施肥。根据果树实时叶片营养诊断，利用水肥一体化喷灌系统，适量喷施中微量元素肥料。

4. 施肥新机具。

（1）沃柑水肥一体化喷灌系统。主要由蓄水池、混料池、灌溉箱和喷灌头组成，蓄水池通过送水管道分别连接混料池和灌溉箱，混料池通过输肥管道连接灌溉箱，灌溉箱通过输水管道连接喷灌主管，喷灌主管分别连接多个分管，每株沃柑树连接 1 个喷灌头。

（2）沃柑水肥一体化滴灌系统。主要由蓄水池、混料池、灌溉箱和滴灌管组成，蓄水池通过送水管道分别连接混料池和灌溉箱，混料池通过输肥管道连接灌溉箱，灌溉箱通过输水管道连接滴灌主管，滴灌主管分别连接多个分管，分管分别连接滴灌管，滴灌管覆盖每株沃柑树。

（3）喷灌系统的关键参数包括工作压力、喷头间距、风速和灌水均匀度，滴灌系统的关键参数包括工作压力、滴头流量、滴头间距和灌水均匀度。这些参数相互关联，共同决定喷灌/滴灌系统的灌溉效率和质量。在设计和使用时，需要综合考虑这些参数，并根据具体的作物需求和环境条件进行调整。

（4）主要枢纽。过滤器、水表、压力表、控制设备、排气阀、田间管网和压力测定装置，滴管管径一般为 28 毫米，出水分开向上，出水管直径为 0.6～0.8 毫米，压力为30～60 千帕，滴灌/喷灌带纵向间距为 3～6 米，横向间距为 3～4 米，滇西南地区多为山地，主要依靠重力滴灌/喷灌，根据需要再适当添加水泵，水泵与主管相连。

5. 主要操作流程。 将蓄水池和混料池中肥液吸入灌溉箱，开启分组开关至少 1 个，打开总阀门开关，依次打开支管阀门，施肥前后注意先喷洒水 2 分钟左右，根据重力或泵的压力和灌溉区面积调节支管阀门打开的数量。

6. 注意事项。

（1）按照接线盒完整、压线螺丝无松动和烧伤、接地良好等要求，定期开展安全检查。

（2）灌溉季结束后，及时清洗进、出口筛网及过滤网，更换已损坏或被腐蚀的阀门、管道、喷头和零部件。

（3）每次施肥时，应对压力表、喷头进行观察，合理开关灌溉区域的阀门。

三、适用范围

适用于云南省山区坡地的果树等经济作物。

四、应用效果

沃柑科学施肥"三新"技术模式示范区平均增产 13.6%，亩均节本增收 367 元。亩均减少化肥用量 10 千克，较常规减少 10%以上。提高农产品品质及产量，提高农业投入产出效率。推广过程中将培养大批懂科技、善经营的科技能手，以点带面，改变农民过量施肥、盲目施肥、随意施肥的习惯，增强广大农民科学施肥意识，提高种植水平。

五、相关图片

混料池

喷灌设施

浙江柑橘"果园健康土壤培育与绿色高效种植"技术模式

一、模式概述

"果园健康土壤培育与绿色高效种植"技术模式是一种提高柑橘产量和品质，同时兼顾化肥农药减量与健康果园土壤培育的农业技术模式。其核心目标是通过培育健康土壤、优化土壤养分管理，集成酸化土壤改良、测土配方施肥、有机替代施肥、水肥一体化、中微量元素肥品质调控、绿肥/豆科间套作种植等技术，建立生态友好与资源高效的种植方式，实现环境保护和农业增产增效。

二、技术要点

(一) 技术路线

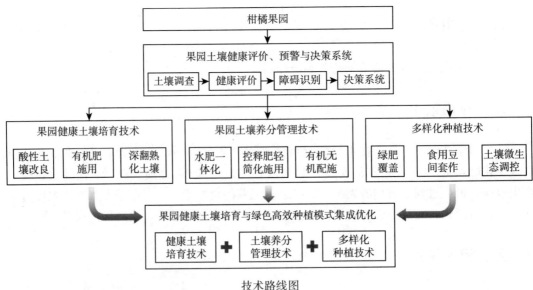

技术路线图

本技术模式包含果园土壤健康评价与决策、健康土壤培育、水肥一体化管理、病虫害防治等方面。通过果园土壤动态调查，利用大数据、土壤健康评价、人工智能等技术建立区域果园土壤健康数据库和土壤健康评价与预警信息平台，实现柑橘果园土壤健康状况的动态监测；根据土壤健康状况和关键障碍因子，选择合适的健康土壤培育技术（酸性土壤改良、有机肥替代、深翻熟化土壤等），培育健康土壤；针对果园化肥用量大、水肥利用效率低等问题，结合果园立地条件、地力以及配套设施，选择合适的化肥减量技术（水肥一体化、有机配施、控释肥轻简化施用等），通过优化氮磷钾以及中微量元素配比、有机无机配比、控释肥养分配比，实现化肥减量与增产协同；开展绿肥覆盖、食用豆间套作、土壤微生态调控，通过生态防治方法控制杂草与病虫，减少化学农药的使用。

（二）关键技术

1. 果园土壤健康评价、预警与决策。

（1）土壤调查。选择典型区域进行土壤样本采集，确保样本具有代表性。采样时要考虑土壤的空间异质性，可以通过网格化、分层采样等方式确保数据的全面性。调查指标包括土壤容重、pH、有机质含量、氮磷钾钙镁等果树生长所需元素含量、土壤重金属元素含量、土壤微生物量碳等指标。

（2）土壤健康评价。通过权重法、综合指数法等方法，将多个土壤指标合成一个综合健康指数。常用的土壤健康指数包括土壤质量指数（SQI）、土壤有机碳指数（SOC）、土壤微生物指数。通过与标准值或理想值进行比较，分析当前土壤健康状况，如有机质含量、pH、养分含量等指标，可以与最佳范围进行比对，评估土壤是否符合果树生长需求。

（3）障碍因子识别。通过土壤 pH 和电导率（EC）等指标，识别酸化和盐碱化风险；通过土壤侵蚀率和坡度等数据，识别可能发生的水土流失问题；通过土壤重金属浓度分析，判断是否存在污染问题。

（4）决策系统。通过集成土壤数据、气候数据和果树生长状况，利用机器学习或数据分析技术，构建智能决策支持系统；基于实时土壤数据和气象信息，设定阈值或警戒线，当土壤出现异常（如养分不足、盐碱化等）时，系统自动发出预警提示，提醒果园管理者及时采取措施；根据土壤健康状况、果树生长需求以及经济效益等因素，构建决策模型，支持果园管理者选择最合适的健康土壤培育方案、土壤养分管理策略等。

2. 果园健康土壤培育技术。

（1）酸性土壤改良。

①适用条件。当果园土壤 pH＜5.5 时建议进行酸性改良。

②改良剂选择。常见的果园酸性土壤改良剂有生石灰、有机肥料、碱性肥料、生物炭等。

③使用方式。生石灰的用量为 2～5 吨/公顷，具体根据土壤酸化程度调节。当土壤 pH＜3.5 时，推荐 4～5 吨/公顷；当土壤 pH 为 3.5～4.5 时，推荐 3～4 吨/公顷；当土壤 pH 为 4.5～5.5 时，推荐 2～3 吨/公顷。生石灰的施用次数应根据土壤 pH 的变化情况以及作物的需求来调整，不宜一次性施用过量，应分期逐步调整。宜在秋季或冬季施用，均匀施用到土壤表面，施用后进行深翻。定期监测土壤 pH 的变化，以评估生石灰施用后的改良效果。

选择 pH＞8 的有机肥料，每公顷施用 20～30 吨。宜在秋季或冬季施用。施用后进行深翻，将肥料与土壤混合。定期监测土壤 pH 的变化，以评估有机肥施用后的改良效果。

选择 pH＞8 的生物炭，每公顷施用 5～20 吨。宜在秋季施用。施用后进行深翻。定期监测土壤 pH 的变化，以评估生物炭施用后的改良效果。

（2）深翻熟化土壤。

①适用条件。宜在秋、冬季果树休眠期进行，土壤湿度适中。

②翻耕设备。采用专用的深翻机或铧式犁进行机械翻耕，对于小面积或特殊地块的果

园，可以采用人工翻耕。

③翻耕参数。深翻应控制在 25～35 厘米，对于黏重和硬化土壤，深度可达 40～50 厘米。深翻后暴露 2～3 个月，同时可施用适量有机肥。每 3～5 年进行一次深翻。

（3）有机肥施用。

①肥料选择。宜施用腐熟有机肥、堆肥、沼渣、沼液。畜禽粪便需充分发酵后施用，发酵时堆积 1～3 个月，使温度保持在 50～60℃。

②用量与方式。根据土壤肥力、作物需求及施肥类型来确定用量，一般为 10～15 吨/公顷。柑橘落叶后或春季萌芽前施入，树冠投影下沟施，深度 30～40 厘米。在花期或果实膨大期，可以在树冠外围浅层追施，深度为 10～15 厘米。

3. 果园土壤养分管理技术。

（1）水肥一体化技术。

①适用条件。适用于滴灌、喷灌等设备完善的果园。

②设备要求。可选用文丘里施肥器、施肥泵等，需安装过滤器，采用智能水肥控制系统。

③肥料选择。选择适合滴灌系统的水溶性复合肥料，常用以氮磷钾为主的复合肥料，并根据土壤肥力适当添加微量元素。萌芽期宜选用高氮型肥料，氮磷钾配比约为 2∶1∶1；开花期宜选用平衡型肥料，氮磷钾配比约为 1∶1∶1；果实膨大期宜选用高钾型肥料，氮磷钾配比约为 1∶1∶2；果实成熟期宜选用低氮高钾肥料，氮磷钾配比约为 1∶0.5∶1.5，同时配施中微量元素肥。

④施肥方式。肥料浓度一般控制在 0.1%～0.2%。氮肥（折纯）5～10 千克/亩·年，磷肥（P_2O_5）3～5 千克/亩·年，钾肥（K_2O）6～10 千克/亩·年。宜采用高频率低剂量施肥方法，每 10～15 天施肥 1 次，果实膨大期适当增加施肥次数，每 5～7 天施肥 1 次。

（2）控释肥轻简化施用技术。

①适用条件。适用于无水肥一体化设施的果园。

②肥料选择。选择控释期大于 3 个月的控释肥，推荐氮磷钾配比为 15∶10∶15 或 18∶8∶18，配合微量元素如锌、铁、镁。

③施肥方式。在柑橘萌芽之前作基肥施入；在果实膨大期追施，减少施肥次数；环状沟（或条状沟）施，深度 15～20 厘米。幼树每株 0.5～1 千克，成年树每株 1.5～2.5 千克，高产树每株 2～3 千克。施肥后结合覆盖有机物（如稻草等）或地膜，有助于保持土壤湿润，提高控释肥的利用率。

（3）有机无机配施技术。

①肥料选择。有机肥选用腐熟的禽畜粪肥、绿肥、堆肥和商品有机肥，无机肥选用复合肥或专用柑橘肥料。

②肥料配比。按照（4～6）∶（4～6）的养分比例搭配施用。

③施肥方式。宜采用 20～30 厘米沟施。以每年秋冬季作基肥施用为主。幼树每株 5～10 千克有机肥，0.3～0.5 千克无机肥，成年树每株 15～25 千克有机肥，0.5～1 千克无机肥。在开花、果实膨大期追施速效水溶肥，每株施用 0.2～0.4 千克。

4. 多样化种植技术。

（1）绿肥覆盖。

①适用条件。适合在温暖湿润的区域种植，适用于春季和秋季播种，适用于土壤结构较差、肥力偏低的地块，尤其是缺少有机质的酸性土壤。

②种类选择。长柔毛野豌豆、紫云英、黑麦草等。

③播种。在春季 3—4 月或秋季 9—10 月播种。豆科绿肥播种量一般为 15～20 千克/亩，禾本科绿肥播种量为 5～10 千克/亩。撒播或条播，适当浅埋 2～3 厘米以促进出苗。

④翻压处理。绿肥开花前翻压至土壤中 15～20 厘米处，绿肥种植过程中应关注病虫害防治，避免对柑橘树产生负面影响。

（2）食用豆间套作。

①适用条件。适合在温暖湿润的区域种植，适合树冠间距较大、光照和通风条件良好的果园。

②种类选择。蚕豆、豌豆、黄豆、绿豆、豇豆等，选择适合当地气候条件的高产、抗病品种。

③播种。在春季（3—4 月）或秋季（9—10 月）进行播种。依据果树行间距和豆类生长习性确定株距和行距，一般行距为 30～40 厘米，株距为 10～15 厘米。采用条播或穴播。

④水肥管理。播种前结合整地施基肥，豆类作物在生长过程中可减少氮肥施用，施用适量的磷钾肥以增强根瘤菌的固氮作用。豆类作物播种后保持土壤湿润，在干旱期适量浇水或滴灌。

⑤病虫害防治。豆类和柑橘的病虫害防治应区分对待，避免使用对豆类或柑橘不利的农药，优先采用生物防治手段。

⑥果树修剪。定期修剪柑橘树枝，以保证豆类作物的光照，防止树冠过密影响豆类作物的生长。

（3）土壤微生态调控。

①适用条件。适用于温暖湿润的地区。

②菌剂选择。根瘤菌、枯草芽孢杆菌、放线菌、白腐菌、木霉菌、益生菌混合剂等。

③菌剂施用。宜在春季或秋季施用。可采用灌根、滴灌以及叶面喷施等方式施用。微生物菌剂的施用量参照产品说明书的推荐量，每年施用 1～2 次。

④注意事项。施用微生物菌剂后，应保持土壤适当的湿润度，增强微生物的活性。微生物菌剂能改善土壤肥力，但并不能完全替代常规肥料，仍需合理施用化肥或有机肥。

三、适用范围

适用于浙江省柑橘果园。

四、应用效果

通过应用本技术模式，可以根据果园的障碍因子"因地制宜"地选择合适的土壤改良、养分管理、绿色高效种植技术，提升柑橘产量和品质，减少化肥农药用量和人力投入，提高果园土地利用效率，实现果园生产提质增效。

（1）通过多项技术的集成与应用，增产 10％以上，节肥 15％～20％，肥料利用率提高 20％以上，施肥次数减少，每亩节约人工 1.5 个。按照常规柑橘每亩 1 000 千克产量、肥料用量 150 千克/亩、人工 200 元/天测算，每亩可节本增收约 2 500 元。

（2）本技术模式推动绿色农业、可持续农业的发展，有助于柑橘种植更加环保、高效；帮助农民降低生产成本、提高产量，增加农民的收入；结合大数据、土壤健康评价、人工智能等技术，推动农业技术的创新与应用，促进农业科技的普及和发展；减少化学农药和化肥的使用，提升环境质量。

（3）通过实施土壤健康评价、酸性土壤改良、有机肥替代、绿肥覆盖等技术，改善土壤的结构和养分状况，提高土壤的肥力和生物多样性，有助于维持土壤生态平衡，提高土壤的可持续生产能力；通过土壤微生态调控、生物防治等措施，控制杂草和病虫害，减少对化学农药的依赖。这样有助于减少农业生产对自然生态的破坏，保护土壤中的有益微生物和周边的生物多样性。

五、相关图片

土壤调查

蚕豆间套作

生草覆盖

绿肥覆盖

施用土壤改良剂

湖北三峡库区柑橘"绿肥＋有机肥＋水肥一体化"技术模式

一、模式概述

三峡库区柑橘园是湖北省重要柑橘生产基地，占全省柑橘种植面积近40%，以种植椪柑、温州蜜橘、脐橙为主。三峡库区柑橘园大多坡度大、建园标准低，土壤有机质含量偏低，有效磷、速效钾、中微量元素缺乏，土壤肥力不高；橘农施肥普遍存在重施化肥、轻施有机肥，重施大量元素肥、轻施中微量元素肥的现象；人工施肥成本上升，普遍存在化肥撒施、表施现象，造成肥料浪费且污染严重；柑橘行间夏秋季杂草丛生，人工除草成本太高，大量使用除草剂除草，柑橘园长期处于清耕状态，导致水土流失，生物多样性降低，柑橘树叶片黄化、落叶，果实产量和品质下降。通过"绿肥＋有机肥＋水肥一体化"技术模式，可实现改良土壤，提高土壤有机质含量，减少肥料用量，提高柑橘产量和改善品质，增加果农收益，有效解决三峡库区柑橘园土壤生态环境问题。

二、技术要点

(一)绿肥种植技术

1. 绿肥品种。推荐光叶苕子、长柔毛野豌豆、白车轴草等豆科绿肥品种。种子质量符合《绿肥种子国家标准》(GB 8080—2010)的要求。

2. 播种。清理柑橘园行间杂草。宜在10—11月足墒播种，开沟条播或撒播，播种后轻耙覆盖。播种量以3～5千克/亩为宜，幼林可适当加大播种量。

3. 合理施肥。在幼苗期视苗情施一次提苗肥，每亩施尿素5～7.5千克、过磷酸钙10～20千克或高氮磷配方复合肥10千克，以利于幼苗的前期生长。

4. 绿肥综合利用。在4—7月，收割绿肥地上茎叶直接沟埋于田间或自然枯死覆盖，可结合施壮果肥还田。

（二）有机肥施用技术

1. 肥料选择。可选用有机肥料、有机无机复混肥料、生物有机肥。有机肥料按《有机肥料》(NY/T 525) 标准执行，有机无机复混肥料按《有机无机复混肥料》(GB/T 18877) 标准执行，生物有机肥按《生物有机肥》(NY 884) 标准执行。

2. 施肥时期及施肥量。有机肥主要用作还阳肥，于 11—12 月采果前后施用，株施有机肥 2～3 千克、有机无机复混肥 1.0～1.5 千克。催芽肥于 3 月上旬施用，株施有机无机复混肥 1.0～1.5 千克。

3. 施用方式。改全园撒施为集中穴施或沟施。

（三）水肥一体化技术

1. 施肥系统组成。由水源（充分利用地形修建集雨池，在地势较高的地方建立大的供水池）、首部枢纽（水泵、过滤器、施肥器、控制设备和仪表）、输配水管网、灌水器 4 部分组成。

2. 施肥系统使用。使用前用清水冲洗管道。施肥后用清水继续灌溉 10～15 分钟。每 30 天清洗过滤器、配肥池一次，并依次打开各个末端堵头，使用高压水流冲洗干、支管道。

3. 施肥技术。选择水溶性肥料或尿素、硫酸铵、磷酸一铵、磷酸二氢钾、硫酸钾等，均需预溶解过滤后施用。还阳肥，11—12 月采果前后施用，人工株施有机肥 2～3 千克或有机无机复混肥 1.0～1.5 千克。催芽肥，3 月上中旬施用，株施高氮型水溶肥 0.3～0.4 千克，可随水分次施用。稳果肥，5 月上中旬施用，株施平衡型水溶肥 0.15～0.2 千克，可随水分次施用。壮果肥，6 月中下旬施用（晚熟品种推迟至 7 月下旬至 8 月上旬），株施高钾型水溶肥 0.15～0.2 千克，可随水分次施用。

（四）补充中微量元素

根据产量水平和土壤肥力状况，优化氮磷钾肥用量、配比和施用时期，适当减少化肥用量，"因需补缺"补充中微量元素，酸性土壤注意补充镁、钙、硼、锌。有针对性地施用中微量元素肥料。缺钙、镁的柑橘园，秋季选用钙、镁、磷肥 25～50 千克/亩与有机肥混匀后施用；钙和镁严重缺乏的酸性土果园在 5—7 月再施用硝酸钙 20 千克/亩、硫酸镁 10 千克/亩左右。缺锌、硼的柑橘园，在春季萌芽前每亩施用硫酸锌 1～1.5 千克、硼砂 0.5～1.0 千克。土壤酸化严重的果园，适量施用碱性肥料或调理剂进行土壤改良。

三、适用范围

适用于湖北省三峡库区柑橘带，其他柑橘种植区域可参照执行。

四、应用效果

通过应用本技术模式，柑橘产量可增加 10%～15%，节水 70% 以上，节肥约 40%。

五、相关图片

柑橘水肥一体化

绿肥种植

第三节　桃

江苏"有机替代＋生物活化＋养分均衡"技术模式

一、模式概述

　　江苏桃树主要种植区为徐州、宿迁等苏北地区，种植面积达40万亩以上。这些地区土壤砂性强、有机质含量普遍低、保水保肥性能差、磷钾养分有效性低。为了获得高产量和效益，化肥施用总量过高，且单次穴施化肥量过大，氮、磷素易随雨水流失。因此，针对桃树施肥现状和土壤性状，宜采用"有机替代＋生物活化＋养分均衡"技术模式。应用有机肥替代化肥提高土壤有机质含量和保肥性能，减少氮、磷流失；应用解磷、解钾菌提高磷、钾有效性，进而减施磷、钾；应用水肥一体化调节土壤养分，满足桃树不同生育期养分需求。

二、技术要点

（一）核心技术

　　1. 有机肥替代。10月左右施用商品有机肥或腐熟肥料，有机肥以猪粪有机肥、羊粪有机肥、菇渣有机肥等最为适宜。土壤有机质含量＜0.5%的桃园，适宜用量（干重）为2 000～3 000千克/亩，替代25%～35%化肥总养分；土壤有机质含量为0.5%～1%的桃园，适宜用量（干重）为1 500～2 400千克/亩，替代20%～30%化肥总养分；土壤有机质含量为1%～1.5%的桃园，适宜用量（干重）为1 000～1 800千克/亩，替代20%～

25%化肥总养分；土壤有机质含量＞1.5%的桃园，适宜用量（干重）为800～1 200千克/亩，替代15%～20%化肥总养分。可采用行间开沟施入或行间表施后翻地的方式。若开沟施入，沟宽30～50厘米、深30～40厘米，肥料施入后再盖土。若行间表施后翻地，则翻耕深度以30～40厘米为宜。

2. 生物活化。10月左右随有机肥施用有效活菌数合格且在有效期内的解磷、解钾菌剂（每克有效活菌数≥$5×10^9$菌落形成单位），用量为5～15千克/亩，采用行间开沟施入或行间表施后翻地的方式，与有机肥同时施入，以开沟施入最为适宜。若开沟施入，施入有机肥和解磷、解钾菌剂原位混合后覆土。若行间表施后翻地，则撒施有机肥后再撒施解磷、解钾菌剂，随后机械翻地。施入后应立即浇足水，但土壤水分不能饱和。

3. 养分均衡。随有机肥基施配方肥，推荐用量为30～40千克/亩。采用行间开沟施入或行间表施后翻地的方式。若开沟施入，施入有机肥和化肥原位混合后再覆土。若行间表施后翻地，则撒施有机肥后再撒施配方肥，随后机械翻地。桃树推荐基施配方肥氮磷钾比例有20-12-8、15-12-18、22-8-10、20-10-12等。例如，针对水蜜桃产区常见碱解氮低、速效钾适中、有效磷高的桃园推荐22-8-10配方肥，针对水蜜桃产区常见碱解氮低、有效磷与速效钾适中的桃园推荐20-10-12配方肥。

应用水肥一体化追施水溶性肥料。花芽-开花期每亩滴灌2次15千克（18～22）-（18～20）-（18～20）水溶性肥料，开花-坐果期每亩滴灌1次10千克（17～21）-（7～10）-（18～22）水溶性肥料，硬核期每亩滴灌2次10千克（14～16）-（0～5）-（16～18）-16（Ca）水溶性肥料，坐果-收获期每亩滴灌3次15千克（16～19）-（7～8）-（27～32）水溶性肥料。氮磷钾化肥基追比分别为（1.8～2.4）∶（7.6～8.2）、（2.8～3.2）∶（6.8～7.2）、（1.7～2.1）∶（7.9～8.3）。

（二）注意事项

1. 土壤有机质含量＜1%的新桃园可在2～3年内尽可能多施用商品有机肥、腐熟农家肥、菇渣等，以迅速提高土壤有机质含量，随后可根据土壤情况适当降低有机肥投入量。

2. 腐熟或未腐熟禽类粪便均不适用于老桃园，易引起土壤盐渍化和酸化。

3. 为提高有效菌的定殖能力，在施用时应避免阳光直射、高温及干旱。严禁与除草剂、杀虫剂以及杀菌剂等一起施用。

4. 早熟、中熟和晚熟品种追肥时间差异大，具体追肥时间还需根据气候、土壤水分而定。

5. 水肥一体化追施水溶肥，适宜在土壤表层含水量低时应用，且后续无大雨或连续小雨。

三、适用范围

适用于苏北地区土壤砂性强、有机质含量低的设施与露地桃园。

四、应用效果

1. 经济效益。本技术模式化肥投入量为65～80千克/亩，有机肥投入量为35千克/

亩以上，优质桃产量可达 1 500 千克/亩以上。与农户施肥习惯相比，化肥减施 25%～40%（31～36 千克/亩），其中氮减施 21%（7.0～8.0 千克/亩）以上、磷减施 40%（8.5～9.0 千克/亩）以上、钾减施 35%（15.0～16.5 千克/亩）以上。采用本技术模式土壤有机质含量提高 0.4%，土壤磷酸酶、碳转化酶活性增强，微生物数量增加；可明显促进桃树生长，可溶性固形物含量提高 0.4%～0.6%，硝酸盐含量减少 15%～25%。每亩节约化肥成本 140～280 元，优质桃增产 60～100 千克/亩，节本增收 200～400 元/亩。

2. 社会与生态效益。本技术模式针对苏北桃主产区土壤类型及用肥习惯进行合理的有机肥、无机肥投入优化，是适宜苏北桃的科学施肥技术模式，有效减少了化肥投入，肥料利用率显著提高。通过施用有机肥和平衡施入氮磷钾养分，显著增加土壤有机质含量，改善土壤的物理、化学和生物学性状，增加土壤微生物多样性，增强生物活性，减少化肥残留对土壤的污染，有利于土壤的可持续利用，产生良好的生态效益。

五、相关图片

桃园开沟施用有机肥　　　　　　　　　硬核期和膨大期适用水溶肥

水肥一体化灌溉设备

山东蒙阴蜜桃"配方施肥+酵素+
水肥一体化"技术模式

一、模式概述

山东省蒙阴县果园面积常年稳定在 100 万亩以上,其中蜜桃种植面积 70 余万亩,蜜桃产量 112 万吨,全县蜜桃种植面积、产量均占山东省 1/3,获得"全国果品生产十强县""中国桃乡""中国蜜桃之都""中国优质桃基地县"等荣誉称号。每年由于恶劣天气等原因产生大量残次果,如不加以利用,将会严重影响生态环境。通过利用残次果发酵,可以生产高品质酵素肥。同时,在蜜桃不同的生长阶段制定灌溉施肥方案,灌溉施肥和酵素应用相结合,养根壮树、营养平衡,提高蜜桃产量和品质。

二、技术要点

(一)残次果生产酵素技术

1. 原料。桃、苹果、梨等水果中的残次果。

2. 工艺流程。

(1)准备好水果、糖。水果不要去皮,有农药残留的除外。

(2)糖、水果、水的质量比为 1∶3∶10。

(3)把水果洗干净、切片,与糖一起放入加水的塑料桶中,桶中留 20% 空间供其发酵。

(4)盖紧桶盖,贴上制作日期,置于阴凉处 3 个月即可。

3. 农用酵素制作注意事项。

(1)无氧发酵 3 个月以上,第一个月每隔 3~5 天搅拌一下,让水果和糖水充分接触,1 个月后静置发酵即可。发酵过程中注意排气。

(2)酵素发酵完成后的残渣,可以用作后来批次酵素的引子,可加快发酵速度。

(3)酵素发酵前,酵素桶、刀、砧板等需要用开水消毒。酵素桶不要用洗涤剂清洗。

(4)水果要求无农药残留,一定要清洗干净,多用清水泡,有条件的可以买果蔬清洗机清洗。

(二)大型果园和小型果园灌溉施肥设备

大型果园灌溉施肥设备包括水泵、过滤系统(配有沙石过滤和叠片过滤两级过滤器,自动反冲洗)、施肥系统、水表、压力表等,输配水管网包括输水管道和田间管道,灌水器包括滴灌灌水器和微喷灌水器。

小型果园轻简化水肥一体化设备:通过对摩托车车胎内嘴儿再利用,利用热化黏结技术实现进肥管道与浇水管道的连接；在出水管道与进肥管道上安装水表实现水肥的精准定量施用；使用施药泵将肥料母液输入出水管，实现高浓度肥料母液的充分混匀。

（三）蜜桃酵素配方灌溉施肥方案

根据不同土壤、不同生长阶段和目标产量，制定不同的灌溉施肥方案。在蜜桃生长的关键阶段进行灌溉施肥，主要包括花前肥、幼果肥、膨果肥、品质肥、月子肥等。

将肥料按照约1∶10的比例溶解于清水中，将酵素加入溶解的肥料中，每次每亩加酵素原液30～50千克。将溶解的肥料和酵素用施肥设备打入管道，注意过滤。

1. 早熟蜜桃灌溉施肥方案。主要包括花前肥、幼果肥、着色肥、月子肥、贮存营养肥，具体见下表。

早熟蜜桃不同生长阶段施肥方案

（目标产量 1 000 千克/亩）

阶段名称	灌溉施肥时间	灌溉施肥次数	每次灌溉加入灌溉水中的纯养分量（千克）				备注
			N	P_2O_5	K_2O	$N+P_2O_5+K_2O$	
花前肥	4月初	1	1.5	1.5	1.5	4.5	灌注
幼果肥	坐果后	2	2	2	2	6	灌注
着色肥	着色后	1	1	1	2	4	灌注
月子肥	采收后	1	1.5	1.5	1.5	4.5	灌注
贮存营养肥	8—9 月	2	2	2	2	6	灌注

2. 晚熟蜜桃灌溉施肥方案。主要包括花前肥、幼果肥、一次膨果肥、二次膨果肥、品质肥，具体见下表。

晚熟蜜桃不同生长阶段施肥方案

（目标产量 3 000 千克/亩）

阶段名称	灌溉施肥时间	灌溉施肥次数	每次灌溉加入灌溉水中的纯养分量（千克）				备注
			N	P_2O_5	K_2O	$N+P_2O_5+K_2O$	
花前肥	4月初	1	2	2	2	6	灌注
幼果肥	疏果后	2	3	3	3	9	灌注
一次膨果肥	套袋后	2	6	6	6	18	灌注
二次膨果肥	立秋后	2	6	4	8	18	灌注
品质肥	9月中旬	1	2	3	4	9	灌注

三、适用范围

适用于山东省蒙阴县具备水肥一体化条件的果园。

四、应用效果

(一) 经济效益

酵素肥与配方肥配合施用,可以改善树体营养状况,促进果树生长发育,显著增强长势和抗性,不仅促进产量的提高,还能提高蜜桃的可溶性固形物含量,提升果品品质,成本比施用普通水溶肥降低一半以上,比施用国外水溶肥产品成本降低80%,且效果好。

(二) 社会效益

蜜桃品质的提升,有助于打造以绿色健康为主的农产品品牌,提升农产品品牌价值和产业竞争力,提升蒙阴蜜桃的知名度,增加农民收入,更符合生态循环农业发展宗旨,同时促进蜜桃产业发展。本技术模式在蒙阴县已推广10万余亩,得到了基地和农户的高度认可,多次被农民日报、山东电视台等多家媒体作为典型案例报道。

(三) 生态效益

蜜桃"配方施肥+酵素+水肥一体化"技术模式的应用有助于保护环境和生态系统,酵素肥中含有有机物质和微生物等生物活性物质,可改善土壤结构,提高土壤保水和保肥能力,减少土壤侵蚀和水土流失,酵素肥的使用可减少化学肥料的用量,减少化学肥料在土壤中的残留,减轻土壤污染,促进生态环境的恢复和改善。

五、注意事项

酵素生产过程中注意保持无菌环境和排气,在施用前需要过滤。

山东肥城桃"果园生草+有机肥+水肥一体化"技术模式

一、模式概述

肥城桃是我国的著名特产,因产于肥城而得名,品牌价值达21亿元,种植面积3万多亩,包含60多个品种。施肥方面存在的问题:有机肥用量少,偏施化肥;重施氮磷肥,轻施钾肥和中微量元素肥;地块间用肥量和施肥比例差异较大;施肥时期不科学，重视追肥，忽视秋施基肥；施肥方式不合理，施肥部位过于集中、深度不够，造成浮根、局部烧根；水土流失较严重，肥料利用率低。根据桃树需肥规律、土壤供肥性能和肥料效应，采用"果园生草＋有机肥＋水肥一体化"技术模式，在施用有机肥的基础上，合理施用氮磷钾及中微量元素肥料，满足桃树对各种养分的需求，利用滴灌进行水肥一体化精准施肥，从而达到增加产量、改善品质、提高收益的目的，同时减轻因过量施肥造成的面源污染。

二、技术要点

1. 秋施基肥。

（1）施肥时期。秋施基肥宜早不宜晚，趁地温尚高，断根容易愈合并可发出新根，微生物处于比较活跃的状态，此时施基肥能增加树体养分储备，有利于下一年果树萌芽、开花和新梢前期生长。施肥适宜时间是 9—10 月，种植早熟品种的地块可在 9 月施肥，种植晚熟品种的地块可在 10 月施肥。

（2）肥料类型。有机肥为主，化肥为辅。有机肥包括充分腐熟的畜禽粪便、豆粕、豆饼、秸秆等，以及生物有机肥、沼液、沼渣等。化肥采用配方肥或水溶肥。

（3）施肥量。秋季施用全部有机肥。有机肥的施用量以树龄和产量为依据确定。一般幼树每株施 15～20 千克，结果大树一般亩产 2 000 千克的要求"斤果斤肥"，亩产 2 500～3 500 千克，要求"斤果斤半肥"。

化肥用量根据产量水平确定，在施用有机肥的前提下，亩产 1 500～2 000 千克的桃园施用配方为 15 - 15 - 15 的腐植酸复合肥 30 千克/亩左右，亩产 2 000～3 000 千克的桃园施肥 40 千克/亩左右，亩产 3 000 千克以上的桃园施肥 50 千克/亩左右。

（4）施用方法。结果大树通常采用两种方法：一是全园撒施，把肥料撒匀，结合秋耕深翻园土 30 厘米，将肥料翻入地下；二是放射沟施，每株挖 4～6 条放射状沟，深 40～50 厘米，宽 30～45 厘米，将肥料与土混匀后施入沟内。或者在树冠外缘挖深、宽各 30 厘米的环状沟，再以树干为中心，从不同方向挖数条放射沟，接近树干处深 15 厘米左右，向外逐渐加深至环状沟相接。幼树一般采用单株施肥，在树冠垂直投影边缘挖宽 30 厘米、深 40～50 厘米环状沟或采用双侧沟状施肥。

2. 追肥。

（1）追肥时期。追肥时间根据桃树需肥规律、品种及长势确定。在施足基肥的情况下，追肥 2 次即可。第一次在萌芽前（3 月初）追萌芽肥，以促进根系和新梢生长，提高坐果率。第二次在花芽生理分化期、桃硬核前（5 月下旬至 6 月下旬）追花芽肥，促进种核发育、花芽分化和果实膨大，为下一年结果打好基础。

（2）追肥量。萌芽肥选用高氮高钾低磷的腐植酸复合肥，配方为 18 - 9 - 18。用量根据产量水平确定，产量低的每亩追肥量 20 千克左右，产量高的每亩追肥量 30 千克左右。花芽肥选用高钾腐植酸复合肥，配方为 16 - 9 - 20，每亩追肥量 20 千克左右，挂果量大则适当增加追肥量。

（3）追肥方法。在树冠下开环状沟或放射沟，沟深 20～30 厘米，追肥后及时灌水。

3. 叶面施肥。为提高坐果率，花前喷施 0.2%～0.3%硼肥。有黄化病的桃树缺铁严重，可喷施 0.2%螯合铁＋0.3%尿素 3 次，间隔 10 天。

4. 果园生草管理。

（1）自然生草。自然生草具有保墒和减轻水土流失的作用，腐烂后还能提高土壤有机质含量。果园野草生长前期，任其生长，当草高于 30 厘米时用割草机刈割，留茬 10 厘米。一般每年刈割 2～3 次，保持果园草高不超过 30 厘米。其间要注意选留浅根的一年生良性草，去除直立、高大、根系深的恶性草，减少与果树争肥争水。

果园实行自然生草的前几年，增加约 20%的氮肥施用量，调节碳氮比。幼年果园为避免生草与果树竞争养分和水分，树干周围一定范围内不留草，将在其他地方割取的青草覆盖在树下。

实行生草的果园，每年或隔年结合冬季清园进行一次 15～20 厘米表土中耕翻土埋草，以提高土壤有机质含量，改良土壤。

（2）人工生草。可以种植长柔毛野豌豆等豆科作物、鼠叶茅或者紫金草等十字花科作物。现主要介绍果园长柔毛野豌豆生产技术。

①选地整地。果树留 1 米宽的生长带，充分利用行间生草作绿肥。用机械耕翻，使表土平整，挖好田间排水沟。

②播种。适宜播期为 8 月下旬至 9 月上旬，不能迟于 10 月上旬。播种时，可采用果树行间撒播，播种量为 3.0～4.0 千克；也可采用条播，条播行距为 30～40 厘米，播种量为 2.5～3.5 千克，播种深度 2～3 厘米。

③除草。一般采用中耕除草。

④施肥。土层深厚、基础肥力较高的果园，无须施肥；土层浅薄、漏肥漏水的果园，如返青期绿肥作物长势迟缓、矮小，可于 3 月上中旬随水追施尿素 8～15 千克/亩，以提高绿肥作物生物还田量。

⑤灌溉。长柔毛野豌豆较耐旱，但耐渍性差。如遇降水较多的天气，注意田间排水。春季遇旱时可于 3 月上中旬浇返青水，灌水量 40～50 米³/亩。

⑥虫害防治。主要害虫为蓟马，危害幼嫩组织，导致叶片卷曲，以致枯死，花期危害最重。发生初期每亩选用 10%吡虫啉可湿性粉剂或 40%乐果乳油 1 000～1 500 倍液 30～45 千克喷雾防治。

⑦覆盖还田。长柔毛野豌豆到 6 月结豆荚后，植株很容易腐烂，无须刈割。到 8 月下旬落籽自然发芽，每 4～5 年更新草种一次。

5. 滴灌施肥。有条件的桃园最好采用滴灌施肥，能节水节肥省工。自桃树萌芽前开始灌溉，封冻前结束，一般灌溉 8 次左右，具体要根据天气情况决定是否灌溉。灌水量根据生长时期、树龄、树体大小确定，一般每次灌水 15～25 米³/亩。结合灌溉，选用适宜配方的水溶肥进行追肥，用量比追施普通复合肥减少 20%～30%。具体灌水施肥制度如下。

第一次，萌芽前浇水 25 米³/亩，施用磷肥，占总磷量的 30%。

第二次，花前浇水 20 米³/亩，施用三元复合肥，占总氮量 10%、总磷量 10%、总钾量 10%。

第三次，花后 2～4 周浇水 25 米³/亩，施用三元复合肥，占总氮量 30%、总磷量 10%、总钾量 10%。

第四次，花后 6～8 周浇水 25 米³/亩，施用三元复合肥，占总氮量 20%、总磷量 10%、总钾量 20%。

第五次，果实膨大期浇水 25 米³/亩，施用氮、钾肥，占总氮量 20%、总钾量 30%。

第六次，采收前浇水 15 米³/亩，施用硫酸钾，占总钾量 10%。

第七次，采收后浇水 20 米³/亩，施用三元复合肥，占总氮量 20%、总磷量 40%、总钾量 20%。

第八次，封冻前浇水 30 米³/亩，不施肥。

三、适用范围

适用于山东省肥城市桃树种植。

四、应用效果

同传统施肥技术相比，应用本技术模式桃树可增产 5%～7%，果实含糖量提高 2%～4%，化肥用量减少 30%～40%，节水 50%～60%，节省人工达 60%左右，每亩节本增收 3 000～4 000 元，土壤有机质含量每年提高 0.1%～0.3%，土壤理化性状得到改善。

第四节　葡　　萄

宁夏酿酒葡萄"有机肥＋水肥一体化＋无人机喷肥"技术模式

一、模式概述

宁夏贺兰山东麓是业界公认的非常适合种植酿酒葡萄和生产高端葡萄酒的产区之一，葡萄种植历史悠久、葡萄美酒久负盛名，目前全区酿酒葡萄种植面积达到 49 万亩，占全国的 1/4 以上。为加快科学施肥"三新"集成技术模式在酿酒葡萄种植区域的推广应用，采取"有机肥＋水肥一体化＋无人机喷肥"技术模式，以科学施肥、精准灌溉、高效作业为核心，通过施用有机肥，减少化学肥料施用量，改善土壤结构，提高土壤肥力。采用水肥一体化技术实现水分与养分同步供给，提高资源利用效率。利用无人机进行空中喷肥，实现快速、均匀、精准施肥作业，有效降低了人力成本，提高了生产效率。

二、技术要点

（一）技术路线

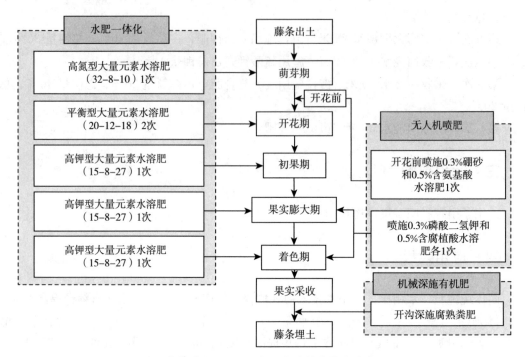

酿酒葡萄科学施肥"三新"集成技术模式路线图

（二）基施有机肥

秋季果实采收后，选择66~88千瓦拖拉机，利用开沟器械在距葡萄主干50厘米处开沟，沟宽40厘米、深50~60厘米。采用撒肥机将完全腐熟的有机肥均匀撒到开沟翻起的土垄上，每亩施用腐熟优质畜禽粪肥2.5~3.0吨。利用机械将土垄回填入沟内，保证有机肥在沟内均匀分布，达到改善土壤结构、提高土壤肥力的目的。

（三）水肥一体化追肥

1. 水肥一体化系统建设。根据葡萄园区建设规模，沿葡萄栽培沟铺设水肥一体化滴灌带，滴灌带选用PE材料的薄壁内镶贴片式滴灌带，额定工作压力0.1兆帕，滴头流量1.38升/时，滴头间距30厘米。实现水肥同步、精准施肥、节肥节水、智能可控。

每15天灌水/次，灌水定额控制在每亩15~20米³。每次灌水随水追肥，将水分和养分直接输送至作物根部区域，最大程度减少水分蒸发和养分浪费，确保葡萄在生育期内获得稳定且适宜的水肥供应。

2. 水肥一体化田间管理。根据酿酒葡萄的需肥规律和土壤养分状况，分6次进行追肥，水溶肥主要以全营养滴灌专用肥和大量元素水溶肥等为主。5月中旬酿酒葡萄萌芽期，亩施高氮型大量元素水溶肥（32-8-10）10 千克，促进枝叶生长；6 月上中旬进入开花期，分 2 次施用平衡型大量元素水溶肥（20-12-18），每亩每次 10 千克；在 7 月中旬初果期，亩施高钾型大量元素水溶肥（15-8-27）10 千克；在 8 月上旬果实膨大期，亩施高钾型大量元素水溶肥（15-8-27）10 千克，促进果实膨大；在 8 月下旬着色期，亩施高钾型大量元素水溶肥（15-8-27）5 千克，促进果实增糖着色。

（四）无人机叶面喷肥

充分利用无人机智能化、精准化的优势，结合酿酒葡萄目标产量、各生育期需肥规律，利用无人机进行叶面喷肥。在开花前叶面喷施 0.3% 硼砂和 0.5% 含氨基酸水溶肥，膨大期和着色期对酿酒葡萄叶面喷施 0.3% 磷酸二氢钾和 0.5% 含腐植酸水溶肥，有利于葡萄增糖、上色及枝条木质化。

选用大疆 T60 四旋翼无人机，最大播撒起飞重量 125 千克。根据实际情况，设置无人机的飞行高度、速度、喷（撒）幅、喷雾流量等参数。为确保肥效，无人机喷肥应选择无风的阴天或晴天傍晚进行，防止因不当操作造成施肥效果不佳，喷施作业结束后持续观察酿酒葡萄长势，每次喷施需至少间隔 7 天，避免盲目喷施造成肥害。

（五）适时收获

酿酒葡萄进入成熟期后开始采摘收获，主要采用人工收获方式，以保证酿酒葡萄品质。

（六）注意事项

1. 滴管方向。铺设滴灌带时滴管孔口应朝上，避免沉淀物堵塞，并配备过滤设施，延长使用寿命。

2. 灌溉时间。应在 10：00 之前和 16：00 之后灌水，避免中午温度过高对葡萄造成不良影响。

3. 施肥顺序。正常滴水 30～45 分钟后开始施肥，滴水结束前 30～45 分钟关闭施肥罐球阀，施肥结束后应及时清洗施肥罐。

4. 水质要求。灌溉水质应符合《农田灌溉水质标准》（GB 5084）的要求。

三、适用范围

适用于宁夏回族自治区日照充足、热量丰富、土壤透气性好、富含矿物质、昼夜温差大的优质酿酒葡萄种植区域，适合蛇龙珠、赤霞珠、黑比诺、霞多丽、梅鹿辄、长相思等酿酒葡萄品种。

四、应用效果

通过"有机肥＋水肥一体化＋无人机喷肥"技术模式示范推广，实现水肥高效利用，改善土壤结构,提升酿酒葡萄品质。示范区亩产量较常规施肥区增加 20 千克,增收 100 元/亩。亩均节约 N、P_2O_5、K_2O 分别为 2.35 千克、0.8 千克、1.85 千克,化肥施用量减少 5 千克,减量 15.4%,每亩减少农业生产成本 17.25 元。

五、相关图片

酿酒葡萄示范园区

开沟施有机肥

水肥一体化

采摘收获

甘肃葡萄"有机肥＋智能水肥一体化"技术模式

一、模式概述

以测土配方施肥为基础，以水肥一体化为载体，制定葡萄基肥施用方案，配套腐熟农家肥与复合微生物肥料在秋季收获后或春季葡萄出土后沟施，通过水肥一体化系统将灌溉与施肥融为一体，结合配方施肥方案，根据葡萄不同生育期合理应用不同配比的水溶肥，实现葡萄全生育期精准施肥。借助压力滴灌系统，将可溶性固体肥料或液体肥料配兑成液态肥，与灌溉水一起按比例定时、定量、均匀、准确直接输送到作物根系附近的土壤中。

二、技术要点

（一）基肥确定

1. 肥料种类。 充分腐熟的农家肥，取得农业农村部肥料登记证的复合微生物肥料，化学肥料可选用过磷酸钙、磷酸二铵、硫酸钾、三元复合肥等，盐碱危害较重的区域可以使用盐碱改良剂。

2. 肥料要求。 农家肥须经过充分腐熟发酵，无杂质，无结块。复合微生物肥料须取得农业农村部肥料登记证，且在有效期内。产品符合《复合微生物肥料》（NY/T 798）要求，粒状，大小均匀，无明显机械杂质。每克有效活菌数≥0.20亿个菌落形成单位，总养分（$N+P_2O_5+K_2O$）8.0%～25.0%，有机质（以烘干基计）≥20.0%，杂菌率≤30.0%，水分≤30.0%，pH 5.5～8.5，有效期≥6个月，产品无害化指标及限量指标符合《复合微生物肥料》（NY/T 798）要求。产品在当地经过试验示范验证应用效果良好。化学肥料要符合国家或行业标准。

3. 肥料用量。 依据葡萄树龄、目标产量、土壤测试结果等制定施肥方案，确定施肥总量、施肥次数、养分配比和运筹比例。一般情况下，采用本技术模式氮肥投入量比常规施肥减少 5%～15%，减肥量根据当地土壤肥力、施肥水平等实际情况确定。

4. 施肥次数。 一般在秋季采收后将腐熟农家肥和复合微生物肥料作为基肥开沟施入，同时配施适量磷肥，磷肥总量占全生育期用量的 60%左右。追肥采用水肥一体化技术，全生育期追肥 8～10 次，营养生长期选择以高氮磷低钾为主的水溶肥，可选用磷酸一铵、尿素、尿素硝铵溶液、硫酸钾配合使用；中后期选择中氮中磷高钾水溶肥，适当配施镁肥及微量元素肥料。水溶肥需符合行业标准，宜选用葡萄专用水溶肥。

（二）水肥一体化技术

1. 水源和首部枢纽。 水源可选用地下水、水库水、河水等。应根据水源状况及灌溉面积选用适宜的水泵种类和功率。地下水作灌溉水源时，推荐筛网式过滤器或叠片式过滤器。水库水及河水作灌溉水源时，应根据泥沙及有机物状况配备沉沙池、旋流水沙分离器和沙石过滤器。根据葡萄园面积和施肥量选择压差式施肥罐、文丘里注肥器或注肥泵。控制设备和仪表：系统中应安装阀门、流量和压力调节器、流量表或水表、压力表、安全阀、进排气阀等。输配水管网：输配水管网是按照系统设计，由 PVC 或 PE 等管材组成的干管、支管和毛管系统。干管为 PVC 管，采用地埋方式，管径 90～150 毫米。支管为 PE 软管，管壁厚 2.0～2.5 毫米，直径 40～60 毫米，沿葡萄园长的一侧铺设。毛管为 PE 软管，管壁厚 0.4～0.6 毫米，直径 15～20 毫米，与支管垂直铺设。每行铺设 2 条毛管。滴灌带及布设：滴灌带沿葡萄种植方向布设，每行葡萄铺设 2 条平行滴灌带（微喷带铺设一条即可），滴头间距 30～50 厘米，要求工作压力 0.1 兆帕，滴头流量 2～3 升/时。

2. 系统运行和维护。 滴灌施肥时先滴清水 20～30 分钟，湿润土壤，然后将水肥同步施入，滴肥完成后，再用清水冲洗管道 30～40 分钟，可有效防止滴头堵塞。当叠片式过滤器前后压力差达 0.04 兆帕时，清洗过滤器。滤网式过滤器单次滴水结束后及时冲洗。每 30 天清洗肥料罐 1 次，并定期检修管道、灌水（肥）器及施肥器等设备。

3. 滴水与施肥。

（1）滴水。萌芽至坐果前滴水 2 次，间隔时间 15～20 天，单次滴水量 20～25 米³/亩；初果至果实膨大期滴水 8～10 次，间隔时间 6～8 天，单次滴水量 15～25 米³/亩；着色至成熟期滴水 2～3 次，间隔时间 12～15 天，单次滴水量 20～25 米³/亩。全生育期共滴水 12～15 次。如遇高温干旱天气可适当缩短滴水间隔时间并加大滴水量。滴水定额及分配见下表。

葡萄全生育期滴水定额及分配

萌芽至坐果前			初果至果实膨大期			着色至成熟期		
滴水定额 （米³/亩）	次数	间隔天数	滴水定额 （米³/亩）	次数	间隔天数	滴水定额 （米³/亩）	次数	间隔天数
40～50	2	15～20	150～200	8～10	6～8	50～60	2～3	12～15

采用水肥一体化技术，滴水次数和滴水量因土壤条件而异，渗漏多的沙土地，应适当

勤浇多灌,全年滴水 15 次左右;黏土地应薄浇浅灌,严禁满灌而积水,浇水过量时应注意排水,全年滴水 13 次左右。为减少田间蒸发、抑制杂草,有条件的可以在葡萄行间铺设地膜,以减少水分蒸发,提高水肥利用率。在萌芽期,开花前、幼果膨大期、埋土前要及时滴水。其中,埋土前 15 天左右滴 1 次水,埋土后不再滴水。

(2)施肥。萌芽至花期施肥以氮、磷肥为主,适当配以钾肥,分 2 次滴施;初果至果实膨大期是葡萄需肥最多的时期,施肥以氮肥为主,配施足量的磷、钾肥,分 7～8 次滴施;着色至成熟期主要提高果实品质,施肥以钾肥为主,配施适量的氮、磷,一次性滴施。生育期肥料分配见下表。

生育期肥料分配

生育期	纯养分量（千克/亩）			比例（%）			滴肥次数
	N	P_2O_5	K_2O	N	P_2O_5	K_2O	
萌芽至花期	5～6	4～5	4.5～5.3	20	25	15	2
初果至果实膨大期	17.5～21	8.3～11	13.5～16	70	55	45	7～8
着色至成熟期	2.5～3	3～4	12～14	10	20	40	1

根际追肥结合滴水共进行 10 次左右。定植当年苗期滴水时,每亩滴施高氮型水溶性肥料 2～3 千克,共追肥 3 次;生育中期滴水时,每亩滴施氮磷钾平衡型水溶性肥料 4 千克左右,共追肥 3 次;后期滴水时,每亩滴施高钾型水溶性肥料 4 千克左右,共追肥 2 次;立秋之后不再追肥。定植 2～3 年后苗期滴水时,每亩滴施高氮型水溶性肥料 4～5 千克,共追肥 3 次;生育中期滴水时,每亩滴施氮磷钾平衡型水溶性肥料 5 千克左右,共追肥 3 次;生育后期滴水时,每亩滴施高钾型水溶性肥料 5 千克左右,共追肥 2 次。立秋之后叶面喷肥,新梢加速生长期(即开花前)开始,用 0.2%尿素＋0.2%磷酸二氢钾混合液喷叶面,8 月中旬以后用 0.3%～0.4%磷酸二氢钾溶液喷叶面。喷肥每 10 天左右进行 1 次。基肥在 10 月下旬埋土前施用完成,在距植株 50 厘米处挖宽 30 厘米、深 50 厘米的施肥沟,每亩施优质腐熟的羊、鸡、马、猪粪 4 米³＋复合微生物肥料 200 千克＋磷肥 100～150 千克,将肥料混合均匀并与土壤掺混后施入。施肥沟每年轮换位置,施肥量逐年增加。

三、适用范围

适用于甘肃省敦煌市具备水肥一体化条件的葡萄产区。

四、应用效果

农家肥和复合微生物肥料开沟施入,集中在葡萄根区,供应充足、便于吸收。葡萄生长期内水肥一体化滴水施肥有利于早生快发、萌芽整齐,使开花坐果提前,节省追肥人工成本。本技术模式与传统模式相比实现每亩节水 200～250 米³,每亩节肥 30%左右,每亩节约人工 3~4 人次，增产 10%左右，每亩节本增收 800~1 000 元。

五、相关图片

葡萄水肥一体化首部系统

葡萄水肥一体化田间主管道

葡萄水肥一体化
支管与滴灌带

葡萄水肥一体化铺设滴灌带

葡萄沟施腐熟农家肥和复合微生物肥料

阳光玫瑰"深施秋基肥＋滴灌追肥＋
弥雾机喷施叶面肥"技术模式

一、模式概述

阳光玫瑰葡萄喜疏松透气、有机质含量高的肥沃土壤，生产高品质的阳光玫瑰葡萄，需要有机营养充足，无机营养供应及时高效，二者配合才能保证产量和品质俱佳。研究显示，阳光玫瑰葡萄在整个生育期内，对于大中量营养元素需求的排名是钾、氮、钙、镁、磷、硫，同时对于微量元素有适当需求。

针对阳光玫瑰葡萄喜有机无机营养配合、坐果后至二次膨果期需肥集中的特点，以测土配方施肥为基础，制定阳光玫瑰葡萄秋基肥施用方案，配套缓控释配方肥或稳定性复合肥，通过机械在种植行两侧 50～80 厘米处开沟深施。在萌芽期至二次膨果期，采用滴灌追肥。随全程病虫害防治，利用弥雾机喷药的同时，喷施叶面肥，均衡全生育期养分供应，促进增产提质增效。

二、技术要点

(一) 秋基肥确定

1. 肥料种类。选用氮磷钾配比合理、粒型整齐、硬度适宜，含有一定比例缓控释养分或添加氮肥抑制剂的稳定性复合肥，或添加肥料增效剂的配方肥料。

2. 肥料要求。肥料应为圆粒形或不规则颗粒形，粒径以 2～4 毫米为宜，颗粒均匀，密度一致，理化性状稳定，便于拌肥施用或机械施用。

3. 肥料用量。依据阳光玫瑰葡萄的目标产量、土壤测试结果等制定施肥方案，确定施肥总量、施肥种类、养分配比和运筹比例。一般情况下，采用本技术模式氮肥投入量比常规施肥减少 10％左右，减肥量根据当地土壤肥力、施肥水平等实际情况确定。

(二) 机械开沟深施秋基肥

1. 机械开沟。在种植行两侧距主干 50～80 厘米处开沟，沟宽 40 厘米，沟深 50～60 厘米。

2. 施秋基肥。将秋基肥中的有机肥、无机肥、单质中微量元素肥等混合均匀，掺拌部分土壤，施入施肥沟内，填平施肥沟。

3. 注意事项。机械开沟距树干的距离视树龄而定，3 年以下幼树以 50～60 厘米为宜，3 年以上盛果期成龄树以 70～80 厘米为宜。加强秋基肥深施质量监测，要求开沟规格达标，多种基肥产品要掺混均匀一致，并掺拌部分土壤再施入沟内。

(三) 滴灌追肥

1. 滴灌设施选择。选择当地葡萄园生产中普遍使用的水肥一体化滴灌设施。在葡萄行间布置 2 条或 4 条滴灌带。

2. 肥料选择。滴灌追施单质肥料或普通肥料时，应选择溶解性好、残渣少、不堵塞滴灌孔的肥料。氮肥可选用尿素、尿素硝铵溶液、稳定性液体氮肥等；磷肥可选用磷酸二氢钾；钙肥可选用全水溶性硝酸钙；镁肥、锌肥、硼肥和钼肥可分别选用硫酸镁、硫酸锌、硼酸和钼酸铵。滴灌水溶性肥料时，可选择大量元素肥料、中量元素肥料、微量元素肥料、含腐植酸肥料、含氨基酸肥料、有机水溶肥等，肥料产品应符合国家相关标准，取得农业农村部登记（备案）证。选用进口的相关肥料时，产品要有进口合同号，合同号可向有关部门查询。

3. 肥料用量。依据阳光玫瑰葡萄目标产量、树势、立地条件、管理水平等确定滴灌用肥量。

葡萄对肥料的需求

作物	产量（吨）	需要大中量营养元素的量（千克/吨）					
		N	P_2O_5	K_2O	CaO	MgO	S
葡萄	1	8.5	3	11	8	3	1.5

4. 肥料运筹。 伤流期至花前 10 天，以滴灌养根类的液体肥料为主，以大量元素水溶肥为辅。花后至第一次果实膨大期，滴灌高氮型大量元素水溶性肥料，同时补充钙肥、镁肥。萌芽至坐果期，补充全年钙的 40%，幼果速长期到硬核期，补充全年钙的 30%，硬核期结束后的第二次果实膨大期，补充全年钙的 30%。幼果生长中期，滴灌以平衡型大量元素水溶肥为主。硬核期之后的第二次果实膨大期，亦是上糖增香期，滴灌以高钾型大量元素水溶肥和含氨基酸水溶肥轮换为主。

5. 注意事项。 滴灌时，水肥耦合，以润湿根层土壤为宜，不过量灌溉。含钙离子的肥料避免与含硫酸根、磷酸根的肥料一起滴灌。滴灌追肥应以肥料特性和使用说明为准则进行混配，以确保肥效。

（四）弥雾机喷施叶面肥

1. 喷施时间。 随全程病虫害防治，利用弥雾机喷药的同时，喷施叶面肥，均衡全生育期养分供应，促进增产提质增效。

2. 叶面肥选用。 增加抗性、果实硬度、果实粒重可选用氨基酸类叶面肥、液体钙肥、有机水溶肥、磷酸二氢钾、大量元素水溶肥、芸苔素内酯、氨基寡糖素等。

3. 注意事项。 叶面肥配制采用二次稀释法，注意喷施的农药与叶面肥不能起反应。密切关注天气预报，露地栽培的葡萄，喷施叶面肥和农药后 2 小时内有降水时，降水后要及时进行补喷。注意避开中午前后气温较高时段喷施，避免出现药害。开展跟踪调查，对效果差的地块要及时补喷。

三、适用范围

适用于机械开沟施用秋基肥、采用水肥一体化追肥和弥雾机喷施叶面肥的阳光玫瑰葡萄主产区。

四、应用效果

机械开沟深施秋基肥，使肥料分布于根系集中的土层中，保证作物养分吸收充足，减少肥料挥发损失，同时疏松土壤，增加透气性，促进根系发育。采用水肥一体化追肥和弥雾机喷施叶面肥，充分发挥水肥一体化的益处和叶面肥吸收利用率高的优势，促进阳光玫瑰葡萄生长健壮、树型整齐、果实饱满，增产 10% 以上，节肥 10%～20%，节水 30%～40%，综合肥料利用率提高 20% 以上，每亩节约人工 10 个以上。

机械开沟深施秋基肥

水肥一体化追肥

弥雾机喷施叶面肥

第五节　梨

砀山酥梨"测土配方＋有机肥＋配方肥＋机械深施"技术模式

一、模式概述

通过测土配方施肥技术应用，以测土配方施肥技术为基础，制定砀山酥梨基肥施肥方案。配套适用的配方肥及生物有机肥，通过施肥机械进行深施，同时在酥梨花前或幼果期、果实膨大期追施配方肥。并根据梨园土壤养分状况，叶片喷施中微量元素，防止梨树发生生理性病害。通过测土配方施肥按需施用配方肥，实施精准施肥，实现化肥减量增效与培肥地力的目标。通过推广应用本技术模式,果园土壤质地有所改善,土壤容重降低,通透性增强,保肥保水能力提高,抗旱性增强,土壤有机质提升,产量和品质都有所提升,缓解土壤有益微生物和功能微生物群落弱化、土传病害加重等问题。

二、技术要点

(一)技术路线

依据每年定点对砀山酥梨园取土化验,确定梨园土壤养分状况,并根据砀山酥梨需肥规律,通过砀山酥梨肥料利用率试验、有机肥替代化肥试验、基肥深施效果试验及微量元素试验等,及施肥效果调查,制定并修正配方肥配方,并根据砀山酥梨目标产量,确定生物有机肥及配方肥施用量,同时确定施肥方法及次数。

(二)施肥新技术、肥料新产品、施肥新机具关键参数

1. 施肥新技术。梨树测土配方施肥技术是通过梨园取土化验,掌握梨园土壤养分状况,并通过砀山酥梨肥料利用率试验,根据砀山酥梨需肥规律,在施用有机肥的基础上,确定施肥品种、数量及施肥时间和方法。化肥深施技术是根据作物需肥规律和土壤性质,利用配方施肥技术和肥料根系效应原理,将化肥施入一定深度,以利作物更好吸收,减少化肥挥发损失,有利发挥肥效,提高化肥利用率,起到节肥增效的目的。同时使用专用机械深施肥料,更好促进农机农艺有机融合。

2. 肥料新产品。生物有机肥符合标准(NY 884),其中有效活菌数(cfu)≥0.2亿个/克,有机质(以干基计)≥40.0%,水分≤30.0%,pH在5.5～8.5,粪大肠菌群数≤100个/克,蛔虫卵死亡率≥95%,有效期≥6个月。

3. 施肥新机具。施肥使用2FX-600有机肥施肥机,其执行标准Q/0785 YFJX001—2020《有机肥施肥机》。

三、主要操作流程及具体措施

(一)基肥确定

1. 肥料品种。生物有机肥使用,要符合标准(NY 884),造粒均匀一致,有利机械施用。

砀山酥梨秋季施肥,化肥宜选用氮磷钾配比合理、粒型整齐、硬度适宜的配方肥料。可选用类似$N-P_2O_5-K_2O$(20-10-15或15-15-15)平衡配方肥。

2. 肥料要求。肥料应为圆粒形,粒径2～5毫米为宜,颗粒均匀、密度一致,理化性状稳定,硬度宜大于20牛,手捏不易碎、不易吸湿、不粘、不结块,以防排肥通道堵塞。

3. 肥料用量。依据砀山酥梨目标产量、土壤测试结果等制定施肥方案,确定施肥总量、施肥次数、养分配比和运筹比例。一般情况下,施用生物有机肥和配方肥加机械深施的氮肥投入量可比常规施肥减少10%～30%,减肥数量根据当地土壤肥力、施肥水平等实际情况确定。生物有机肥每亩用量一般在200～300千克,配方肥用量一般在25千克左

右。并根据梨树龄、树势强弱适当增减用量。

4. 施肥次数。 充分发挥砀山酥梨肥料机械深施高效、省工优势，同时考虑酥梨生育期比较长的特点，一般采用一基二追方式，即秋季基施和花前或幼果期及膨果期追施。一基二追方式应做好基肥与追肥运筹，氮肥基肥占 27%～35%，追肥占 65%～73%，可根据实际情况进行调整；磷肥基施比例为 26%～33%，追肥比例为 67%～74%；钾肥可根据土壤质地和供肥状况施用，砀山酥梨后期膨果钾肥需求量较大，基肥施用比例为 25%～32%，追肥施用比例为 68%～75%。

（二）基肥施用

1. 机械选择。 施肥机械选择 2FX-600 有机肥施肥机，机械要求：施肥装置应可调节施肥量，量程需满足当地施肥量要求，能够实现肥料精准深施，开沟与施肥一次完成，肥料落点深度在 30～45 厘米，通过刮板增强覆盖效果。

2. 施肥时间。 砀山酥梨基肥施肥时期在梨采收后落叶前的 9 月中旬至 10 月中旬，最迟不晚于 11 月上旬，越早越好。

3. 施肥位置。 机械施肥沟应在梨树树冠投影处，每行梨树两边各开一条沟，开沟深度在 30～45 厘米，宽度在 40 厘米左右，开沟深度根据树龄确定。

4. 作业准备。

（1）机具调试。作业前应检查施肥装置运转是否正常，排肥通道是否顺畅，机具各运行部件应转动灵活，无碰撞卡滞现象，并进行开机试运转。

（2）肥料装入。除去肥料中的结块及杂物，把生物有机肥和配方肥混合均匀装填到肥料箱中，盖上箱盖。装入量不要大于施肥机最大装载量。装肥过程中应防止混入杂质，影响施肥作业。

（3）施肥量调节。施肥量按照机具说明书进行调节，调节时应考虑肥料性状及田块作业速度对施肥量的影响，调节完毕应进行试排肥。试排肥应采用实地作业测试，正常作业50 米以上，根据实际排肥量对施肥机进行修正。

5. 作业要求。 施肥操作：作业起始阶段应缓慢前行 5 米后，按照正常速度作业；中途停车、转弯掉头应缓慢减速，避免发生危险和施肥不均匀。肥料颗粒进入排肥管后通过机械挤压进行强制排肥，定量落入由开沟器开出的施肥沟内，经刮板覆土。

6. 注意事项。 作业过程中，应规范机具使用，注意操作安全。施肥作业中应避免紧急停止或加速等操作，发现问题及时停机检修。根据作业进度及时补充肥料。受施肥器、肥料种类、作业速度、天气等因素影响，应随时监控施肥量，适时微调。当天作业完成后，应及时排空肥箱及施肥管道中的肥料，做好肥箱、排肥、开沟等部件的清洁工作。

（三）追肥施用

1. 肥料选择。 春季追施花前肥或初夏追施幼果肥，肥料配方选择高氮配方肥（N-P_2O_5-K_2O 为 25-10-10），夏季追肥膨果肥，配方肥选择高钾型（N-P_2O_5-K_2O 为 15-10-20）。土壤钙、镁较缺乏的果园，施用适量的钙、镁肥。缺铁、锌和硼的果园，通过叶面喷施浓度为 0.2%～0.3% 的硫酸亚铁、0.2% 的七水硫酸锌、0.2%～0.5% 的硼砂溶液补充，严重时可结合土壤施肥同时进行。喷施时要求肥料具有较好的溶解性，肥料产品应符合相关标准，取得农业农村部登记（备案）证。

2. 追肥时间。 3月上中旬春季追施花前肥或5月下旬初夏追施幼果肥，7月上中旬追施膨果肥。

3. 追肥数量。 3月上中旬春季花前肥或5月下旬初夏幼果肥施用数量一般在20～30千克，7月上中旬膨果肥施用数量一般在30～40千克。施用数量要根据土壤肥力、目标产量、树龄及树势确定。

4. 追肥方法。 施肥方法采用施肥器或人工穴施，每棵树一般在梨树树冠投影处一周，6～10个点穴均匀分布施用，施肥穴深度一般在30厘米左右。

四、适用范围

本技术模式适宜黄河故道沿线砂质土壤，砀山酥梨产区推广应用。

五、应用效果

本技术模式取得较好的经济效益、社会效益和生态效益。

（一）经济效益

本技术模式应用可有效提高化肥利用率，梨园化肥施用量将明显减少，降低化肥投入成本，达到减肥增效的目的；梨园耕地质量得到有效改善，有机质明显增加，土壤理化性状得到改善，团粒结构合理。砀山酥梨产量亩增加350千克左右，增产10%左右，同时可以促进果实品质提升，折光糖含量提高10%左右，果面色泽亮丽，每千克售价较其他果园高0.2元左右，亩增收1000元左右。

（二）社会效益

本技术模式应用，将会带来显著的社会效益。一是促进砀山酥梨种植效益提高，增强农业发展后劲，培育新的农村经济增长点；二是可以加快本地的土地流转，有利规模经营；三是进一步提高水果品质和食品安全，通过模式推广应用，促进绿色食品的生产，提高果品的市场竞争力，能够进一步提高砀山酥梨的质量。

（三）生态效益

通过应用本技术模式，梨园土壤主要养分含量及微生物活性均有所提高。

梨园土壤有机质含量增加，土壤保肥保水能力提高，减少了养分流失，减少了化学物质和有机废弃物对水体和农田的污染，减少面源污染，保护了黄河故道水源，梨园的生态环境得到良好改善。

六、相关图片

企业配送梨园生物有机肥

梨园施肥机

梨园开沟-施肥-回填土一体机图

梨园开沟（待施肥）

人工追肥器

效果观摩会

梨树"生物有机肥＋水肥一体化"技术模式

一、模式概述

梨树是多年生木本植物，营养生长和生殖生长的关系非常复杂。春季开花结果的同时也进行枝、叶和根的生长，到6—7月又要为第二年的生殖生长做准备，开始花芽分化。因此，在年周期中，梨树营养生长和生殖生长二者同时重叠进行，使梨树施肥相对复杂。以测土配方施肥为基础，科学制定梨树施肥配方，配套使用生物有机肥、功能性水溶肥，通过水肥一体化设备同步灌溉和施肥作业，精准控制养分供给，有效节约水资源，减少化肥使用量，提高梨果质量。实现梨树施肥新技术、新机具、新产品的有效协调统一。

二、技术要点

(一) 施肥方案

1. 肥料品种。选用信誉好、质量高的生物有机肥；功能性肥可选用大量元素水溶肥料、中微量元素水溶肥料、含腐植酸水溶肥料等，也可选用尿素、硫酸钾、磷酸二铵或水溶性高的一般复合肥料。

2. 肥料要求。其中生物有机肥符合 NY 884 要求，含腐植酸水溶肥符合 NY 1106 要求，中微量元素水溶肥符合 NY 2266 要求；固态大量元素水溶肥料，氮＋磷＋钾含量$\geqslant$50%、水不溶物$\leqslant$5.0%；液态大量元素水溶性肥料，氮＋磷＋钾含量$\geqslant$500 克/升、水不溶物$\leqslant$50 克/升；一般复合肥料要求颗粒均匀、密度一致，理化性状稳定，硬度宜大于 20 牛，不结块，水溶性高、以防滴灌带出水孔堵塞。

3. 施肥总量及次数。根据区域梨目标产量、试验示范结果等制定施肥方案，确定施肥总量、施肥次数。

一般每生产 1 000 千克梨果实需要 N 4.7 千克、P_2O_5 2.3 千克、K_2O 4.8 千克，化肥在果树上的长期利用率约为 N 50%、P_2O_5 35%、K_2O 50%。

据估算亩产 3 000 千克的梨树需要腐熟粪肥 4 米^3、生物有机肥 500 千克、尿素61.4 千克、过磷酸钙 164.0 千克、需要硫酸钾 57.5 千克、中微量元素水溶肥 10 千克、含腐植酸水溶肥 30 千克。

肥料分 5 次施入具体用量见下表。

第 1 次：采收后于 9—10 月施入基肥，宜早不宜迟。

第 2 次：于芽萌动期施入萌芽肥。

第 3 次：谢花后 7～15 天施入花后肥，宜早不宜迟。

第 4 次：谢花后 35～45 天，中长梢停止生长前，施入花芽分化及果实膨大肥。

第 5 次：采果前 20～30 天，根据每个品种具体在当地的成熟期倒推确定采前肥施用时间。

梨树施肥时期及亩施肥量

肥料种类	采收后	萌芽肥	花后肥	花芽分化及果实膨大肥	采前肥
粪肥+生物有机肥	4 米³ 粪肥+500 千克生物有机肥				
中微量元素水溶肥/千克	10				
尿素（46%N）/千克	12.3	12.3	18.4	12.3	6.1
过磷酸钙（12%P$_2$O$_5$）/千克	32.8	32.8	32.8	32.8	32.8
硫酸钾（50%K$_2$O）/千克	11.5	8.6	11.5	11.5	14.4
含腐植酸水溶肥/千克		10	10	10	

（二）施肥机械

应用自走式多功能开沟施肥机，可一次性完成开沟、施肥、搅拌、覆土作业，距中心干 60 厘米左右，开沟的深度和宽度为 35～40 厘米。

多功能开沟施肥机的特点：适合各种化肥、粉状肥、菌肥、棉粕、有机肥、发酵肥、鸡羊粪等。生地熟地均可施肥，深浅可随意调节。

多功能开沟施肥机的技术参数：作业宽幅 1.2 米；作业深度 280 毫米；配套动力为拖拉机 29.4～44.1 千瓦；输入转速 540 转/分；整机重量 278 千克；外形尺寸 1 580 毫米×1 312毫米×1 000 毫米。

（三）水肥一体化

1. 水源要求。井水、河水或库水，水质满足 GB 5084 要求。

2. 配套控制设备。包括阀门、流量和压力调节器、流量表或水表、压力表、安全阀、进排气阀等。

3. 供水管选择。管材和管件应符合 GB/T 10002.1 的规定；在管道适当位置安装排气阀、逆止阀和压力调节器等装置。

4. 输配管网。由干管、支管、滴灌带和控制阀等组成，地势差较大的地块需安装压力调节器。干管管材及管件应符合 GB/T 13664 的规定要求，支管管材及管件应符合 GB/T 13663规定要求，滴灌带应符合 GB/T 19812.1 的规定要求。干管直径一般为 80～120 毫米，具体大小根据灌溉面积和设计流量确定，支管直径一般为 32 或 40 毫米；滴灌带管径 15～20 毫米，滴孔间距为 15～20 厘米，工作时滴灌带压力为 0.05～0.1 兆帕，流量为 1.5～2.0 升/时。

5. 管道田间布设。按照 3 米行距为例，滴灌采用单行双管的模式铺设，建议采用滴头间距为 30～40 厘米的滴灌管，流量 1～2 升/时为宜，覆盖园艺地布。滴灌管铺设时要将滴灌管的滴头孔向上，防止沉淀物堵塞滴头，还可以防止停止灌溉时形成的虹吸将污物吸到滴头处，同时减少灌溉水中钙镁离子沉淀对滴头的堵塞。

6. 施肥装置安装。施肥装置可安装于滴灌系统首部，和干管相连组成水肥一体化系统；亦可安装于支管或滴灌带的上游，与支管或滴灌带相连组成水肥一体化系统。施肥器可以选择压差式施肥罐、文丘里注入器、注入泵等。施肥装置的安装与维护应符合 GB/T 50485 的要求。

7. 作业要求。在需要灌水和追肥的时期，进行滴灌施肥。首先，打开灌溉区域的管道阀门进行灌溉 20 分钟；其次，根据地块大小计算所需的肥料用量，将固体肥料溶解成肥液，使用过滤网将肥液注入施肥罐后将罐盖扣紧，检查进出口阀，确保阀门都处于关闭状态。调节施肥专用阀，形成压差后打开施肥专用阀旁的 2 个阀门，将罐内肥液压入灌溉系统开始施肥，注肥流量根据肥液总量和注肥时间确定，施肥结束后关闭进出口阀门，排掉罐内积水，继续用清水冲洗 20 分钟管道系统，防止肥料在管道中沉淀。

如某生育时期土壤水分充足则不需要灌水，但需要追肥时，应在该时期每亩增灌 10 米^3，以随水追肥。

8. 注意事项。①避免过量灌溉，一般使根层深度保持湿润即可，过量灌溉不但浪费水，还会将养分淋洗到根层以下，浪费肥料，导致作物减产。特别是尿素、硝态氮肥（如硝酸钾、硝酸铵钙、硝基磷肥及含有硝态氮的水溶性肥）极容易随水流失。②水溶性肥料滴灌施肥原则上是越慢越好。特别是在土壤中移动性差的元素（如磷），延长施肥时间，可以极大地提高难移动养分的利用率。在旱季滴灌施肥，建议施肥控制在 2～3 小时完成。③肥料罐每 30 天清洗一次，并依次打开各个末端堵头，使用高压水流冲洗主、支管道。

（四）无人机叶面补肥

无人机叶面补肥适宜平棚架梨园。根据梨树需肥规律，花前补施硼肥，幼果期及果实膨大期补施钙肥，采果前补施磷酸二氢钾，喷施前每亩 100 克用清水全部溶解，静置 5 分钟后取清液待用。根据作业区实际情况，设置无人机的飞行高度、速度、喷（撒）幅宽度、喷雾流量等参数，并对无人机进行试飞，试飞正常后方可进行飞行作业。肥液喷施选择无风的阴天或晴天傍晚进行，确保肥效。喷施结束后记录无人机作业情况，若喷后遇雨，应重新喷施。喷施作业结束后持续观察梨树长势，间隔 7～10 天再次喷施。若需田间撒施作业，应选择载肥量大、施肥均匀的无人机。

三、适用范围

适用于具备较高质量水源条件的砂质土壤梨树集中种植区域。

四、应用效果

（一）经济效益

机施有机肥提高了施肥效率，每亩节省用工 5 个，节本 500 元左右。

生物有机肥、功能性肥（腐植酸肥等）能增加土壤微生物的数量及活性，改良土壤，促进根系生长，激活土壤中被固定的养分，减少化肥的使用量。

水肥一体化技术能够实现水分和肥料直接输送给根系，有利于根系的吸收，提高肥料利用率，减少肥料用量，实现养分均衡供应，提高梨果质量。水肥一体化技术的应用可使梨增产 8% 以上，节肥 30%，节水 40%。

（二）社会效益

一是提高资源利用效率。精准供应水和肥料，减少水资源浪费和化肥的过度使用，水、肥得到更合理的分配，有利于农业的可持续发展。二是提升梨果品质与产量。有助于生产出更高质量的梨果产品，在增加梨农经济收益的同时，能更好地满足市场对优质梨果的需求，稳定市场供应。三是促进农业现代化。本技术的应用推动农业向精准化、智能化方向发展，为农业现代化转型树立榜样，让更多农民看到新技术的优势，带动周边地区采用新技术，提升整个区域的农业科技水平。

梨园有机肥机械施肥作业

（三）生态效益

水肥一体化技术能有效减少化肥的淋溶和挥发。传统施肥方式下，肥料易流失到土壤深层或挥发到大气中，而水肥一体化是精准施肥，使肥料集中在梨树根系周围，减少了对地下水和大气的污染，降低了水体富营养化的风险。其次，它有助于节约水资源。与大水漫灌相比，精准灌溉能够避免水资源浪费，同时降低因过度灌溉导致的土壤侵蚀风险，有利于保持土壤结构的稳定。生物有机肥、腐植酸类肥能改善土壤环境，活化土壤中被固定的养分，有利于维持土壤微生物的活性和多样性，从而使土壤生态系统更加健康。中微量元素肥的应用避免了土壤中的养分失衡，提高肥料的利用效率。

第六节　其他果树

新疆露地西甜瓜"测土配方＋水肥一体"技术模式

一、模式概述

本技术模式以保障粮食和特色农产品有效供给，促进西甜瓜绿色高质量发展为主导，以减少过量化肥使用，提升施肥专业化、智能化、绿色化水平，实现西甜瓜优质、高产、高效栽培为目标，在吐鲁番市西甜瓜生产上应用"测土配方＋水肥一体"化肥减量化"三新"技术模式，实现智能化控制、调整施肥结构，优化施肥方式精准施肥，集成应用西甜瓜化减量新技术、新产品、新机具。

（一）新技术

集成配套测土配方施肥、水肥一体化、有机肥替代化肥等技术。此外，还利用微生物发酵菌剂，就地取材，充分应用本地资源，主要以收获后的尾瓜为原料在地发酵形成液体生物菌肥等技术集成配套，积极宣传引导西甜瓜种植户减少化肥用量，实现水肥的优化配置。为当地耕地资源健康及可持续利用提供保障。

（二）新产品

应用多肽酶聚谷氨酸液体肥、氨基寡糖素和微生物发酵菌剂等新型农药和肥料，增加有机肥、生物菌肥等新型肥料的应用，培肥改良土壤，提高肥料利用率，实现减肥减药、增产增收，在提高作物产量和商品性的同时实现化肥减量化，降低化肥用量，西甜瓜各性状表现均优于常规栽培，提升西甜瓜质量安全水平，为当地西甜瓜产业高质高效发展打下坚实基础。

（三）新机具

通过应用新装备（化肥减量设备 1 套、粉碎机 1 台和测土配方施肥一体机 1 台）。降低了化肥用量，西甜瓜各性状表现均优于常规栽培，提升了西甜瓜质量安全水平。

项目区引进智能水肥一体化设备和多肽酶聚谷氨酸液体肥，通过全程使用新型有机液体肥，借助智能施肥系统能更好地提高肥料利用率，实现精准施肥，西甜瓜的各项性状表现均优于常规栽培。项目区比常规施肥减少肥料投入 32 千克，大幅降低了化学肥料用量；应用移动互联网等手段强化信息服务，加强农企对接，引进新疆慧尔智联技术有限公司智能水肥一体化设备和多肽酶聚谷氨酸液体肥，集成示范西甜瓜化肥农药减量增效新技术、新产品、新设备，探索西甜瓜专用肥套餐、智能配肥云服务等一体化模式，提升服务能力，打造化肥减量增效升级样板。

二、技术要点

（一）技术路线

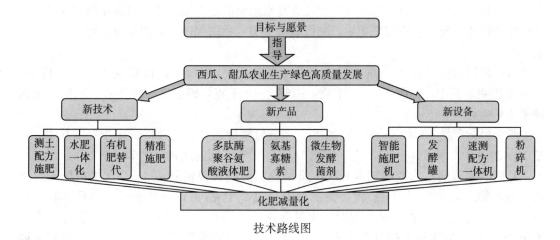

技术路线图

（二）具体措施

1. 基肥确定。

（1）肥料品种。农家肥（鸡粪或羊粪等厩肥为佳，人粪尿、堆肥、沼气肥亦可）、商品有机肥、配合三元复合肥。

（2）肥料要求。农家肥必须经过充分腐熟；商品有机肥符合标准 NY/T 525；三元复合肥氮磷钾养分含量比例为 17 - 17 - 17、18 - 18 - 18 等。

（3）肥料用量。基施腐熟农家肥 2.5 米³/亩（或商品有机肥 400～500 千克/亩），配合三元复合肥 20～40 千克/亩作底肥。

（4）施肥次数。在机械深耕时一次性施入全部基肥。

（5）机械施肥。一次性机械沟施基肥后，覆土回填耙平。

（6）注意事项。施肥沟深度尽量达到 0.3 米以上，施肥后严禁机械在施肥沟内翻整土地，避免烧苗。

2. 水肥一体化精准施肥技术。

（1）整地作业。配套深松机、铧式犁、旋耕机等耕整地机械，春耕前机械耕翻 30 厘米，平畦整地。根据平畦覆膜滴灌栽培方式选用不同参数的沟间距开沟施肥，播种 15 天前开沟施肥，沟间距 3.3～3.8 米，沟深 0.35 米、宽 0.5 米，完成后续的整地、覆膜和滴灌带铺设等作业。

（2）灌溉制度。西甜瓜性喜充足的阳光和较大的昼夜温差。移栽定植苗需要灌足底墒水，一般 50～80 米³/亩。移栽苗后 7～10 天补水一次。进入苗期应蹲苗控水促扎根，一般早春定植缓苗 25～30 天后蹲苗结束，进入正常滴灌水规律，土壤含水量一般保持在 60% 左右。吐鲁番早春气温回升较快，伸蔓、膨瓜初期一般间隔 7～10 天滴水一次，膨瓜中期3～5天滴水一次，膨瓜后期2～3天滴水一次。秋季播种西甜瓜气温较高，叶面蒸腾量较大，灌水次数多。根据土壤情况，苗期、开花期每次滴水量约20米³/亩；膨瓜期是水分临界期，每次滴水量20～30米³/亩；成熟期坚持少灌勤灌，每次滴水量10～15米³/亩。整个生长周期滴灌水量280～320米³/亩。采收前3天禁止滴灌水。

（3）肥料选择。肥料应选择液体肥或者高水溶性的复合滴灌肥，以避免堵塞滴头，以水溶性较好的大量元素滴灌肥为主，配以腐植酸类生物菌剂液、矿源黄腐酸钾、中微量元素水溶肥等。

（4）肥料用量及运筹。甜瓜目标产量2 500千克/亩以上，亩施氮磷钾肥（纯量）28～36千克，其中，氮肥13～15千克，磷肥7～9千克，钾肥8～12千克。同时，施钙镁肥2.0千克。

西瓜目标产量4 000～6 000千克/亩，亩施氮磷钾肥（纯量）42～53千克，其中，氮肥16～20千克，磷肥8～10千克，钾肥18～23千克。同时施钙镁肥7.6千克。

利用滴灌管网，水溶肥随水分次少量滴施。苗期视苗情滴施1～2次提苗肥，以氮磷型为主的水溶肥2～5千克/亩，氮肥量不超过2千克/亩；开花坐瓜、膨瓜期滴灌追施以氮钾肥为主的大量元素水溶肥，少量多次一水一肥；膨瓜期以高钾型水溶肥为主追施3～4次，追施量不超过3千克/亩。每次每亩追施水溶肥量5～8千克，追肥采取少量多次原则，一般肥料在滴灌液中比例不超过3%，滴灌追肥时先滴清水20～30分钟，再随水施水溶肥，追肥结束后滴清水20分钟清洗滴灌系统。

（5）注意事项。具备蓄水池、滴灌管网系统、数字化施肥机、智慧球阀等相关高效节水设施设备。

三、适用范围

适用于新疆维吾尔自治区东疆片区内具备成熟高效节水系统的西甜瓜主产区。

四、应用效果

（一）经济效益

一是机械深施使肥料分布于土层中，保证作物养分吸收充足，减少肥料挥发损失。通过高效节水设施，应用水肥精准调控技术，更好匹配西甜瓜养分需求。可使农田灌溉水利用系数由42%提高到47%，灌溉定额由350米³/亩降到300米³/亩，化肥用量（实物量）每亩减少10千克以上，节水减肥省工、节本提质增效明显，有效提高水肥利用效率。二是通过田间设置的多个智慧球阀可以大量节省人工成本39.1元/亩，减少肥料投入23.5元/亩，仅这2项节约成本62.6元/亩，项目区产量提高了10.07%，亩均新增纯收益449.6元/亩，西甜瓜的商品率达90%以上，经济效益显著。

（二）社会效益

农民科学施肥意识不断增强。通过化肥减量增效技术集成示范，促进了新技术、新产品、新设备应用推广，农民传统施肥习惯得到扭转，过量、不合理施肥现象明显减少，农民科学施肥意识不断增强。同时增强了农业技术人员为农服务能力，为农民增产增收提供有效保障。

（三）生态效益

为农业绿色健康发展提供有效保障。通过集成示范推广化肥减量增效技术，减少化肥使用量，改善农业生态环境，加快形成绿色农业生产方式，确保西甜瓜的高产和安全，促进农业生产的可持续健康发展。

五、相关图片

增施有机肥

机械旋耕覆膜

智能施肥设备

双膜覆盖栽培

水肥一体化西甜瓜田间长势

智能水肥一体化施肥系统

充分腐熟农家有机肥

机械深施肥料平整土地

华南香蕉"有机肥＋水肥一体化"技术模式

一、模式概述

根据香蕉需肥规律、土壤供肥性能以及肥料效应，在合理施用有机肥基础上，优化氮、磷、钾等肥料的施用品种、施用数量、施用时期以及施用方法。充分利用水肥一体化滴灌设施，减少施肥作业劳动力投入，提高水分及肥料利用率，达到提质增效、增收节支的目的。

二、技术要点

（一）技术路线

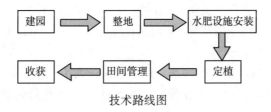

技术路线图

（二）施肥量

依土壤地力高低不同，高肥力土壤推荐每亩施用 N30～35 千克、P_2O_5 10～12 千克、K_2O 40～45 千克；中等肥力土壤推荐每亩施用 N35～40 千克、P_2O_5 12～15 千克、K_2O 45～50 千克；低肥力土壤推荐每亩施用 N40～50 千克、P_2O_5 15～20 千克，K_2O 50～60 千克。在此基础上，酸性较强的地块整地时可每亩施入 40～50 千克生石灰。同时，建议香蕉每亩施用硼砂 0.2 千克，七水硫酸镁 20～30 千克。因蕉农大多有施用有机肥的习惯，在施用有机肥时，可折算相应的养分含量，一般亩施用约 400 千克禽畜粪肥或 200 千克商品有机肥可减少化肥用量 10%～15%。

（三）施肥时间及肥料分配

香蕉生育期可分为营养生长期、孕蕾期及抽蕾后 3 个时期，其中孕蕾期为香蕉吸收养分的关键时期。推荐在营养生长期施用总氮肥量的 25%，总磷肥量的 100%，总钾肥量的 20%；在孕蕾期施用总氮肥量的 45%，总钾肥和镁肥量的 50%；在抽蕾后施用总氮肥和钾肥量的 30%，总镁肥量的 50%。如施用香蕉配方肥，各时期按施氮量来分配施用。

（四）施肥位置

根据香蕉根系生长分布，前期施用难溶肥料时可沟施或穴施在距离球茎 35～50 厘米的环形区域内。在施用易溶肥料时，可采用水肥一体化技术，增加施肥次数，避免伤害根系，感染枯萎病。

（五）具体操作流程

由于华南地区香蕉适宜种植季节较长，可种春蕉、夏蕉或秋蕉等。不同季节种植时，应根据生育期，依香蕉叶片数量来确定施肥作业时间。

1. 整地。建园后清除园地地表杂物，进行除草及土壤消毒作业，可施用一定量石灰。采用深耕拖拉机进行犁田，犁耙时将前茬蕉头打碎，并使用旋耕机平整地块，依地块开种植行及排水沟。

2. 水肥一体化设施安装。蕉园一般安装滴灌水肥一体化设施，其主要由水源、首部系统、滴灌输配管网三部分组成。其中首部系统包括水泵、过滤器，施肥罐、施肥泵、压力表、减压阀等。安装时，应根据蕉园的水源情况、种植规模及地形条件等进行合理布置。平原区蕉园可选择普通滴灌管，每棵蕉树设置 4 个滴孔头，以泵吸施肥法作为追肥施肥方式。山地蕉园可选择压力补偿滴灌管，每棵蕉树设置 2～3 个滴孔头，以重力法或泵吸施肥法作为追肥方式。滴孔头流量一般设置为 1.5～3 升/时。

3. 定植前。在种植穴内施用基肥，施商品有机肥 500 千克/亩或土杂肥 2 000 千克/亩，配施钙镁磷肥 50 千克/亩。

4. 定植。选择脱毒组培苗进行移栽，蕉苗应保持大小一致、健康。

5. 定植后第 8 叶时。定植后至香蕉长出第 8 叶时开始进行追肥。通过水肥滴灌系统进行施肥，每次施用硝态氮型香蕉配方复合肥 2 千克/亩，同时配施硫酸镁 1 千克/亩；每长出 2 片叶片施一次，至长出第 16 片叶时共施用 5 次水肥。

6. 定植后第 18 叶时。通过水肥滴灌系统进行施肥，每次施用硝态氮型香蕉配方复合肥 8 千克/亩，同时配施硫酸镁 4 千克/亩；每长出 2～3 片叶时施一次，至长出第 30 叶时共施用 6～7 次水肥。

7. 定植后第 32 叶时。通过水肥滴灌系统进行施肥，每次施用硝态氮型香蕉配方复合肥 18 千克/亩，同时配施硫酸镁 3 千克/亩；每长出 2～3 片叶施一次，至长出第 42 叶时共施用 6 次水肥。

8. 定植后第 44 叶时。通过水肥滴灌系统进行施肥，每次施用硝态氮型香蕉配方复合肥 8 千克/亩；至收获期共施用 3 次水肥。

（六）注意事项

1. 种植规格。高产蕉园应设置适宜的种植密度，按不同香蕉品种的生长特点，一般株高 2.5 米的品种可种植 120～130 株/亩，株高 2 米的品种可种植 150～160 株/亩，株高 1.5 米的品种可种植 200～220 株/亩。

2. 水肥滴灌时间不宜过长。以正常株距的蕉园每株香蕉范围内 4 个滴孔头计算，旱季应控制每次滴灌时间在 3 小时左右；雨季应控制每次滴灌时间在 1 小时以内。

3. 田间管理。在做好营养管理的同时，还需积极防治病虫草害，及时锄吸芽，留梳、断蕾、抹花，做好疏果及果穗修整，同时做好套袋及防风工作，以保障香蕉安全生产。

三、适用范围

适用地区为华南香蕉主栽区。

四、应用效果

本技术模式可实现化肥减量 10％～15％，每亩节约肥料成本 76～92 元，节省蕉农施肥作业人工成本 65～92 元；产量增加 8.7％～27.6％，而且能提早 10 天左右上市，每亩节本增效达 2 317～2 784 元，有效提高了蕉农的种植效益。

五、相关图片

滴灌带铺设

滴灌施肥

香蕉丰收

广东荔枝"绿肥还田＋有机肥＋配方肥"技术模式

一、模式概述

根据荔枝生长年限、目标产量和土壤养分状况，制定荔枝基肥有机替代比例和施肥方案，配套使用无人机飞播绿肥种子。挂果期根据荔枝挂果量和长势配合无人机喷施中微量元素叶面肥，实现荔枝的提质增效。

二、技术要点

(一) 施肥量确定

1. 肥料品种及要求。

（1）有机肥（包含沼渣、堆沤粪肥等）应选择充分腐熟的商品有机肥或堆沤粪肥，外观颜色为褐色或灰褐色，无恶臭，均匀粒状或粉状，无机械杂质，且符合行业标准 NY/T 525 或 NY/T 3442 的要求。

（2）配方肥宜选用氮磷钾配比合理、粒型整齐、硬度适宜的复合肥料。肥料应为圆粒形，粒径 2~5 毫米为宜，颗粒均匀、密度一致，理化性状稳定，硬度宜大于 20 牛，手捏不易碎、不易吸湿、不粘、不结块。

（3）绿肥种子质量应符合国家标准 GB 8080 的要求，无杂质、无病虫害，大小均匀，发芽率应高于 90%，保证绿肥作物的生长效果和产量。

（4）中微量元素叶面肥应符合国家标准 GB/T 17420 和行业标准 NY 2266 要求。中微量元素总量固体≥10.0%，液体≥100 克/升；水不溶物，固体≤5.0%，液体≤5 克/升；pH（1+250 倍稀释），固体为 5.0~8.0，液体≥3.0；有害元素含量，砷含量＜0.002%，镉含量＜0.002%，铅含量＜0.01%。

2. 肥料用量。依据荔枝品种、树龄、目标产量、土壤测试结果等制定施肥方案，确定施肥总量、施肥次数等。

第一年每株施 N 量为 12~15 克，第二至三年每株施 N 量为 25~50 克，同时配合适量磷钾肥，每年冬肥每株沟施 10~20 千克有机肥或 20~50 千克堆沤粪肥。

结果树每生产 100 千克荔枝果实需要施 N 量为 1.50~2.00 千克，P_2O_5 量为 0.80~1.00 千克，K_2O 量为 1.50~2.00 千克；每年冬肥每株沟施或条施 50~100 千克有机肥或 100~150 千克堆沤粪肥。生产上结合不同荔枝园实际情况予以调整。

3. 施肥次数及施肥比例。

（1）幼年树采取薄肥勤施的原则，每年施用 4~6 次，一般在每次抽新梢前后施用，即萌芽时和新叶转绿后。

（2）结果树全年施肥主要分 3 个时期：花前肥、壮果肥、采果前后肥。

花前肥在花芽分化期施用，以促花壮花，提高坐果率为主，氮肥和钾肥占全年施肥量的 20%~25%，磷肥占全年的 25%~30%，每 100 千克荔枝果实需要施 N 量为 0.38~0.50 千克，P_2O_5 量为 0.24~0.30 千克，K_2O 量为 0.30~0.40 千克，可选用 N-P_2O_5-K_2O 为 18-12-15 的配方复合肥（或 N：P_2O_5：K_2O 为 1：0.64：0.80 相似配方）。复合肥应选择速效肥料为主，施用在树冠滴水线附近，撒施浅翻入土。开花前 20 天左右可以喷施 1 次叶面肥（0.2% 尿素+0.2% 磷酸二氢钾+0.05% 硼砂），以利于开花结果。

壮果肥主要起到保果、壮果及改善果实品质的作用，钾肥占全年施肥量的 40%~50%，氮肥占全年的 25%~30%，磷肥约占全年的 40%，每 100 千克荔枝果实需要施 N

量为 0.45～0.60 千克，P_2O_5 量为 0.32～0.40 千克，K_2O 量为 0.75～1.00 千克，可选用 $N-P_2O_5-K_2O$ 为 13-10-22 的配方复合肥（或 $N:P_2O_5:K_2O$ 为 1:0.71:1.67 相似配方）。复合肥应选择速效肥料为主，施用在树冠滴水线附近，撒施浅翻入土。结合喷施 2～3 次叶面肥，如 0.2% 尿素 + 0.2% 磷酸二氢钾 + 0.2% 硫酸钾 + 0.3% 硝酸钙等。

采果前后肥，此期主要是迅速恢复树势，促发足量壮实的秋梢结果母枝。对早熟品种或只培养 1 次秋梢的树，可在采果后施用；晚熟品种或结果多、树势弱的树，宜采果前和采果后分 2 次施用。采果前以速效肥为主，采果后以有机肥和化肥配合绿肥翻压为主。此期各元素施肥量占全年施肥量分别为：氮 45%～55%，磷 30%～35%，钾 25%～40%，每 100 千克荔枝果实需要施 N 量为 0.68～0.90 千克，P_2O_5 量为 0.24～0.30 千克，K_2O 量为 0.45～0.60 千克，可选用 $N-P_2O_5-K_2O$ 为 22-8-15 的配方复合肥（或 $N:P_2O_5:K_2O$ 为 1:0.36:0.67 相似配方）。复合肥应选择速效肥料为主，配合有机肥，在行株间树冠滴水线附近开沟施用（深 20～40 厘米，宽 30～40 厘米，长因树冠大小而异），将肥料与土壤混匀后回填。

（二）无人机施肥及撒播绿肥种子

1. 无人机喷施叶面肥。 叶面肥应选择水溶性肥料，如大量元素、中量元素、微量元素、含腐植酸、含氨基酸、有机水溶肥等，肥料产品应符合相关标准，取得农业农村部登记（备案）证。

田间撒施作业时，应选择载肥量大、施肥均匀的无人机。喷施作业时应将肥料用清水全部溶解，静置 5 分钟后取清液待用。根据作业区实际情况，设置无人机的飞行高度、速度、喷（撒）幅宽度、喷雾流量等参数，并对无人机进行试飞，试飞正常后方可进行飞行作业。肥液喷施应选择无风的阴天或晴天傍晚进行，确保肥效。喷施结束后记录无人机作业情况，若喷后遇雨，应重新喷施，同时也要避免盲目喷施造成肥害。

2. 无人机撒播绿肥种子。 绿肥一般春夏季播种，选择品种应遵循耐寒、耐旱、耐阴、耐践踏、生态兼容等原则，如紫云英、本地油菜、苜蓿、黑麦草和鼠茅草等。春季多适宜条播，秋季适宜撒播。播前应精细整地，去除杂草，保证土壤墒情。播种方式采取条播、穴播、撒播均可，依据品种特性及利用方式进行选择。播种量根据品种而定，黑麦草、鼠茅草等禾本科作物和本地油菜等十字花科作物一般每亩播 1.5～3.0 千克，紫云英、苜蓿等豆科作物每亩播 1.0～1.5 千克。可采用无人机进行撒播，冬季结合冬肥翻压入土。

绿肥无人机撒播装置主要由棱锥型种箱、定量排种控制机构、离心电动撒播机构和集成控制系统组成。设备应具备以下技术指标：载重量 10 千克，作业幅宽 12～15 米，飞行速度 3～5 米/秒。种子选择：适用于紫云英、油菜等多种绿肥种子；应选择颗粒度合适、吸湿性弱、无结块的品种种子，以确保撒播均匀。作业环境：适用于丘陵、山地等地面播种机械无法作业的区域。作业时环境风速应小于三级（≤3.3 米/秒），以确保撒播均匀，减少飘移损失。技术参数：飞行速度建议为 3～5 米/秒，飞行高度根据载荷重量适当调整，载荷重量 <30 千克的飞行高度 2～3 米，载荷量 ≥30 千克的飞行高度 3.5～4.5 米。操作流程：在播种前，需进行航线规划，确保覆盖全面且无死角。操作过程中，需实时监控和记录轨迹，确保撒播均匀，避免漏播和重播。

三、适用范围

适用于广东荔枝主产区。

四、应用效果

（一）经济效益

通过实施有机肥替代、绿肥还田、配方肥、中微量元素叶面肥等相关施肥技术，荔枝主产区化肥施用量减少，生产成本降低，进而提高肥料利用效率，实现农民增产增收。本技术模式进一步增加科学施肥增效技术的实施面积，并带动广东其他果树主产区的施肥决策，优化养分需求配比，制定科学合理的施肥方案并引导肥料生产企业优化产品配方，促进作物增产5%以上，肥料增效10%以上，保证农民增产增收。

（二）社会效益

通过本技术模式的应用，引导果农改变并调整施肥习惯，提高肥料利用率，普及科学施肥观念，为农业可持续与高质量发展提供技术支撑。同时，通过各种形式的宣传培训活动，能进一步提高果树生产过程中养分管理技术，指导农作物生产更科学合理。

（三）生态效益

本技术模式示范区从化肥施用量、施用时间、肥料施用品种等多方面进行优化，从而改变以往生产过程中的盲目施肥和不科学施肥；本技术模式提高肥料利用率，降低化肥损失所造成的环境污染风险。果园生态环境质量有所改善，有利于农业可持续发展，实现经济社会和生态环境的良性循环。

五、相关图片

沟施有机肥

无人机喷施叶面肥

无人机撒播绿肥种子

广西火龙果"有机肥＋测土配方施肥＋水肥一体化"技术模式

一、模式概述

以施用有机肥、测土配方施肥、水肥一体化等为核心技术，组合配套果园覆盖秸秆或防草膜、微喷、补光等技术措施，形成火龙果综合丰产提质技术，充分挖掘火龙果各方面的增产提质潜力，提高施肥效率和肥料利用率，实现化肥施用减量和增产增效。

二、技术要点

(一)核心技术

1. 有机肥施用技术。

(1)有机肥类型。可选择充分腐熟的羊粪、牛粪等农家肥和商品有机肥，商品有机肥优先选取以植物秸秆为基质的生物有机肥。

（2）有机肥用量。对于新植果园，施用腐熟的羊粪、牛粪等农家肥3 000～4 000千克/亩，或商品有机肥2 000～3 000千克/亩。老苗果园施用腐熟的羊粪、牛粪等农家肥2 000～3 000千克/亩，或商品有机肥1 000～2 000千克/亩。

（3）施用时间。10—11月施用。

（4）施肥方法。在离火龙果根部20～35厘米，采用单边条施方式，结合火龙果松土进行作业，将有机肥与土壤充分混匀，宽为15厘米左右，松土深20厘米。

2. 测土配方施肥技术。

（1）施肥原则。运用测土配方施肥技术成果，结合火龙果品种的需肥特性，科学确定肥料施用量。肥料品种采用有机无机肥相结合、氮磷钾肥配合施用。养春梢期2—4月施用高氮肥料，养花期、结果期施用高钾肥料。

（2）施肥建议。根据种植地块肥力水平和地形情况，亩施氮肥（N）20～30千克、磷肥（P_2O_5）5～15千克，钾肥（K_2O）35～50千克。养花期、结果期适当施用中微量元素水溶肥料。

3. 水肥一体化技术。利用水肥一体化系统，通过低压管道灌溉，将可溶性固体肥料或液体肥料，根据土壤肥力特点及火龙果的养分需求规律、肥料利用率，肥随水走、少量多次、分阶段施肥，促进作物生长，提高施肥效率和肥料利用率。

通过水肥一体化设施将肥输送到根系生长区域，7天左右滴一次肥，每次用肥量2.5～5.0千克。

（二）配套技术

1. 覆盖秸秆技术。在种植火龙果畦面覆盖作物秸秆，亩用量5～7米³，每隔一年覆盖一次。覆盖秸秆可减少地表径流，抑制田间无效蒸发，保蓄土壤水分，具有防草、保肥、增加有机质作用，使土壤水、肥、热、气等因素处于协调状态，达到提高产量，改善品质的效果。

2. 覆膜保墒技术。在火龙果行间沟面上覆盖黑色防草膜。具增温保温、减少水分蒸发、抑制杂草生长、方便田间管理作业等作用，达到田间保墒提墒的目的，使耕作层土壤水分充足而稳定，为作物生长发育创造良好条件。

3. 松土促进根系生长技术。每年10—11月在离火龙果根部20～35厘米处，种植行的一边，采用单边开行翻土，垂直深度为20厘米左右，宽15厘米左右，促使火龙果断老根萌发新根，为第二年良好生长奠定基础。松土采取单边松土，隔年轮换的方式。

4. 喷淋降温技术。在距火龙果顶部枝条50～80厘米处安装微喷设备，每隔5～6米安装1个。当夏季气温超过30℃时，采用微喷方式进行喷淋降温，达到保花防灼伤的目的。一般从当天上午10—11时开启至下午5时左右，每天喷淋5～8小时。

5. 大田补光技术。采用先进的灯光补给系统，专门给火龙果补光，促进火龙果光合作用，提高火龙果的产量和品质。每年可新增3个月的挂果期，亩增产1 000千克，达到反季节开花挂果的目的。在带来企业增收的同时形成漂亮的生态观光景观，直接给当地提供了一处独特的休闲旅游胜地。在距离火龙果顶部枝条 30～60 厘米处安装 12～15 瓦植物 LED 灯，每隔 1.3～1.5 米安装 1 个。补光时段分为春季（2—4 月）补光和秋季（9—10 月）补光。

6. 防霜冻技术。冬季覆盖天膜或果实套袋防止果实受冻害；夜间温度在 10℃ 以下时，喷淋保温降低冻害发生。

三、注意事项

1. 注意调节好喷淋降温和田间持水的关系。低洼、平坦、水田改种的种植区，挖深沟排积水，降低地下水位。

2. 2—4 月无果期打开防草膜通风晒土。

3. 滴灌带应该放在秸秆覆盖物下方，滴灌带孔朝上，防止堵塞。

四、适用范围

适用于广西火龙果主产区。

五、应用效果

和常规技术相比，本技术可减少化肥用量 8.7％～10.2％，增产 336～408 千克/亩，增产 8.7％～10.2％，节肥增效效果显著。

六、相关图片

火龙果水肥一体化及覆膜技术

火龙果覆盖秸秆技术　　　　　　　　　　　火龙果喷淋降温技术

火龙果补光技术　　　　　　　　　　　　　松土促长根技术

贵州蜂糖李"绿肥还田＋测土配方施肥＋中量元素肥料"技术模式

一、模式概述

以冬夏两季绿肥连茬免耕种植还田培肥土壤为基础，以测土配方施肥技术为核心，搭配补充中量元素等措施，达到土壤培肥改良、化肥施用减量、果品质量提升、生产成本降低、经济效益增加的效果，实现果园高产优质化、绿色生态化。

二、技术要点

(一)冬夏绿肥接茬免耕种植还田

1. 绿肥品种。冬季绿肥首选箭筈豌豆，其次是光叶苕子、肥田萝卜、油菜等；夏季绿肥主要选择生物量大的竹豆（别称爬山豆、巴山豆），其次是大豆（别称十月青）。种子质量应符合 GB 8080 中规定的三级以上良种。

2. 茬口衔接。通过合理安排茬口，实现冬季绿肥与夏季绿肥的播种期与盛花期相互重叠。利用上茬绿肥盛花期的高生物量和养分积累量以及易腐解的时间节点，同时进入下茬绿肥适播期，实现两季绿肥接茬种植。

3. 播期及播种量。冬季绿肥播种时间，高海拔（1 200 米以上）以 8 月中下旬为宜，中高海拔（800～1 200 米）以 9 月上中旬为宜，中低海拔（800 米以下）以 9 月中下旬为宜。箭筈豌豆或光叶紫花苕子 5.0～6.0 千克/亩；油菜 0.7～1.0 千克/亩；肥田萝卜 1.0～1.5 千克/亩。夏季绿肥 4—6 月均可播种，结合冬季绿肥压青和果树施肥同期进行。竹豆 3.5～6.0 千克/亩；大豆 5.0～7.0 千克/亩。

4. 播种方法。冬季绿肥和夏季绿肥均采用免耕撒播法。在树盘外（距果树主干 30～50 厘米，根据树龄大小调整），绿肥种子均匀地免耕撒播于果树行株间（保证种子接触地面），然后把果园内前茬绿肥和杂草刈割成＜30 厘米的小段盖种，厚 5～8 厘米。绿肥藤蔓长出后要控制藤蔓，避免缠绕果树。

5. 压青及刈割覆盖。在箭筈豌豆或光叶紫花苕子初花至盛花期，油菜、肥田萝卜始荚期时，接茬播种夏季绿肥，并结合蜂糖李追肥及时刈割冬季绿肥及杂草压青，剩余的绿肥全园覆盖，树盘覆盖 15～20 厘米，行株间 8～10 厘米为宜。竹豆等夏季绿肥在盛花期或秋后霜降前结合蜂糖李秋季施基肥压青。在树冠滴水线内，挖圆形或半圆形施肥沟，沟宽、沟深各 30～40 厘米，沟底内浅外深呈倾斜状，刈割绿肥放入沟底压实，小树每株压青 10～15 千克，成年树每株压青 20～25 千克，绿肥进行树盘覆盖，厚 15～20 厘米。

（二）按方施肥

根据蜂糖李养分需求规律，因土补肥、看树施肥。土壤较肥沃或树龄小、树势强的果园适当减少化肥用量；土壤瘠薄或树龄大、树势弱的果园适当增加化肥用量。

1. 基肥。基肥以夏季绿肥为有机肥源，小树每株压青 10～15 千克，成年树每株压青 20～25 千克；基肥化肥施用量占全年施肥量的 50%，化肥均匀施在施肥沟的绿肥上，后覆土整理树盘，小树每株一般施 N、P_2O_5、K_2O 分别为 0.15～0.2 千克、0.15～0.2 千克、0.2～0.25 千克，成年树每株一般施 N、P_2O_5、K_2O 分别为 0.2～0.3 千克、0.3～0.5 千克、0.3～0.4 千克。

2. 促花肥。促花肥多在早春后开花前施用，施用的肥料以氮肥为主，约占年施肥量的 10%，每亩的氮肥（N）用量 2～5 千克。

3. 坐果肥。坐果肥多在开花之后至果实核硬化前施用，主要是提高坐果率、改善树体营养、促进果实前期的快速生长。施肥以氮肥为主，配合少量的磷钾肥。用量约占年施用量的 10%，一般每亩施氮肥（N）3～7.5 千克。

4. 果实膨大肥。果实膨大肥在果实再次进入快速生长期之后施用，此时追肥对促进果实的快速生长，促进花芽分化，为来年生产打好基础具有重要意义。果实膨大肥以氮钾肥为主，根据土壤的供磷情况可适当配施一定量的磷肥。施肥用量约占年施用量的 30%，一般每株施氮肥（N）0.1～0.15 千克，钾肥（K_2O）0.3～0.4 千克。

（三）喷施中量元素肥和生长调节剂

蜂糖李树体萌动花芽露白、谢花后 3～5 天、谢花后 10～15 天、生理落果后、果实开始着色等时期，喷施磷酸二氢钾、生长调节剂等。

（四）注意事项

1. 首次播种绿肥的果园若土壤较板结，则先整地再播种绿肥。
2. 若播种绿肥时果树行间杂草过于茂盛，则先刈割杂草，5~7 天后再播种绿肥。
3. 选择墒情较好的时期播种，保证绿肥种子出苗率。

三、适用范围

适用于贵州省蜂糖李种植果园。

四、应用效果

（一）增肥控草保水

豆科绿肥生长过程中，与根瘤菌共生固氮，可为土壤补充氮素，十字花科绿肥可活化土壤中的磷，提高磷的利用率。绿肥刈割后均匀覆盖于果园行间和树盘，自然腐解后可提供大量有机质及各类养分，培肥土壤，同时保温保水。绿肥对杂草的防控率达 80％以上，全年可减少人工除草 3~8 次，大大降低人工除草成本。

（二）节本增产增收

本技术模式减少了果园化肥和除草剂的使用，降低了农业面源污染风险，同时增加地面植被覆盖，减少雨水冲刷，保持水土，保护农业生态环境。化肥施用量较常规施肥平均减少 10％左右，增产 8％~12％，亩节本增效 1 500 元左右。

冬季绿肥

夏季绿肥

贵州蓝莓"有机肥＋配方肥＋水肥一体化"技术模式

一、模式概述

通过"有机肥＋配方肥＋水肥一体化"技术模式，以增施有机肥提高土壤肥力为主，以水肥一体化根层水肥精准供应为核心，保证水肥高效利用，达到精准灌溉，实现改良土壤、节肥增效、提质增产。2022 年以来，本技术模式累计推广 2 万余亩次。

二、技术要点

（一）增施有机肥技术

1. 有机肥类型。选择充分发酵腐熟的羊粪、牛粪、厩肥等农家肥，或生物有机肥、生物菌肥等商品有机肥料。

2. 有机肥用量。幼树株施牛粪、羊粪、厩肥等农家肥 3～5 千克或商品有机肥 1～2 千克；成年树株施牛粪、羊粪、厩肥等农家肥 5～10 千克或商品有机肥 2～5 千克。

3. 施用时间。每年 11 月初至第二年 2 月底。

4. 施肥方法。沿树冠滴水线外侧开沟，以沟深 25～30 厘米、沟宽 20～25 厘米为宜。施入肥料时应均匀撒在沟内并与回填土壤混拌均匀，回填土要高于原土面 5～10 厘米。

（二）水肥一体化施肥技术

1. 系统简易组成。主要包括水泵、过滤器、管道、滴灌或微喷灌设备。水泵提供动力，过滤器防止杂质堵塞管道和喷头，管道将水输送到蓝莓种植区域，滴灌或微喷灌设备则用于精准供水。滴灌可以使水缓慢地滴到蓝莓植株根系附近，减少水分蒸发，微喷灌则能覆盖一定范围，较均匀地洒水。

2. 肥料选择。蓝莓偏好酸性肥料，应选择硫酸铵等铵态氮肥，避免使用含氯肥料。同时，要根据蓝莓生长阶段选择不同配比的肥料。也可使用专用水溶性配方肥，其中含有蓝莓生长所需的氮、磷、钾以及微量元素（如铁、锌）等。

3. 肥料用量。幼龄蓝莓树（1～3 年生），在定植后的第一年，每株蓝莓可施用氮肥（以纯氮计）10～20 克，磷肥（以 P_2O_5 计）8～10 克，钾肥（以 K_2O 计）5～10 克。之后逐年适当增加，到第三年，氮肥用量可增至 30～40 克，磷肥 12～15 克，钾肥 10～15 克。成龄蓝莓树（4 年生及以上），一般每年每株需要氮肥（以纯氮计）80～150 克，磷肥（以 P_2O_5 计）40～80 克，钾肥（以 K_2O 计）40～80 克。如果土壤肥力较高，可以适当减少用量，如果土壤肥力较低，需要适当增加用量。另外，蓝莓对微量元素的需求也很重要，所以在施肥时适当增加微量元素，避免出现缺素现象。

4. 施肥时间。

（1）萌芽期。春季蓝莓萌芽前 2～3 周开始第 1 次施肥，通过水肥一体化系统施用高氮型肥料，如氮、磷、钾比例为 2∶1∶1，浓度在 0.1%～0.2%，促进花芽的萌动和新梢生长。

（2）花前 1～2 周。用含硼、锌等微量元素的水溶肥料进行施肥，浓度约为 0.1%，硼元素有助于花粉管的萌发和受精，锌有助于提高植株的抗逆性。

（3）花后 1 周左右。施用氮、磷、钾比例相对均衡的肥料，比例为 1∶1∶1，浓度在 0.15%～0.2%，帮助幼果形成和坐果。

（4）果实膨大期。果实开始膨大时，要加大钾肥的供给，使用氮、磷、钾比例为 1∶0.5∶2.5 的水溶复合肥，浓度在 0.2%～0.3%。这个阶段一般持续 4～6 周，根据果实发育情况，每隔 1～2 周施肥 1 次，促进果实充分膨大，提高果实品质。

（5）采果期。采果后的 1～2 周内，及时施肥恢复树势。主要施用有机肥或含氮量较高的水溶性复合肥，浓度在 0.1%～0.15%，有机肥则要根据其营养成分和蓝莓植株大小来确定用量，帮助蓝莓树积累养分，促进花芽分化。

5. 施肥方法。

（1）肥料的准备。根据蓝莓生长阶段选择不同配比的肥料。

（2）配制肥料溶液。将肥料溶解在水中，制成肥料溶液。在施肥前，检查滴灌系统是否正常。

（3）施肥操作。通过施肥装置（如文丘里施肥器或注射泵）将肥料溶液注入灌溉水中，使肥料与灌溉水均匀混合。

（4）施后冲洗。施肥完成后，继续用清水灌溉一段时间，以冲洗管道和滴头中的肥料残留，防止肥料结晶堵塞管道，同时也避免土壤局部肥料浓度过高对蓝莓根系造成伤害。

三、适用范围

适用于贵州省区域内配套有水肥一体化设施的蓝莓种植基地。

四、应用效果

（一）经济效益

和常规技术相比，本技术可节约化学氮肥 50%左右、磷肥 40%左右，节省施肥浇水人工 80%，优质果率提高 10%～12%，增产 5%～10%，亩节本增收 600～1 200 元，节肥增效效果显著。同时，蓝莓产量和品质得以提高，商品性好，市场竞争力增强。

（二）社会效益

显著改善果园土壤理化性质，持续提高果园土壤有机质含量，减少氮磷用量，耕地质量逐步提升，推动农业可持续发展。同时，通过与农业生产企业、农民专业合作社、新型经营主体、种植大户、农户的合作和示范推广，优化施肥结构，改进施肥方式，推广高效施肥技术，进一步提高科学施肥能力，实现化肥减量增效。

（三）生态效益

集成地力培肥、土壤改良、化肥减量增效技术于一体，引导和鼓励农民增施有机肥，向氮磷钾搭配、有机无机结合的施肥转变，提高了肥料利用率，减少了化肥施用量，减轻了农业面源污染，保护了农业生态环境，提高了耕地质量，提升了农产品的质量和产量，实现耕地的可持续利用。

增施有机肥　　　　　　　　　　　　　　　　水肥一体化

贵州猕猴桃"绿肥种植＋有机肥＋水肥一体化"技术模式

一、模式概述

以种植绿肥、施用有机无机肥、测土配方施肥为基础，制定猕猴桃基肥施肥方案，配套施用大量、中微量元素水溶肥，通过喷滴灌系统，在灌溉的同时把肥料配兑成一定浓度的肥液一起输送到果树根部土壤或叶片上，确保土壤或叶片养分、水分实现均匀、准确、定时定量供应，实现猕猴桃全生育期精准施肥。2022 年以来，累计推广应用本技术模式 1 万余亩。

二、技术要点

（一）绿肥种植

绿肥品种选择一般以光叶苕子、箭舌豌豆等为主，秋季播种，播种时距树干 50 厘米，行距 20～30 厘米，在果树空行及株间（树冠外）免耕或浅旋耕撒播，播种量 3～4 千克/亩。

（二）基肥确定

1. 肥料品种。选用氮磷钾配比合理的肥料，选用合适的配方肥或相近配方的复合肥，符合国家质量标准和行业要求。

2. 肥料用量。依据猕猴桃品种、目标产量、土壤测试结果、肥效试验等制定施肥方案，确定施肥总量、施肥次数、养分配比和运筹比例。根据猕猴桃整个生育期需肥量、猕猴桃品种、目标产量、树龄大小、树势强弱等综合确定施肥量 N：P_2O_5：K_2O 为 1：(0.5～0.8)：(0.7～1.0)。根据目标产量 800～1 200 千克/亩，在亩施农家肥 1 500～2 000 千克或亩施 500～800 千克商品有机肥，或亩施 300 千克左右微生物肥，套种绿肥的基础上，亩施氮（N）15～20 千克、磷（P_2O_5）8～10 千克、钾（K_2O）15～20 千克。秋冬季施基肥，采用根际施肥，早熟品种落叶前或晚熟品种果实采收后至落叶前（10—11 月），配合施用复合肥，占全年施肥总量的 50%～60%。

3. 施肥方法。幼年树一般采用环状沟施，并可与深翻扩穴相结合。以树干为中心，距树干 60 厘米左右（依树冠大小而定）挖一条环状沟，沟宽 20～30 厘米，沟深 40～50 厘米，把有机肥与适合的配方比例复合肥拌土均匀后施入，然后盖土。随树龄与树冠的扩大，环状沟逐年向外扩展。成年树采用条状沟施，在距树干 60 厘米左右（视树龄而变动）的行间或株间两边各挖一条沟或隔行开沟施肥，沟深 40～50 厘米，宽 30～50 厘米，隔年交替更换开沟方向和位置。

（三）水肥一体化追肥

按猕猴桃生育期需肥规律、施肥运筹及养分配比等因素，通过水肥一体化系统，少量多次施肥，实现猕猴桃精准、高效、按需施肥。

1. 肥料选择。根际施肥，可选用适宜的配方肥料或复合肥料。水肥一体化施肥、喷滴灌施肥时，要求肥料溶解度高、纯净度高、没有杂质；相容性好，使用时相互不会形成沉淀物；养分含量较高；不会引起灌溉水 pH 的剧烈变化；对灌溉设备的腐蚀性较小；微量元素要求一定的溶解度。

2. 肥料类型。

（1）可以直接选择市场上专用的水溶性复合固体或液体肥料，根据其养分含量比例添加补充某元素含量以达到养分含量要求。

（2）按照指定的养分配方，选择水溶性较好的固体肥料，自行配制肥料溶液。

（四）水溶性肥料使用及注意事项

1. 少量多次。按照植物不间断吸收的特点，减少一次性大量施肥造成的淋溶损失。

2. 养分平衡。在滴灌施肥下，根系多依赖于滴灌提供的养分，对合理的养分比例和养分平衡有更高的要求。

3. 防止肥料烧伤根系。定期测定电导率对判断施肥浓度及施肥时间有重要作用。

4. 避免过量灌溉。一般灌溉深度 20～60 厘米保持湿润即可，过量灌溉不但浪费水，严重的还会使养分淋失到根层以下，浪费肥料的同时导致作物减产，特别是尿素、水溶性复合肥等极易随水流失。

5. 了解灌溉水的硬度和酸碱度，避免产生沉淀，降低肥效。磷酸钙盐沉淀非常普遍，是堵塞滴头的原因之一。建议施肥前掌握稀释倍数和溶液的酸碱度。

6. 注意施肥的均匀性，原则上施肥越慢越好。在土壤中移动性较差的元素（如磷），延长施肥时间，可极大提高养分的利用率，在旱季滴灌施肥，建议施肥时间 2～3 小时。

当土壤不缺水时，建议施肥在保证均匀度的情况下，越快越好。

（五）追肥时间及施肥量

1. 萌芽肥。 3 月中下旬，开始施萌芽肥，以高氮水溶肥为主，一般亩施 3～5 千克，占全年施肥总量的 5％左右。

2. 催花肥。 开花前 2～3 周，以高氮水溶性复合肥为主，一般亩用量 3～5 千克，施 2 次，占全年施肥量总量的 10％左右。

3. 促果肥。 花谢后 1 周内完成第 1 次施肥，主要是以高钾低磷中氮水溶肥为主的复合肥，占全年总量的 10％。

4. 壮果肥。 5 月开始进入 50 多天的膨果期，每隔 15～20 天喷 1 次肥水，主要以中氮低磷高钾复合水溶肥为主，连施 3 次，每次亩施 3～5 千克，可随水分次施用，辅以配合喷灌施矿源腐植酸水溶肥、氨基酸水溶肥、钙镁硫中微量元素水溶肥等。7 月上旬，亩施高钾低磷低氮水溶肥为主的复合肥 3 千克左右，配合施用有机水溶肥，间隔 20 天施 1 次，共施 2 次。占全年施肥总量的 20％左右。

（六）水肥一体化技术

1. 水肥一体化施肥系统。 由水源（充分利用地形，修建集雨池，在山势较高的地方建立大的供水池）、首部枢纽（水泵、过滤器、施肥器、控制设备和仪表）、输配水管网、灌水器 4 部分组成。

2. 水肥一体化施肥系统使用。 使用前，用清水冲洗管道；施肥后，用清水继续灌溉 10～15 分钟；每 30 天清洗过滤器、配肥池 1 次，并依次打开各个末端堵头，使用高压水流冲洗干、支管道。

3. 水肥一体化肥料的施用。 根据作物生育期选择不同配方的水溶性肥料或尿素、硫酸铵、磷酸一铵、磷酸二氢钾、硫酸钾等，均需预溶解过滤后施用。水溶性肥稀释 400～1 000 倍液或每立方米中加入 1～3 千克水溶性复合肥，采用滴灌或微喷灌施用。

三、适用范围

适用于贵州省有喷滴灌设施的猕猴桃园。

四、应用效果

（一）经济效益

每亩可减少人工 1～2 人，节约生产成本 160 元；节肥 20％～25％，每亩可减少化肥投入 26 千克，减少肥料投入 52 元；猕猴桃增产 10％以上，每亩可增加收入 480 元以上。

（二）社会效益

根据猕猴桃的养分需求规律，配合绿肥种植、施用有机肥、微生物肥及有机无机水溶肥，将猕猴桃迫切需要的有机营养通过配方化的方式供应给果树，少量多次，使施肥在时间、肥料种类以及数量上与果树需肥达到耦合，提高猕猴桃经济性状，提升果品品质，增加农民收入。

（三）生态效益

传统施肥由于肥料吸收利用的时期比较长，肥料容易挥发、淋溶以及被土壤固定，肥料利用率低。采用水肥一体化追肥，肥料利用率可以得到大幅度提高，与传统灌溉施肥相比，其不仅能精准控制灌水量和施肥量，达到化肥减量的目的，还可以增加土壤有机质，达到用地和养地结合，改善农业生态环境的目的。

冬季绿肥　　　　　　　　水肥一体化

云南黄晶果"有机肥＋微生物菌剂＋水肥一体化"技术模式

一、模式概述

集成运用"有机肥＋微生物菌剂＋水肥一体化"技术模式，配套水肥一体化首部系统、主管系统、施肥系统和田间喷滴灌系统，改造提升核心区水肥一体化设施；每亩配套补助微生物菌剂3.5千克，强化果园施肥全程管理，推进果园施肥高效化、定量化、精准化，持续改善土壤环境。

二、技术要点

黄晶果园喷滴灌水肥一体化技术是集微喷、微灌和施肥于一体的灌溉施肥模式，每行果树沿树行布置一条灌溉支管，借助微喷、微灌系统，在灌溉的同时将肥料配兑成肥液一起输送到作物根部土壤，确保水分养分均匀、准确、定时、定量供应，为作物生长创造良好的水、肥、气、热环境。

（一）黄晶果栽培管理技术

1. 定植。黄晶果在西双版纳一年四季都可种植，株行距约为 3.5 米×3.5 米，种植时每亩施用优质有机肥 1 100 千克、中微量元素肥料 5.5 千克、三元复合肥（N-P_2O_5-K_2O 为 17-17-17）11 千克，嫁接苗在种植后第二年即可开始结果，第三年即可进入盛产期，亩产可以达到 1 500 千克以上，定植后则需刻意修剪，仅需适度去除徒长枝使植株矮化，避免遭受风害而使枝条断裂。为了使树形张开，苗期宜摘心，促进分枝，控制株高在 2～2.5 米，方便采收管理。

2. 施肥。幼龄树以速效氮肥为主，每月每棵施用高氮肥（含氮量为 26%）70 克、三元复合肥（N-P_2O_5-K_2O 为 16-16-16）50 克。进入开花结果的树，根据不同时期的需求增施磷钾肥，每月每棵施用三元复合肥（N-P_2O_5-K_2O 为 17-17-17）100 克和磷酸二氢钾 40 克，摘果前 20 天每棵施多聚磷酸钾 100 克。9—10 月每棵埋施三元复合肥（N-P_2O_5-K_2O 为 17-17-17）400 克和优质有机肥 20 千克。

3. 病虫害防治。目前为止，黄晶果的病虫害很少，仅东方果实蝇、粉介壳虫和蚜虫危害较严重。

（1）东方果实蝇。其为黄晶果最主要的虫害，危害相当严重。一般于果实有鸡蛋大小时进行套袋防治，太早套袋果实容易落果。

（2）粉介壳虫。一般甚少发生，但因发生时会诱发煤烟病，影响叶片的光合作用并污染果皮，降低果实商品价值。用有机磷剂防治效果较好，套袋以后对果实的影响不大。

（3）蚜虫。主要发生于新梢、小花处，吸取汁液使叶片卷曲，并诱发煤烟病，可用吡虫啉进行防治。

（二）微生物菌剂施用技术要点

根据水果作物树龄确定亩施用量，幼龄期每亩用量 1～5 千克；中后期每亩用量 5～15 千克。可根据不同作物的营养需求和土壤状况增减用量。利用水肥一体化系统采取冲施、滴灌、喷灌等进行施用。

1. 施用的微生物菌剂的技术指标。有效活菌数≥2.0 亿个/毫升，执行标准 GB 20287。

2. 主要成分。复合微生物菌剂由枯草芽孢杆菌、地衣芽孢杆菌等组成，有效活菌数≥2.0 亿个/毫升，富含多种生物活性酶、氨基酸和有机酸等天然活性物质。

3. 产品功效。一是促进根系生长：产品中的有益菌及其发酵产生的生物活性酶具有促进根系快速生长的作用。二是促使植物生长健壮：含有的芽孢菌属、放线菌属等内生菌产生的吲哚乙酸以及硫代乙酰胺（TAA）细胞激动素等植物生长刺激素，使植物生长更加健壮；也增进宿主植物对氮、磷等营养元素的吸收。三是活化改良土壤：有益菌群为土壤微生物提供了良好的生存空间，增强土壤微生物活性，促进土壤团粒结构形成，增加土壤通透性，分解土壤中的有害物质。

4. 使用方法。冲施、滴灌、淋根、喷灌等，前期每亩用量 5～10 千克；中后期每亩用量 10～20 千克。10～20 天使用 1 次为宜，可根据不同作物的营养需求和土壤状况增减用量。

5. 注意事项。常温保存，用前摇匀，稀释后使用，开封后不宜久存，用后密封。如有沉淀，属正常现象，放心使用。

三、适用范围

适用于云南省内黄晶果适宜种植区域。

四、应用效果

（一）经济效益

通过推广"水肥一体化＋养分综合管理＋增施有机肥＋微生物菌剂"技术模式，化肥使用量明显降低，每亩可节约化肥用量 15% 左右，亩节约肥料成本约 35 元，2.485 万亩可节约肥料成本 86.975 万元。0.015 万亩核心示范区，新技术大幅度提高了黄晶果的产量，亩产量可由原来的 1 200 千克提高至 1 400 千克以上，同时商品果的比例可由原来的 60% 提高至 85% 以上，每千克黄晶果按 28 元计算，每亩可增加收益 0.56 万元，0.015 万亩可增加收益 84 万元。

（二）社会效益

通过项目实施，充分发挥种植企业和大户、家庭农场、专业合作社等新型农业经营主体的示范带头作用，强化技术培训和指导服务，大力推广先进适用技术。

（三）生态效益

项目实施按照化肥使用量零增长行动的总要求，有效降低农业面源污染；种植绿肥可有效改造和提升耕地质量，改善土壤理化性状，持续提高土壤保水保肥供肥能力，增强作物抗逆减灾能力，有效推动化肥零增长行动，保护农业生态环境。

五、相关图片

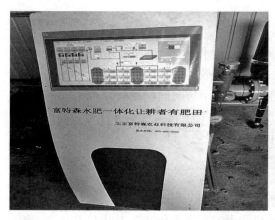 

水肥一体化设备及田间管道

示范片区建设

山东草莓"配方施肥＋高架栽培＋水肥一体化"技术模式

一、模式概述

（一）技术推广背景

乳山市位于北纬37°，是国际公认的草莓最佳生产带，依托优越的地理自然条件，乳山草莓果肉多汁、酸甜适口、芳香宜人，果实硬度0.2～0.4千克/厘米²，可溶性固形物可达7.5％以上，总酸含量小于0.8％，是集营养、保健于一体的优质浆果。同时草莓市场需求量大、产值高、综合效益好，已成为乳山市广泛栽培的重要经济作物。截至2023年，全市草莓种植面积达到1.1万亩，年产量4.4万吨，产值6.2亿元；引进培育推广20多个草莓新品种，通过组培育苗、脱毒繁育、高架扦插、工厂化生产等，年育苗600余万株，产值2 000余万元，有效解决草莓品种单一、退化的问题。

（二）技术优势

种植模式由简到精，大力发展现代高架草莓栽培技术，通过高架栽培，温湿度、水分控制较好，果实成熟较早，可以延长采摘期，提高经济效益；采用基质培养，幼苗成活率较高，有效节约成本；管理方便，降低劳动强度，同时节省时间，提高劳动效率；避免土壤条件限制，解决连作重茬障碍，避免多种土传病害，节省农药成本，打造高品质草莓；采摘方便，有利于发展观光农业，打造草莓生态产业。

（三）品牌效应由弱到强

乳山草莓已成功注册"国家地理标志证明商标"，获得"国家农产品地理标志认证"，入选全国名特优新农产品，在第十八届、十九届"中国草莓文化节"上共获得 3 金 1 银 3 铜，在第九届国际草莓研讨会获得金奖。

为保障蔬菜水果的有效供给、促进种植业绿色高质量发展，按照高产、优质、经济、环保的要求，持续推进测土配方施肥，优化施肥栽培模式，提升施肥栽培专业化、智能化、绿色化水平，提高化肥利用率，减少不合理的化肥使用，为绿色发展、乡村振兴提供有力支撑。针对大棚草莓产量高、不定期采摘、不间断水肥需求的特点，通过基质栽培新技术、水溶肥配方施肥新品种、高架栽培及水肥一体化新机具的"三新"技术开展草莓技术效果试验，在草莓生长的各个关键时期通过水肥一体化技术滴灌水溶肥，均衡全生育期养分供应，以提高草莓的产量和品质。

二、技术要点

草莓的适应性很广，适合多种栽培方法，又有陆续开花结果的习性，且采收期长，露地栽培可采收 1～2 个月，半保护地栽培可采收 3～4 个月，保护地栽培采收期可长达 6～7 个月。草莓生长对温度的要求有 3 个重要的时期：一是植株生长期，即草莓开花结果前，此期外界气温较低，应注意保温，白天温度控制在 26～30℃，夜温 10～14℃；二是果实膨大期，即草莓开花结果后，此期外界气温较低，应注意保温，白天温度控制在 20～25℃，夜间不低于 8℃，保温措施可采取加盖小拱棚或地膜等双层覆盖；三是果实采收期，白天温度控制在 18～20℃，夜间不低于 8℃。生长良好的草莓不仅要有一定数量的氮、磷、钾大量元素，而且也要有一定量的钙、镁、硫中量元素和微量元素。每种元素各有其用，不能替代，因此要平衡施入土中。一般来说，产量为 1 000 千克/亩鲜草莓，需纯氮 3.3 千克、磷 1.4 千克、钾 4 千克，氮、磷、钾的比例是 1∶0.42∶1.2。草莓定植后，生长加快，对无机营养的要求提高，要施足基肥，在第 1 朵花开放之前到果实膨大及收获时都应分别追肥，从第 1 次收获至全期结束，应追肥 4～5 次，对提高草莓品质和增加产量作用明显。施肥时，还应根据草莓对微量元素的要求，适当施用少量硼、钼、锌肥，可作基肥，也可作追肥喷施。

（一）基肥确定

1. 高架基质。根据选择的配方，准备好草炭、椰糠、珍珠岩、蛭石等材料，按照配

方比例 [(草炭＋椰糠)：(珍珠岩＋蛭石)＝3：2] 将各种材料充分混匀。添加复合肥和有机肥，将基质的含水量控制在 70％ 左右。将配好的基质装填到栽培槽中，深度约为 20 厘米。

2. 肥料品种。 选用氮磷钾配比合理、粒型整齐、硬度适宜，含有一定比例缓控释养分或添加抑制剂、增效剂的配方肥料。同时基肥施用商品有机肥、土壤调理剂或堆沤肥。

3. 肥料要求。 肥料应为圆粒形，粒径 2～4 毫米为宜，颗粒均匀、密度一致，理化性状稳定，便于机械施用。

4. 肥料用量。 根据草莓品种、目标产量、土壤测试结果等制定施肥方案，确定施肥总量、施肥次数、养分配比和运筹比例。一般情况下，本技术模式氮肥投入量可比常规施肥减少 20％ 左右，减肥数量根据当地土壤肥力、施肥水平等实际情况确定。

5. 施肥次数。 草莓生育期较长，一般采用"基肥＋多次追肥"模式，根据不同生育期、苗情状况做好肥料运筹，氮肥基肥占 50％～70％，追肥占 30％～50％，根据实际情况进行调整。

(二)机械深施

1. 高架安装作业。 机械加人工安装高架栽培槽，槽深 30 厘米，槽宽 40 厘米，高架间距 120 厘米。

2. 机械施肥。 基肥混施于基质土中填充高架槽，保证深度大于 20 厘米，及时压实。

3. 注意事项。 基质土与基肥混合均匀。

(三)水肥一体化追肥

1. 设备选择。 选择当地设施大棚生产中普遍使用且反响较好的水肥一体化设备。

2. 肥料选择。 水肥一体化追肥时选用水溶肥。大量元素肥料（$N-P_2O_5-K_2O$ 为 20-10-20）；大量元素水溶肥 1 000 毫升（$N+P_2O_5+K_2O \geq 600$ 克/升）、含氨基酸水溶肥 1 000毫升（氨基酸≥ 100 克/升、$Ca \geq 30$ 克/升）两种滴灌水溶肥。肥料产品应符合相关标准，取得农业农村部登记（备案）证。

3. 肥料用量。 一般采用"基肥＋多次追肥"模式，根据不同生育期、苗情状况做好肥料运筹，氮肥基肥占 70％，追肥占 30％，根据实际情况进行调整。水肥一体化水溶肥用量为 5 000 克/亩。

4. 注意事项。 开展跟踪调查，对肥效差的高架槽段要及时补充水肥。

三、适用范围

适用于设施大棚的草莓栽培。对种植制度和土壤条件没有要求。

四、应用效果

大量元素和氨基酸水溶肥的混合通过高架栽培水肥一体化滴灌，可有效提升草莓的产量和品质，草莓产量较对照提高 10.27%，并且减少了 20%化肥的施用，很好地达到了高产、优质、经济、环保的目标要求。同时高架基质栽培有效减少土传病害的发生，提高产量和品质的同时药剂的使用量明显减少，节本增效效果明显。

五、注意事项

调整基质土壤的肥力和酸碱度；添加有机肥料和腐殖质；建立稳固的高架床并根据管理实际安排高架床的高度和尺寸，使草莓植株能够蔓延并充分利用空间；正确安装滴灌系统。

第七章

蔬菜科学施肥"三新"集成技术模式

海南辣椒"测土配方施肥＋膜下滴灌水肥一体化"技术模式

一、模式概述

海南省是我国冬季蔬菜的重要产地，而辣椒是冬季重要瓜菜品种之一，每年种植面积约 63 万亩。然而，施肥方式落后，施肥量和施肥时间与辣椒生长发育规律不匹配，不重视中微量元素的补充，导致肥料利用率低和土壤养分失衡。此外，海南土壤 pH 较低，导致土壤有害微生物积累，土传病害频繁发生。本技术模式根据辣椒自身的生长发育规律和养分吸收规律，结合农户种植实际，提出适合海南省农户小规模应用的辣椒膜下滴灌水肥一体化技术，提高辣椒的化肥利用率，提升辣椒的产量和品质。同时，配套合理施用有益微生物菌剂和土壤调理剂，改善土壤微生态环境，提高微生物菌群活力，提高辣椒抗土传病害的能力。

二、技术要点

（一）核心技术

1. 膜下滴灌水肥一体化技术。 辣椒为露天种植，采用垄上覆膜方式。垄上覆盖银色地膜，排灌沟不覆膜。膜下微喷灌采用种植垄膜下铺设微喷带，一垄一带。微喷带选用薄壁斜 5 孔微喷带，直径 4.50 厘米，微孔间距 2.50 厘米，微孔组间距 10.00 厘米，压力 0.10 兆帕。用 2.21～2.94 千瓦柴油机带动抽水机或者深水泵进行灌溉，用文丘里施肥器和 50 升塑料桶进行施肥。

2. 测土配方施肥技术。 根据有机与无机、大量与中微量结合的施肥原则，以及辣椒整个生育期需肥特性（氮、磷、钾的比例为 $1:0.5:1.4$），每亩追施纯氮、纯磷、纯钾分别为 12～16 千克、6～8 千克、19～22 千克。具体如下：底肥为每亩施用生物有机肥 500 千克；缓苗后施微生物肥料；坐果期追肥 3 次，每亩追施高钾型水溶性复合肥（$N-P_2O_5-K_2O$ 为 15-5-25）5～8 千克；盛果期追肥 3 次，每亩追施高钾型水溶性复合肥

（N－P_2O_5－K_2O 为 15－5－25）7～9 千克。同时，辣椒开花前后叶面喷施钙镁硼锌等中微量元素水溶肥料。

3. 配套技术。

（1）施用土壤调理剂改良土壤酸性。对 pH 低于 5.5 的土壤，在整地时施用含有钙镁硅的土壤调理剂改良土壤酸性，施用量为 40 千克/亩。

（2）施用农用微生物菌剂。辣椒移栽大田后，按枯草芽孢杆菌 2 千克/亩，哈茨木霉菌 1 千克/亩，兑水搅拌均匀后，通过水肥一体化施肥。

（3）在垄上覆盖银色地膜。在垄上覆盖银色地膜，驱避蚜虫，减轻蚜虫危害。

（二）具体操作

施肥时，将微喷带、塑料硬管、文丘里施肥器、小型抽水机接通，然后启动小型抽水机即可将水分和水溶肥料输送到辣椒根部。

（三）注意事项

1. 滴灌施肥时，先滴清水，等管道充满水后开始施肥。原则上施肥时间越长越好。施肥结束后立刻滴清水 20～30 分钟，将管道中残留的肥液全部排出。

2. 施肥原则为少量多次，符合植物根系不间断吸收养分的特点，减少一次性大量施肥造成的淋溶损失。

3. 为补偿水头损失，系统中要求较高的压力，为获得稳压，需要配置增压泵。

三、适用范围

适用于海南省水源充足的辣椒种植区域。

四、应用效果

（一）经济效益

本技术适宜广大小农户小规模应用。根据 2022 年澄迈县金安农场的辣椒膜下滴灌水肥一体化技术核心示范点记录，常规技术种植辣椒每亩的生产资料和用工成本投入为 6 000 元/亩，产值为 30 000 元/亩，纯收入是 24 000 元/亩。采用膜下滴灌水肥一体化技术种植辣椒每亩的生产资料和用工成本投入仅 3 630 元/亩，产值是 33 000 元/亩，纯收入是 29 370 元/亩，每亩的纯收入比常规种植高 5 370 元。

（二）生态效益

本技术的应用推广，较农民常规施肥，亩均可减少化肥 50% 以上。按每亩减少 100 千克化肥量计算，全省 63 万亩辣椒减少化肥量可达 6.3 万吨。辣椒使用化肥显著减少，有利于保护农业生态环境。

（三）社会效益

本技术的推广应用，可转变农户的传统施肥观念，主动应用水肥一体化技术，提高广大农民的科学施肥技术水平，有效推动全县化肥减量增效工作。

五、相关图片

辣椒水肥一体化

黄淮海小辣椒"直播＋有机肥＋水肥一体化＋叶面喷肥"技术模式

一、模式概述

在测土配方施肥技术成果的基础上，以增施有机肥提高土壤质量为基础，以水肥一体化技术为核心，集成了小辣椒"直播＋有机肥＋水肥一体化＋叶面喷肥"的高效施肥技术模式，达到节约劳动力、提高作业效率和化肥利用率的效果，为实现小辣椒稳产高产，促进农业绿色高质量发展保驾护航。

二、技术要点

（一）有机肥施用技术

1. 有机肥类型。 选择充分腐熟的羊粪、牛粪等农家肥，商品有机肥，或沼液、沼渣类有机肥料。

2. 施用时间。 一般距辣椒苗栽植前一周以上。

3. 施用方式及施用量。 一般采用撒施后旋耕方式，施用农家肥（腐熟的羊粪、牛粪等）2 000～3 000 千克/亩，或普通商品有机肥 500～1 000 千克/亩。

（二）滴灌追肥技术

膜下滴灌是将地膜覆盖栽培与滴灌技术有机结合，通过地膜覆盖减少地表蒸发，实现节水、节肥的一项高效节灌技术。滴灌带采用直径 15 毫米的通用滴灌带，播种时，由播种机自动铺设于两行辣椒的中间位置，一般单根滴灌带长度不宜超过 60 米，以免造成首尾压差大，灌水不均匀。

按照控氮增钾、轻施苗肥、稳施花蕾肥、重施花果肥原则，做到"一控、二促、三保、四忌"。一控即开花期控制施肥，以免落花、落叶、落果；二促即幼果期和采收期要及时追肥，以促幼果迅速膨大；三保即保不脱肥、不徒长、不受肥害；四忌即忌用高浓度肥料，忌干土追肥，忌高温时追肥，忌过于集中追肥，施肥时应注意距植株根部 8～10 厘米。苗期追肥 1 次，每亩追施平衡型或高氮型大量元素水溶肥 3.5～5 千克；坐果期追肥 3 次，每亩追施平衡型或高氮型大量元素水溶肥 4～6 千克；初果期追肥 3 次，每亩追施高钾型大量元素水溶肥 2～3 千克；盛果期追肥 1～2 次，每亩追施高钾型大量元素水溶肥 5～7 千克。

注意事项：一是避免过量灌溉，一般使根层深度保持湿润即可，过量灌溉不但浪费水，还会将养分淋洗到根层以下，浪费肥料，作物减产。二是滴灌施肥时先打开灌溉区域的管道阀门进行灌溉 20 分钟，把表层土壤润湿；根据地块大小计算所需的肥料用量，注肥流量根据肥液总量和注肥时间确定；施肥结束后关闭进出口阀门，排掉罐内积水，继续用清水冲洗 20 分钟管道系统，防止肥料在管道中沉淀。

（三）叶面喷肥技术

1. 肥料选择。喷施时要求肥料具有较好的水溶性，氮肥可选用尿素，磷肥可选用磷酸二氢钾，镁肥、锌肥、硼肥和钼肥可分别选用硫酸镁、硫酸锌、硼酸和钼酸铵。水溶性肥料可选择大量元素、中量元素、微量元素、含腐植酸、含氨基酸、有机水溶肥等，肥料产品应符合相关标准，取得农业农村部登记（备案）证。

2. 喷施浓度。每批果收获后，使用含氨基酸水溶肥（微量元素型）叶面喷施 1 次，稀释倍数为 800 倍，可结合非碱性农药一起使用。如土壤缺钙、植株蒸腾量低，有可能出现脐腐病时，在幼果期，可喷施含氨基酸水溶肥（中量元素型），或喷施 0.2% 的氯化钙或醋酸钙水溶液，如长势偏弱可喷施 0.2% 的硝酸铵钙水溶液；在鲜椒采收的高峰期，辣椒需要吸收大量的镁肥，可通过叶面喷施镁肥。缺锌（硼）时，用 0.1% 的硫酸锌（0.2% 的硼砂）溶液，每隔 7 天喷施 1 次。

3. 作业程序。应选择载肥量大、施肥均匀的无人机。喷施作业时将肥料用清水全部溶解，静置 5 分钟后取清液待用。根据作业区实际情况，设置无人机的飞行高度、速度、喷（撒）幅宽度、喷雾流量等参数，并对无人机进行试飞，试飞正常后方可进行飞行作业。肥液喷施选择无风的阴天或晴天傍晚进行，防止灼伤辣椒苗，确保肥效。喷施结束后记录无人机作业情况，若喷后遇雨，应重新喷施。喷施作业结束后持续观察辣椒长势，再次喷施需间隔 7～10 天，避免盲目喷施造成毒害。

（四）配套技术

1. 选茬及整地。小辣椒喜温好光，对外界条件反应敏感，忌旱怕涝，要选择保水保肥能力强、土层深厚、排灌方便的地块种植，因此地块应选择靠近水源、土壤肥沃、排灌良好、疏松透气、前茬3～5年没有种过茄果类蔬菜如茄子、番茄等以及豆类作物的地块，此外，种植畦应平整，以免地面落差大造成滴灌不匀。

2. 品种选择。根据区域气候和栽培条件，应选择经国家或省级审定、株型紧凑、产量高、结果集中、色泽好、果肉含水量小、干椒率高、抗病优质的小辣椒品种。

3. 种子处理。直播春椒一般亩用种量750～1 000克，选择晴天中午晒种，连晒3天，然后将种子放于55℃的温水中，来回搅动，使其受热均匀，当水温降至25℃时停止搅动，浸种18～20小时捞出，然后用1 000毫升/升的硫酸链霉素溶液浸泡30分钟（或用0.1％高锰酸钾溶液浸种10分钟，放入30℃以下的冷水中浸种6～8小时），捞出沥干明水后，通过种子丸粒机使丸粒和各种药剂包裹在辣椒种子的表面，然后利用辣椒直播机械直播，辣椒直播机前端用拖拉机驱动，中部设有播种器，后端设有铺膜起垄器和变速轮，具有种子直播，地膜覆盖，管带铺设的一体化作业功能。

4. 直播播种。利用辣椒直播机将铺设滴灌带、播种、覆土一次性完成，每穴播种2～3粒，每垄2行，滴灌带铺设在2行辣椒的中间位置。播种深浅要一致，下籽要均匀，播种深度1.0～2.0厘米，行距50厘米，株距15～20厘米，一般播后10天左右出全苗，出苗后及时检查出苗情况，当幼苗长到8～10厘米时定苗，每穴留1～2株苗，每亩4 500株左右。

5. 病虫害防治。病虫草害防治提倡治早治小，按照"预防为主，综合防治"的方针，坚持以农业防治、物理防治、生物防治为主，化学防治为辅的病虫害防治原则，统筹做好小辣椒病毒病、炭疽病、灰霉病、青枯病、疮痂病、猝倒病、立枯病、白粉病及蓟马、白粉虱、叶螨和蚜虫等病虫害的综合防治。

三、适用范围

适用于黄淮海小辣椒种植区。

辣椒直播机一次性完成铺设滴灌带、播种、覆土

麦套辣椒苗期

四、应用效果

通过麦椒套种农艺，辣椒"直播＋有机肥＋水肥一体化＋叶面喷肥"技术，提升了小辣椒生产规模化、标准化、机械化水平，且省去育苗和移栽环节，提高了作业效率，优化了作业流程。在化肥施用量减少 5% 的前提下，示范区小辣椒产量提高 8%，可省工50%、节水 60%，有利于规模化种植，减少农业面源污染，生态效益显著。

江西辣椒"测土配方＋水肥一体化"技术模式

一、模式概述

以测土配方施肥为基础，结合辣椒苗根系耐肥度，将肥料配制成相应肥液，通过压力系统，与水一起均衡匀速、定时定量输送到根系进行灌溉施肥，是一种高效、环保的辣椒种植技术模式。

二、技术要点

(一)施肥方案

1. 水分供给。 辣椒在不同生育阶段需水不同，苗期生长量小，叶面积小，需水量最低，随着植株生长和叶面积的增大，水分需求增加，植物盛果期需水量达到峰值。开花结果前保持田间持水量在 65%～70%。结果后田间持水量应保持在 80%～90%。

2. 肥料用量。 按照辣椒目标产量、需肥规律、土壤养分含量和灌溉特点制定，确定施肥总量、氮磷钾比例以及底、追肥的比例。总原则要求有机肥与化肥相结合。辣椒为吸肥量较多的蔬菜类型，每生产 1 000 千克约需氮 5.19 千克、磷（P_2O_5）1.07 千克、钾（K_2O）6.46 千克。

3. 施肥次数。 在使用水肥一体化技术方案过程中，需要对水肥进行管理和控制，密切观察作物生长情况，按照肥随水走、少量多次、分阶段拟合原则，制定水肥耦合方案。施足基肥，及时追肥，后期补肥。磷肥以基施为主，氮钾少量多次追肥，微量元素以叶面补施为主。施肥总量中 20%～30% 作基肥，70%～80% 追肥，追肥少量多次，每次每亩水溶肥用量在 4～10 千克/亩。

(二)水肥管理

1. 水源选择。 选择水量充足、清洁、无污染的地下水、地表径流水、坑塘蓄水等水源，调节水的酸碱度和硬度，有利于延长滴灌系统寿命和肥料的高效溶解。

2. 水分管理。 根据辣椒需水规律、土壤墒情、根系分布、土壤性状、设施条件和技术措施，制定合理的灌溉制度，包括作物全生育期的灌溉定额、灌水次数、灌溉时间等。根据辣椒根系状况确定湿润深度，灌水上限控制在田间持水量的85%～90%，下限控制在50%～60%。在生产过程中应根据天气情况、土壤墒情、作物长势等，及时对灌溉制度进行调整。

3. 肥量控制。

（1）基肥。每亩施有机肥300～500千克和硫酸钾型复合肥20～35千克。

（2）苗期至开花期追肥。定植成活后视长势，隔7～10天追肥1次，每亩施用45%水溶性复合肥（$N-P_2O_5-K_2O$ 为15-15-15）4～6千克及尿素0.5千克。

（3）结果期追肥。结合滴灌追肥3～4次，分别在结果初期、结果中期、结果盛期每亩施用55%水溶肥（$N-P_2O_5-K_2O$ 为18-7-30）4～6千克，水稀释200倍以备灌溉使用。同时每亩喷施15～30千克稀释800～1 000倍含钙镁硼元素的叶面肥1～3次。

（4）采收期追肥。结合滴灌追肥4～5次至采收结束，每7～10天追肥1次，每亩施用55%水溶肥（$N-P_2O_5-K_2O$ 为18-7-30）6～8千克，水稀释200倍以备灌溉使用。同时每亩喷施30～50千克稀释800～1 000倍含钙镁硼元素的叶面肥3～5次。

（三）注意事项

1. 注意施肥浓度。通常需控制肥料溶液的EC值，防止肥料烧伤叶片和根系。定时监测灌水器流出的水溶液浓度，避免肥害。

2. 注意设备压力。通过压力表监测设备压力值，施肥前先滴清水，待压力稳定后施肥，施肥完成后再滴清水清洗管道。

3. 注意设备维护。定期检查、及时维修设备，防止漏水和堵塞，及时清洗过滤器和系统。冬季要防止结冰爆管。

三、适用范围

适用于江西省有滴灌条件的辣椒主产区。

辣椒水肥一体化

四、应用效果

本技术进行了科学合理的水肥配置，节水、节肥，改善田间环境，降低了病虫害的发生，在提高产量的同时，有效提升了辣椒品质。应用本技术，示范区亩均减施化肥10%以上，产量增加20%以上，综合效益增加20%以上。

新疆南疆加工辣椒"测土配方施肥＋水肥一体化"技术模式

一、模式概述

加工辣椒农机农艺配套融合技术模式，是集辣椒优质高产品种奠定产量和质量基础、精准水肥调控契合辣椒各生长阶段精细需求、全程机械化作业提升劳作效率和降低生产成本等关键技术于一体，逐渐形成的高效、绿色、可持续且具有地方特色的辣椒生产综合技术体系。

二、技术要点

（一）优质高产品种选择与农艺要求

根据市场需求和气候、土壤条件，选择适宜的加工辣椒优质高产品种，如红龙23、天亿5号、天亿6号等，株高70厘米左右，株幅50～60厘米，结果集中，坐果能力强，果实羊角形，成熟果深红色，色价高（19～22），抗病性强，抗倒伏能力强。农艺上，根据不同品种特性，确定合理的种植密度、株行距，保证辣椒生长有充足的空间和光照，同时便于农机作业。

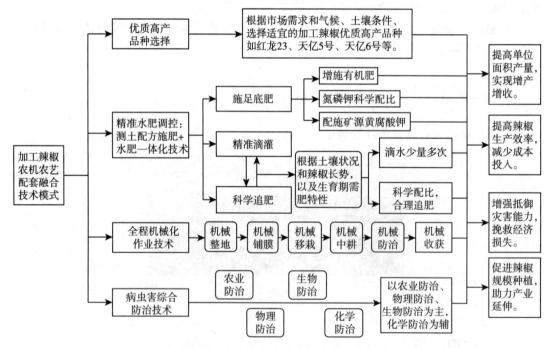

加工辣椒农机农艺配套融合技术模式示意图

（二）精准水肥调控

结合辣椒种植地块土壤保水保肥能力和墒情，根据辣椒目标产量需求，应用"测土配方施肥＋水肥一体化"技术，进行科学水肥管理。全生育期共需肥 90～120 千克/亩，增施有机肥、应用生物菌肥和含腐植酸类等新型肥料可适当减少化肥使用，具体如下：

1. 施足基肥。 使用有机肥与化肥相结合的方式，并用旋耕机将肥料与土壤充分混合，为辣椒生长创造良好的土壤条件。每亩施优质腐熟农家肥 2 000～2 500 千克，磷酸二铵 25 千克或复合肥 25 千克，硫酸钾 8～10 千克或矿源黄腐酸钾 5 千克。

2. 精准滴灌。 滴水少量多次，全生育期滴水 10～12 次。辣椒苗移栽后立即滴水，或边栽苗边滴水，移栽水要浇足浇透，亩滴水量 30 米^3。待完全恢复生长后，根据气温和墒情每隔 10～15 天滴 1 次水，每次每亩滴水量不超过 30 米^3，长势强的品种要注意蹲苗，每次滴水 5 天后中耕 1 次。5 月底辣椒进入花蕾期，需水量开始增加，7 天左右滴 1 次水，每次每亩 50 米^{3}左右；大量坐果以后，每隔 7 天滴水 1 次，每次每亩滴水量 30 米^3。8 月中旬起每次滴水间隔 10～15 天，每次每亩滴水量 10 米^3。9 月中旬前后停水。

3. 科学追肥。 根据辣椒长势和土壤状况，科学配比氮磷钾肥。全生育期共滴肥 8～10 次，亩施尿素总量为 20～30 千克，大量元素水溶肥 20～30 千克，中微量元素水溶肥 2～3 千克；根据辣椒长势，配施含腐植酸水溶肥或有机生物水溶肥 10～20 千克，提高抗逆性。追肥均采用随水滴施方式，缓苗水和最后两水均不滴肥，其他均采用一水一肥，每次肥料滴施前和结束前均滴清水 2 小时。全生育期前期以氮肥为主，后期多施磷钾类复合肥料，8 月末要控水控肥，防止贪青。补施微肥也可采用叶面追肥方式，苗期喷施锌肥，蕾期、坐果期喷施硼肥、钙肥。

（三）全程机械化作业技术

1. 机械整地。 运用大型深耕机械对土地进行深耕，耙耱整地成待播状态，为机械铺膜开沟做好准备。

2. 机械铺膜。 移栽前 5～7 天覆膜提高地温，用配备北斗卫星导航系统、带有滴灌带铺设装置的铺膜机作业。

3. 机械移栽。 采用人工投苗半自动移栽机或自动投苗全自动移栽机作业，可提高打孔效率，行距端直，深浅一致，缓苗快。

4. 机械中耕。 苗期中耕 3 次，间隔 10 天左右，第 1 次深度 10 厘米，第 2 次深度 16 厘米，第 3 次深度 20 厘米，做到不拉沟、不铲苗、不伤苗、不埋苗。选用人字铲或旋耕刀结构的中耕机作业，不开深沟，最后 1 次中耕后进行碎土作业。

5. 机械收获。 在 9 月底、10 月初，辣椒全部红透时，植株顶部茎秆柔软，老叶脱落，椒果脱水萎蔫，当全田 40% 以上辣椒脱水至含水量 50% 呈柔软状时，分别选择双螺旋对辊对行自走式联合收获机、弹齿不对行自走式联合收获机作业，并配备随车式卸料联合收获机，在保证机械收获椒果破坏率低、摘净率高、收获质量好的前提下，提高作业效率，减少人工采摘的工作量和成本。

三、适用范围

适用于新疆南疆焉耆盆地的加工辣椒主产区。

四、应用效果

（一）提高单位面积产量，实现增产增收

优良品种具有较高的丰产性能，能够在相同的耕作条件下显著提高辣椒产量。

（二）提高辣椒生产效率，减少成本投入

在辣椒种植过程中，从耕地、播种，到田间管理和收获，合理的农艺措施配套应用全程机械化，极大地提高了作业速度和生产效率，大幅减少了人工投入的时间和成本；应用"测土配方施肥＋水肥一体化"技术，提升水肥利用率的同时，节约水肥投入，平均每亩减少化肥（折纯）使用 8.5%，减少人工和水肥成本投入 1 000 元以上。

（三）增强抵御灾害能力，挽救经济损失

通过配套融合技术的推广应用，使用生物有机肥类、含腐植酸类等新型肥料，有助于提升辣椒抗逆性，显著减少病虫害发生，进一步保障辣椒的产量和品质。

（四）促进辣椒规模种植，助力产业延伸

通过合理规划土地、应用农机农艺配套融合技术，整合资源实现规模化，统一的农艺标准和高效的农机作业，保证在大面积种植情况下，辣椒的生长和管理质量不受影响，为辣椒加工等产业链的延伸提供充足的原料基础，有利于推动辣椒产业向深加工方向发展，如制作干辣椒、辣椒酱，到深加工提取辣椒素、辣椒红素用于医药、化妆品等领域，提高产业附加值。同时，产业延伸也能带动周边产业发展，包括包装、运输等，为当地经济发展带来新的机遇，让辣椒产业成为经济发展的强劲动力。

五、相关图片

增施有机肥   整地

机械移栽

机械中耕

无人机飞防

加工辣椒长势

机械采收

黄淮海设施黄瓜"有机肥＋滴灌水肥一体化"技术模式

一、模式概述

以增施有机肥提高土壤肥力为基础，以水肥一体化根层水肥精准供应为核心，集成设施黄瓜"有机肥＋滴灌水肥一体化"技术模式，实现养分精准调控，提高肥料利用率，促进增产增收，提高种植效益。

二、技术要点

黄瓜喜湿又怕涝，设施栽培时，土壤温度低、湿度大时极易发生寒根、沤根和猝倒病。黄瓜在不同的生育阶段，对水分的要求不同。幼苗期水分不宜过多，否则容易发生徒长。但是也不宜过分控制水分，否则容易形成老化苗。初花期要控制水分，防止植株地上部徒长，以促进根系发育，为结果期打下良好基础。结果期营养生长和生殖生长同步进行，对水分需求多，必须供应充足的水分才能获得高产。

黄瓜虽喜肥，但又不耐肥。由于植株生长发育迅速，短期内生产大量果实，因此需肥量大。但是黄瓜根系吸收养分的范围小，能力差，忍受土壤溶液的浓度较小，所以施肥应该以有机肥为主。只有在适量施用有机肥、提高土壤缓冲能力的基础上，才能适量多次地施用速效化肥。

（一）有机肥施用技术

有机肥替代技术是按照有机无机相结合的原则，增施有机肥替代部分化肥，从而减少化肥用量，达到改良土壤，培肥地力，提质增效的效果。

1. 有机肥类型。 可选择充分腐熟的羊粪、牛粪等农家肥，商品有机肥，或沼液、沼渣类有机肥料。

2. 施用时间。 一般距黄瓜苗栽植前一周施入。

3. 施用方式及施用量。 一般采用撒施然后旋耕方式，施用农家肥（腐熟的羊粪、牛粪等）2～4吨/亩，或普通商品有机肥1～2吨/亩。增施有机肥后，可酌情减少化肥基肥用量，减施比例一般控制在10%～20%。

（二）化肥运筹

设施黄瓜一般施足底肥、多次追肥。底肥施用平衡型复合肥（如$N-P_2O_5-K_2O$为15-15-15），每亩施用50千克左右，整地时撒施后翻入土壤。出苗至开花期，苗情较弱时可每亩追施5千克尿素，促进发育。结瓜后一般每7～15天便可以追肥1次，追肥以高氮、高钾型肥料为主，每次追施10千克左右，直至采收结束。

（三）滴灌水肥一体化技术

黄瓜的营养生长和生殖生长同时进行且时间长，多次采收，采收期可长达2个多月，产量高，需肥量大。前期应适当控制水肥，以控制茎叶长势，促进根系发育，中后期注重钾肥的施用。前期一般每周滴灌施肥1次，选用高氮型水溶肥，每亩7千克左右；采收期前期一般每周进行1次滴灌施肥，后期每隔10～15天滴灌施肥1次，选用高钾型水溶肥料，每次每亩追施10千克左右，采收期也可额外补充施用硫酸钾。

注意事项：一是避免过量灌溉，一般使根层深度保持湿润即可，过量灌溉不但浪费水，严重的是养分淋洗到根层以下，浪费肥料，作物减产。二是滴灌施肥时先打开灌溉区域的管道阀门进行灌溉20分钟，把表层土壤润湿；根据地块大小计算所需的肥料用量，注肥流量根据肥液总量和注肥时间确定；施肥结束后关闭进出口阀门，排掉罐内积水，继续用清水冲洗20分钟管道系统，防止肥料在管道中沉淀。

（四）配套措施

1. 整地施肥。选择有机质含量丰富的肥沃土壤，土壤的pH在5.8～7.8，以6.5为宜。尽量不和瓜类作物连作，每亩施入腐熟粪肥2～4吨。通过翻地让土壤与肥料充分结合。整地采用高垄深沟，一般垄宽在1.5米（连沟），每垄的高在25厘米以上，双行种植。

2. 选种播种。选择早熟、耐低温品种。可以育苗移栽，也可直接播种。一是催芽。将黄瓜种子放入55℃温水中，搅拌15分钟，可杀灭种子表皮所带的多种病菌。然后让其自然冷却浸种6～10小时。将浸泡好的种子用湿纱布包好，放入温度在28～30℃的环境中。24小时后即可开始出芽，2～3天可基本出齐。二是育苗。选择大小合适的育苗钵。将苗土装入育苗钵中，催好芽的种子平放到育苗钵中，上盖1厘米的细土。三是移栽。苗龄不要过长，一般在30～35天。黄瓜苗的行距和株距均在30厘米左右。

3. 搭架引蔓。在黄瓜苗长至40厘米左右时，黄瓜苗开始吐丝爬蔓，这时就要进行架条处理。选用1.5～2米的树条或者竹竿，以黄瓜苗为中心，在其上方搭建成"人"字形，用绳子绑好定型。卷须出现后，每隔3～4天便引蔓1次，要保证植株分布均匀。

4. 瓜秧管理。黄瓜苗在藤蔓长到60厘米时，要对横向的苗芽叉进行摘除，在根部到顶部纵向主干上的叶片数量达到30多片时，要对黄瓜的顶端进行除叉处理，对于多余的枝条，要进行剪枝处理，以免枝条过多浪费养分。

5. 防治病虫害。黄瓜的病害主要有霜霉病、灰霉病、炭疽病等，可以选择适当药物进行防治。黄瓜的虫害主要有蚜虫、螨类、白粉虱等，蚜虫可以用吡虫啉喷雾防治，螨虫可以用阿维菌素＋哒螨灵进行防治，白粉虱可以用20%氰戊菊酯乳油2 000倍液进行防治。

6. 叶面喷施。在滴灌施肥的基础上，可根据植株长势，叶面喷施磷酸二氢钾、钙肥和微量元素肥料。

7. 适时采收。黄瓜的颜色从暗绿到嫩绿并且有一定的光泽，在花瓣不掉落时采收较好。第1次的黄瓜要尽早采摘，以免影响后续黄瓜的生长，预防长出异形黄瓜和植株早衰。

三、适用范围

适用于黄淮海设施黄瓜种植区域。

四、应用效果

通过应用"有机肥料＋滴灌水肥一体化"技术，提升了黄瓜生产规模化、标准化、机械化水平，化肥使用量较常规减少约20％，每亩节约化肥30～50千克，每亩增产达1 000～2 000千克，每亩增收效益1 000～2 000元，具有显著的经济和生态效益。

设施黄瓜膜下滴灌技术

江苏设施黄瓜"有机肥＋水肥一体化"技术模式

一、模式概述

目前我国设施蔬菜生产中水肥管理不合理的现象普遍存在，具体表现为化肥施用过量、肥料运筹不合理、专用肥料缺乏、大水冲施肥料、有机肥施用重量轻质等，导致设施菜地土壤酸化、次生盐渍化、养分非均衡化等一系列土壤质量问题。近期调查表明，全国主要设施蔬菜生产区黄瓜N、P_2O_5和K_2O每亩平均施用量分别是各自推荐用量的2.6倍、5.8倍和2.8倍；设施菜地次生盐渍化土壤的占比较大，土壤盐分总量处于2～5克/千克的样本比例达到38％。土壤硝态氮含量高于100毫克/千克、150毫克/千克的样品分别占49％和32％，土壤速效磷含量高于100毫克/千克、150毫克/千克的土壤样品数目分别占66％和47％，设施蔬菜土壤速效氮磷大量累积，对生态环境构成严重威胁。因此，亟待建立设施蔬菜肥料科学管理技术体系。基于生长发育阶段的设施蔬菜有机替代和养分平衡调控技术是实现土壤养分供应与吸收同步、提高肥料利用率的关键。在优化灌溉的条件下，合理控制化肥的投入量，确定设施蔬菜最佳养分用量指标，实现基于生长发育阶段的设施蔬菜平衡施肥，对设施蔬菜化肥减施增效和设施菜地可持续利用具有重要意义。

二、技术要点

（一）根据产量确定施肥总量

当冬春茬（一般 4 月中下旬定植，5—7 月采收）和设施秋冬茬（一般 9—10 月定植，11—12 月采收）黄瓜目标产量为 10～12 吨/亩时，中肥力土壤的 N、P_2O_5 和 K_2O 适宜用量范围分别为 34～40 千克/亩、13～15 千克/亩、32～38 千克/亩；设施越冬长茬（一般 10 月下旬至 11 月上旬定植，12 月上旬开始收获，第二年 5—6 月拉秧）目标产量为 15～18 吨/亩时，中肥力土壤的 N、P_2O_5 和 K_2O 适宜用量范围分别为 50～60 千克/亩、19～23 千克/亩、48～57 千克/亩。按照设施菜地肥力水平调整养分管理策略，相对于中肥力土壤施肥总量，高肥力土壤减施养分用量的 20%，低肥力土壤增施养分用量的 20%。推荐的 N、P_2O_5 和 K_2O 总量根据设施菜地肥力水平、黄瓜不同生育阶段需肥规律，按基肥、追肥比例及追肥次数进行分配。

（二）有机无机养分合理配伍

每生产 1 000 千克黄瓜需纯氮 2.6 千克、磷（P_2O_5）1.5 千克、钾（K_2O）3.5 千克，种植模式不同，施肥方案也不同。短季节栽培模式包括塑料大棚春提前、秋延后和日光温室冬春茬、秋冬茬。而日光温室越冬长季节种植黄瓜结瓜期长达 5～6 个月，需肥总量较多。一般越冬长季节黄瓜种植基肥中氮肥的施用量占整个生育期氮肥施用总量的 10%；全生育期磷肥全部用作基肥施入土壤中，不再追施磷肥；基肥中钾肥的施用量占整个生育期钾肥用量的 10%～20%。短季节种植黄瓜基肥中氮肥施用量占整个生育期氮肥用量的 20%～30%，全生育期磷肥全部用作基肥施入，钾肥施用量占整个生育期钾肥用量的 40%。

设施秋冬茬和冬春茬黄瓜每亩施用腐熟有机肥 4～6 米³（或商品有机肥 1.2～1.5 吨），化肥 25～30 千克（尽可能选用低磷化肥品种）；设施越冬长茬黄瓜每亩施用腐熟有机肥 6～8 米³（或商品有机肥 1.5～2.0 吨），化肥 30～35 千克作基肥（尽量选用低磷化肥品种）。针对次生盐渍化、酸化等障碍性土壤，每亩补施 100 千克生物有机肥或土壤调理剂。结合整地，先将基肥混合均匀后撒施于地面，机翻或人工深翻 2 次，使肥料与耕作层土壤充分混匀。一般选用高垄种植黄瓜，按等行距 60～70 厘米起垄或大小行距起垄，大行 80 厘米，小行 50 厘米，垄高 15 厘米。水果型黄瓜要求宽窄行种植，宽行连沟行距 80 厘米，窄行连垄 70～75 厘米。

（三）制定追肥运筹方案

黄瓜的营养生长和生殖生长并进时间长，产量高，需肥量大，喜肥但不耐肥，宜采用新型水肥一体化技术进行追肥。在设施蔬菜栽培过程中，将追施的肥料放置于溶解肥料的罐体中，与水充分混合搅拌，再通过压力系统、地表滴灌主管、滴灌支管，将肥料溶液以较小流量均匀、准确地直接输送至作物根部附近的土壤表面或土层中，按照作物生长需求定量定时直接供给作物，精确控制灌溉量和施肥量，显著提高水肥利用率。

设施黄瓜生育期间一般每亩每次滴灌水量为 $10\sim15$ 米^3，滴灌时间、具体滴灌水量、滴灌次数根据黄瓜长势、天气情况、棚内湿度、土壤水分状况等进行统筹调节，实现黄瓜不同生育期最佳的水肥供给。黄瓜对氮、磷、钾的吸收随着生育期的推进而有所改变，从播种到抽蔓养分的吸收量逐渐增加；进入结瓜期，对养分的吸收速度加快；到盛瓜期达到最大值，结瓜后期又减少。设施秋冬茬、冬春茬黄瓜全生育期进行 $7\sim9$ 次追肥，一般在初花期和结瓜期根据果实采收情况 $7\sim10$ 天追肥 1 次，每亩每次追施高浓度化肥（$N+P_2O_5+K_2O\geqslant50\%$，尽量选用高钾高氮低磷型冲施肥、水溶性肥料等品种）$8\sim10$ 千克，或尿素 $4\sim5$ 千克；设施越冬长茬黄瓜全生育期分 $12\sim14$ 次追肥，一般在初花期和结瓜期根据采果情况每 $7\sim10$ 天追肥 1 次，每亩每次追施高浓度化肥（$N+P_2O_5+K_2O\geqslant50\%$，尽量选用高钾高氮低磷型冲施肥、水溶性肥料等品种）$8\sim10$ 千克，或尿素 $4\sim5$ 千克和硫酸钾 $4\sim5$ 千克。

（四）完善配套管理技术

1. 水分。黄瓜苗期要控制灌溉，防止秧苗徒长，以达到田间最大持水量的 60% 左右为宜。结瓜期水量要加大，以达到田间最大持水量的 80% 左右为宜，要保持相对稳定。棚室内若土壤水分过大，一方面会影响根系正常呼吸，另外还会增加室内空气相对湿度，加大病害发生率。定植后浇足定植水，7 天后浇缓苗水，至根瓜坐住期间原则上不灌溉，以防植株徒长而影响坐瓜。如果土壤墒情较差，也可少量灌溉 1 次直到根瓜坐住。在根瓜膨大时开始灌溉，以浇透为宜。深冬季节由于结果初期设施内温度低、光照弱，需水量相对减少，应适当控制灌溉，一般不表现缺水则不灌溉。加强中耕保墒，提高地温，促进根系向深发展，期间灌溉间隔时间可延长至 $10\sim12$ 天，灌溉要在晴天上午进行。有条件的地方可用喷灌或微灌，更有利于黄瓜生长发育。冬春茬黄瓜结瓜期由于温度适宜，黄瓜生长量大，一般 $3\sim5$ 天灌溉 1 次。进入盛瓜期，黄瓜需水量加大，一般 $2\sim3$ 天灌溉 1 次。

2. 光照。每天光照不少于 8 小时。越冬茬黄瓜从定植到结果期，处在光照较弱的季节，光合作用弱，是前期产量低的主要原因。棚室内使用镀铝聚酯反光幕可起到增光增温的作用，提高黄瓜的光合作用强度，增产幅度可达 $15\%\sim30\%$。具体做法：上端固定于一根铁丝上，铁丝固定于温室北墙，将反光幕拉平，下端压住即可。

3. 温度。缓苗期白天温度控制在 $28\sim32℃$、夜间 $20℃$。尤其是早春定植后，由于外界温度较低，一般不通风。如果温室内湿度太大，可选择在中午高温时段适当放风，潮气除去后及时闭棚。缓苗后可适当通风，空气相对湿度保持在 80% 以下，白天温度以 $25\sim28℃$ 为宜，不超过 $30℃$，低于 $20℃$ 时紧闭棚室保温，夜温控制在 $18℃$ 左右。

三、适用范围

适用于苏南大棚黄瓜种植区，也适用于苏北冬春茬、秋冬茬的日光温室黄瓜种植区，土壤 pH 为 $5.5\sim7.6$，要求土层深厚，排水条件较好。

四、应用效果

与传统技术相比，有机无机配施＋水肥一体化高效平衡施肥技术可实现黄瓜生产节水30％～40％，节肥40％～50％，产量增加25％～35％。

五、相关图片

设施黄瓜水肥一体化技术应用

设施番茄"有机肥＋微量元素肥＋水肥一体化"技术模式

一、模式概述

以土壤测试为依托，在增施有机肥的基础上，开展配方施肥，追肥采用水肥一体化技术。水肥同时供应，可发挥二者的协同作用。将肥料直接施入作物根际，有利于根系对养分的吸收，提高了肥料利用率。试验发现，与肥料撒施相比，水肥一体化施肥氮肥损失少，土壤溶液能保持较高的磷浓度，可显著减少氮、磷肥使用量20％～30％，肥料利用率提高约10％。水肥一体化持续时间长，为根系生长维持了一个相对稳定的水肥环境，促进作物根系对水肥的吸收，提高水肥利用率；还可根据气候、土壤特性、作物不同生长发育阶段的营养特点，灵活调节供应养分的种类、比例及数量等，满足蔬菜高产优质的需要。把养分通过灌溉系统随水一起施用，可做到真正的水肥同步，大大提高水肥的利用效率。

二、技术要点

(一) 施肥原则

1. 增施有机肥，提倡施用优质堆肥，老菜棚应在6—8月高温休棚期间，大量施入作物秸秆，翻耕入土后灌水沤田，达到除盐和减轻连作障碍的目的。

2. 依据土壤肥力状况和有机肥施用量，适量调整氮、磷、钾化肥施用量和施用比例，同时应注意对钙、镁、硼、锌等中微量元素的补充。

3. 采用水肥一体化技术，遵循少量多次的微滴灌施肥原则，推荐施肥应与微滴灌相结合。

（二）滴灌施肥系统组成

1. 水泵。根据水源状况及灌溉面积选用配套的水泵，对供水量需要调蓄或含沙量较大的水源，应修建蓄水池，水泵的额定流量为 3～6 米³/时。

2. 过滤器。宜选用筛网过滤器或叠片过滤器。过滤器尺寸应根据设施滴灌管的总流量来确定，通常标准的设施采用直径 32 毫米或 40 毫米过滤器。过滤器结构应符合 GB/T 18690.2 的规定。

3. 施肥器。可选压差式施肥罐或文丘里注入器或注入泵。

4. 控制设备和仪表。系统中应安装阀门、流量和压力调节器、流量表或水表、压力表、安全阀、进排气阀等。

5. 输配水管网。由干管、支管和毛管组成。干管采用 PVC 管。设施内由支管和毛管组成，均采用 PE 软管，支管直径为 40 毫米或 50 毫米。毛管直径为 12～25 毫米。管道的材料、要求和耐压强度等参数应符合 GB/T 13664 和 GB/T 19812.3 的规定。

6. 灌水器。选用符合 GB/T 19812.3 的规定内镶式滴灌带或薄壁滴灌带。滴灌管（带）的布设间距为 85～125 厘米，滴头间距为 15～40 厘米，滴灌管（带）间距和滴头间距应与作物的株行距相匹配。滴头的额定流量为 1～2 升/时。

（三）滴灌施肥系统维护

1. 管道的维护。使用前，用清水冲洗管道。施肥后，用清水继续灌溉 15 分钟。每 30 天清洗肥料罐一次（清洗水需要集中收集处理），并依次打开各个末端堵头，用高压水流冲洗各管道。

2. 滴灌管（带）的维护。作物收获后，滴灌管（带）应保持顺直，避免扭折。放入仓库保管时，应按规格类型分别堆放，存放地点应通风干凉，远离热源，避免阳光暴晒。

（四）滴灌肥料的选择

选择大量元素水溶肥（含微量元素型）和中、微量元素水溶肥。

（五）施肥技术

1. 基肥。大田番茄基肥施用腐熟有机肥 1 000 千克/亩，配方肥（$N - P_2O_5 - K_2O$ 为 15 - 10 - 15）30 千克/亩，另根据土壤中微量元素含量适当补施中微量元素肥料。

2. 追肥。

（1）开花期。滴灌灌溉 1～2 次，每次每亩用水量 5～6 米³；叶面喷施营养液 1 次，每亩喷施 30～50 千克营养液。营养液配制方法：每 100 千克水中加入 500 克尿素和 500 克磷酸二氢钾。

（2）坐果初期。第 1 穗果的第 1 个果实开始膨大时，滴灌追肥 1 次。用 55%（N-P_2O_5-K_2O 为 18-7-30）的大量元素水溶肥料 8～10 千克/亩，水稀释 200 倍以备灌溉使用，灌溉施肥总水量为 12 米^3/亩。同期每亩喷施 30～50 千克稀释 800～1 000 倍含钙镁硼元素的叶面肥。该时期每隔 7～10 天滴管灌溉 1 次，每次每亩用水量 8～12 米^3。

（3）坐果中期。第 2 穗果的第 1 个果实开始膨大时，滴灌追肥 1 次。每次用 55%（N-P_2O_5-K_2O 为 18-7-30）的大量元素水溶肥料 10～12 千克/亩，水稀释 200 倍以备灌溉使用，灌溉施肥总水量为 14 米^3/亩。同期每亩喷施 30～50 千克稀释 800～1 000 倍含钙镁硼元素的叶面肥。该时期每隔 7～10 天滴管灌溉 1 次，每次每亩用水量 8～12 米^3。

（4）膨果期。第 3 穗果的第 1 个果实开始膨大时，滴灌追肥 1 次。每次用 55%（N-P_2O_5-K_2O 为 18-7-30）的大量元素水溶肥料 9～11 千克/亩，水稀释 200 倍以备灌溉使用，灌溉施肥总水量为 14 米^3/亩。同期每亩喷施 30～50 千克稀释 800～1 000 倍含钙镁硼元素的叶面肥。该时期每隔 7～10 天滴管灌溉 1 次，每次每亩用水量 8～12 米^3。

（5）采收期。第 1 穗果和第 2 穗果采收后，滴灌追肥 1 次。每次用 55%（N-P_2O_5-K_2O 为 18-7-30）的大量元素水溶肥料 7～9 千克/亩，水稀释 200 倍以备灌溉使用，灌溉施肥总水量为 12 米^3/亩。

三、适用范围

适用于目标产量为 3 500～4 500 千克/亩的设施番茄滴灌式土壤栽培。

四、应用效果

番茄采用增施有机肥、水肥一体化的技术模式，可节水、节肥、节药、节工，节本增效，经济效益明显。据调查统计，应用水肥一体化技术，每亩番茄设施栽培节水约 12 米^3，节约化肥、农药支出约 115 元，节约用工约 12 小时（每小时按 10 元计）共 120 元，总节本增效约 1 155 元，同时由于减少了农药化肥投入，减轻了对环境的污染。

（一）节水

水肥一体化比常规浇灌可节水约 38%，番茄全生育期共浇水 8～10 次，水肥一体化平均每亩次用水约 2.5 米^3，累计用水 20 米^3，拖管浇水平均每亩次用 4.0 米^3，累计用水 32 米^3，节水 38%。

（二）节肥

水肥一体化可直接将肥料输送到作物根部土壤，有利于作物对养分的吸收，减少肥料流失和被土壤固定，提高肥料利用率。水肥一体化施肥设施棚，全生育期共追肥约 5 次，累计追施纯氮 11 千克，纯磷 6 千克，纯钾 8.1 千克。常规浇水追肥全生育期共追肥 5 次，累计追施纯氮 15 千克，纯磷 7.5 千克，纯钾 9.0 千克，水肥一体化比常规浇灌施肥节肥约 6.4 千克，节本约 40 元。

（三）节药

设施栽培应用滴灌可使棚内空气相对湿度比常规浇灌同期降低 10% 左右，棚内湿度下降，减少了病害发生，番茄全生育期滴灌比常规浇灌减少用药 5 次，每次用药约 15 元，节本 75 元。

（四）节工

水肥一体化，番茄全生育期共灌水 8～10 次，追肥 5 次，平均每亩次灌水或追肥用工时约 1.5 小时，累计用工时约 12 小时。常规浇灌施肥需要增加一人拌肥和协助把扶水管（防止绊倒作物），全生育期浇水 8 次，追肥 5 次，平均每亩次浇水或追肥用工时约 3 小时，累计用工时约 24 小时。

（五）增产

据统计，应用水肥一体化技术，番茄亩产 4 680 千克，比常规灌溉施肥番茄亩产 4 220 千克增产 460 千克，增产率 11%，增收 920 元。

五、相关图片

番茄水肥一体化

山东日光温室番茄"有机无机结合＋水肥一体化"技术模式

一、模式概述

山东省是我国第一蔬菜大省，其中番茄是栽培面积最大、效益最好的蔬菜种类之一。长期以来，大量施用有机肥、过量施用化肥、不合理的养分配比等因素，都严重影响了番茄的商品品质、营养品质、风味品质及安全卫生品质，降低了商品价值；而且还造成土壤盐渍化、板结、地下水硝酸盐污染等环境问题，对设施番茄的可持续发展构成重大威胁。

日光温室番茄有机肥替代化肥技术，充分发挥有机肥养分的替代和增效作用，并在保证农产品和环境安全的前提下做到培肥土壤，有效减少化肥用量，实现设施番茄优质生产和绿色发展的重要保障。经过多年的研究和试验示范，总结提出了以有机肥替代化肥和化肥精准高效施用为核心的日光温室番茄有机肥替代化肥技术。本技术根据不同土壤肥力水平，结合不同有机肥特性，提出不同土壤肥力水平下的有机肥施用技术规范；根据番茄目标产量、不同生育期对养分的需求特征和有机肥的养分转化规律，提出化肥精准施用技术规范。

二、技术要点

（一）有机肥施用技术

根据土壤肥力水平合理施用有机肥，有机肥品种包括商品有机肥、堆肥（畜禽粪便与秸秆堆腐）和生物有机肥。

1. 有机肥用量。 低等肥力土壤可施用商品有机肥 700～1 000 千克/亩，或堆肥 8～10 米³/亩。中等肥力土壤可施用商品有机肥 500～800 千克/亩，或堆肥 5～8 米³/亩。高等肥力土壤可施用商品有机肥 300～600 千克/亩，或堆肥 3～5 米³/亩。对于板结失活、有连作障碍的土壤，推荐施用微生物菌剂 2～5 千克/亩或生物有机肥 100～200 千克/亩。

2. 施肥方法。 定植前，将商品有机肥和堆肥全部撒施于土壤表面，深翻 30～40 厘米，使肥料与土壤充分混合；生物有机肥则在起垄后，撒施于种植垄上，用工具将有机肥与土壤掺混均匀。

（二）化肥精准高效施用技术

根据番茄目标产量、不同生育期的养分需求特征和有机肥的养分转化规律，合理制定化肥总量和各生育期养分配比。施肥应重视调减氮磷肥用量，增施钾肥；大部分磷肥基施、氮钾肥追施；生长前期重视促根壮根不宜频繁漫灌追肥，重视花后和中后期追肥，中后期追肥以高钾型水溶肥为主。

1. 化肥用量。

（1）目标产量＞10 000 千克/亩时，施用氮肥（N）28～35 千克/亩，磷肥（P_2O_5）9～14千克/亩，钾肥（K_2O）32～38 千克/亩；

（2）目标产量 6 000～10 000 千克/亩时，施用氮肥（N）20～30 千克/亩，磷肥（P_2O_5）7～12 千克/亩，钾肥（K_2O）28～35 千克/亩；

（3）目标产量<6 000 千克/亩时，施用氮肥（N）15～20 千克/亩，磷肥（P_2O_5）5～10 千克/亩，钾肥（K_2O）20～25 千克/亩。

2. 肥料类型。基肥可选用硫酸钾型复合肥、磷酸二铵、硫酸钾、尿素、有机无机复混肥等。

3. 使用方法。

（1）基肥。20%～30%氮钾肥和 60%～70%磷肥作基肥条（穴）施。①目标产量>10 000 千克/亩，施用 $N-P_2O_5-K_2O$ 为 15-15-15 硫酸钾型复合肥 45～50 千克/亩；②目标产量 6 000～10 000千克/亩，施用 $N-P_2O_5-K_2O$ 为 15-15-15 硫酸钾型复合肥 40～45 千克/亩；③目标产量<6 000 千克/亩，施用 $N-P_2O_5-K_2O$ 为 15-15-15 硫酸钾型复合肥 35～40 千克/亩。

（2）追肥。70%～80%氮钾肥和 30%～40%磷肥作为追肥。①目标产量>10 000 千克/亩，追肥量一般为纯氮（N）18～24 千克/亩，磷（P_2O_5）4～6 千克/亩，钾（K_2O）26～30 千克/亩；②目标产量 6 000～10 000 千克/亩，追肥量一般为纯氮（N）14～21 千克/亩，磷（P_2O_5）3～5 千克/亩，钾（K_2O）21～24 千克/亩；③目标产量<6 000 千克/亩，追肥量一般为纯氮（N）10～14 千克/亩，磷（P_2O_5）2～4 千克/亩，钾（K_2O）14～17 千克/亩。

番茄第 1 穗果膨大期开始追肥，10～20 天 1 次，通过水肥一体化完成。秋冬茬（9 月至第二年 2 月）分 5 次施用，春茬（3—6 月）分 7 次施用。缓苗期和初花期建议施用促进根系生长的氨基酸或甲壳素等功能型水溶肥 1～2 次，每次追施氮肥不超过 4 千克/亩。不同茬口各时期氮、磷、钾施用比例如下表。

水肥一体化追肥计划

茬口	时间	灌溉次数	灌水定额 [米³/(亩·次)]	每次灌溉加入养分占总量比例（%）		
				N	P_2O_5	K_2O
秋冬茬	10 月中旬至 11 月	2	8～10	20	30	10
				20	30	10
	12 月至第二年 1 月	2	6～8	25	20	30
				25	20	30
	2 月	1	10～12	10	0	20
春茬	4 月	3	10～13	15	20	10
				15	20	10
				15	20	10
	5 月	4	12～15	15	20	20
				15	20	20
				15	0	20
				10	0	10
	6 月	2～3	13～16	0	0	0

进入盛果期后，根系吸肥能力下降，可叶面喷施 0.05%～0.1%尿素、硝酸钙、硼砂等水溶液，有利于延缓衰老，延长采收期以及改善果实品质。

(三) 注意事项

1. 依据土壤肥力条件，综合考虑环境养分供应，适当调减氮磷化肥用量。
2. 老菜棚注意多施含秸秆多的堆肥，少施禽粪肥。
3. 增施中微量元素肥料。依据缺什么补什么原则，通常缺乏的中微量元素有钙、锌、硼。一般亩施用量分别为：石膏或硅钙型土壤调理剂 50～60 千克、硫酸锌 1.5～2 千克，硼肥 0.5 千克。
4. 肥料施用应与高产优质栽培技术相结合。

三、适用范围

适用于山东各地秋冬茬或冬春茬日光温室番茄生产。

四、应用效果

本技术模式可显著改善设施土壤理化性状，促进土壤有机质含量持续提高，蔬菜品质和商品价值得到提升。技术的应用可在稳产基础上实现节肥 30% 以上，增收 20% 以上，肥料利用率提高 25% 以上，土壤有机质提升 15%～20%，蔬菜维生素 C 含量提高 14%，硝酸盐含量降低 10% 左右，节肥、增效和提质效果显著。

广西莴笋"测土配方＋生物有机肥＋机械深施"技术模式

一、模式概述

以测土配方施肥为基础，选择生物有机肥搭配适宜比例配方肥，在莴笋种植阶段通过撒施耕翻实现机械深施施入生物有机肥。在生长发育阶段，采用人工覆膜冲施或膜下滴灌的方式追施配方肥，满足全生育期的养分供给，减少肥料流失，提高施肥效率和肥料利用率，促进节本增收、提质增产。

二、技术要点

(一) 品种选择

莴笋是忌高温、喜低温作物，对温度敏感，所选品种应具有适应性强、耐抽薹、成熟一致、商品性好等特点，如飞桥红莴笋、香丝红莴笋等。

(二) 肥料确定

1. 肥料品种。 宜选用正规厂商生产的商品有机肥和氮磷钾配比合理、粒型整齐、溶解性较好的配方肥料。

2. 肥料用量。依据莴笋的物候期、目标产量、土壤采样检测结果等制定施肥方案，确定养分配比、施肥总量和施肥次数。一般情况下，本技术模式推荐基肥施用生物有机肥100～150千克/亩。推荐配方肥氮磷钾配比为20：10：15或20：7：18，亩施氮30～35千克、磷20～25千克、钾25～30千克，氮磷钾肥施用总量比非示范区少10%～15%。

（三）播种育苗

莴笋属低温长日照作物，播种期选择尤为关键，也是莴笋栽培成功的关键环节之一。播种过早，易受高温影响，不利于培育壮苗和抽薹；播种过晚，影响产量和下一茬作物种植。在广西东北地区建议莴笋播种时间为9—10月，具体时间安排可根据温度、前茬作物收获时间、上市时间等因素综合确定。

（四）整地起垄、深施基肥

整地起垄、深施基肥。在前茬水稻、花生等作物收获后，及时清理田间作物的残留秸秆进行整地，旋耕一次耙平后亩施入100～150千克商品有机肥、40～50千克配方肥作为基肥，将基肥撒施于地表后再起垄，旋耕时应保证深度大于20厘米。起垄应按照畦面宽100～120厘米、沟宽40厘米整地作畦，要求整细、整平，畦高20厘米以上。

（五）移栽

莴笋长至4～6片真叶后即可进行移栽。移栽宜选择在阴天或傍晚进行，移栽前先将田块淋透，幼苗应选择壮苗带土移栽，减少根系损伤。种植深度以土壤覆盖第1片真叶基部为准，株行距以（30～35）厘米×40厘米为宜，每畦栽4行，定植密度为4 500～5 000株/亩，移栽后淋足定根水。

（六）铺滴灌带及覆膜

滴灌管的铺设通常在移栽完成当天即可进行，一般采用二级管网铺设，包括主管和滴灌管，主管直径一般为80毫米，滴灌管直径通常为14～16毫米，额定工作压力通常为0.05～0.15兆帕，流量一般为1.0～3.0升/时。铺设时沿垄上种植的作物进行平行铺设，单行单管连接在主管上，使水以均匀的速度从管中流出。待滴灌带铺设完成即可覆盖地膜，地膜可选用1.6米宽的白色透明膜，覆膜时将地膜拉紧铺平使膜和地面贴紧，四周用泥土压实，防止被风吹破。不铺设滴灌带的田块在莴笋生长3天后即可进行覆膜，时间不宜过晚。

（七）水肥管理

施肥应遵循少量多次、薄肥勤施的原则，以有机肥为主，配合速效氮肥、配方肥施入。在整地移栽前施足有机肥，在莴笋幼苗期、莲座期、肉质茎膨大期各追肥1次，各生育时期可视情况增加追肥次数。通常第1次追肥在定植7～10天后进行，可以用滴灌带冲施或人工浇施含腐植酸或氨基酸水溶肥15～20千克/亩或尿素15～20千克/亩＋配方肥15～20千克/亩，促进幼苗根系和叶片生长；第2次追肥定植25天后进行，可以用滴灌带冲施或人工浇施含腐植酸水溶肥 15～20 千克/亩＋配方肥 25 千克/亩，为后期肉质茎膨大奠定物质基础；第 3 次施肥在定植 40 天后进行，可用滴灌带冲施或人工浇施含腐植酸水溶肥 20～40 千克/亩＋配方肥 30～40 千克/亩，促进莴笋肉质茎的快速膨大，采收前 15 天不再追肥。同时可结合根外追施 0.3％磷酸二氢钾＋0.3％硼砂或液体钙肥，改善莴笋的品质，提高产量。值得注意的是，冲施或者喷施肥料浓度不宜过大，以免出现肥害。

（八）适时采收

莴笋采收以主茎顶端与最高叶片的叶尖高度相平时为最适收获期，这时茎部已充分肥大，品质脆嫩。采收过早，植株肉质茎瘦小，肉质偏嫩，不利于产量形成；采收过晚，植株抽薹开花，肉质茎出现变硬甚至空心现象，食用价值降低，影响市场销售。

（九）注意事项

1. 秋季莴笋栽培在温度过高、连续干旱的情况下易出现抽薹现象，应视天气情况进行茬口安排，同时可结合控旺、水分管理等措施进行调控。

2. 莴笋移栽后覆膜时间不宜偏晚，否则会导致叶片损伤，发生病虫害，不利于植株正常生长。

三、适用范围

适用于广西东北地区具有深耕条件的露地莴笋种植区推广应用。

四、应用效果

本技术在提高单产的同时，减少化肥使用量，省工省力，节本增效显著。平均每亩化肥用量可减少 15％左右，平均每亩莴笋增产 7.79％左右、增收约 122.3 元。

五、相关图片

有机肥机械深施

莴笋铺设滴灌

莴笋覆膜

设施茄子"生物有机肥＋配方肥＋滴灌水肥一体化"技术模式

一、模式概述

以测土配方施肥技术为基础,以增施生物有机肥为重点,以水肥一体化根层水肥精准供应为核心,集成设施茄子"生物有机肥＋配方肥＋滴灌水肥一体化"技术模式,实现减少化肥用量,改善土壤酸化,提高土壤有机质含量,达到节水、节肥、省时、省力、提高地力、改善土壤结构等效果。

二、技术要点

茄子需肥非常敏感,养分充足时花期不易落果,养分不足时不宜坐果,苗期需肥量占生育期的 10%,以有机肥和复合肥配施为主,可结合土壤肥力测定结果,复合肥可选择平衡型配方肥或低磷配方肥。花期至盛果期需肥量占全生育期的 90%,盛花期至果实成熟期要增加氮肥、钾肥的用量。

(一)基肥措施

在大棚越冬休耕期去掉棚膜,并把大棚内土壤进行翻耕、冻晒,以减少大棚内土壤病原体。茄子定植前 10～15 天进行施肥整地,整地要精耕细作,均匀施入底肥,每亩应施用生物有机肥 200～300 千克(有机质含量 ≥45%,有效活性菌 ≥2 亿个/克);另施用过磷酸钙 20～25 千克/亩,硫酸钾型配方肥($N - P_2O_5 - K_2O$ 为 15 - 5 - 25)15～20 千克/亩作为基肥,均匀撒施于地表,再用旋耕机旋耕混合均匀,整平耙细后均匀起垄,通风晾晒 7～10 天,因为生物有机肥内含有大量的氨基酸,氨基酸分解产生的氨气会抑制幼苗生长甚至死亡。

（二）追肥措施

1. 幼苗期追肥。茄子幼苗期需肥量和需水量较小，根据天气情况酌情滴灌，可以每天滴灌 1 小时或每 3～4 天滴灌 2～3 小时。滴灌时，可利用水肥一体化施肥桶设施，加入大量元素水溶肥 2～3 千克/亩（N - P_2O_5 - K_2O 为 20 - 20 - 20，水不溶物≤0.1％，若大于 0.1％容易造成滴灌带堵塞），滴灌时 1 次清水 1 次肥水。

2. 开花期追肥。茄子开花期需肥量和需水量均增加，根据大棚内湿度情况每天滴灌 1.5 小时或每 3～4 天滴灌 3～4 小时，滴灌时加入大量元素水溶肥 3～4 千克/亩（N - P_2O_5 - K_2O 为 20 - 30 - 10，水不溶物≤0.1％），滴灌时 1 次清水 1 次肥水。

3. 成果期追肥。茄子成果期是需水需肥量最大的时期，随着气温升高，大棚内土壤水分蒸发量日益增大，需滴灌的水肥次数也随之增加，一般情况下要每天滴灌 2 小时或每 2～3 天滴灌 3～4 小时，每次滴灌大量元素水溶肥 5～6 千克/亩（N - P_2O_5 - K_2O 为 15 - 5 - 40，水不溶物≤0.1％）。滴灌次数和用肥量要根据土壤湿度和实际天气情况确定。

4. 相关要求。

（1）水源要求。井水、河水或库水，水质满足 GB 5084 要求。

（2）供水管选择。管材和管件应符合 GB/T 10002.1 的规定；在管道适当位置安装排气阀、逆止阀和压力调节器等装置。

（3）输配管网。由干管、支管、滴灌带和控制阀等组成，地势差较大的地块需安装压力调节器。干管管材及管件应符合 GB/T 13664 的规定，支管管材及管件应符合 GB/T 13663 的规定，滴灌带应符合 GB/T 19812.1 的规定。

（4）作业要求。滴灌施肥时先打开灌溉区域的管道阀门进行灌溉 20 分钟；根据地块大小计算所需的肥料用量，将固体肥料溶解成肥液，使用过滤网将肥液注入施肥罐后将罐盖扣紧，检查进出口阀，确保阀门处于关闭状态。调节施肥专用阀，形成压差后打开施肥专用阀旁的 2 个阀门，将罐内肥液压入灌溉系统开始施肥，注肥流量根据肥液总量和注肥时间确定，施肥结束后关闭进出口阀门，排掉罐内积水，继续用清水冲洗 20 分钟管道系统，防止肥料在管道中沉淀。

（5）注意事项。避免过量灌溉，一般使根层深度保持湿润即可，过量灌溉不但浪费水，严重的是会将养分淋洗到根层以下，浪费肥料，作物减产。特别是尿素、硝态氮肥（如硝酸钾、硝酸铵钙、硝基磷肥及含有硝态氮的水溶性肥）极易随水流失。

（三）配套技术

1. 品种选择。根据区域气候和栽培条件，选择经国家或省级审定，一般在当地已种植并且坐果密实性好、坐果率高、高产、抗病性强的品种。

2. 适宜播种时间。根据茄子品种熟性和当地气候情况，选择适宜播期进行播种，春茬大棚茄子种植一般在 2 月底或 3 月上旬，此时大棚夜间温度稳定在 14℃以上。

3. 肥料选择。基肥以有机肥和配方肥为主，其中生物有机肥有机质含量≥45％，有效活性菌≥2 亿个/克；追肥以大量元素水溶肥为主，产品应符合 NY/T 1107 的要求，取得农业农村部登记备案证。

4. 定植浇水。晾晒结束定植前5～7天把棚膜扣上进行保温，大棚内温度提升至15～20℃时进行定植，采用双行均匀定植，株距40～45厘米，行距55～60厘米，定植密度2 400～2 800株/亩，定植后要利用水肥一体化滴灌设施进行滴灌，滴灌水量为25～30米³/亩，幼苗第一水一定要用清水滴透，浇足"压根水"，确保幼苗全部成活，提高地温。

5. 定植管理。定植后要确保大棚内白天温度控制在23～28℃，夜晚温度控制在15～20℃，大棚内温度不得低于14℃，低于该温度茄子幼苗生长非常缓慢。大棚内要保证空气相对湿度控制在75％～80％，不得长期大于80％，长期湿度过高，易造成病害发生。

三、适用范围

适用于浇灌、施肥、打药不便，土壤酸化严重、多年连续种植蔬菜的设施大棚内使用。

四、应用效果

（一）经济效益

设施大棚茄子生长期需大水大肥，使用本技术模式全生育期可节水70～110米³/亩，节水率为40％～50％，节水费、电费、节工180～240元/亩；水肥一体化滴灌技术实现了水溶肥集中施用，减少了肥料流失，与常规施肥技术相比节省化肥40％～45％，大大提高了肥料利用率，氮肥利用率达52.7％，节肥50～80元/亩；每亩农药用量减少15％～30％，节药成本20～35元/亩；较常规种植模式提质增效60～90元/亩，使用本技术每亩节水、节肥、省工、提质增效达265～450元。

茄子"水肥一体化＋水溶肥"技术模式

（二）社会效益

使用本技术模式不仅在节约水资源、减少化肥使用、提质增效、省时省力以及环境保护等方面具有显著的社会效益，更是现代农业可持续、可发展、可复制推广的重要方向。

（三）生态效益

本技术模式节约了地下水资源，地下水生态资源得到充分利用；减少了化肥使用量，不仅节约了化肥原材料资源，而且减少了对空气、地下水资源的污染，减少对生态环境的破坏。

山东越冬茬茄子"微喷灌＋水肥一体化"技术模式

一、模式概述

经过多年探索，形成了一整套以水肥绿色调控为核心的越冬茬茄子"三新"配套升级版技术模式。

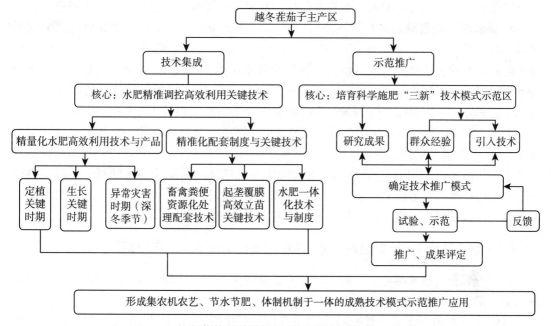

越冬茬茄子科学施肥"三新"技术推广

二、技术要点

（一）长茄水肥高效利用的时间轴科学管理技术

1. 开展测土配方施肥。 每年 6 月组织农技人员对茄子种植地块进行取土化验，根据土壤化验结果，在 8 月底至 9 月初形成相应的施肥建议和措施，指导农户施肥。

2. 定植时水肥管理。 定植水用横孔微喷模式浇空水，并且确保无缝隙浇透，因为大水可以加速茄子苗根系与土壤的结合，降低地温，利于缓苗。

3. 缓苗期水肥管理。 定植之后 7 天内立住苗是缓苗期最主要的管理内容。对于砂姜黑土，应根据天气情况 1～2 天用小水遛苗 1 次，以此降低苗周围的土温，促进缓苗扎根。7～10 天根据墒情适当进行控水控旺，以不影响茄子生长为宜。对于潮褐土，在浇匀浇透定植水的情况下，一般在定植后 6 天左右浇缓苗水。为了减小水温与地温的温差对根系的伤害，尽量在早晨进行浇水，水量不宜过大，要比定植水少。

4. 促棵水肥管理。在缓苗水后 15 天左右浇促棵水，浇水量和缓苗水一样即可。缓苗水和促棵水一般配施枯草芽孢杆菌和含氨基酸的水溶肥。每亩建议用量为 60 克枯草芽孢杆菌（每克 1 亿个菌落）＋350 克含氨基酸水溶肥（≥100 克/升），以提高茄子的坐果能力。

5. 开花坐果期水肥管理。根据茄子的植株长势情况选择不同养分含量的水溶肥。若茄子植株长势相对较弱，浇 1 次 $N-P_2O_5-K_2O$ 为 20-20-20 的含微量元素的水溶肥，既利于植株健壮又促进坐果。若植株长势相对比较健壮，浇 1 次 $N-P_2O_5-K_2O$ 为 16-6-36 或 16-8-34 的含微量元素的水溶肥，一般肥料用量为 2.5～5 千克/亩，提高茄子的坐果能力。第 1 次追肥时间一般是在门茄、对茄采摘结束或者将要采摘结束时进行。

6. 采收期水肥管理。包括深冬严寒季节（12 月下旬至 2 月中旬）和其他时期根据采摘茄子数量及时进行水肥补充。$N-P_2O_5-K_2O$ 为 20-20-20 或 16-6-36 或 16-8-34 等含微量元素的水溶肥需要交替使用，一般肥料用量为 5～10 千克/亩。同时，为延缓根的老化时间，可以配合浇灌或喷施一些甲壳素、海藻菌肥、鱼蛋白或者腐植酸等有机营养。甲壳素除了可以基施外，一般在开花期和膨果期喷施，用量为 2.5～5 千克/亩，每隔 10 天喷 1 次，连续喷 2～3 次就会有明显的效果。海藻菌肥可以在茄子生长的关键时期按照 1∶200 加水稀释后随水冲施，用量为 0.5 千克/亩，整个生长季节可以根据茄子长势和根部生长状况冲施 2～3 次。鱼蛋白和腐植酸作为抗逆性的新型功能性肥料，可以在温度剧烈变化前浇灌，一般肥料用量为 5～10 千克/亩。同时，适当补充一些含有益微生物的有机养分，以此诱发新根，抑制根部的一些有害病菌侵害植株。

（二）越冬茬茄子"一配套两关键"水肥高效利用科学栽培技术体系

1. "一配套"技术要点。一配套是指水肥一体化技术的应用设备选择要配套，这是实现茄子全程水肥一体化的核心。

设施蔬菜种植上水肥一体化技术的主要模式是微喷。针对土壤类型、越冬茬茄子的种植模式和设施用水类型，水肥一体化技术中的过滤器宜选择"离心＋网式"组合的过滤系统。离心过滤系统主要用于深水井前端的砂石过滤，网式过滤器主要应用在棚内支管前面，起到对水溶肥或其他功能性物质中杂质简单过滤作用。灌水器的作用是把末级管道（毛管）的压力水流均匀而又稳定地灌到作物根区附近的土壤中，灌水器的种类繁多，按结构和出流形式应用在台儿庄区越冬茬茄子上的灌水器主要选择微喷模式。微喷模式就是在种植行间铺设 1 行微喷管（规格：直径 25 毫米、折径 40 米、100 米过水量 3～4 米^3/时，壁厚 0.3 毫米、压力 0.25～0.4 兆帕），再准备多根 80 厘米长的铁条，然后在茄子种植行的两侧把铁条按每隔 30 厘米的距离支撑成弧形，把地膜覆盖在铁条上，将微喷管放在膜下。

2. "两关键"技术要点。

（1）缓苗期管理关键技术。促进茄子尽快恢复生长发育是缓苗期管理的目标，主要技术有药剂蘸根、水肥管理、划锄、控旺、覆盖地膜等。

①缓苗期水肥管理。定植水要无缝隙浇透浇匀，以加速茄子苗根系与土壤的结合，降低地温，利于缓苗。前 7 天的主要工作是立苗，之后根据苗情控苗 7～10 天，大约 15 天

之后茄子的门茄开始开花，点花之前尽量覆膜，覆膜之前根据茄子的长势和土壤墒情再浇1次水，如果覆膜之后再浇水容易造成膜内的"桑拿小气候"，对茄子苗茎基部造成伤害，容易诱发茎基腐及根部腐烂。台儿庄区种植越冬茬茄子的土壤类型主要为砂姜黑土和潮褐土，根据土壤类型采取对应的缓苗措施。对于保墒性差的土壤类型，根据天气情况1～2天用小水遛苗1次，以此降低苗周围的土温，促进缓苗扎根。7～10天根据墒情适当进行控水控旺，控制标准以不影响茄子正常生长为宜。对于保墒性好的土壤类型，在浇匀浇透定植水的情况下，一般在定植后6天左右进行缓苗水的浇灌。为了减小水温与地温温差过大对根系的伤害，建议在早晨浇水，缓苗水和促棵水水量不宜过大，要比定植水用量小。浇缓苗水和促棵水时，建议每亩使用60克枯草芽孢杆菌（每克1亿个菌落）+350克含氨基酸水溶肥（≥100克/升），以提高茄子的坐果能力。划锄既可以清除杂草，又可以疏松土壤、防旱、保湿。

②及时划锄。定植后及时划锄有助于根系的下扎和幼苗的生长。俗话说："种菜不怕痒，越锄它越长。"浇完缓苗水之后要及时进行划锄，在定植后第9天左右进行第1次划锄。划锄深度一般控制在5厘米左右，主要作用是除草和引根下扎，但要注意尽量浅划，以免碰到嫁接口导致感染病虫害。第2次划锄在覆膜前进行，主要是锄草，可根据杂草的生长情况灵活掌握。苗期控旺是保证茄子生长健壮的一项重要内容。

③地膜覆盖。越冬茬茄子覆膜时间一般在定植后15天左右，在门茄刚现蕾或者开花之前。地膜建议选择银灰色，既利于保温，又利于驱避蚜虫。覆地膜时茄子苗已经长得很大，如果直接从上向下往外掏茄子苗会导致膜撕开很大的裂口，从而影响地膜保温保湿的效果。所以建议在覆膜前几天不要浇水肥，覆膜的时候先把地膜直接铺在茄子苗上，然后一只手在膜上面抠一个很小的口，一只手在膜下面把茄子苗攥到一起再从膜下面掏出，这样铺膜，地膜破口可以控制在很小的范围内。覆盖地膜后要根据温度及时用小水进行微喷，创造微湿环境以降低膜内高温对茄子苗的伤害。值得注意的是，这次微喷不宜用大水进行浇灌，以免因温度太高水汽蒸发太强造成膜内高温高湿小环境。

（2）深冬季节管理关键技术。深冬季节，由于受不良天气的影响，越冬茬茄子生长过程中很容易出现各种问题，因此，保温控湿、加强水肥管理是这个时期茄子管理的重点。

①严格控制水肥用量。进入冬季后，气温偏低，茄子生长缓慢，特别是深冬季节（12月下旬至第二年2月中旬）及低温寡照天气，棚外最低气温达0℃以下，这时棚内最低温度一般只有10℃左右，部分老旧日光温室最低温度只有8℃左右，因此，这时茄子根系的活性很低，要尽量减少追施水肥的次数。因为每施一次水肥，一方面会降低土壤的温度，对根系造成很大的应激伤害；另一方面会造成棚内湿度过大。在深冬季节，低温高湿很容易诱发一些病害，例如灰霉病、白粉病、灰叶斑等。茄子属于深根系蔬菜，而且这个时期的茄子已经进入了生长中期，15天左右施1次水肥，使用大量元素水溶肥，不会影响茄子的正常生长。

②切实掌握好追肥方法。在深冬季节天气晴好的情况下，要科学施用水溶肥，用量需要根据茄子整体长势和茄子采摘量、挂果量决定，建议每亩冲施5～7.5千克，15天左右施入一次。施水溶肥时要注意，水溶肥在溶解于水时会吸热从而大幅度降低水温，直接冲施到地里会迅速降低地温，从而影响茄子根系的生长活性，对根部造成伤害。因此，建议在冲

施水溶肥前应提前 12 小时以上泡肥,待肥料完全溶解,存放 12 小时以后再使用。

③着力解决好保温控湿。稻壳是目前台儿庄区越冬茬茄子种植户使用最为广泛的覆盖物,要选择干净、新鲜、不含杂质的稻壳,一般在立冬前后覆盖稻壳,每亩覆盖 500 千克。在操作行内覆盖稻壳,不仅能够减少蒸发,还能起到吸湿保温的作用,降低病害的发生程度。而且,操作行铺设稻壳后土壤透气性好,不会导致土壤板结,换茬翻地时将稻壳翻到土壤中能够改良土壤,分解后还能提高土壤地力。

三、适用范围

适用于地势平坦、排灌方便的砂壤土或壤土茄子种植区。

四、应用效果

(一)经济效益

示范种植户由原来的使用肥料过量、养分含量超标等转变为使用配方合理的专用配方肥,再加上生物有机肥的施用,可以缓解由于常年使用过量化肥造成的土壤酸化和微生物失调等问题,关键是能提升农产品质量安全水平。通过该项技术的应用,茄子种植户在基肥、追肥的化肥使用量方面比普通种植户平均节肥 30% 以上,平均亩增产 14.2%,亩增加纯收益 2 000 元。

(二)生态效益

通过长茄标准化生产的制定,积极指导种植户进行设施蔬菜科学施肥与土壤培肥,减少设施蔬菜地化肥、农药用量,茄子种植户在基肥、追肥的化肥使用量方面比普通种植户平均节肥、节水、节药分别达到 30%、30%、40% 以上,保护土壤结构,提升土壤质量,缓解土壤连作障碍,切实维护农产品生产环境安全;及时解决长茄种植户的技术难点,促进设施蔬菜绿色可持续发展。

北京大白菜"施肥旋耕起垄播种一体化+水肥一体化追肥"技术模式

一、模式概述

以大白菜精准施入底肥、旋耕、起垄、铺滴灌带、播种一体化技术为核心,利用智能机械一体化作业,后期进行水肥一体化追肥,针对北京地区调整养分配比,既实现了营养的精准供给,提高肥料利用率,又减少了 1 次机械抛肥作业,节能减碳,节省投入成本。本技术集成了高产品种、起垄栽培、合理密植、滴灌追肥、专用肥料配方及适时采收等配套措施。

二、技术要点

（一）核心技术

1. 施肥、旋耕、起垄、铺滴灌带及播种一体化技术。在大白菜种植前，机抛有机肥并进行一次旋耕作业。播种时，利用整地施肥播种一体机进行起垄、施化肥、铺滴灌带和播种作业。结合土壤地力情况和目标产量，可每亩施入复合肥或低磷复合肥（$N - P_2O_5 - K_2O$ 为 18 - 9 - 18 或类似配方）30~40 千克，在一体机肥箱处安装 GPS 电控计量施肥装置，实现精准施肥入垄，此项技术可比常规生产用量减少 10% 左右；在旋耕机齿轮箱引出动力传输到整形器，增加了整形器的动力，打垄作业同时实现镇压整形，种植大白菜起垄，垄宽 60 厘米、垄高 20 厘米；采用机播一体化技术，秋播晚熟品种播种密度为 3 200 株/亩。通过一体化技术措施，实现垄背平整、垄宽均匀、施肥精准、精量播种，并且节约人工成本。

2. 滴灌水肥一体化追肥。在播种的同时，利用一体机采用浅埋滴灌方式铺设滴灌带。滴灌施肥可使肥料精准施入作物根区，减少肥料浪费，在大白菜莲座期、结球前期和中期进行 3 次追肥，可施用 $N - P_2O_5 - K_2O$ 为 20 - 10 - 20 或类似配方的低磷水溶肥，长期种植蔬菜地块施用的肥料可添加矿源黄腐酸，改善土壤性状，促进根系生长，根据土壤肥力水平，每次施用量为 10~15 千克/亩。

（二）配套技术

1. 高产品种。根据区域气候和栽培条件，选择经国家或省级审定，在当地已种植并表现优良的高产优质抗病品种。可根据上市要求和茬口安排选择品种熟性，如北京新 3 号、秋绿 60 等，播种前进行种子消毒。

2. 适宜播期。根据大白菜品种熟性和当地气候情况，选择适宜播期进行播种，如秋季生产播种适期为立秋前后。

3. 起垄栽培。利用一体机在播种的同时进行旋耕、起垄，起垄栽培有利于白菜水肥管理，促进根系生长，减少病虫害发生。

4. 合理密植。以构建密植高质量群体为目的，结合当地地力和管理水平，与传统种植模式相比，适度增加播种密度，每亩因地制宜播种，早熟品种种植密度可在 3 500~3 800株/亩，中晚熟品种种植密度 3 000~3 200 株/亩。

5. 肥料选择。基肥以有机肥和复合肥配施为主，可结合土壤肥力测定结果，复合肥可选择平衡肥或低磷平衡肥，中低肥力地块施用专用肥（$N - P_2O_5 - K_2O$ 为 18 - 9 - 18 或类似配方）30~40 千克/亩。追肥以高氮低磷水溶肥为主，养分比例要适合叶类蔬菜生产，中低肥力地块施用专用肥（$N - P_2O_5 - K_2O$ 为 20 - 10 - 20 或类似配方）8~10 千克/亩 2~3 次，可适当添加钙、镁等中微量元素。特别是春季生产，要适当注重补充钙肥，防止干烧心和叶片开裂发生。

6. 滴灌追肥。生长期间分次追施高氮低磷水溶肥，中等地力地块施肥总量控制在 30 千克以内，莲座期追肥 1 次，结球初期追肥 1~2 次，同时搭配硝酸钙 2~3 千克/亩。

7. 病虫害防治。病虫害以预防为主，定期检查，发现病虫害初期即采取措施。优先采用生物防治方法，必要时使用低毒、高效、低残留的化学农药，严格按照说明书使用。

8. 适时采收。直接上市销售的可根据市场情况确定采收时间；需要进行贮藏的秋播白菜宜在立冬前后采收，采收前 7～10 天停止浇水，采收后田间自然晾晒 2～3 天，摘除黄叶、烂叶，根据贮藏条件，因地制宜选择贮藏方法。

三、适用范围

适用于华北地区具有机械施肥条件的露地大白菜种植区推广应用。

四、应用效果

本技术模式实现了大白菜施肥新技术、新肥料和新机具的完美融合，在提高单产的同时，减少作业次数，省工省力，节本增效显著。可提高露地大白菜单产 10%～15%，亩用肥量减少 12% 左右；节约作业成本约 45 元/亩。

一体化作业场景　　　　　　　　　　　大白菜长势情况

云南叶菜类蔬菜"水肥一体化＋
有机肥＋秸秆还田＋轮作"技术模式

一、模式概述

以测土配方施肥为基础，制定蔬菜施肥方案，农家肥作为底肥一次性施入土壤，配套施用新型水溶性复合肥料。在蔬菜生育期，根据田间含水量和蔬菜生长情况，利用水肥一体化设备进行滴灌施水施肥，促进作物对水分与养分的高效吸收利用。通过玉米—蔬菜轮作、秸秆还田、绿肥（尾菜）还田等措施增加土壤有机质含量、提升土壤肥力，从而减少化肥使用量，促进节本增收。

二、技术要点

(一) 核心技术

1. 测土配方施肥。 开展取土化验，根据土壤检测结果和蔬菜需肥规律，结合施肥时期和施肥方法进行作物科学配方施肥，有效减少化肥的过量使用。

2. 增施有机肥。 推广有机肥替代化肥，鼓励使用商品有机肥，推动畜禽粪污、农作物秸秆等有机肥资源的合理利用，根据蔬菜土壤肥力状况，每亩增施有机肥 $1 \sim 2$ 吨。

3. 水肥一体化。 在蔬菜基地全面推广水肥一体化，提高施肥的精准度和肥料利用率，实现节水、省肥、省工、精确灌溉、精准施肥、保护环境目标。

4. 轮作制度。 聚焦粮食安全和经济发展双重目标，文山州闯出了一条蔬菜与玉米轮作的新路子，实现了粮食安全、企业增收、土壤改良、用养结合等多重效益。

5. 秸秆还田。 玉米收割时直接将秸秆粉碎翻压还田。可以有效增加土壤中的有机质含量，提高土壤的肥力，从而改善土壤结构，使土壤更加疏松透气，防止土壤板结，有利于作物根系的生长。

6. 绿肥（尾菜）还田。 蔬菜收获后尾菜直接翻压还田，约占整株蔬菜的 40%，有效增加土壤有机质含量，提高土壤肥力，减少化学肥料使用，提高作物产量和品质，同时，有效解决尾菜处理难题。

(二) 技术路线

蔬菜水肥一体化技术路线为选用良种→整地作业→肥料选择→水肥一体化，其具体步骤如下：

1. 选用良种。 选用优良蔬菜品种。选择适宜当地土壤和气候环境条件，并具备抗病、高产、优质等特点的品种。

2. 整地作业。 选择排灌条件好、土壤疏松、富含有机质、中等以上肥力的红砂壤土地块。前作收获后及时深翻细耙，能够提高土壤的保墒能力，同时还能增强土壤的透气性，促进叶菜类蔬菜的根系生长，提高蔬菜对水分和养分的吸收能力。玉米秸秆还田：用秸秆粉碎还田机将玉米秸秆粉碎后深耕还田，耕深 $\geqslant 15$ 厘米。绿肥（尾菜）还田：将留在地上部分的绿菜通过翻压还田腐烂后整地。通过秸秆还田和绿肥（尾菜）还田增加土壤有机质含量，改善土壤结构，提升土壤肥力。

3. 肥料选择。 基肥使用充分腐熟的农家肥，利于作物充分吸收养分。追肥为符合农业标准的水溶性复合肥。依据蔬菜品种、目标产量、土壤测试结果等，采用基肥＋追肥的方式，按照肥随水走，少量多次、分阶段拟合的原则制定灌溉施肥制度，适当增加追肥数量和次数，提高养分利用率。

4. 水肥一体化。 通过综合分析当地土壤、地貌、气象、蔬菜布局及面积、水源保障等因素，系统规划、设计和建设水肥一体化灌溉设备。根据地形、水源、作物分布和灌水器类型布设管线。采取主管（63 毫米口径）与蔬菜种植行垂直，每 100 米设置一个闸阀，滴灌带（16 毫米口径）沿蔬菜种植平行方向布置，埋于每行种植沟下方，每一个滴灌带与主管接口装一个小闸阀，每一个滴灌带最长不能超过 100 米，滴口间距 15 厘米。

采用滴灌水肥一体化栽培技术，根据土壤养分含量和作物需肥规律，叶菜类蔬菜整个生育期每亩施用 1～2 吨农家肥作底肥，每亩施用新型水溶性肥料（$N-P_2O_5-K_2O$ 为 17-17-17 或 18-18-18）40 千克作追肥，分 2 次追肥。在蔬菜营养生长旺盛期和结果期根据作物生长情况适当增施氮肥和钾肥，视土壤墒情增加灌水量和灌水次数。要求肥和水在可控管道内相融后，均匀、定时、定量浸润作物根系生长发育区域，以满足作物不同生长期的水肥需要，促进作物对水分与养分的高效吸收利用。

（三）注意事项

一是肥料选择。所用肥料需要满足溶解度高、溶解速度快、与灌溉水相互作用小等要求，有利于固态肥料的溶解，避免产生沉淀，防止对喷头或滴头造成堵塞。二是地块选择。选择排灌条件好、土壤疏松、富含有机质、中等肥力以上的地块。三是设备维护保养。需定期对系统设备进行全面检查、维护和排查，对螺丝零件进行加固，及时更换损坏的部件，防止漏水，保持设备清洁。

三、适用范围

适用于云南省蔬菜适宜种植区域。

四、应用效果

蔬菜种植结合秸秆还田、增施有机肥、轮作等措施，运用水肥一体化种植技术，具有省工、节水、提高肥料利用率、提高产量和品质等优势，能够带来显著的经济效益和生态效益。一是节省劳动时间和劳力成本，减少人工 6 人次/亩。二是较传统施肥方式，减少化肥施用量 25％以上，较传统沟渠灌溉节水 50％以上，为保护生态环境、促进农业绿色发展、保障农产品质量安全和农业可持续发展起到积极作用。

五、相关图片

白菜水肥一体化

白菜有机肥施用

山东大葱"测土配方施肥＋水肥一体化"技术模式

一、模式概述

章丘大葱以其独特的品质享誉国内外，被誉为"葱中之王"，历经两千多年的传承，培育出了大梧桐、气煞风两大地方品种，形成了独特的深开沟、高培土等种植方式。但由于大葱种植属于劳动密集型产业，需要的人工多，生产效率低，随着年轻人向城市集中，大葱种植户的老龄化及从业人数的减少问题越来越普遍，同时传统种植模式多采用撒施翻压的施肥方式和沟灌的灌溉方式，水资源及肥料利用率相对偏低。为破解当前难题，积极探索水肥一体化在大葱生产中的应用，结合测土配方施肥技术，使用水溶肥、生物菌肥等新型肥料，形成了大葱"测土配方施肥＋水肥一体化"配套技术模式。本技术模式包括用微量元素水溶肥进行拌种，根据大葱不同生育期将水肥一体化应用于育苗及田间生产，结合测土配方施肥技术，实现大葱全生育期的"三新"技术加持，从而解决灌溉施肥用工成本高、水肥利用率偏低的问题。

二、技术要点

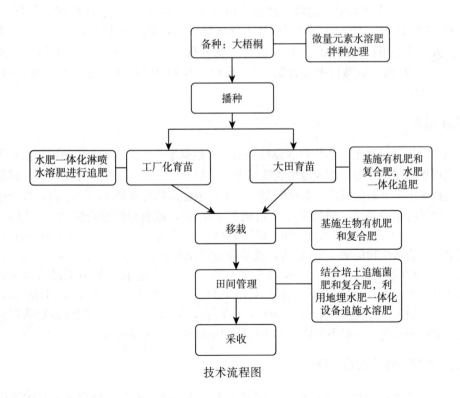

技术流程图

（一）备种

选择章丘地方品种大梧桐，种子通过筛选与风选相结合的方式，除去秕籽和杂质，确保发芽率不低于95%。用微量元素水溶肥（其中有效成分含量锌不低于20克/升，硼不低于5克/升，钼不低于2克/升，铜不低于5克/升，铁不低于10克/升，锰不低于10克/升）和杀虫杀菌剂混合进行拌种处理。每1千克种子用微量元素水溶肥4毫升。

（二）苗期管理

1. 大田育苗。 育苗田亩施有机肥2 000千克/亩和硫酸钾型复合肥（$N-P_2O_5-K_2O$为10-14-20或相似配方）作为基肥，第二年在葱苗旺盛生长前期和中期通过水肥一体化设备每亩每次喷施尿素5千克或农业用硝酸铵钙15千克。

2. 工厂化育苗。 出苗后，基质相对含水量保持在60%～70%。3叶期开始追肥，选用大量元素水溶肥（$N-P_2O_5-K_2O$为20-10-20或相近配方肥）按照1 000～1 500倍水溶液通过水肥一体化喷灌设备进行交替喷施，每10～15天喷一次。宜选择在晴天上午进行喷施。

（三）移栽

开沟移栽前需使用翻转犁、动力耙、旋耕机等对土壤进行深松、旋耕处理，地表应无根茬、无坷垃、无残膜，土壤无硬块，土壤颗粒直径小于2厘米。对于前2～3年未种植洋葱、葱等百合科作物的壤土地块，撒施生物有机肥800千克/亩、硫酸钾型复合肥（$N-P_2O_5-K_2O$为17-6-22）20千克/亩并进行耕翻作为底肥。对于重茬地块，可施用棉隆12千克/亩，或施用石灰氮30千克/亩进行土壤处理。土壤处理20～30天后再撒施生物有机肥800千克/亩、硫酸钾型复合肥（$N-P_2O_5-K_2O$为17-6-22）20千克/亩并进行耕翻作为底肥。

（四）追肥

移栽后立即通过水肥一体化喷灌设施浇透水，根据季节、天气、土壤墒情、苗情等，为大葱生长提供充足的水分。在大葱生长旺盛期，一般6～7d喷灌1次，浇足浇透。高温季节浇水宜选择在上午8时前完成。立秋时结合培土，追施生物有机肥80千克/亩，进行中耕土肥混合；处暑时结合培土，追施微生物菌肥2千克/亩，硫酸钾型复合肥（$N-P_2O_5-K_2O$为15-5-25）20千克/亩，喷施水溶肥（$N-P_2O_5-K_2O$为20-20-10）8千克/亩；白露时结合培土，追施微生物菌肥2千克/亩，硫酸钾型复合肥（$N-P_2O_5-K_2O$为15-5-25）25千克/亩，喷施水溶肥（$N-P_2O_5-K_2O$为20-20-10）8千克/亩；秋分时结合培土，追施微生物菌肥2千克/亩，硫酸钾型复合肥（$N-P_2O_5-K_2O$为15-5-25）25千克/亩，喷施水溶肥（$N-P_2O_5-K_2O$为20-20-10）5千克/亩，霜降以后，葱叶部营养物质向葱白转移，进入葱白充实期，一般不追肥，如出现脱肥早衰现象，可喷施尿素10千克/亩。

（五）水肥一体化设备选择

大葱生产中水肥一体化设备有地表滴灌施肥、浅埋滴灌施肥、地埋式立杆喷灌施肥等种类。本技术模式选用地埋式立杆喷灌水肥一体化设备,喷灌头距离为 15 米,主管和支管埋深 80 厘米。地埋式立杆喷灌水肥一体化设备的优点是不影响培土、中耕、收获等农业机械操作和农事操作,使用寿命长,有效衔接下茬小麦生长,无需重新布设管道。不足之处是喷灌立杆安置处会占用一定耕地面积。

地表滴灌设备是将毛管置于葱叶上时,随培土提升毛管,优点是出水均匀,利于将肥料送达根系,滴灌管道成本低。缺点是进行机械培土时,需将位于田间的主管道拆除,培土后重新安装,下茬小麦种植时也需将管道拆除,下季大葱移栽时要重新安装管道,增加了劳动成本。

浅埋滴灌设备随移栽置于葱苗旁,随培土将管道埋于土壤中,其优点是利于营养输送,培土时无需再提升毛管。但是对于管道质量要求高,进行机械培土时,也需将位于田间的主管道拆除,大葱收获后,毛管移除较困难。

三、适用范围

适用于传统大葱种植区域,大葱可选用大梧桐或气煞风,以及小麦—大葱轮作,大葱一年一季单作和大葱四季生产种植等种植制度。生产地块选择耕地质量为中等地力条件以上,其中土壤有机质含量不低于 15 克/千克,全氮不低于 1.0 克/千克,有效磷不低于 20 毫克/千克,速效钾在 100 毫克/千克以上,并具备良好的灌排条件。

四、应用效果

通过技术应用,可保障大葱生长期间合理充足的水分供应,更加合理施肥,利于提高大葱的产量并提升大葱品质。通过测算,每亩可实现增收大葱 400 千克,按照大葱价格 2 元/千克计,每亩可增收 800 元,每亩可减少施肥成本 120 元,每亩节约灌溉及挡水人工成本 200 元,通过科学施肥"三新"技术模式平均每亩大葱生产可实现节本增效 1 120 元。

五、注意事项

水溶肥应选用溶解度高、溶解速度较快、腐蚀性弱、与灌溉水相互作用小的肥料,其质量应符合行业标准。肥料搭配使用时应考虑相容性,肥料成分间不发生拮抗作用。

第八章

其他作物科学施肥"三新"集成技术模式

华北甘薯"旋耕起垄一体化＋机械深施"技术模式

一、模式概述

以甘薯精准施入底肥、旋耕、起垄、镇压、整形一体化技术为核心，利用智能机械一体化作业，既实现肥料的精准利用，提高肥料利用率，又减少一次机械抛肥作业，节能减碳，节省投入成本。配套高产品种、起垄栽培、合理密植、滴灌追肥、专用肥料配方及适时采收等技术措施。

二、技术要点

(一) 核心技术

1. 应用甘薯专用肥料。结合土壤地力情况和目标产量，北京地区每亩施入复合肥（N-P_2O_5-K_2O 为 15-10-20 或类似配方）25～35 千克，并添加矿源黄腐酸、枯草芽孢杆菌等生物刺激素类物质，改善土壤性状，促进根系生长。

2. 应用施肥、起垄、整形及铺设滴灌带一体化技术。在甘薯移栽前，机抛有机肥并进行一次旋耕作业。利用整地施肥起垄一体机进行化肥施用、起垄、镇压和整形铺设滴灌带。在一体机肥箱处安装 GPS 电控计量施肥装置，实现精准施肥入垄，可比常规生产化肥用量减少 10% 左右；旋耕机齿轮箱引出动力传输到整形器，起垄作业同时实现镇压整形，种植甘薯起垄垄宽 30 厘米，垄高 25 厘米；采用机播一体化技术，密度为 4 000 株/亩。通过一体化技术措施，实现垄背平整、垄宽均匀、施肥精准、精量播种。

(二) 配套技术

1. 高产品种。根据区域气候和栽培条件，选择经国家或地方审定（鉴定或登记），在当地已种植并表现优良的高产优质抗病品种。可根据上市要求和茬口选择品种熟性。要求具有植株半直立、生长旺盛、抗性强等特点。采用冷床育苗技术培育壮苗。

2. 适宜播期。根据甘薯品种熟性和当地气候情况，选择适宜播期进行播种，如春季生产定植适期为 4 月中下旬至 5 月上旬。

3. 起垄栽培。遵循"高、胖、大"原则，利用一体机进行旋耕、施肥、起垄、整形并铺设滴灌管，垄宽 30 厘米，垄高 25 厘米，垄距控制在 80~100 厘米，促进根系生长。

4. 合理施肥。

（1）施肥原则。有机与无机相结合。砂壤土、壤土等通透性好的地块增施有机肥，减少化肥用量，推荐选用有机无机复混肥料作底肥。坚持底肥为主、追肥为辅，底肥建议选用高钾配方的硫酸钾型复合肥料，追肥根据苗情以叶面喷施为主。

（2）专用肥料选择。结合土壤肥力施入有机肥与化肥，可利用测土配方施肥技术，旱薄地以氮素化肥与有机肥为主，适量施入磷钾肥；肥力较好的地块，增钾控氮。养分比例要适合甘薯生产需求，可适当添加钙、镁等中量元素和腐植酸、促生菌等生物刺激素。

（3）施肥建议。每亩施用 2 米^3 腐熟有机肥或 1 吨商品有机肥。推荐施用 N-P_2O_5-K_2O 为 15-10-20 的复合肥或相近配方肥。

甘薯底肥配方

肥料类型	底肥推荐配方 N-P_2O_5-K_2O	底肥选用配方 N-P_2O_5-K_2O
复合肥料或掺混肥料，硫酸钾型	15-10-20	15-10-18、12-9-16 等

产量水平为 2 000~2 500 千克/亩时，推荐底施配方肥 35~40 千克/亩；产量水平为 2 500~3 000 千克/亩时，推荐底施配方肥 40~45 千克/亩；产量水平为 3 000~3 500 千克/亩时，推荐底施配方肥 45~50 千克/亩。

5. 病虫害防治。病虫害以预防为主，定期检查，发现病虫害初期即采取措施。优先采用生物防治方法，必要时使用低毒、高效、低残留的化学农药，严格按照说明书使用。

6. 适时采收。收获过早会缩短甘薯生长期，降低产量；收获过晚会使薯块受冻害或冷害，影响贮藏及食用，降低经济效益。通常当地温度降至 18℃ 即可收获。在收获过程中，做到轻刨、轻装，减少薯块破损，剔除不合格甘薯。

三、适用范围

适用于华北地区具有机械施肥条件的甘薯种植区推广应用。

四、应用效果

本技术实现了垄内精准施肥、垄形整齐美观，亩用肥量减少 12% 左右；示范区平均产量较常规种植提高约 16%，亩增收 1 200 元；减少一次机械抛肥作业，节约作业成本约 45 元/亩。

五、相关图片

一体化作业场景

甘薯田间生长图

山东马铃薯"有机肥＋配方肥＋机械深施＋
水肥一体化"技术模式

一、模式概述

通过增施有机肥，应用配方肥、水溶肥等新产品，使用深松施肥、水肥一体化施肥等新机具，集成有机肥＋配方肥＋机械深施＋水肥一体化"三新"技术模式。

二、技术要点

（一）基肥确定

按作物生长营养需求规律确定肥料用量，亩施粪肥 3 000 千克，或商品有机肥 400 千克，作底肥一次性深翻施入。

马铃薯施肥配方（N 20 千克/亩、P_2O_5 10 千克/亩、K_2O 35 千克/亩），选择配方肥（$N-P_2O_5-K_2O$ 为 16-8-21）为底肥，亩使用量 100 千克。

（二）机械深施

使用抛肥机将有机肥均匀抛施，深松深耕机械整地。深松土层 25～30 厘米，打破坚硬的犁底层；深松沟经整土板整理后，播种带土层松软平整，蓄水保墒，促进作物根系发达、植株健壮。配方肥深施覆土然后播种，可提高肥效 20％以上，还可避免肥浅烧苗现象。

(三) 追肥

采用水肥一体化模式进行追施和喷雾器喷施。开花期前通过滴灌追施高钾水溶肥（N-P_2O_5-K_2O 为 14-6-38）10 千克/亩，开花期后通过滴灌追施高钾水溶肥（N-P_2O_5-K_2O为 14-6-38）10 千克/亩，间隔 10 天后通过滴灌追施高钾水溶肥（N-P_2O_5-K_2O为 14-6-38）10 千克/亩，开花期每 10 天喷施磷酸二氢钾 1 千克/亩，共喷 3 次。

(四) 其他田间管理

其他田间管理措施参照当地丰产栽培技术。

(五) 注意事项

1. 有机肥施用。有机肥料能明显改良土壤、改善产品质量、减少作物病虫害，本模式下全部作为基肥施入后深耕；粪肥应充分发酵腐熟后再施用。

2. 配方肥施用。避免地表撒施，采用机械深施减少肥料的流失浪费和环境污染；作物苗期施肥要深施或早施，尤其是要严格控制作物苗期氮肥的施用量。

3. 水肥一体化技术。

（1）要根据地形、田块单元、土壤质地、作物种植方式、水源特点等基本情况，设计管道系统的埋设深度、长度、灌区面积等。

（2）选择适宜肥料种类。可选液态或固态水溶性肥料，要求水溶性强，含杂质少。如果用沼液或腐植酸液肥，必须经过过滤，以免堵塞管道。

（3）灌溉施肥的程序分三个阶段。第一阶段选用不含肥的水湿润，第二阶段施用肥料溶液灌溉，第三阶段用不含肥的水清洗灌溉系统。

（4）马铃薯生长期内需要多次浇水，按当地丰产栽培技术要求，不低于 8 次水，而追肥只有 3 次。

三、适用范围

适用于山东省地势平坦、土层深厚、水源条件较好的砂壤土或壤土地块。

四、应用效果

应用该模式马铃薯亩增产 1 000 千克以上，亩增收 1 800 元左右。采用水肥一体化技术，节省 2 个工时，取得良好的经济效益。利用抛肥机械及滴灌施肥解放劳动力，大大提高劳动效率。通过增施有机肥，提高土壤肥力、改善土壤结构、促进作物生长、提高作物产量和品质、减少化肥使用。

五、相关图片

机械深松

宁夏旱作马铃薯"有机肥＋测土配方一次性施肥"技术模式

一、模式概述

坚持机械化、轻简化、精准化的施肥原则，在测土配方施肥的基础上进行创新，以缓控释型配方肥替代普通配方肥，改传统多次施肥为一次性施肥，并集成增施有机肥、机械深施、种肥同播等关键技术，同时配套优质高产脱毒品种、大垄宽行栽培、绿色防控、全程机械化作业等绿色增产增效栽培技术，有效解决马铃薯种植后期尤其是地膜覆盖造成追肥困难的问题，降低化肥使用量与施肥劳动强度，落实化肥减量化行动，保障粮食安全，推进农业绿色发展。

二、技术要点

（一）核心技术

根据马铃薯需肥规律和肥料施用效应，将不同释放期的缓控释型氮肥与磷、钾肥按一定比例组合成缓控释型配方肥，通过机械基施或种肥同播等方式，按测土配方推荐的配方肥用量一次性施入土壤中。后期根据马铃薯长势长相，适当补充含腐植酸水溶肥、含氨基酸水溶肥或微量元素水溶肥等叶面肥。

（二）施肥要求

1. 制定施肥配方。以测土配方施肥技术为支撑，根据土壤供肥能力、目标产量，按照马铃薯施肥模型，确定全生育期氮、磷、钾等养分需求总量，提出推荐施肥方案和缓控释型肥料配方。

2. 释放周期确定。根据马铃薯养分吸收规律，确保缓控释肥养分释放符合吸收利用需求，从而达到养分释放与吸收利用同步的目的。

3. 一次性施肥。将马铃薯专用缓控释型配方肥全部作基肥或种肥一次性机械深施。作基肥时采用撒肥机将配方肥均匀撒在地表，用旋耕机械及时将肥料旋耕施入 8～10 厘米土壤中，再播种覆膜；采用种肥同播时，用播种机将马铃薯专用缓控释型配方肥深施于行侧 6～8 厘米或宽窄行的窄行中间土层中，施肥深度 8～10 厘米。

（三）推荐适宜用量

结合秋耕或春耕整地，亩基施腐熟农家肥 1 000～3 000 千克或商品有机肥 170～200 千克，机械深翻深松入土，施肥深度 10～20 厘米。对于硼或锌缺乏的土壤，可基施硼砂 1～2 千克/亩或硫酸锌 1～2.5 千克/亩。根据土壤养分含量和马铃薯目标产量水平，推荐马铃薯专用缓控释型配方肥配方 $N-P_2O_5-K_2O$ 为 29-14-8 或相近配方（硫基）。马铃薯一次性施肥推荐适宜用量见下表。对于长势偏弱的马铃薯，可结合一喷多促、病虫害防治等，于现蕾期叶面喷施含腐植酸水溶肥或含氨基酸水溶肥 250 毫升/亩（稀释成 0.3%～0.5%溶液）。

马铃薯一次性施肥推荐适宜用量

单位：千克/亩

产量水平	养分施用量			缓控释型配方肥 51% (29-14-8，硫基)
	N	P_2O_5	K_2O	
800	5.51～6.09	2.66～2.94	1.52～1.68	19～21
1 000	6.96～7.54	3.36～3.64	1.92～2.08	24～26
1 500	10.73～11.31	5.18～5.46	2.96～3.12	37～39
2 000	13.34～13.92	6.44～6.72	3.68～3.84	46～48
2 500	15.66～16.24	7.56～7.84	4.32～4.48	54～56
3 000	19.43～20.01	9.38～9.66	5.36～5.52	67～69
3 500	23.49～24.07	11.34～11.62	6.48～6.64	81～83

（四）配套技术

1. 品种选择。选择宜机化优良品种，推荐青薯 9 号、宁薯 18、宁薯 19、陇薯 7 号、庄薯 3 号等，质量应符合国家种子质量标准的规定。

2. 播种时间。根据土壤墒情、降水等情况，抢墒播种，一般为 4 月中下旬。

3. 合理栽培。选用小四轮牵引，采用开沟-施肥-播种-起垄-覆膜-压膜一体机播种。选用厚度 0.01 毫米、幅宽 90～100 厘米符合标准要求的农用地膜，垄面宽 80 厘米，垄沟宽 30 厘米，垄高 10～15 厘米。播种时将种子播在距垄沟 20 厘米的膜侧上，播种深度以 15～20 厘米为宜；每垄种 2 行，行距 40 厘米，株距 40～45 厘米，亩保苗 3 000～4 000 株。

4. 覆土除草。播后 10～15 天、出苗前一周，选用小四轮牵引，采用上土机械膜上覆土，覆土 3～5 厘米。出苗后，及时浅松土除草。

5. 适期收获。植株茎叶 2/3 枯黄、葡萄茎秆缩至易与块茎脱离时收获，收获前一周左右收割茎叶并运出田间,或者机械杀秧,选择晴天收获,并及时清除田间地膜。

(五)注意事项

1.根据土壤肥力、有机肥施用数量和质量、降水、土壤墒情等条件,施肥量可适当增减。容易发生干旱的农田不建议施用缓控释肥。

2.严选肥料。马铃薯为忌氯作物,推荐选用硫基缓控释肥料。

三、适用范围

适用于宁夏干旱、半干旱、低温阴湿区,西北同类型地区也可应用。

四、应用效果

采用增施有机肥+测土配方一次性施肥+大垄宽行栽培技术模式,马铃薯种植化肥用量亩均减少3%以上,减少追肥次数1~3次,较常规施肥马铃薯增产4.7%~9.9%。

五、相关图片

马铃薯播种覆膜

青海马铃薯"北斗导航种肥同播+水肥一体化"技术模式

一、模式概述

将北斗导航技术与农机作业相结合,可实现无人驾驶,有效替代人工操作,减小劳动强度,节约用工成本,实现精准作业。水肥一体化技术借助压力或地形落差,实现施肥和灌溉一体化。水溶肥易溶于水,养分吸收快、肥效高,在马铃薯上结合水肥一体化技术施用,按照肥随水走、少量多次、分阶段拟合原则,按照一定比例将水溶肥配制为肥液,之后利用管道系统把水分和肥料定时、定量供给农作物。与传统的施肥、灌溉方式相比，本技术在提高水肥利用率、节水增产方面，优势显著。

二、技术要点

(一) 水溶肥确定

选用氮磷钾配比合理、总养分含量＞51％的粉剂或颗粒较小的水溶肥料。肥料颗粒均匀、密度一致，理化性状稳定，不易吸湿、不粘、不结块，以防肥料堵塞管道。水溶性肥料可选择大量元素、中量元素、微量元素、含腐植酸、含氨基酸、有机水溶肥等，肥料产品应符合相关标准，取得农业农村部登记（备案）证。

(二) 追肥用量及次数

根据相关试验情况，采用膜下滴灌方式分4次追施水溶肥25千克，分别为：苗期5千克、花期6千克、膨大期10千克、淀粉积累期4千克。

(三) 种薯处理

选用当地主推品种如青薯9号、青薯2号等，播前进行药剂拌种，减少病虫害发生。

(四) 整地要求

耕整后地表平整，无残茬、杂草等，田块内高低落差≤3厘米。

(五) 农机要求

选用带有播种施肥覆膜一体装置的机械。施肥装置应可调节施肥量，量程需满足当地施肥量要求，能够实现基肥精准深施。加装北斗导航系统，开展北斗导航精准作业。

(六) 播种作业准备

1. 作业前应检查北斗导航系统是否能够正常使用、施肥装置运转是否正常、排肥通道是否顺畅。机具各运行部件应转动灵活，无碰撞卡滞现象，并进行开机试运转。

2. 基肥装入时除去肥料中的结块及杂物，均匀装填到肥箱中，装入量不大于最大装载量，盖上防雨盖。装肥过程中应防止混入杂质，以免影响施肥作业。

3. 施肥量应按照机具说明书进行调节，调节时应考虑肥料性状及田块打滑对施肥量的影响，调节完毕应进行试排肥。试排肥应采用实地作业测试，正常作业50米以上，根据实际排肥量对农机进行修正。

4. 地块完成起垄后根据水源距离及地块大小在合适的位置铺设主带和辅带，在垄上铺设滴灌带。然后进行覆膜播种作业，播种时应避开滴灌带位置，以免滴灌带破裂。

(七) 追肥作业机械及作业原理

使用移动式施肥机进行膜下滴灌追肥。该机械由潜水过滤器、水泵、流量计数器、砂石过滤器、网式过滤器、溶肥罐、动力装置、移动牵引机架组成。

其作业原理为：水泵在动力装置的作用下通过前端的潜水过滤器对水源中的漂浮物、草籽等杂质进行初级过滤；然后砂石过滤器对进入水中的泥沙进行二次过滤；最后网式过滤器对即将进入滴灌带的水中细小颗粒进行第3次精细过滤；溶肥罐与过滤系统连接，保证颗粒肥料溶解后形成的肥液，过滤后进入滴灌带；动力来源主要是柴油机或电机，有条件的地方也可直接接入动力电源；移动牵引机架用于将装置牵引至灌溉地点。

（八）注意事项

作业过程中，应规范机具使用，注意操作安全。作业中应避免紧急停止或加速等操作，发现问题及时停机检修。播种时调整好株行距，匀速前进，避免缺株。根据作业进度及时补充种薯和肥料。当天作业完成后，应及时排空肥箱及施肥管道中的肥料，做好肥箱、排肥、开沟等部件的清洁。

使用移动式施肥机进行追肥作业时，应清除水中的杂物，如树枝、塑料瓶等，防止垃圾堵塞施肥机管道。尽量使用易溶于水、颗粒较小或粉剂的水溶肥。

三、适用范围

适用于青海省地块平整、具有水肥一体化条件的马铃薯种植区。

四、应用效果

本技术模式集成应用新机具、新肥料、新技术，农机加装北斗导航技术能够减少土地浪费、提高工作效率。针对降水量较少的地区使用膜下滴灌方式追施水溶肥，能够提高肥料利用率、减少施肥次数、亩节约人工1个。根据示范田测产情况，亩产量达到4 036.8千克，较常规施肥模式增产25%左右。

五、相关图片

农机加装北斗导航系统作业

田间滴灌带铺设

马铃薯春播

马铃薯生育期内长势

示范田测产

内蒙古马铃薯智能精准水肥一体化技术模式

一、模式概述

在滴灌种植模式下，使用精准施肥系统和施肥设备，配套精量施肥泵、1 000 升施肥罐、智能远程控制设备、低流量滴灌带设备等，优化施肥技术，实现水肥一体精准管理。通过减少基肥用量，增施有机肥，实现有机肥替代部分化肥，运用前氮后移，增加液体肥、水溶肥施用比例等，提高肥料利用率。结合马铃薯不同生育期的需肥规律，实现全程水肥精准供应。

二、技术要点

（一）施肥新技术

智能水肥一体化技术是在传统水肥一体化系统的基础上运用计算机技术，针对农作物的需水、需肥规律，以及土壤环境和养分含量状况，自动对水肥进行检测、调配和供给，达到精确控制灌水量、施肥量和水肥施用时间的一项现代农业新技术。

（二）施肥新产品

在追肥时期运用新型液体肥，如尿素硝酸铵溶液；中微量元素肥，如锌肥和钙镁肥，可以提高肥料利用率，改善作物品质，补充马铃薯所需的各种中微量元素，提高作物产量。

（三）施肥新机具

由水井或蓄水池进行供水，按照每千亩配备 5 000 米^3 容积的蓄水池。蓄水池要根据进水量配套适宜的水泵。水源后安装离心过滤器，可进行自动反冲洗，施肥罐后安装网式过滤器。首部安装水肥自动化控制系统，田间出水桩安装太阳能远程控制电磁阀，实现智能水肥一体化控制。

自动水肥精准调控系统：由水肥自动化控制软件、精量施肥泵、首部过滤器、田间电池阀、溶肥罐、蓄水池等组成。水肥自动化控制软件可完成施肥和灌溉远程自动化控制，具有切换自动和手动控制，设置灌溉单元灌溉制度，实现溶肥罐注水、搅拌、注肥、自动反冲洗、灌溉全程自动控制等功能；选择额定流量＞3 米^3/时，额定扬程＞50 米的精量施肥泵；选择离心加叠片二级首部过滤器，最大过滤流量大于水井出水量，可进行自动反冲洗；选用不易堵塞太阳能远程控制 24 伏电磁阀；选用容积＞1 000升且配套搅拌器的溶肥罐。

在管道的末端或地势低洼处安装泄水阀。在主管和支管的连接处安装远程控制阀门，便于控制和检查出水。地块坡度较大处也要安装阀门，以便解决部分灌溉不均匀的问题。

(四) 主要操作流程

1. 轮作。实行 3 年轮作制。马铃薯适合与禾谷类作物轮作，不宜与茄科作物或块根、块茎类作物轮作。

2. 脱毒种薯播种技术。播期一般在 4 月下旬至 5 月上旬，当 10 厘米地温稳定在 8～10℃时即可播种。播种深度依品种和土壤条件而定，一般以开沟深度 8～10 厘米、覆土厚度 10～14 厘米为宜。黏土适当浅播，砂壤土适当深播。一般行距 90 厘米，株距 18 厘米，每亩定植 4 100 株。

3. 整地、中耕培土技术。栽培马铃薯的土壤要求深耕翻、细整地，一般深耕 30～35 厘米为宜。中耕培土在出苗率达到 20％时立即开始，在出苗率 30％以前完成。培土时用拖拉机牵引中耕机进行，培土厚度 3～5 厘米，将出土的幼苗及杂草全部埋掉。培土时滴灌管要处于滴灌状态，防止培土将滴灌管压扁，影响以后正常滴灌。

4. 滴灌技术。根据出水量、地形、地下管道、滴灌带压力等因素确定出水桩的距离。通过中耕实现滴灌带埋深 5～8 厘米，起宽大垄型，上垄面宽 30～35 厘米，垄高25 厘米。选择口碑好、品质优、贴片式、压力补偿型滴灌带，滴灌带壁厚 0.15 毫米以上，最大可耐 0.1 兆帕工作压力，滴头流量 1.0～1.4 升/时，滴头间距 25～30 厘米。地面支管选用 PE 软管，管径为 110 毫米，壁厚 1.2 毫米，抗压强度为 0.4 兆帕。

按照马铃薯不同生育期需水规律、降水和土壤墒情每 3～5 天灌水一次，每次灌水量 10～15 米^3/亩，灌水时间 3～6 小时，湿润深度达到 45～50 厘米，避免过量灌溉，实现精准水分管理，整个生育期灌水 10～12 次，收获前 15 天停止灌溉。

5. 科学施肥。

(1) 有机肥部分替代。降低复合肥用量，增施有机肥，实现有机肥部分替代化肥，建议用商品有机肥替代 20％复合肥。有机肥使用农家肥或商品有机肥，一般农家肥以撒施方式施入，按 1 500～2 000 千克/亩施用，或施用商品有机肥按 80～300 千克/亩施用。

(2) 调整施肥结构。根据目标产量，综合考虑土测值进行配方施肥。复合肥建议以 N - P$_2$O$_5$ - K$_2$O 为 12 - 18 - 15、12 - 19 - 16 的配方肥为主，施用量 40～60 千克/亩。建议马铃薯氮肥基追比为 4∶6，磷肥基追比为 3∶7，钾肥基追比为 3∶7。

(3) 追肥选择。追肥全部应用水溶性肥料，以配方液体肥最佳，针对不同生育时期，根据田间植株测试结果，追施适量液体肥或水溶肥。追肥全部通过精准施肥系统结合灌水进行，全生育期施肥 6～8 次，通过智能水肥一体化，提高水分和肥料的利用率，降低施肥总量。

三、适用范围

适用于内蒙古阴山地区具备滴灌条件的马铃薯种植区域。

四、应用效果

实现马铃薯提质增产，提高种植户综合收益。示范田平均亩产 3 265 千克，亩均增产

415千克，增产率14.5%，亩均新增纯收益508元，增幅14.9%。通过本技术的实施，缓解土壤病害多、土地板结的问题，减少不合理的化肥投入，提升耕地质量水平，促进粮食增产、农民增收和生态环境安全。

五、相关图片

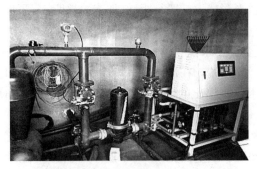

智能精准水肥一体化控制系统

灌溉效果图

田间收获图

种植效果图

云南冬马铃薯"水肥一体化＋配方肥＋有机肥＋无人机叶面喷施"技术模式

一、模式概述

通过田间试验、土壤化验明确定氮、控磷、稳钾、补微、增有机的施肥原则，因地制宜推广应用有机肥、水溶肥料、复合微生物肥料、土壤调理剂等功能性肥料，运用微喷灌水肥一体化及无人机喷施叶面肥等高效施肥技术，准确匹配植物营养需求，提高养分吸收效率，推进肥料施用精准化、施肥过程轻简化。

二、技术要点

(一) 技术路线

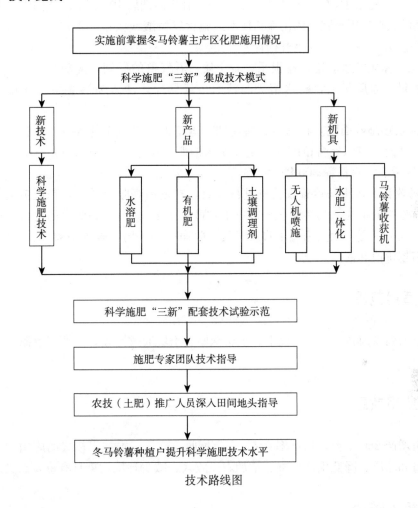

技术路线图

(二) 操作流程

1. 取土化验,制定配方。 在冬马铃薯种植前,对试验示范区的土壤进行取土化验,了解土壤肥力及作物需肥情况,制定出详尽的配方施肥卡和施肥时期、施肥量,形成主栽的丽薯 6 号和合作 88 两个冬马铃薯品种的配方施肥建议卡。

2. 机耕整地。 播种前使用微耕机深翻地块 25～30 厘米,一犁两耙,做到地平、土细、土层疏松、土块细碎、无杂草,田块内高低落差≤3 厘米。

3. 施用土壤改良剂。 对 pH 低于 5.5 的土壤,在整地时施用含有硅、钙、锰、硫、铁、镁、锌的土壤改良剂改良土壤酸性,施用量为 150 千克/亩。

4. 精准施肥。 马铃薯适宜种植在疏松、有机质含量高的土壤上,属喜钾植物,需有机肥、氮、磷、钾及微肥配合施用。

（1）基肥。整地时在地块表面撒施商品有机肥 500～600 千克/亩、配方肥（N‐P$_2$O$_5$‐K$_2$O 为 18‐10‐18）50 千克/亩，用微耕机均匀翻犁。整地理墒种入种薯后，垄面安装滴灌设备，实现滴灌或微喷水肥一体化。

（2）追肥。视田间长势，追肥 2～3 次，分别在出苗期后 10～15 天、现蕾期、薯块膨大期，通过滴灌微喷运用水肥一体化施肥技术追施含腐植酸或大量元素水溶肥（N＋P$_2$O$_5$＋K$_2$O＞400 克/升），每次 150 毫升稀释 400 倍。

5. 水肥一体化技术。遵循看根系、看土壤、看气象的原则，准确判定土壤含水量和作物的需水量、需肥量后，将水溶肥与清水按稀释配比注入喷滴灌系统并喷施于土壤表面。

6. 无人机喷施叶面肥。在马铃薯盛花期，运用无人机对作物进行大面积、全方位喷施叶面肥。叶面肥使用含腐植酸或大量元素水溶肥，含量为（N＋P$_2$O$_5$＋K$_2$O＞400 克/升），每亩用量 200 克稀释 300 倍。

7. 机械收获。运用马铃薯收获机进行收获，有效提高收获效率，降低劳动强度，并减少收获过程中的损耗。马铃薯收获机每小时可收获 2～3 亩。高效率的机械化作业方式相比传统的人工挖掘，大大缩短了收获时间，收净率＞99%，破皮率＜1%，有助于保持马铃薯的市场价值和商品质量。

三、适用范围

适用于云南省海拔 1 500 米以上、土层深厚、土壤通透性较好、便于灌溉的冬作马铃薯种植区。

四、应用效果

平均亩增产 280 千克，增产率 6.4%，亩增收 500 元。本技术模式的应用对于提高冬马铃薯产量和品质、降低生产成本、增加农民收入、减少环境污染具有重要意义。

五、相关图片

水肥一体化技术　　　　　　　　　　　科学配方施肥

马铃薯收获机   无人机喷施叶面肥

山东甘薯"新型肥料＋水肥一体化＋无人机喷肥"技术模式

一、模式概述

针对甘薯施肥不均匀、肥料利用率低、影响产量和品质等问题，采用"新型肥料＋水肥一体化＋无人机喷肥"技术模式，通过使用水溶肥、配方肥、控释肥等新型肥料，结合喷滴灌设备、种肥同播机、无人机等新机具，实现施肥机械化、轻简化，减少化肥用量，提高化肥利用率，促进农业可持续发展。

二、技术要点

（一）甘薯的需肥特征

1. 甘薯是耐肥作物，对氮、磷、钾等大量元素的需求较大，同时还需要适量的中量元素和微量元素。一般每生产 1 000 千克甘薯，植株会从土壤中吸收氮 3.5～4.7 千克、磷 1.4～1.8 千克、钾 6.5～8.8 千克。甘薯生长初期对氮、磷、钾的吸收较少，随着生长逐渐增加，尤其在生长旺盛期和块根形成期，对氮、磷、钾的吸收量急剧增加。

2. 在生长初期不宜施用过多氮肥，否则会影响甘薯的生长和产量。

3. 在块根形成期，磷肥的施用可以促进甘薯的根系发育和块根形成。

4. 钾肥的施用可以增强甘薯的抗病性和抗旱性，提高产量和品质。

5. 甘薯对中量元素和微量元素的需求量较小，但仍然需要适量补充。如钙、镁、铁、锌等元素对甘薯的生长和产量也有影响。

（二）甘薯的施肥技术

1. 技术路线。新型肥料选择→整地施肥→开沟起垄、铺设滴灌带→水肥一体化技术＋无人机喷肥。

2. 新型肥料选择及施肥时间。甘薯的肥料选择及施肥时间应根据土壤条件、生长阶段及需肥特点来确定，除施用优质有机肥外，还可以选用具有高利用率、环保型、缓释效果的新型肥料。

（1）基肥。在整地施用基肥时，应以优质有机肥为主；山区砂质或半砂质土壤通透性好，但保水能力不强，可以选择半腐熟有机肥作基肥；在平整地块或中等肥力以上的地块中，最好选用腐熟程度较高的有机肥料。基肥可以施用有机-无机复混肥料＋中量元素肥或控释掺混肥料＋中微量元素肥，以确保甘薯在生长初期有足够的养分。

（2）萌芽期。甘薯的萌芽期在种植后的 15～20 天，此时可以进行第 1 次追肥。追肥可以选用速效氮肥，如尿素或硝酸铵。追肥时要控制好施肥量，避免过量导致植株生长过旺。

（3）块根形成期。甘薯的块根形成期在种植后的 40～50 天。此时可以进行第 2 次追肥，以促进块根的生长。施肥量可以适当增加，以满足植株对养分的需求。肥料可以选择复混肥或含腐植酸水溶肥。

（4）块根膨大期。在甘薯块根膨大期，植株对养分的需求量较大。此时可以进行第 3 次追肥或喷施叶面肥，以促进块根膨大和品质提高。肥料可以选择含腐植酸水溶肥，以满足甘薯对各种养分的需求。

（5）收获前。在甘薯收获前 15～20 天，可以进行最后一次追肥或喷施叶面肥，以补充植株在收获前所需的营养。此次追肥可以选用速效氮肥，如尿素或硝酸铵。

3. 施肥用量。

（1）基肥。有机肥（堆肥、农家肥）3 000～4 000 千克/亩。基肥也可施用复混肥料（N-P_2O_5-K_2O 为 13-15-14）40 千克/亩＋中量元素肥 20 千克/亩或配方控释掺混肥料（N-P_2O_5-K_2O 为 10-8-24）40 千克/亩＋中微量元素肥 20 千克/亩。

（2）萌芽期。尿素 5～10 千克/亩或硝酸铵 8～12 千克/亩。

（3）块根形成期。复混肥 20～30 千克/亩。

（4）块根膨大期。含腐植酸水溶肥，0.5～1.5 千克/亩。

（5）收获前。尿素 5～10 千克/亩或硝酸铵 8～12 千克/亩。

4. 水肥一体化技术。

（1）铺设滴灌带。机械开沟起垄、垄上铺设滴灌带、覆膜、插秧，每垄种植 2 行甘薯，株距为 30 厘米；每垄铺设一条滴灌带，滴头间距 20 厘米，额定流量 2.0 升/时。

（2）栽后水分管理。采用滴灌系统灌溉缓苗水，灌水定额约 10 米³/亩。栽插后，根据土壤墒情，进行田间滴水。土壤相对含水量≥80％，不需要进行田间滴水；60％≤土壤相对含水量<80％，滴水 5 米³/亩；40％<土壤相对含水量<60％，滴水 10 米³/亩；土壤相对含水量≤40％，滴水 15 米³/亩。

（3）栽后 20～80 天的肥水管理。第 1 次肥水滴入时间为栽后 20 天，滴肥量为 10 千克/亩含腐植酸水溶肥；第 2 次和第 3 次肥水滴入时间分别为栽后 50 天和 80 天，滴肥量均为 10 千克/亩含腐植酸水溶肥。视田间墒情，一般总滴水量不超过 10 米³/亩。

（4）栽后 80 天以后肥水管理。栽插 80 天以后，根据田间降水情况，进行田间滴水，若持续无降水，可在栽插后 80～120 天，进行 1～2 次田间滴水。

5. 无人机喷肥。采用无人机进行叶面喷肥作业，可以实现高精度、高效率、低成本的施肥。无人机可以在甘薯生长的各个阶段根据需要进行施肥，保证养分供应的连续性和均匀性，弥补根系吸收养分的不足。

无人机可采用极飞 P150 或大疆 T40、T50、T60 农业无人机，在甘薯生长阶段喷施尿素或水溶肥，叶面施肥时的肥液浓度一般为：尿素 0.5%～2%、磷酸二氢钾 0.3%～0.5%、硫酸钾 1.0%～1.5%，亩用量通常在 4.5 千克左右，具体用量可以根据实际情况进行调整。无人机在甘薯田的喷洒速度一般在 1.6～2 米/秒，效率远高于传统喷雾器。为避免肥液对叶片的伤害，喷施间隔 1 周以上。为保证叶面施肥效果，应选择晴朗无风的早晨或傍晚进行。

6. 注意事项。

（1）肥料选择。选择适合甘薯生长的新型肥料，要根据甘薯品种、土壤类型、气候条件等因素进行选择。

（2）施肥方法。施肥方法要正确，要根据甘薯生长阶段、土壤类型等因素确定，以保证甘薯吸收到足够的养分。

（3）水肥一体化。水肥一体化要合理，要根据甘薯生长阶段、土壤类型等因素确定，以保证甘薯得到充足的水分和养分。滴灌用水、肥要过滤杂物，防止滴灌带堵塞。

（4）无人机喷肥技术。无人机喷肥技术要合理，要根据甘薯生长阶段、地形地貌等因素确定。

（5）安全操作。在无人机操作过程中，要遵守相关规定，确保操作人员的安全。

三、适用范围

适用于山东省甘薯种植区。

四、应用效果

一是提产量，促进经济效益。新型肥料和水肥一体化技术可以确保甘薯在整个生长过程中得到充足的水分和养分，有助于提高产量。无人机喷肥技术可以在短时间内对大面积甘薯地进行施肥，进一步提高产量和品质。示范田增产约 16%，亩增加经济效益 700 余元，可明显提高农业经营主体、种植大户和普通农户的收入水平。

二是节成本，促进社会效益。与传统的人工施肥相比，水肥一体化技术、无人机喷肥技术可以减少水肥浪费，减轻农民的劳动强度，降低劳动成本。

三是优方式，促进生态效益。新型肥料可以改善甘薯的品质，使其口感更好、营养价值更高。水肥一体化技术可以将肥料与水充分混合，使甘薯根部更容易吸收养分，减少肥料浪费。无人机喷肥技术可以精确控制施肥量，避免过量施肥对环境造成污染。

五、相关图片

无人机喷施肥料

安徽茶园"有机肥+配方肥+无人机叶面喷施"技术模式

一、模式概述

以增施机肥料，改良、培肥土壤为基础，依据茶园土壤肥力、茶树需肥规律以及产量目标，精准调配氮、磷、钾以及中微量元素比例，制定施肥方案并生产茶叶专用配方肥，实现茶树养分供应的精准化与平衡化，同时配以无人机在关键期对茶树叶面喷施中微量元素肥以及生物活性物质，增强茶树抗逆性，提高茶叶产量与品质。

二、技术要点

（一）技术路线

土壤肥力检测与评估→制定茶树科学施肥方案→有机肥与配方肥定制采购→秋季深施有机肥及部分配方肥→茶树生长关键期无人机叶面喷施中微量元素肥及生物活性物质→春季与夏季追施配方肥。

（二）施肥技术

1. 土壤养分精准监测技术。 采用土壤养分速测仪，结合实验室土壤样本检测分析，对茶园土壤有机质、氮、磷、钾及各种中微量元素进行监测。通过大数据分析技术，建立茶园土壤养分动态数据库，为配方肥的精准定制提供数据支撑。

2. 养分平衡配方施肥技术。 根据茶树不同生长阶段（幼龄期、成龄期、衰老期）的需肥特点、茶叶生产目标（优质茶、高产茶、有机茶等）以及土壤肥力状况，运用施肥决策系统，精准计算氮、磷、钾及中微量元素的适宜施用量与比例，定制个性化的配方肥，实现茶树养分供应的精准化与平衡化。

（三）肥料产品

1. 有机肥。 选用畜禽粪便、农作物秸秆等有机物料，经过无害化处理与微生物发酵腐熟工艺生产而成的有机肥。

2. 配方肥。 针对茶树生长周期长、需肥量大且养分需求具有阶段性等特点，根据土壤养分状况与茶树需求，科学配比氮、磷、钾等大量元素，提高肥料利用率。

3. 水溶性肥料。 为进一步提升茶叶品质，提高茶叶产量，增强茶树抗逆性，选择含钙、镁、锌、硼、锰、铜、钼等中微量元素的水溶肥。

（四）施肥机具

选用农业多旋翼无人机，搭载专业的施肥装置。有效载重可达 20～40 千克，能满足大面积茶园施肥作业需求。飞行高度可在距离茶树冠层 1～3 米内精准调节，确保叶面喷施的精准性和均匀性；飞行速度 3～6 米/秒，作业效率高，每天可完成 200～400 亩茶园的施肥作业；施肥作业幅宽 3～5 米，采用先进的雾化喷头和精准流量控制系统，施肥均匀度误差控制在 5% 以内，能够实现对茶树叶片的全方位、均匀覆盖，有效提高叶面肥的吸收利用率。

（五）主要操作流程

1. 基肥施用。 在秋季（9—10 月）茶树地上部分生长停止后或冬季（11—12 月）茶树进入休眠期前，选择天气晴朗、土壤墒情适宜期进行基肥深施。在茶树行间，按照树冠垂直投影向外延伸 20～30 厘米确定施肥带，使用茶园专用开沟机或人工开挖施肥沟，沟深 10～15 厘米，沟宽 15～20 厘米，将有机肥（有机质≥30%、$N + P_2O_5 + K_2O ≥ 4.0$%）与茶叶配方肥（$N - P_2O_5 - K_2O$ 为 25 - 9 - 11）混合均匀后施入沟内。每亩施有机肥 300～500 千克、茶叶配方肥 20～30 千克。施肥后，及时覆土填平施肥沟。

2. 无人机叶面喷施作业。 在春季茶芽萌动期（3—4 月）、夏季新梢生长旺盛期（6—7 月）以及秋季茶树生长后期（9—10 月）等茶树生长关键时期进行无人机叶面喷施作业。根据茶树营养诊断结果和不同生长阶段的需求，选择适宜的叶面肥品种，按照产品说明配制叶面肥溶液。将配制好的溶液装入无人机药箱后，操作人员通过地面控制站设定无人机飞行航线、飞行高度、飞行速度、喷施流量等参数。无人机起飞后，按照预设航线在茶园上空自动飞行，地势复杂的山地茶园需要手动飞行，将叶面肥均匀地喷施在茶树叶片正反两面。每亩每次喷施叶面肥溶液量为 1～2 升，飞行高度一般设置为 1.5～2.5 米，飞行速度控制在 4～5 米/秒。喷施作业宜选择在无风或微风（风速<3 米/秒）、天气晴朗的上午9—11 时或下午 4—6 时进行，以确保叶面肥能够充分附着在茶树叶片上，提高吸收利用率，同时避免因高温、强光或雨水冲刷导致肥效损失。

3. 追肥施用。 春季追肥在 2—3 月进行，于春茶采摘前 20～30 天，在茶树树冠边缘处开浅沟，沟深 10～15 厘米，每亩追施配方肥 15～20 千克，然后覆土。春茶采摘后，根据茶树生长情况和采摘量，再次在树冠边缘开浅沟追肥，每亩用量为 20～30 千克。夏季追肥在 6—8 月进行，一般在夏茶采摘后，按照每亩 20～30 千克的用量在茶树行间撒施，随后结合中耕除草，将肥料翻入土中，深度为 10～15 厘米。

（六）注意事项

1. 有机肥质量控制。务必选用正规厂家生产、经充分腐熟且无害化处理达标的有机肥产品。

2. 配方肥精准施用。配方肥的定制应严格依据茶园土壤肥力检测结果与茶树营养诊断进行科学设计，确保氮、磷、钾及中微量元素比例协调精准，符合茶树不同生长阶段的特定需求。在施用过程中，要严格按照规定的施肥时间、方法、用量操作，防止施肥过量或不足。

3. 无人机作业规范与安全保障。无人机操作人员必须经过专业机构培训并取得民用无人驾驶航空器系统驾驶员合格证，熟悉无人机飞行原理、操作流程、应急处置方法与安全注意事项。作业前需对无人机进行全面细致检查，确保设备状态良好、飞行环境安全。作业时要实时关注无人机飞行姿态、数据参数与作业状况，如遇异常情况（如设备故障、气象突变等）应立即采取应急措施，确保作业安全有序进行。

4. 叶面喷施作业要点。均匀喷施叶面肥，确保茶树叶片正反两面均能受肥，提高肥料吸收利用率。若在喷施作业后短时间内遭遇降水，应根据降水时间和降水量及时进行补喷，以保证施肥效果。

三、适用范围

适用于安徽南部山区茶叶种植区，涵盖黄山山脉、天目山脉以及九华山山脉的丘陵山地茶园，涉及绿茶（如黄山毛峰、太平猴魁、六安瓜片等）、红茶（如祁门红茶）、白茶（如安吉白茶）等多个品种。

四、应用效果

（一）增产提质

通过精准的施肥管理，茶树长势旺盛，新梢萌发数量增多，芽叶肥壮，采摘批次增加，茶叶产量可比传统施肥模式提高 10%～20%。本技术模式有助于茶叶内含物质的丰富积累和协调转化，茶叶的水浸出物、氨基酸、茶多酚等主要成分含量更加合理，香气浓郁持久，滋味醇厚鲜爽，提升品质等级。

（二）节本增效

无人机叶面喷施作业极大地提高了施肥效率，减少了人工施肥所需的劳动力投入。与传统人工背负式喷雾器施肥相比，无人机施肥作业效率可提高 20～30 倍，每亩茶园可节

省人工成本 $200\sim300$ 元。

（三）改善茶园土壤环境

长期施用有机肥和配方肥，能够持续增加茶园土壤中的有机质含量，改善土壤结构，增强土壤的保水保肥能力和通气性。经过连续 $3\sim5$ 年的应用，茶园土壤有机质含量可提高 $10\%\sim15\%$，土壤容重降低 $5\%\sim10\%$，孔隙度增加 $8\%\sim12\%$，为茶树根系生长创造了更加疏松、肥沃、透气的土壤环境，有利于茶树对养分和水分的吸收利用，促进茶树生长发育，提高茶树抗逆性。

（四）减肥减药

与传统施肥模式相比，应用本技术模式后，茶园氮素流失量可减少 $15\%\sim20\%$，磷素流失量可减少 $20\%\sim30\%$。同时，由于茶树生长状况良好，抗病虫害能力增强，减少了化学农药的使用量。

五、相关图片

有机肥施用　　　　　　　　　　　　无人机施肥

福建茶园"绿肥种植＋测土配方施肥"技术模式

一、模式概述

在茶园因地制宜种植紫云英或苕子等绿肥，通过绿肥还田、增施有机肥等有机养分替代措施，减少化肥投入，以测土配方施肥为基础，优化施肥结构，科学制定茶叶施肥方案，达到改良土壤、培肥地力和实现科学施肥增效的目的。本技术模式被列入 2023 年福建省主推技术，在全省推广应用。

二、技术要点

(一) 种植绿肥

每年 10—11 月，在水资源丰富或具有灌溉条件的茶园，适宜播种紫云英绿肥，也可选择绿肥油菜，与基肥混匀撒施于茶园；在水资源欠缺茶园，适宜播种耐旱性较强的苕子。第二年 3—4 月，茶树春梢前刈割，将绿肥翻压入园；也可以覆盖茶园土壤表面，保温保墒，减少水分蒸发。每年 5—9 月，茶园可选择拉巴豆、硬皮豆、印度豇豆等夏季绿肥种植；也可实行自然生草，以匍匐型、浅根系生草为主，包括苕子、阔叶丰花草、小蓬草、马唐、火炭母、藿香蓟、竹节草、毛蕨、白车轴草及菟丝子等。

1. 品种选择。 冬季绿肥品种可选择豆科绿肥，包括箭筈豌豆、光叶苕子、毛叶苕子、野豌豆、紫云英、豌豆等；非豆科绿肥，包括肥田萝卜、油菜、黑麦草等。夏季绿肥宜选择绿豆、拉巴豆、硬皮豆、大豆、印度豇豆、猪屎豆、圆叶决明等。绿肥品种可选择一个品种单播，也可选择豆科与非豆科或矮生型与高秆型品种混播。

2. 播种。

(1) 播种量。参考当地稻田的绿肥播种量，在首次播种的茶园可增加播种量。紫云英种子推荐量为 1.5～2 千克/亩，苕子、箭筈豌豆、白车轴草等推荐量为 3～5 千克/亩，油菜、肥田萝卜、黑麦草等推荐量为 0.5～1.5 千克/亩，猪屎豆、田菁、圆叶决明等推荐量为 1.5～2.0 千克/亩，大豆、绿豆、印度豇豆、拉巴豆等推荐量为 2.0～2.5 千克/亩。

(2) 播种时间和方式。冬季绿肥播种可结合茶园施基肥进行，一般为 9 月中下旬至 11 月中旬。夏季绿肥播种时间一般为 4 月中上旬至 6 月上旬。播种方式根据绿肥作物选择，有条播、穴播或撒播，主要以撒播为主。条播：绿肥条播行距 20～30 厘米，开沟深度 10～15 厘米。穴播：穴距 10～15 厘米，每穴 3～5 粒，播种深度 3～5 厘米为宜，播后覆一层细土，不宜厚盖，以不见种子为宜。撒播：把拌好的绿肥种子均匀播种于茶树行株间，距离树主干 30～50 厘米，保证种子接触地面。

3. 茶园管理。 绿肥生长期实行轻简化管理，可不施肥、不除草。在新垦或瘠薄的茶园中，适量施用肥料，尤其是磷。施肥时间可在整地前后或结合茶园施基肥时施用，以磷肥、钾肥为主，配施少量氮肥。一般每亩推荐施钙镁磷肥或过磷酸钙 10～20 千克、硫酸钾 5～10 千克。出现旱情时应及时灌溉，种植绿肥的茶园，每 5 年左右应结合秋耕深翻一次。此外，一些攀缘或半攀缘绿肥在开春后生长迅速，其藤蔓如果攀缘到茶树上要及时刈割清理，控制藤蔓缠绕茶树。

4. 埋青或覆盖。 在紫云英、苕子、箭筈豌豆等绿肥生长到初花至盛花期或油菜、肥田萝卜等生长到始荚期时，及时刈割，刈割后采用埋青、覆盖等方式。埋青沟应远离茶树树干，距离 40～55 厘米为宜。覆盖是将刈割绿肥平铺于茶树行间，覆盖全园土壤表面，覆盖厚度 3～5 厘米为宜。

5. 注意事项。 本技术主要应用于新垦的幼龄茶园、改植换种的老茶园、光照条件好的成龄茶园，不适合封行的垄作茶园。

（二）施用配方肥

茶园每亩化肥投入定额标准 32 千克，其中氮肥 18 千克，推荐施用高氮低磷中钾型复合肥：$N+P_2O_5+K_2O \geqslant 40\%$（22-6-12 或相近配方）。春茶采摘前，亩施配方肥 20～30 千克；秋茶采摘前，亩施配方肥 20～30 千克。

三、适用范围

适用于福建省茶园。

四、应用效果

在茶园周年套种绿肥，不仅能减少化肥施用，提高茶园土壤肥力，促进茶树生长，为高产优质茶园创造良好条件，还能形成生态覆盖，防止水土流失，为生态茶园景观增色。绿肥翻压还园后，每亩可提供纯氮约 7 千克，理论上可替代 20% 以上化肥，还能够提高茶园土壤有机质 5% 左右。每亩可减少人工除草成本约 100 元。

五、相关图片

茶园套作箭筈豌豆

茶园套作油菜

长江中下游茶园"有机肥＋缓控释肥一次性施肥"技术模式

一、模式概述

茶树是多年生作物，茶树的营养需求表现为喜铵、聚铝、低氯和嫌钙；在养分吸收利用方面表现出明显的持续性、阶段性、季节性。传统的施肥技术需要一基三追，费时费工，追肥以撒施为主，肥料流失严重，利用率低。本技术模式以测土配方施肥为基础，根据茶树营养特性，配制茶树专用缓释肥，配施有机肥，开沟深施，实现茶树全年一次性施肥，提高肥料利用率，省工省时。

二、技术要点

(一) 基肥确定

1. 肥料品种。有机肥可选用经过无害化处理的农家肥或商品有机肥，农家肥有饼肥、堆肥、沤肥、厩肥、沼气肥、秸秆和泥肥，其中以饼肥最佳。茶树在采摘期对氮肥需求多，茶园缓控释肥主要控制氮肥的释放速度。宜选用氮磷钾比例合理，且养分释放与茶树养分需求规律相近的茶园专用缓控释肥。

2. 肥料要求。人工施肥对肥料要求体积不宜过大，易于操作。机械施肥要求颗粒均匀、密度一致，理化性状稳定。机械施肥对肥料颗粒大小有严格要求。一般要求颗粒直径在 2～5 毫米。如果颗粒过小，容易在施肥机械中卡住或堵塞管道，影响使用寿命和作业效率；如果颗粒过大，施肥不均匀，则会影响作物的生长和产量。形状应为规则的圆形或近似圆形，避免棱角和尖角等不规则形状。

3. 肥料配比。幼龄茶园氮、磷、钾三要素配比为 1：2：2、1：2：3、1.3：0.9：1 等。成龄茶园氮、磷、钾三要素配比为（2～4）：1：1。

4. 肥料用量。依据茶树营养水平、目标产量、土壤测试结果、不同茶类等制定施肥方案，确定施肥总量和养分配比。

茶园施肥量推荐表

养分	茶类	推荐用量（千克/公顷）	备注
N	名优绿茶	200～300	根据产量和土壤条件进行调整
	大宗绿茶	300～450	
	红茶	200～300	
	乌龙茶	200～400	
P（P_2O_5）		60～90	根据土壤测试进行调整
K（K_2O）	各茶类	60～120	
Mg（MgO）		40～60	
微量元素	各茶类	硫酸锌 10～15 硫酸锰 15～30 硫酸铜 4.5～7.5 硼砂 3～6	土壤测试缺乏时使用

5. 施肥时期。基肥施用原则上是在茶树地上部分停止生长即可进行，宜早不宜迟。随着气温不断下降，土温越来越低，茶树根系的生长和吸收能力逐渐减弱，适当早施可使根系吸收和积累更多的养分，促进树势恢复健壮，增强冬季抗寒能力，同时可使茶树越冬芽在潜伏发育初期得到更充分的养分，为第二年春茶生长提供营养基础。长江中下游地区，茶树在 10 月下旬地上部基本停止生长，因此在 9 月初至 10 月底，施入全部的有机肥

和茶叶专用缓控释肥。

6. 施肥次数。采用一次性施肥方式。一次施基肥满足茶树整个采摘期的养分需求。

（二）开沟深施肥

茶园施基肥要根据茶树根系在土壤中的分布特点和肥料性质确定肥料施入的部位，使茶树根系向更深、更广的空间延伸，增大根系吸收面积，提高肥效。1～2年生的茶苗在距离根茎10～15厘米处开宽约15厘米、深15～20厘米平行于茶行的施肥沟施入。3～4年生的茶苗在距离根茎25～40厘米处开深20～25厘米的沟施入。成龄茶园则沿树冠垂直投影开沟施肥，沟深20～30厘米。已封行的茶园，在两行茶树之间直接开沟。隔行开沟的，应每年变换施肥位置，坡地或窄幅梯级茶园，基肥要施在茶行或茶丛的上坡位置和梯级内侧位置，以减少肥料流失。

三、适用范围

适用于长江中下游茶叶主产区。

四、应用效果

本技术模式增加茶叶主要功能物质氨基酸、茶多酚的含量，提高茶叶内在品质，增产20％以上，增收25％，肥料利用率提高5个百分点，节约劳动力成本200元/亩。

广西甘蔗"测土配方施肥＋水肥一体化"技术模式

一、模式概述

针对甘蔗生育期长、中后期需肥集中的特点，以测土配方施肥为基础，制定甘蔗基肥施肥方案，在甘蔗苗期、拔节期、分蘖期、伸长期采用水肥一体化滴灌施肥，配套缓控释水溶肥，均衡全生育期养分供应，促进增产提质增效。

二、技术要点

1. 施基肥。种植甘蔗前每亩施用150千克有机肥、50千克复合肥等。

2. 苗期施肥。当甘蔗苗长出3～4片叶时，用水肥一体化系统滴灌施肥1次，每亩施3千克尿素。

3. 分蘖期施肥。用水肥一体化系统滴灌施肥3次，分别在分蘖初期、分蘖盛期和分蘖末期施用，在分蘖初期每亩施0.5～1千克尿素、1～2千克氯化钾、1～2千克过磷酸钙，分蘖盛期每亩施 1.5～2 千克尿素、2～3 千克氯化钾、2～3 千克过磷酸钙，分蘖末期每亩施 1.5～3 千克尿素、1.2～2 千克氯化钾、1.5～2 千克过磷酸钙。

4. 伸长期施肥。用水肥一体化系统滴灌施肥 10 次，每次每亩施 1～1.5 千克尿素、2～3 千克缓控释水溶肥、每隔 15 天施用 1 次。

三、适用范围

适用于广西具有水肥一体化条件的甘蔗种植区。

四、应用效果

本技术的实施让甘蔗不受干旱的影响，水肥施用合理，不造成水肥浪费，甘蔗营养需求得到满足，提高甘蔗产量和质量。

五、相关图片

水肥一体化首部系统

甘蔗水肥一体化

水肥一体化配肥池

水肥一体化电脑控制系统

华南甘蔗"测土配方施肥＋蔗叶回田＋ 水肥一体化"技术模式

一、模式概述

本技术模式通过精准施肥、蔗叶资源循环利用和水肥一体化灌溉，实现甘蔗生产的高效、环保和可持续发展。通过该技术的推广应用，不仅提高了甘蔗产量和品质，还显著降低了生产成本和环境污染，增加经济效益。

二、技术要点

（一）技术路线图

华南甘蔗"测土配方施肥＋蔗叶回田＋水肥一体化"技术模式的技术路线图如下。

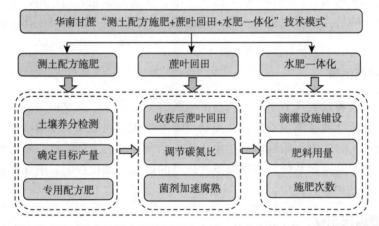

华南甘蔗"测土配方施肥＋蔗叶回田＋水肥一体化"技术模式的技术路线图

（二）施肥新技术

1. 测土配方施肥技术。 测土配方施肥技术是以土壤测试和肥料田间试验为基础，根据甘蔗需肥规律、土壤供肥性能和肥料效应，提出氮、磷、钾及中、微量元素等肥料的施用品种、数量、施用时期和施用方法。

（1）土壤测试。包括土壤酸碱度、盐分、速效氮磷钾和中、微量元素的测试。这些测试可以为制定科学的施肥方案提供数据支持。

（2）配方制定。根据土壤测试结果和甘蔗需肥规律，制定氮、磷、钾及中、微量元素的施肥方案。施肥方案应考虑到甘蔗不同生长阶段的需求，以及土壤养分含量和肥料效应的差异。

2. 药肥一体化技术。 药肥一体化技术是将农药和肥料通过一定的技术手段结合在一起，实现肥药双控释和互作增效。

（1）配方设计。根据甘蔗不同时期对氮、磷、钾养分的需求量，通过测土配方施肥技术，添加甘蔗所需镁、硅等中微量元素及生长刺激素，进行配方设计。同时，结合甘蔗病虫害防控需求，选择高效低风险的农药配方。

（2）载体选择。有机肥及无机肥作为颗粒载体，有机肥主要为发酵腐熟的畜禽粪便及农业有机质废弃物，有机质含量达 30% 以上。

（3）控释技术。采用先进天然环保包膜技术，提高颗粒剂药肥的缓释性能，确保肥药利用率和持效期。

（三）肥料新产品

1. 专用复合肥。 针对甘蔗的需肥特点，研发专用复合肥。这种肥料不仅含有氮、磷、钾等主要营养元素，还添加了甘蔗所需的中微量元素，如镁、硅等。通过科学配比，实现养分的均衡供应，提高甘蔗的产量和品质。

2. 高效水溶肥。 高效水溶肥是能溶解到水中通过水肥一体化设备施用的一种新型肥料，包含有机和无机成分，既有有机肥改良土壤、提高土壤肥力的作用，又有无机肥养分含量高、肥效快的特点。可以进一步提高甘蔗的产量和品质，同时减少化肥的使用量，降低环境污染。

（四）施肥新机具

水肥一体化设备是实现节水灌溉和精准施肥的关键设备。主要由水源、首部枢纽、输配水管网、滴灌带（或喷灌设备）以及控制设备等组成。通过安装土壤水分传感器和气象监测站等设备，实时监测土壤墒情和气象条件，结合甘蔗的生理特性，制定科学的灌溉和施肥计划。利用智能控制系统，实现灌溉和施肥的远程自动化控制，确保甘蔗在关键生长期得到充足的水分和养分供应。

（五）主要操作流程

1. 土壤测试与配方制定。 在甘蔗种植前，进行土壤测试，了解土壤养分含量和性质。根据测试结果和甘蔗需肥规律，制定科学的施肥方案。

2. 科学施肥。 根据施肥方案，在基肥、分蘖肥、拔节肥等阶段进行精准施肥。注意施肥量、施肥方法和施肥时间的控制，确保肥料的有效利用和甘蔗的生长需求。

3. 蔗叶回田。 甘蔗收获后，及时将蔗叶粉碎并还田。通过机械或人工方式将蔗叶均匀撒布在田间，并翻耕入土。蔗叶回田可以提高土壤有机质含量，改善土壤结构，提高土壤肥力。

4. 水肥一体化系统建设。 根据甘蔗田块的大小、形状和土壤类型，设计合理的输配水管网布局。安装土壤水分传感器和气象监测站等设备，实时监测土壤墒情和气象条件。

5. 精准灌溉与施肥。 根据甘蔗不同生长阶段的需求，通过智能控制系统实现灌溉和施肥的远程自动化控制。在关键生长期，如苗期、分蘖期、伸长期和成熟期等，进行精准灌溉和施肥。

（六）具体措施

1. 种植前的准备。

（1）选择种植季节与品种。甘蔗种植以春植为宜，应选用适宜当地气候条件的高产、高糖、直立、抗倒伏、抗病性强、宿根性好的宜机化品种的脱毒、健康种茎。

（2）确定种植规格。提倡宽窄行种植，宽行行距为 1.4 米，窄行行距为 0.4 米，每亩用种量为 4 000～5 000 芽（或 2 000～2 500 双芽段）。

2. 机械种植与灌溉系统铺设。

（1）机械种植。采用可调式甘蔗联合种植机一次性完成开沟、种植、覆土、铺管、盖膜等步骤。种植时要求深种浅覆土。单行种植时，种植沟深度不低于 30 厘米；宽窄行种植时，种植沟深度不低于 40 厘米，种茎覆土厚度为 5～8 厘米。

（2）灌溉系统铺设。铺设滴灌带或喷灌设备，确保水分和养分的均匀分布和精准供给。

3. 水分管理。

（1）滴灌供水。在甘蔗不同生长发育时期，根据土壤墒情进行滴灌供水，保持耕层土壤含水量在 18%～25%。

（2）智能灌溉。通过安装土壤水分传感器和气象监测站等设备，实时监测土壤墒情和气象条件，结合甘蔗的生理特性，制定科学的灌溉计划，并利用智能控制系统实现灌溉的远程自动化控制。

4. 施肥管理。

（1）肥料选择。选用可溶性固体或液体肥料，以便通过滴灌系统直接输送到甘蔗根部。生长前期选择高氮中磷低钾型；生长中期选择中氮低磷高钾型；后期选择低氮低磷高钾型。

（2）施肥时期与用量。在甘蔗生长周期内，分多次进行滴灌施肥，确保养分供应的连续性和均衡性。通常按目标产量为 8 吨/亩计算，在甘蔗生长周期内共施用纯 N 15～20 千克/亩、P_2O_5 6～10 千克/亩、K_2O 12～18 千克/亩。在甘蔗分蘖初期、分蘖后期、拔节初期、伸长中期、伸长盛期，施肥量分别占总量的 5%、15%、30%、30% 和 20%，每次肥料的 N、P、K 之比视不同生育期调整。

（3）滴灌施肥方法。滴灌施肥开始时，先滴水，待施肥地块滴灌带充分滴水，再开始滴施水肥，滴施完成后，继续再补充滴水 10 分钟左右。

5. 病虫害防治。

（1）农药选择。选择可溶性或液体农药，以便通过滴灌系统施用。

（2）农药滴施。在甘蔗的出苗中期、拔节初期、伸长中期等关键生长阶段滴施农药，以防治病虫害。如选用福戈（20%氯虫苯甲酰胺和 20%噻虫嗪）滴施，全生育期用量约 80 克/亩，分 3 次滴施。

（七）注意事项

1. 土壤测试要准确。 土壤测试是制定科学施肥方案的基础。因此，在进行土壤测试时要确保数据的准确性和可靠性。选择专业的测试机构和人员进行测试，并严格按照要求进行操作。

2. 施肥要精准。 在施肥过程中要注意对施肥量、施肥方法和施肥时间的控制。避免过量施肥或施肥不足的情况发生。同时，要根据甘蔗不同生长阶段的需求进行精准施肥。

3. 蔗叶回田要及时。 甘蔗收获后要及时将蔗叶粉碎并还田。避免蔗叶长时间堆积在田间。同时，要注意蔗叶的均匀撒布和适当补充氮素以调节碳氮比。

4. 灌溉要合理。 在灌溉过程中要根据土壤水分传感器和气象监测站的数据进行精准灌溉。避免过量灌溉或灌溉不足的情况发生。同时，要注意灌溉方式的选择和灌溉时间的控制。

三、适用范围

适用于华南地区的旱地和坡地（坡度小于 30 度）甘蔗主产区，包括广东、广西、云南、海南等省份。

四、应用效果

与传统种植方式相比，本技术模式可以使甘蔗产量提高 10％～20％，糖分含量提高 1％～2％，增加种植户的经济收入。通过土壤分析诊断，根据甘蔗生长所需养分进行配方施肥，可以显著提高肥料利用率，减少养分流失和环境污染。蔗叶回田能够增加土壤有机质含量，改善土壤结构，避免焚烧蔗叶带来的空气污染和火灾风险。

五、相关图片

滴灌设施铺设　　　　　　　　　　　　覆膜滴灌条件下的生长情况

蔗叶回田覆盖　　　　　　　　　　　　蔗叶覆盖＋水肥一体化

甘蔗水肥一体化生长情况

新疆甜菜"种肥同播＋水肥一体化＋无人机追肥"技术模式

一、模式概述

针对甜菜生育期长、中后期需肥集中的特点，以测土配方施肥为基础，制定甜菜施肥方案，配套缓控释配方肥，通过撒施耕翻或种肥同播实现机械深施，播后滴水出苗，甜菜全生育期采用滴灌水肥一体化追肥，实现精准水肥调控，配合无人机施肥，均衡全生育期养分供应，为甜菜稳产增产和提质增效提供技术支撑。

二、技术要点

（一）基肥确定

1. 肥料品种。 选用氮磷钾配比合理、粒型整齐、硬度适宜，水溶性强，含有一定比例缓控释养分或添加抑制剂、增效剂的配方肥料。

2. 肥料要求。

（1）基肥要求。肥料应为圆粒形，粒径 2～4 毫米为宜，颗粒均匀、密度一致，理化性状稳定，硬度宜＞30 牛，手捏不易碎、不易吸湿、不粘、不结块，以防施肥通道堵塞。

（2）滴灌肥要求。水不溶物＜0.1%，pH≤7。缩二脲含量＜0.2%，养分配方符合作物需求。

（二）机械深施

1. 整地作业。应选择土层深厚、肥力中等以上、有排灌条件的集中连片地块。前茬以小麦、油菜、绿肥、打瓜（籽瓜）为宜，玉米、向日葵次之。轮作周期应不低于 4 年，病害发生较重地区可延长至 5 年以上，应避免连作（即重茬）或隔年连作（即迎茬）。精细整地，深翻达到 25 厘米以上，没有进行秋翻的地块应早春适墒及时整地，整地质量达到"齐、平、松、碎、净、墒"六字标准。

2. 机械施肥。秋翻前每亩用尿素 10 千克、磷酸二铵或重过磷酸钙 18～20 千克、硫酸钾 5～8 千克作为基肥撒施于地表后直接进行耕翻，深翻 28～30 厘米。每亩增施优质有机肥 1.5～2 吨，秋翻后即可整成待播状态。播前每亩用 96% 精异丙甲草胺 60～90 克兑水 40～50 千克喷洒在土壤表面，喷后用土浅混 3～5 厘米，进行土壤封闭防治杂草。

3. 种子准备。品种推荐选择 BTS8840、VF3019、BETA468、HI0936 等，全程机械化栽培选用丸衣化单粒种，品种最好每年进行更换。这些品种叶根比小，块根圆锥形，根头较小，根形整齐，根沟较浅。丰产性强，含糖稳定，抗褐斑病、丛根病、耐根腐病。

4. 精准点播。土壤水分适宜或有灌溉条件的地区，使用气吸式播种机精准穴播，采用 45～50 厘米等行距种植模式、株距 16～18 厘米。一机 3 膜 6 行或 6 膜 12 行，应保证有 6 行是 45 厘米或 50 厘米的等行距，以便机收。铺滴灌带、铺膜、打孔、播种、浅覆土全程机械化作业。也可采用无膜栽培。

5. 注意事项。作业过程中应规范机具使用，注意操作安全。施肥作业中应避免紧急停止或加速等操作，发现问题及时停机检修。调整好株行距，匀速前进，避免伤苗、缺株和倒苗。根据作业进度及时补充肥料。受施肥器、肥料种类、作业速度、作业深度、天气等因素影响，应随时监控施肥量，适时微调。当天作业完成后，及时排空肥箱及施肥管道中的肥料，做好肥箱、排肥、开沟等部件的清洁。

（三）水肥一体化技术

1. 系统组成。包括水源、首部枢纽（包括水泵、过滤器、施肥器、测量控制仪表、控制阀、电控箱等）、输配水管网（包括干管、支管和毛管）、滴水器（宜采用滴灌管或微喷头，砂土地宜采用微喷头；丘陵山坡地和地面坡度大的地块，宜采用压力补偿式滴水器）。

2. 水肥一体化。根据甜菜养分吸收规律，利用测土配方施肥数据，结合甜菜目标产量、需肥规律、施肥运筹及养分配比等因素，实现甜菜精准高效追肥。

（1）苗期。出苗后 25 天，第 1 次化调后亩滴水 20 米^3，每亩随水追施尿素 4.3 千克，磷酸二铵 2 千克，硫酸钾 2 千克。

（2）叶丛生长期。滴水追肥 4 次，每隔 10 天进行 1 次。出苗后 40 天，第 2 次化调后亩滴水 30 米³，随水追施尿素 6.5 千克，磷酸二铵 2 千克，硫酸钾 2 千克。出苗后 50 天，亩滴水 30 米³，随水追施尿素 8.7 千克，磷酸二铵 2 千克，硫酸钾 2 千克。出苗后 60 天，亩滴水 30 米³，随水追施尿素 6.5 千克，磷酸二铵 2 千克，硫酸钾 4 千克。出苗后 70 天，亩滴水 30 米³，随水追施尿素 6.5 千克，磷酸二铵 2 千克，硫酸钾 4 千克。

（3）块根膨大期。块根膨大期为出苗后 80 天，滴水追肥 3 次，每隔 10 天亩滴水 30 米³，随水追施尿素 4.3 千克，磷酸二铵 2 千克，硫酸钾 4 千克。

（4）糖分积累期。出苗后 115 天，亩滴水 30 米³，随水追施磷酸二铵 2 千克，硫酸钾 2 千克。出苗后 130 天亩滴水 30 米³。收获前 3 周（9 月中旬）停止灌水施肥。

（四）无人机一喷多促

1. 精准追肥。 为保证无人机航化作业效果，严格依据《航空施用农药操作准则》（GB/T 25415）、《农用航空器喷施技术作业规程》（NY/T 1533）、《植保无人驾驶航空器质量评价技术规范》（NY/T 3213）等相关标准操作。

2. 叶面肥选择。 选择取得农业农村部登记（备案）证的含腐植酸水溶肥、大量元素水溶肥、微量元素水溶肥、磷酸二氢钾等叶面肥。无人机航化作业时加入飞防专用助剂，保证航化作业质量。根据作物生长的实际需求，在 8 月中下旬进行 1～2 次叶面施肥，以提高甜菜块根含糖率。每亩用磷酸二氢钾 100 克、硼砂 20 克兑水 30～40 千克进行叶面喷雾。可结合病虫害防控一起进行，喷施时间宜在下午至傍晚进行。

（五）机械收获

田间 80％以上植株具有成熟期特征时即可收获。收获前灌好起拔水，人工清除大草，运出地外，以避免收获时机械堵塞；清理地膜、收净滴灌带及支管；将地块两头 20 米的甜菜人工收获后带出田外。

机械收获作业应根据天气、田间长势实时确定，一般 10 月上中旬即可进行收获作业。采用 6 行自走式联合全自动甜菜收获机收获，可一次性完成收获、切削、装车等工序。或用切缨机、切顶机、集条（集箱）捡拾作业进行分段作业。为加快机械收获速度，可先将采收的甜菜在田块两头堆垛，然后再集中拉运。

三、适用范围

适用于新疆塔城地区有水源条件的甜菜产区，主要包括塔额盆地等相近地区有水源保证的甜菜种植区。

四、应用效果

本技术模式解决了传统种植模式水肥供应不精准、浪费严重的问题，示范区平均增产 11％，提高了水肥利用率，达到增产增收和节约劳动力的目的。

五、相关图片

机械播种　　　　　　　　　　　　　　　田间长势

机械收获

内蒙古冷凉区甜菜"有机肥＋水肥一体化＋叶面喷施"技术模式

一、模式概述

本技术模式重点围绕甜菜全程机械化种植,以测土配方施肥、有机无机配合为基础,通过增施生物有机肥、水肥一体化、病虫草害防控等技术,采用适宜的甜菜大型、中型及小型农机具等，形成甜菜全程机械化绿色高效栽培技术模式。该模式实现甜菜精量播种、精准施肥，有效降低农民劳动强度，实现了甜菜规模化生产，降低了成本，提高了效益。

二、技术要点

(一) 技术路线

土壤检测→制定施肥方案→选择生物有机肥料→适宜的甜菜大型、中型及小型农机具→甜菜机械化播种→田间管理（包括病虫害防治、中耕除草等）→机械化收获。

(二) 施肥新技术

对土壤进行检测，了解土壤养分状况，通过有机无机配合，有机肥部分替代化肥，提高甜菜品质。

(三) 肥料新产品

选用含有丰富的有机质和有益微生物的生物有机肥，改善土壤结构，提高土壤肥力，促进甜菜生长。

(四) 施肥新机具关键参数

水肥一体化设备的灌溉流量为 $5\sim10$ 米^3/时，施肥浓度可根据甜菜生长需求进行调节。

(五) 操作流程

1. 品种选择及栽培方式。 选择植株叶片紧凑、青头小，抗病性较强的糖厂推荐包衣丸粒化单粒种。种植方式为直播和纸筒育苗移栽两种。一是直播丸粒化包衣种用气吸式精量播种机进行播种，一般在 5 月上中旬，亩保苗数不少于 6 000 株。二是纸筒育苗移栽，育苗时间为 4 月初，移栽时间为 5 月中旬，移栽时应保持纸筒上缘与地面齐平，达到不窝根、不下窖、不上吊、不烂筒、不伤根、栽正栽直。移栽后，立即滴灌缓苗水，用水量一般为 30 米^3/亩左右。以耕层土壤湿润、不积水为宜，保证缓苗快、成活率高。

2. 选地、选茬。 应选择 3 年以上未种植过甜菜、地势平坦、土层深厚、土质肥沃、具备灌溉条件的地块，前茬以小麦、玉米等为宜。

3. 整地。 早春及时耙糖镇压，收墒整地，形成上虚下实、底墒充足的地块，为播种和全苗、壮苗创造良好条件。牵引动力机械选用大型拖拉机，配套机具应适合本地土壤条件。推荐采用联合整地机械，一次完成深松、耙糖、镇压等作业。耕深 $20\sim22$ 厘米，深松深度 $30\sim35$ 厘米，旋耕作业耕深 $15\sim18$ 厘米。要求土壤达到细、碎、平、无坷垃、无根茬。

4. 科学施肥。

（1）基肥。使用甜菜专用肥和生物有机肥作底肥，同时基施少量磷酸二铵，基肥深施

20 厘米左右。根据当地多年多点肥料试验结果，结合有机无机肥配施对农作物生长和土壤培育效果分析，筛选出适宜当地推广的有机无机复混肥（$N - P_2O_5 - K_2O$ 为 12 - 18 - 15），施用量为 50～60 千克/亩。

（2）增施生物有机肥。根据甜菜生长需要深耕扩容、疏松土壤的需求，每亩增施 50 千克生物有机肥，改善土壤重茬、板结，抑制病毒杂菌、营养失衡。

（3）根部追肥。前期以氮肥为主，后期以钾肥为主。追施尿素 18 千克/亩、磷酸一铵 8 千克/亩、钾肥 8 千克/亩、硝酸钙镁 10 千克/亩，分 4～5 次追施。根据耕地质量状况及肥料品种特性合理施肥。氮肥用量不宜过多，防止甜菜茎叶徒长、倒伏、块茎晚熟等情况发生，造成减产。

（4）根外追肥。为了提升甜菜的品质，还需要进行叶面施肥，促进甜菜的糖分积累。8 月中、下旬喷施 1～2 次叶面肥，以提高甜菜块根含糖率。亩用磷酸二氢钾 100 克和硼肥 40 毫升。根据甜菜生长对营养物质的需求，合理补充中微量元素肥。

5. 机械化精量点播。表层 5 厘米土壤温度稳定在 5℃时即可播种。采用不覆膜方式，大行距 70 厘米，小行距 38 厘米，株距 20 厘米。表层土壤宜干不宜湿，播种穴不能覆土。作业质量应符合下列指标要求：①漏播率≤2％；②各行播量一致性变异系数≤7％；③行距一致性变异系数≤5％；④播种量误差≤5％。

6. 中耕。甜菜叶龄 12～15 片叶时进行中耕。

7. 灌溉。播种后及时进行滴灌，灌溉量为 30 米³/亩左右，一周后及时进行第 2 次灌溉，灌溉量为 20～30 米³/亩；6 月上中旬（叶丛快速生长期）进行灌溉，灌水量为 40 米³/亩左右；7 月中旬至 8 月下旬（块根及糖分增长期）进行 2～3 次灌水，每次用水量 40 米³/亩左右，促进块根膨大生长。灌水视土壤墒情、降水、甜菜生长情况而定。浇水以田间无积水为准，以防根腐病发生。甜菜生长中后期（糖分积累期）严禁割除功能叶片，起收前 20 天禁止浇水。

8. 病虫草害防治。选用机引喷雾机具、喷粉机具或自走式喷雾机等进行病虫草害防治，防治对象主要包括立枯病、褐斑病、地下害虫、小地老虎、甘蓝夜蛾、藜夜蛾和多年生禾本科杂草等。

9. 机械化收获。10 月上、中旬采用分段式或联合式收获机及时进行收获。收获作业质量应符合下列要求：①总损失率≤5％；②损伤率≤5％；③根体折断率≤5％；④切削合格率≥85％。

（六）注意事项

根据甜菜的生长需求，合理确定施肥时间和方法，避免施肥不当影响甜菜生长。做好病虫害防治、中耕除草、灌溉排水等田间管理工作，确保甜菜生长良好。

三、适用范围

适用于内蒙古冷凉区甜菜生产，其他相似区域也可参照执行。

四、应用效果

(一)经济效益

通过科学施肥和全程机械化操作,提高肥料利用率,同时提高甜菜产量。全程机械化作业减少了人工施肥的劳动强度和成本,同时提高了施肥、播种、收获效率。示范田平均亩产4 180.5千克,增产率29.5%,亩均新增纯收益550~976元。

(二)社会效益

通过示范基地建设,向农民普及科学施肥知识和机械化操作技术,提高了农民的种植水平和生产效益,推动了甜菜种植的机械化、智能化、绿色化发展。

(三)生态效益

通过测土配方施肥、增施有机肥等施肥新技术的应用,减少了化肥使用量,降低了农业面源污染,保护了生态环境。水肥一体化技术的应用,实现了灌溉与施肥的同步进行,节约了水资源,提高了水资源利用率。

五、相关图片

示范基地

播种

调整机器

示范田效果图

新疆棉花"测土配方施肥＋水肥一体化"技术模式

一、模式概述

肥料是棉花产量与品质的物质基础，对于提升质量效益、促进绿色发展至关重要。为推进科学施肥增效行动实施，围绕施肥新技术、肥料新产品和施肥新机具，依托种植大户、专业合作社和农业龙头企业等新型经营主体，集成测土配方施肥、增施有机肥、机械深施、水肥一体化等技术，配套配方肥和水溶性肥料，促进水肥高效利用。

二、技术要点

（一）基肥确定

1. 肥料品种。宜选用氮磷钾配比合理、粒型整齐、硬度适宜的肥料。采用水肥一体化技术施肥的，宜选用易溶于水或全溶于水的专用肥料。

2. 肥料要求。

（1）农家肥要求。必须经过充分腐熟，无臭味、无白色菌毛，秸秆变棕褐色，粗秸秆全部软化水解，易撕碎。

（2）商品化学肥料要求。符合 GB 18382《肥料标识　内容和要求》，肥料名称、养分含量、执行标准、生产许可证号、肥料登记证号或备案号等标记清楚。

3. 肥料用量。

方案一：犁地前深施优质农家肥 2～3 米³/亩，尿素 8～12 千克/亩，磷酸二铵 20～25 千克/亩，硫酸钾 5～7 千克/亩或者底施棉花配方肥。犁地前为保证施肥质量必须做到施肥不重不漏，施肥量准确，要先将优质农家肥均匀撒施，随后将化肥均匀撒施，做到到头到边。

方案二：犁地前深施优质农家肥 2～3 米³/亩，播前不使用化肥，出苗后逢水必肥。

4. 施肥次数。棉花施肥应遵循基追配合；有机无机结合原则。基肥能够为整个生育期提供稳定的营养基础。有机肥料含有丰富的有机质和多种营养元素，能够改善土壤结构，提高土壤肥力，为棉花生长创造良好的土壤环境。化学肥料则具有养分含量较高、肥效快的特点，能够在棉花生长的关键期及时补充养分。采用基肥与滴水施肥相结合的方式进行施肥，整个生育期需在播种前施肥 1 次，而后随水滴肥 7～8 次，以满足棉花在苗期、蕾期、花铃期及吐絮期养分需求。

（二）机械深施

1. 整地作业。

（1）春季整地作业。达到齐、平、碎、墒、松、净。早春解冻后拾净残膜、秸秆、杂草，整修地头地边，耙深5～8厘米，做到不重不漏，到头到边，地面平整，无明显的土包和沟坑，消除机械作业形成的垄沟、田埂，压碎土块、压实耕作层，镇压后地表平整一致、上实下虚。

（2）土壤封闭处理。播前结合整地亩用33%二甲戊灵乳油160～180毫升，或乙草胺50～60毫升兑水30千克进行土壤封闭处理，做到不重不漏，均匀喷施，喷后耙耱混土，耙深8～15厘米，整至待播状态。

2. 机械施肥。翻地前先用撒肥机进行机械抛撒施肥，力争做到施肥均匀，再利用翻转犁进行深翻，深度30厘米以上。

3. 注意事项。为保证施肥质量必须做到施肥不重不漏，施肥量准确，抛撒均匀，到头到边。

（三）水肥一体化技术

1. 灌溉制度。为减少化肥投入，提高肥料利用率，实现棉花增产增效，在农业生产中，采用滴灌方式实现肥随水走。

2. 肥料选择。根据土壤养分及基肥使用情况，因地制宜制定施肥配方，以水溶性氮肥为主，辅以磷钾肥，利于作物吸收，促进增产增收。水溶性氮肥应集硝态氮、铵态氮、酰胺态氮于一体，pH呈弱酸性，兼顾作物直接吸收、速效性好及持续时间长的优势。

3. 肥料用量及运筹。在棉花盛蕾初花期适时滴头水，长势旺、壮苗棉田要适当推迟，弱苗及出现旱情要早滴，亩滴水量15～20米^3，随水滴施水溶性氮肥2～3千克、矿物源腐植酸2千克；头水后每隔7～10天滴水滴肥，每次亩滴水量20～25米^3，随水滴施水溶性氮肥3～4千克、73%磷酸一铵2千克、硫酸钾0.5～1千克；花铃期滴水滴肥5次，每次亩用水量25～30米^3，滴灌周期7～9天，每次施水溶性氮肥4.25千克、73%磷酸一铵2千克、硫酸钾0.5～1千克，同时叶面追施磷酸二氢钾150～200克/亩。停水时间根据棉花长势和气候状况确定，做到青枝绿叶吐白絮，停水时间一般在8月25日至9月5日。

三、适用范围

适用于南疆具备水肥一体化条件的棉花生产区。

四、应用效果

通过示范推广集测土配方、水肥一体化和水溶性肥料施用于一体的"三新"配套技术，棉花生产实现稳产增产，示范区单产达400千克以上，较传统施肥模式，亩均增产35千克，亩均节肥6千克，亩均节本增效210元，农户科学施肥意识不断提高。

五、相关图片

棉花花铃期田间调查　　　　　　　　科学施肥"三新"技术现场

"三新"技术现场观摩　　　　　　　　示范区棉花测产

辽宁省谷子"膜下滴灌＋水肥一体化"技术模式

一、模式概述

谷子是辽宁省第一大杂粮作物，种植面积 80 多万亩，主要分布在辽宁西部朝阳市和阜新市，生产出的小米系列产品深受消费者欢迎。近年来，随着地膜覆盖和水肥一体化技术的推广应用，谷子产量和品质均得到提升，效益十分明显。"辽宁主要农作物化肥减施增效关键技术研究与应用"获辽宁省科技进步二等奖。

二、技术要点

（一）土壤培肥技术

1. 秸秆直接还田。 适用于农业机械化程度高的地区，在作物收获后采取秸秆粉碎＋

微生物菌剂＋深翻整地的方式立即进行全量还田，秸秆粉碎长度应小于 5 厘米，翻地深度应在 30 厘米以上。

2. 堆肥还田。适用于养殖业发达的地区，整地前施入 1 000～2 000 千克/亩的腐熟堆肥，并结合深翻整地。

3. 商品有机肥。在机械动力小、养殖业欠发达地区，播种时增施商品有机肥 250～300 千克/亩。

（二）播种

采用谷子专用播种机播种，播种、施肥、滴灌带铺设、覆膜一次性完成。播种时，种盘调至一圈 10 穴，穴距 16 厘米，播种量调成每穴 4～5 粒，亩密度控制在 30 000 株以上。

如选择宽窄行种植模式，宽行距 70 厘米、窄行距 40 厘米，株距 16 厘米，横向加宽，提高田间的通风透光性能，增强植株的光合作用，同时纵向加密，保障谷子的种植密度，每亩播种 7 500 穴。

（三）水肥管理

谷子全生育期推荐"四水三肥"水肥一体化模式。

以氮总施肥量的 1/3 作底肥、磷肥全部作底肥、钾肥全部作追肥为原则，做好基肥、追肥统筹。基肥：播种时施入磷酸二铵 10～15 千克/亩、尿素 3～5 千克/亩，种肥隔离，肥料施在种子侧下方 5～8 厘米。整地前可参考土地培肥模式增施有机肥。

第 1 次：播种后立即滴水，滴水量 10～15 米³/亩。

第 2 次：6 月下旬拔节期，滴水量 15～20 米³/亩，追施尿素 5～6 千克/亩、氯化钾 1～2 千克/亩。

第 3 次：7 月中旬孕穗期，滴水量 20～25 米³/亩，追施尿素 3～5 千克/亩、氯化钾 5～6 千克/亩。

第 4 次：8 月上旬灌浆期，滴水量 20～25 米³/亩，追施尿素 3～5 千克/亩、氯化钾 2～3 千克/亩，可选择喷施氨基酸水溶肥 0.15 千克/亩。

（四）其他配套措施

进行机械化收获，减少谷子损失，有条件的地区可开展秸秆还田，培肥地力。

三、适用范围

适用于辽宁省具有灌溉条件的谷子种植区，其他类似区域可参考执行。

四、应用效果

应用本技术，谷子产量可达到 400 千克/亩以上，增产10％～30％，氮肥利用率提高

5%左右。同时，土壤结构改善、土壤肥力提高、肥水高效利用，谷子根系发达、抗倒伏能力增强、粒损较少、更利于机械收获。

五、相关图片

文丘里施肥器

谷子水肥一体化区长势

西藏青稞"测土配方施肥＋有机肥＋种肥同播＋无人机追肥"技术模式

一、模式概述

以测土配方施肥为基础，按照大配方、小调整原则，大力推广青稞专用配方肥，增施商品有机肥及高温堆肥，丰富肥料种类，提高养分吸收效率，保护和提升耕地质量，促进耕地可持续利用。青稞拔节孕穗期可采用一喷三防技术追施叶面肥，做到精准施肥、统筹基肥追肥、优化施肥结构，促进青稞作物大面积单产提升。

二、技术要点

（一）测土配方施肥

1. 肥料品种。 依据青稞作物测土配方施肥成果制定施肥方案，确定青稞区域大配方、施肥总量、施肥次数和运筹比例。选用45%N、P、K青稞专用配方肥。一般情况下，配方肥作为基肥，亩用量25千克左右。

2. 肥料要求。 肥料应为颗粒状，粒径2～5毫米为宜，颗粒均匀、密度一致，理化性状稳定，手捏不易碎、不易吸湿、不粘、不结块，以防肥料通道堵塞，利于机械施肥。

（二）增施有机肥

用地与养地相结合，通过增施商品有机肥、高温堆肥促进耕地质量有效提升。

1. 商品有机肥。 商品有机肥作为基肥，选用符合 NY/T 525 标准的商品有机肥（N+P_2O_5+K_2O≥4%、有机质≥30%），亩用量 200~300 千克。

2. 高温堆肥。 广辟有机肥源，充分利用传统农家肥，在有机肥资源丰富且有条件的区域，加大高温堆肥力度、改变堆肥方式，提高传统农家肥质量。堆肥一般用作底肥，结合施用相应的化学肥料，亩用量 1 000~2 000 千克。

（1）原料准备。原料以牲畜粪便、作物秸秆（可含杂草落叶等）、生土为主，重量比为 3∶2∶1，可根据当地情况进行适当调整。其中作物秸秆为经过处理充分吸水后的重量。作物秸秆粉碎后加水搅拌，使秸秆充分吸水，含水量要达到 60% 以上。

（2）均匀混合。向牲畜粪便、处理后的秸秆中按比例加入生土，均匀混合后堆制。堆制过程中，按每层 30 厘米左右上堆，每层间撒施一定量的腐熟剂、尿素等，以保证在堆制过程中有利于微生物活动，并洒足水分。腐熟剂用量为 2 千克/堆（或参照腐熟剂用量说明）、尿素用量为 2 千克/堆。肥堆的高度以 1.2~1.5 米为宜。堆好后及时用塑料薄膜或泥土封堆，以提高堆内温度，防止水分蒸发和氨挥发损失。

（3）堆制过程。堆制 15~25 天可进入发热阶段，25~60 天进入高温杀菌阶段，当发现堆体有下陷的现象，说明堆内温度已经达到 60℃，此现象持续 3~5 天后，及时翻堆降温，翻堆后重新堆积，注意加水拌匀，进行熟化处理。一般 30~50 天就能达到充分腐熟，达到黑、烂、臭为好。

（三）种肥同播

1. 种子精选。 严格按照原种供一级，一级供二级，二级供大田的原则，采用种子精选机进行种子精选，去除杂质和瘪粒、破损粒。

2. 种子包衣。

（1）药剂选择和剂量。精选好的种子晾晒后，按每 50 千克种子用灭菌唑悬浮种衣剂 80 毫升兑水 1 千克或 32% 戊唑·吡虫啉悬浮剂 150 毫升进行包衣，阴干后播种可有效防治青稞黑穗病、条纹病等病害。

（2）种子包衣。推荐机械包衣，无条件的地方也可采用人工均匀包衣。

3. 机械选择。 播种时可以选择条播机、六位一体免耕复式播种机等。

（1）条播机。属于小型播种机，适用于小型不规则地块，可以同时实现播种和施肥。

（2）六位一体免耕复式播种机。集土壤深松、自动起垄、免耕播种、化肥深施、宽幅播种和播后镇压六项功能于一体的复式播种机。适用于耕地面积较大，平整地块的联合式作业。

4. 作业准备。 作业前及时开展耕整地，保证满足机械化播种施肥要求。要耕透、耙细、整平，整地后土块最大直径不大于 50 毫米。检查机械各部件运转是否正常，对损坏部件进行及时更换。

5. 作业要求。播种、施肥深度分别保持 3～5 厘米和 7～8 厘米，行距偏差满足农艺要求，行距一般 15 厘米左右。

（四）无人机追肥

1. 机械选择。采用常用植保无人机。一般情况下，喷液量为 1.5 升/亩、飞行速度为 5 米/秒、飞行高度为 2.8 米。

2. 肥料选择。喷施时要求肥料具有较好的溶解性，氮肥可选用尿素，其他肥料可选择大量元素、中量元素、微量元素、含腐植酸、含氨基酸、有机水溶肥等，肥料产品应符合相关标准，取得农业农村部登记（备案）证。

3. 作业准备。

（1）使用无人机追肥前，应根据作业区实际情况设置无人机的飞行高度、速度、喷幅、航线方向、喷洒量、雾化颗粒大小等参数并试飞，试飞正常后方可进行飞行作业。

（2）叶面喷肥作业前，应按照建议的肥料浓度用清水溶解肥料，待肥料全部溶解后，静置 3～5 分钟，取清液喷施。

（3）叶面喷肥作业应在风力＜3 级的阴天或晴天傍晚进行，防止灼伤青稞苗，确保肥效。

4. 注意事项。

（1）无人机操作人员应持证上岗，做好防护措施。无人机转运时应远离，禁止触摸。

（2）肥料混合喷施时应按照品种特性和使用说明进行混配。

（3）严格遵守无人机飞行相关法律法规。

（4）根据青稞作物在苗期、分蘖期、拔节期、孕穗期的需肥规律，结合肥料的肥效特性，优化基肥和不同时期追肥的施用比例，做到"缺什么补什么，缺多少补多少，什么时候缺什么时候补"，促进养分供需平衡，满足作物营养需要。一般后期追速效肥、无人机喷施叶面肥 1～2 次。

三、适用范围

适用于西藏一江两河流域主要粮食生产县的青稞种植。

四、应用效果

通过精准施肥、种肥同播和无人机高效追肥，降低生产成本，化肥亩投入量可比常规施肥减少 30% 左右，同时节省了人工成本，增加了农业生产的效益，确保了青稞生产安全。通过有机肥增施等措施提高土壤地力水平，改善土壤环境，促进耕地可持续利用。

五、相关图片

青稞无人机追肥　　　　　　　　　　　　　青稞种肥同播

北方旱作燕麦"保水剂＋超深松机械分层施肥"技术模式

一、模式概述

以测土配方施肥为基础，制定燕麦基肥施肥方案，配套缓控释肥料，通过农机超深松作业，加深耕作层，疏松土壤，增加土壤的孔隙度，打破犁底层，熟化土壤，从而保证耕作层疏松深厚，结构良好，透气性强，利于作物发芽和根系生长。机械化一次性分层施肥，根据作物的生长需求，将肥料施入不同深度的土层中，满足作物在不同生长阶段对养分的需求，施用保水剂减少水分蒸发，提高土壤湿度，实现旱作农业提档升级。

二、技术要点

(一) 农机超深松作业

通过拖拉机牵引深松机或带有深松部件的联合整地机等机具，进行行间或全方位深层机械化整地。应用这项技术可在不翻土、不打乱原有土层结构的情况下，打破坚硬的犁底层，加厚松土层，改善土壤耕层结构，从而增强土壤蓄水保墒和抗旱防涝能力。

1. 作业条件。 采用深松作业方式的土壤质地主要为黏质土和壤土。适宜深松的土壤含水量一般为 12%～22%。25 厘米以下为砂质土的地块和水田区，不宜开展深松整地作业。

2. 机具选择。 以松土、打破犁底层为主要目的时，采用全面深松法，选用全方位、偏柱式、松旋、松耙、松翻联合作业机；以蓄水、散墒和造墒为主要目的时，常采用局部深松法，凿铲式深松机适合作物行间深松和中耕深松；易干旱地区或旱情加重时段，要采用表土扰动小的深松机进行深松作业，最大限度减少表土扰动造成土壤水分散失。

3. 作业质量。 机械深松作业应最大限度实现深、平、细、严、实的目标，作业后地表平整，无明显大土块和沟痕，无重松、漏松和地表残茬堆积现象，深松整地作业深度由30厘米增加到50厘米，打破犁底层，充分蓄纳天然降水。

（二）施用保水剂

保水剂是一种高吸水性树脂，可以增加土壤保水性，保证植物在干旱时期的水分需求，改善土壤结构，促进植物生长。农业保水剂的使用可以降低灌溉水的使用量，提高灌溉效果，并减少水资源的浪费。此外，保水剂还可以减少水分蒸发，提高土壤湿度，提高出苗率和成活率等。保水剂在使用时与肥料混合使用，均匀施入土壤10～12厘米以下，使用量为1～2千克/亩。

（三）机械化分层施肥

分层施肥根据作物的生长需求，将肥料施入不同深度的土层中，满足作物在不同生长阶段对养分的需求，将基肥的大部分施入较深的土层，将少量肥料施入较浅土层，使不同深度的土层中都有养分供给作物吸收利用。种肥施肥深度5～7厘米，底肥施肥深度10～12厘米，底肥占总施肥量的70%，以缓控释肥为主，要求分层施肥作业用量准确、深度一致、覆土严密，无漏施和断条。

1. 肥料确定。 宜选用氮磷钾配比合理、粒型整齐、硬度适宜的缓控释肥料。肥料应为圆粒形，粒径2～5毫米为宜，颗粒均匀、密度一致，理化性状稳定，手捏不易碎、不易吸湿、不粘、不结块，以防肥料通道堵塞。依据燕麦品种、目标产量、土壤测试结果等制定施肥方案，确定施肥量。一般情况下，可比常规施肥减少10%以上。

2. 机具准备。 按照使用说明书对播种机进行全面检查，调整机器左右和前后水平、排肥量和排种量、播种深度、镇压强度和传动机构；检查配套拖拉机的技术状态，液压系统应操作灵活可靠、调整自如。工作前进行试运转。检查各部件是否灵活可靠，各工作间隙是否符合要求，紧固件是否松动，工作部件是否有碰撞声，并及时调整。

3. 试播。 正常作业前，先进行试播。试播长度要大于15米，检查播种量、播种深度、播深一致性、施肥量、有无漏种漏肥现象，并检查镇压情况，必要时进行调整。

4. 注意事项。

（1）作业中保持平稳恒速前进，速度不可过快，作业中应尽量避免停车，以防起步时造成漏播。如果必须停车，再次起步时要升起播种机，后退0.5米，重新播种。作业时，严禁未提升机具倒退，防止施肥器堵塞或损坏；地头转弯时，应将整机升起，离开地面，以防损坏机器。

（2）作业中发现掉链、缠草、壅土、堵塞等现象，应立刻停车检查，排除故障。及时清除镇压辊上的土和杂草，以提高作业质量，减小牵引阻力。调整和清除时，要停车并切断动力输出。

（3）排种管和排肥管要顺畅，不能过度弯曲引起堵塞。

（4）过湿的黏土地不适宜作业。

三、适用范围

适用于西北地区具有超深松条件的旱作农业区。

四、应用效果

本技术模式根据不同作物的生长需求，将肥料施入不同深度的土层中，满足作物在不同生长阶段对养分的需求。缓释肥和全程机械化的应用减少施肥次数，节约人工，增产10%以上，节肥10%以上。

五、相关图片

深松整地

图书在版编目（CIP）数据

科学施肥"三新"集成技术模式 / 农业农村部种植
业管理司，全国农业技术推广服务中心编著. -- 北京：
中国农业出版社，2025. 2. -- ISBN 978-7-109-33666-7

Ⅰ. S147.2

中国国家版本馆 CIP 数据核字第 2025L2E684 号

中国农业出版社出版

地址：北京市朝阳区麦子店街 18 号楼
邮编：100125
责任编辑：魏兆猛　史佳丽　　文字编辑：王禹佳　何　楚
版式设计：小荷博睿　　　责任校对：吴丽婷
印刷：中农印务有限公司
版次：2025 年 2 月第 1 版
印次：2025 年 2 月北京第 1 次印刷
发行：新华书店北京发行所
开本：787mm×1092mm　1/16
印张：27.75
字数：659 千字
定价：150.00 元

KEXUE SHIFEI "SANXIN"
JICHENG JISHU MOSHI

封面设计：胡　键

ISBN 978-7-109-33666-7

☞ 欢迎登录中国农业出版社网站：http://www.ccap.com.cn

☎ 欢迎拨打中国农业出版社读者服务部热线：010-59194918，65083260

🛒 购书敬请关注中国农业出版社
天猫旗舰店：

中国农业出版社
官方微信号

9 787109 336667 >

定价：150.00元